U0177992

宽禁带半导体前沿丛书

宽禁带半导体氧化镓
——结构、制备与性能

Wide Bandgap Gallium Oxide Semiconductor
——Structure, Growth and Physical Properties

陶绪堂 穆文祥 贾志泰 叶建东 编著

西安电子科技大学出版社

内 容 简 介

氧化镓作为新型的宽禁带半导体材料，在高压功率器件、深紫外光电器件、高亮度LED等方面具有重要的应用前景。本书从氧化镓半导体材料的发展历程、材料特性、材料制备原理与技术及电学性质调控等几个方面做了较全面的介绍，重点梳理了作者及国内外同行在单晶制备方法、衬底加工、薄膜外延方面的研究成果；系统阐述了获得高质量体块单晶及薄膜的思路和方法，并对氧化镓的发展进行了综述和展望。

本书可作为宽禁带半导体材料与器件相关的半导体、材料、化学、微电子等专业研究人员及理工科高校教师、研究生、高年级本科生的参考书或工具书，也可供其他对宽禁带半导体材料氧化镓感兴趣的人员参考。

图书在版编目(CIP)数据

宽禁带半导体氧化镓：结构、制备与性能/陶绪堂等编著. —西安：西安电子科技大学出版社，2022.9

ISBN 978-7-5606-6444-6

Ⅰ. ①宽…　Ⅱ. ①陶…　Ⅲ. ①禁带—氮化镓—半导体材料　Ⅳ. ①TN304

中国版本图书馆CIP数据核字(2022)第087354号

策　　划　马乐惠
责任编辑　刘玉芳
出版发行　西安电子科技大学出版社(西安市太白南路2号)
电　　话　(029)88202421　88201467　　**邮　　编**　710071
网　　址　www.xduph.com　　**电子邮箱**　xdupfxb001@163.com
经　　销　新华书店
印刷单位　陕西精工印务有限公司
版　　次　2022年9月第1版　2022年9月第1次印刷
开　　本　787毫米×960毫米　1/16　印张20.5　彩插2
字　　数　344千字
定　　价　128.00元

ISBN 978-7-5606-6444-6/TN

XDUP 6746001-1

“宽禁带半导体前沿丛书”编委会

“宽禁带半导体前沿丛书”出版说明

当今世界，半导体产业已成为主要发达国家和地区最为重视的支柱产业之一，也是世界各国竞相角逐的一个战略制高点。我国整个社会就半导体和集成电路产业的重要性已经达成共识，正以举国之力发展之。工信部出台的《国家集成电路产业发展推进纲要》等政策，鼓励半导体行业健康、快速地发展，力争实现“换道超车”。

在摩尔定律已接近物理极限的情况下，基于新材料、新结构、新器件的超越摩尔定律的研究成果为半导体产业提供了新的发展方向。以氮化镓、碳化硅等为代表的宽禁带半导体材料是继以硅、锗为代表的第一代和以砷化镓、磷化铟为代表的第二代半导体材料以后发展起来的第三代半导体材料，是制造固态光源、电力电子器件、微波射频器件等的首选材料，具备高频、高效、耐高压、耐高温、抗辐射能力强等优越性能，切合节能减排、智能制造、信息安全等国家重大战略需求，已成为全球半导体技术研究前沿和新的产业焦点，对产业发展影响巨大。

“宽禁带半导体前沿丛书”是针对我国半导体行业芯片研发生产仍滞后于发达国家而不断被“卡脖子”的情况规划编写的系列丛书。丛书致力于梳理宽禁带半导体基础前沿与核心科学技术问题，从材料的表征、机制、应用和器件的制备等多个方面，介绍宽禁带半导体领域的前沿理论知识、核心技术及最新研究进展。其中多个研究方向，如氮化物半导体紫外探测器、氮化物半导体太赫兹器件等均为国际研究热点；以碳化硅和Ⅲ族氮化物为代表的宽禁带半导体，是近年来国内外重点研究和发展的第三代半导体。

“宽禁带半导体前沿丛书”凝聚了国内20多位中青年微电子专家的智慧和汗水，是其探索性和应用性研究成果的结晶。丛书力求每一册尽量讲清一个专题，且做到通俗易懂、图文并茂、文献丰富。丛书的出版也会吸引更多的年轻人投入并献身到半导体研究和产业化的事业中来，使他们能尽快进入这一领域进行创新性学习和研究，为加快我国半导体事业的发展做出自己的贡献。

“宽禁带半导体前沿丛书”的出版，既为半导体领域的学者提供了一个展示他们最新研究成果的机会，也为从事宽禁带半导体材料和器件研发的科技工作者在相关方向的研究提供了新思路、新方法，对提升“中国芯”的质量和加快半导体产业高质量发展将起到推动作用。

编委会

2021年6月

前　言

近年来，氧化镓作为新型宽禁带半导体材料受到微电子及光电子领域研究人员的广泛关注。由于氧化镓的禁带宽度远大于传统半导体材料，因此它具有超高击穿场强、超大 Baliga 优值和短的紫外截止边，并在高压功率器件、深紫外光电器件、高亮度 LED 等方面具有重要的应用前景。氧化镓单晶材料可以通过熔体法生长，氧化镓单晶及其外延薄膜质量提升迅速，从而快速地推动了氧化镓器件的发展。

本书介绍了氧化镓材料的结构、基本性质及制备方法。参与本书撰写的是山东大学的陶绪堂教授和其带领的课题组同仁，以及南京大学叶建东教授和陈选虎博士。全书分为 5 章，第 1 章介绍氧化镓的基本性质、发展历史和现状，由陶绪堂、穆文祥编写；第 2 章讲述几种氧化镓单晶生长方法及其基本原理与技术，对比了不同晶体生长方法的优劣，由陶绪堂、穆文祥、张晋、董旭阳等编写；第 3 章介绍氧化镓单晶的开裂特性及衬底加工方法，由陶绪堂、穆文祥、侯童编写；第 4 章介绍氧化镓晶体缺陷种类、表征方法以及对器件的影响，由贾志泰、付博编写；第 5 章讲述氧化镓薄膜外延生长动力学原理、外延方法、异质结结构与界面控制，由叶建东、陈选虎编写。为了便于阅读，部分需要色彩分辨的图形旁边附有二维码，扫码即可查看彩图效果。氧化镓材料虽然发展迅速，但是目前国内外仍缺乏该方面的专著，本书从氧化镓结构、单晶生长、衬底加工、晶体缺陷、薄膜外延等方面进行了系统的总结，是国内首本针对氧化镓材料的专著。随着氧化镓材料研究逐渐走向实际应用，本书对未来从事氧化镓及其他宽禁带半导体材料研究的从业人员都具有一定的参考作用。

在这里特别感谢“宽禁带半导体前沿丛书”编委会主任郝跃院士的邀

请。此外，本书编写过程中得到了许多同行的帮助和指导，在此表示衷心感谢。由于氧化镓半导体材料发展迅速，有些问题学术界也还没有形成共识，有待深入研究。因此，本书的疏漏之处在所难免，敬请广大读者批评指正！

编　者

2022 年 4 月

目　录

第 1 章

氧化镓简介

1.1 引言

半导体材料是现代信息技术的基石，半导体材料的发展推动了电子、信息、通信、能源等领域的快速发展。其中，以 Si、Ge 为代表的第一代半导体材料推动了信息技术革命；以 GaAs、InP 为代表的第二代化合物半导体材料在无线电通信、微波雷达及红光 LED 方面有重要的应用；第三代半导体材料也被称为宽禁带半导体材料，以 SiC、GaN 和 ZnO 等材料为代表，在功率器件、短波长光电器件、光探测、透明导电等领域有着广泛的应用。目前，禁带宽度更大的金刚石、$\beta-Ga_2O_3$、AlN 及 BN 等宽禁带半导体材料，在节能减排、信息技术、国防装备等领域逐渐展现出重要的应用前景，并受到国内外专家的重视[1-2]。

在 Web of Science 数据库中以“Ga_2O_3”为关键词进行检索，从引文报告可以看出，相关论文数量呈现快速增长趋势，如图 1-1 所示，由此说明 Ga_2O_3 已逐渐成为宽禁带半导体领域中新的研究热点。

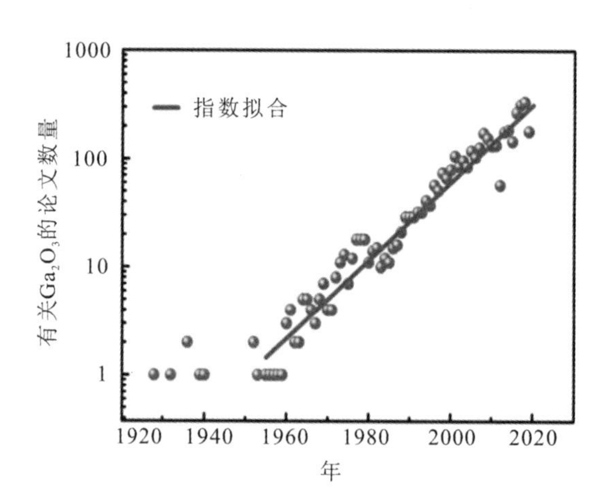

图 1-1　以“Ga_2O_3”为关键词检索的论文数量

$\beta-Ga_2O_3$ 晶体是宽禁带半导材料的一种，禁带宽度可达 4.7 eV，远大于 Si(1.1 eV)、GaAs(1.4 eV)、SiC(3.3 eV)及 GaN(3.4 eV)等材料[1,3]。大的禁带宽度使 $\beta-Ga_2O_3$ 具备制作高耐压、大功率、低损耗功率器件及深紫外光电器件的能力，可以很好地弥补现有半导体材料的不足，大的禁带宽度也使其

具备在高温、强辐照等恶劣环境下工作的能力[2,4]。此外，相比诸多宽禁带半导体材料，$\beta-Ga_2O_3$ 晶体在材料制备方面优势明显。$\beta-Ga_2O_3$ 与单晶 Si 及 GaAs 等第一代、第二代半导体材料类似，可以采用熔体法生长，这有利于降低$\beta-Ga_2O_3$的制备成本[5-7]。一种材料能否真正实现应用，是由诸多因素决定的，这其中既要考虑材料物化性质的好坏，又要考虑材料的制备成本及难易程度。综合各方面因素，$\beta-Ga_2O_3$ 晶体有望在高性能功率器件及深紫外光电器件方面实现应用。

众所周知，单晶衬底是后期薄膜外延及器件制作的前提和保证，是应用的基础。目前我国半导体材料相比国外处于严重落后的地位，电子级硅单晶自给率较低，宽禁带半导体材料的发展同样落后于国外。因此 $\beta-Ga_2O_3$ 体块单晶的生长、性能优化、衬底加工及薄膜外延等基础理论和技术的研究工作显得尤为重要。

1.2　氧化镓晶体的基本性质

1.2.1　结构性质

研究发现 Ga_2O_3 的晶相有八种，分别为 α、β、γ、ε、δ 五种稳定晶相，一种瞬态晶相 κ 相，以及 $P\overline{1}$、$Pmc2_1$ 两种新发现的亚稳相[8]。各相晶体结构如表 1-1 所示。

表 1-1　不同晶相 Ga_2O_3 结构比较

晶相	结构	空间群	晶格参数	备注	参考文献
α	三方晶系	$R\overline{3}c$	$a=4.9825$ Å $c=13.433$ Å	实验获得	Marezio[9]
			$a=5.059$ Å $c=13.618$ Å	理论计算	Yoshioka[10]
β	单斜晶系	$C2/m$	$a=12.214$ Å $b=3.0371$ Å $c=5.7981$ Å $\beta=103.83°$	实验获得	Ahman[11]

续表

晶相	结构	空间群	晶格参数	备注	参考文献
γ	立方晶系	$Fd\bar{3}m$	$a=8.238$ Å	实验获得	Zinkevich[12]
δ	体心立方	$Ia\bar{3}$	$a=10.00$ Å $a=9.401$ Å	实验获得 理论计算	Roy[13] Yoshioka[10]
					Playford[14]
ε	正交晶系	$Pna2_1$	$a=5.120$ Å $b=8.792$ Å $c=9.410$ Å	理论计算	Yoshioka[10]
κ	瞬态相	—	—	—	Playford[14]
$P\bar{1}$	亚稳相	$P\bar{1}$	—	理论计算	Wang[8]
$Pmc2_1$	亚稳相	$Pmc2_1$	—	理论计算	Wang[8]

图 1-2 示出了 α、β、γ、ε、δ 五种不同晶相 Ga_2O_3 的晶体结构。其中 $\beta-Ga_2O_3$ 是热力学最稳定的结构，如图 1-3 所示。$\beta-Ga_2O_3$ 属于单斜晶系，空间群为 $C2/m$，其晶格常数：$a=12.21$ Å，$b=3.03$ Å，$c=5.79$ Å，a 与 c 的夹角 β 约为 103.8°[15]。$\beta-Ga_2O_3$ 的单胞中存在两种不同的 Ga 位点及三种不同的 O 位点，Ga(Ⅰ)和 Ga(Ⅱ)分别与 O 形成四面体及八面体配位，O(Ⅰ)和 O(Ⅱ)与三个 Ga 原子相连，而 O(Ⅲ)与四个 Ga 原子相连。在晶体内部，沿 b 轴方向排列的双链由 GaO_6 八面体组成，链与链之间通过 GaO_4 四面体相连。

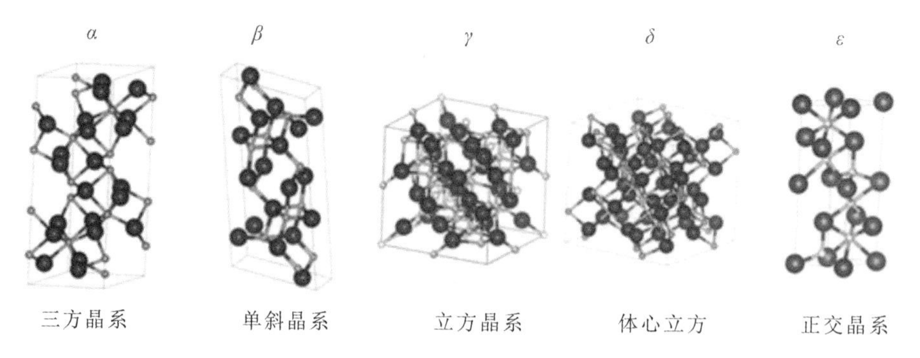

图 1-2 α、β、γ、ε、δ 五种不同晶相 Ga_2O_3 的晶体结构[8]

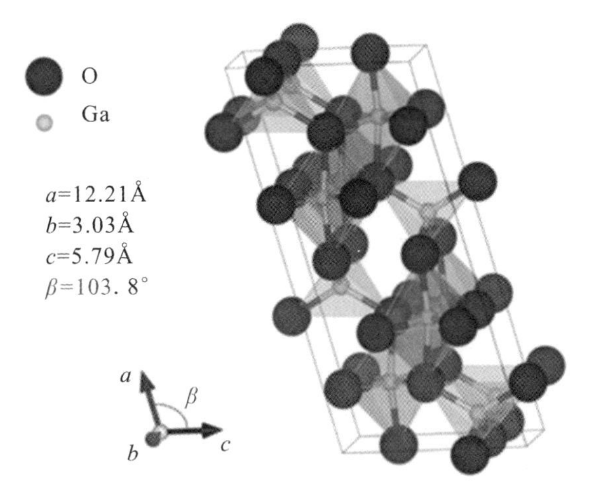

图1-3 $\beta-Ga_2O_3$ 晶体结构[8]

在每个确定的 Ga_2O_3 晶相中，氧原子形成相同的紧密堆积环境，而 Ga 原子以不同的比例占据八面体和四面体格点。$\beta-Ga_2O_3$ 在八面体配位和四面体配位中均含有等量的 Ga^{3+}（比例为 1∶1）。与六方晶系的 $\alpha-Al_2O_3$（$R\overline{3}c$）相似，$\alpha-Ga_2O_3$ 只包含八面体配位 Ga。通过吸收光谱计算，$\alpha-Ga_2O_3$ 的光学带隙为 5.2 eV[16]。关于 $\gamma-Ga_2O_3$ 的确切晶体结构在文献中存在一些争议，一部分研究人员认为 $\gamma-Ga_2O_3$ 晶相与 $\gamma-Al_2O_3$ 和 $\eta-Al_2O_3$ 类似，其空间群为 $Fd\overline{3}m$；另一部分研究人员依据对其分布函数的研究，认为 $\gamma-Ga_2O_3$ 的空间群为 $F4\overline{3}m$。$\varepsilon-Ga_2O_3$ 的晶体结构也面临着一些争议，初步的 X 射线衍射（X-Ray Diffraction, XRD）测量证实 $\varepsilon-Ga_2O_3$ 空间群为 $P6_3mc$，同时存在八面体配位和四面体配位 Ga，$\varepsilon-Ga_2O_3$ 结构与 $\varepsilon-Fe_2O_3$ 和 $\kappa-Al_2O_3$ 相似。$\delta-Ga_2O_3$ 拥有类似于 In_2O_3 的方铁锰矿结构。$\kappa-Ga_2O_3$ 具有正交结构（$Pna2_1$），如图1-4所示，其四面体/八面体配位 Ga 比为 1∶3。$P\overline{1}-Ga_2O_3$ 及 $Pmc2_1-Ga_2O_3$ 是最近发现的两种新晶相，如图 1-5 所示，目前仅为理论计算获得。据理论计算，$Pmc2_1-Ga_2O_3$ 是潜在的优良铁电体[8]。

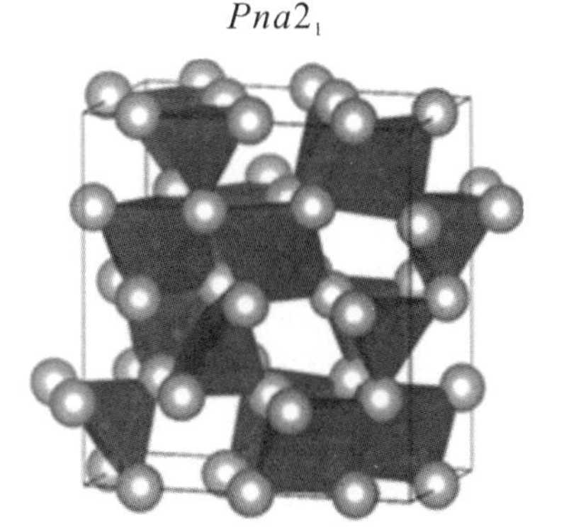

图1-4 $\kappa-Ga_2O_3$ 晶体结构[8]

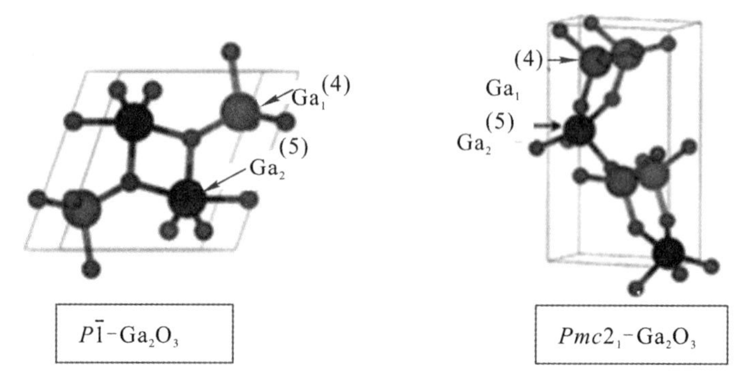

图 1-5 $P\bar{1}$-Ga_2O_3 及 $Pmc2_1$-Ga_2O_3 晶体结构[8]

Ga_2O_3 的五种晶体结构在室温下均可以稳定存在，Ga_2O_3 晶相之间的转化关系如图 1-6 所示[13]。从图中可以看出，高温下其他相 Ga_2O_3 均会转化为β-Ga_2O_3，而且相变受水分影响较大，潮湿环境下更容易发生相变。稳定性相对较高的是 ε-Ga_2O_3，在 870℃时它才会发生相变；其次是 α-Ga_2O_3，它在干燥环境下的相变温度为 600℃，在潮湿环境下的相变温度为 300℃，其余两相的相变温度则更低。β-Ga_2O_3 熔点约为 1793℃[17]，为一致熔融化合物，熔体降温过程中无相变发生，可以通过熔体法进行单晶生长。其他相 Ga_2O_3 由于相变的存在，不能通过熔体法生长获得。因此，在体块单晶生长方面 β-Ga_2O_3 具有明显优势。

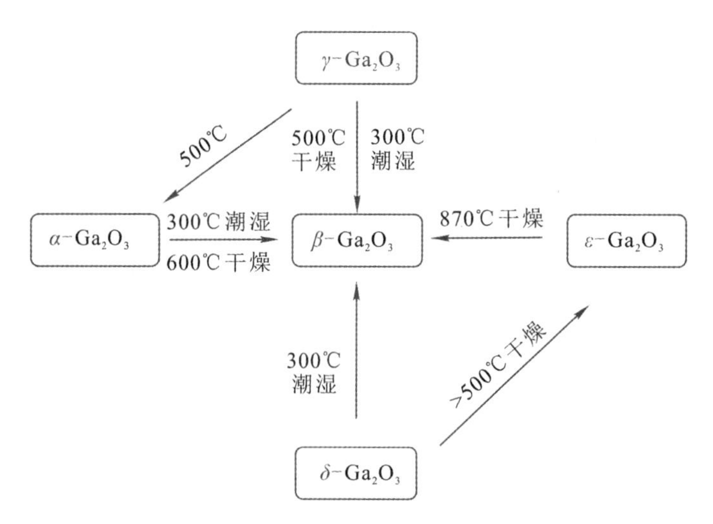

图 1-6 不同晶相 Ga_2O_3 及其水合物之间的转化关系[13]

1.2.2 光学性质

1. 透射光谱与光学带隙

图1-7给出的是常见半导体材料禁带宽度和键长之间的关系，可以看出，β-Ga_2O_3禁带宽度不但远大于Si、GaAs等传统半导体材料，而且大于GaN、SiC等宽禁带半导体材料。β-Ga_2O_3由于其紫外截止边为260 nm，恰好落于200～280 nm的“日盲”波段[18-20]，因而是非常难得的本征日盲探测材料。

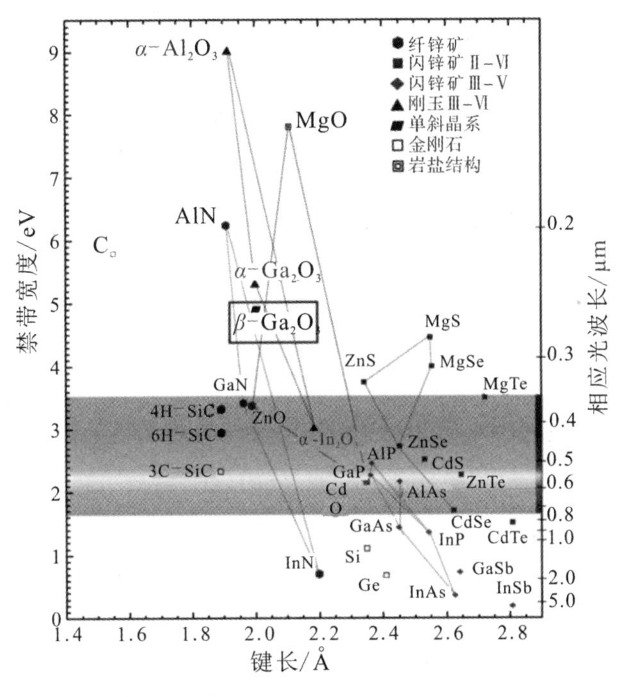

图1-7 常见半导体材料禁带宽度和键长之间的关系[21]

β-Ga_2O_3晶体是一种有潜力的透明导电材料，透过范围为260～7330 nm[22]。研究发现，β-Ga_2O_3晶体红外波段的透过率受自由载流子浓度的影响较大，较高的载流子浓度会使晶体在红外波段产生强烈吸收，导致晶体红外波段透过率下降；而晶体紫外波段的透过率受载流子浓度影响相对较小，在高载流子浓度下仍具有较高透过率，如图1-8所示。因此，β-Ga_2O_3在紫外波段容易获得高电导率和高透过率，相比Sn：In_2O_3(ITO)、Al：ZnO(AZO)等材料，它可以用于更短波长的光电器件[23]。

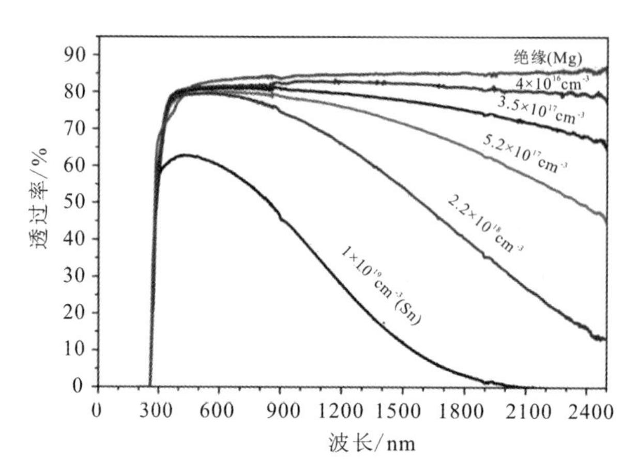

图 1-8　不同载流子浓度的 β-Ga_2O_3 晶体透过率与波长的关系[6]

β-Ga_2O_3 与 Al_2O_3类似，都属于Ⅲ族氧化物，在固态激光领域的应用也值得探索。激光晶体是固态激光的核心元件，一般由激光基质材料和激活离子组成。其中，激活离子主要包括过渡金属离子及稀土离子。β-Ga_2O_3 晶体相对于传统的 $Y_3Al_5O_{12}$(简称 YAG)、$Gd_3Ga_5O_{12}$(简称 GGG)、YVO_4、Lu_2O_3等激光基质材料具有更高的热导率[5, 24-27]。虽然 β-Ga_2O_3 晶体热导率低于 Al_2O_3 晶体，但是 Ga^{3+} 离子半径(0.62 Å)大于 Al^{3+} 离子半径(0.535 Å)，因此 β-Ga_2O_3 更适合离子半径较大的过渡金属离子甚至是稀土离子的掺杂[15, 28]。β-Ga_2O_3 晶体透过范围大，红外截止波长达 7 μm，声子能量低，有利于激光输出。20 世纪 80 年代，Vivien[29]、Walsh[30]以及张俊刚[31]等对 β-Ga_2O_3：Cr^{3+} 进行了生长，并表征了其光谱性质，展示了 β-Ga_2O_3 晶体在可调谐激光方面的应用价值。

由于 β-Ga_2O_3 为单斜晶系晶体，对称性低，因此其在紫外截止边、偏振光透过率等光学性质方面具有很强的各向异性[32]。图 1-9 给出了 β-Ga_2O_3 晶体的(100)、(010)、(001)三个主要晶面(简写成面)在紫外波段的非偏振光学透射光谱。(010)面的紫外截止边为 270.8 nm，(100)面与(001)面的紫外截止边均为 262.2 nm[33]。(010)晶面的紫外截止边出现了明显的 8.6 nm 蓝移，(100)晶面的透射光谱中出现了一个平坦区域，这主要是偏振光谱混合效应导致的。根据报道(如图 1-10 所示)，通过浮区法生长的(010)面(样品(1)，Mg 掺杂的半绝缘 β-Ga_2O_3 晶体)和(001)面(样品(3)，未掺杂 β-Ga_2O_3 晶体)的紫外截止边分别约为 258 nm 和 262 nm，而浮区法生长与提拉法生长晶体的(100)面紫外截止边分别为 255 nm(样品(2))及 260 nm[34-36]。这种紫外截止边的微小差异与电子浓度、晶体生长方法有关。

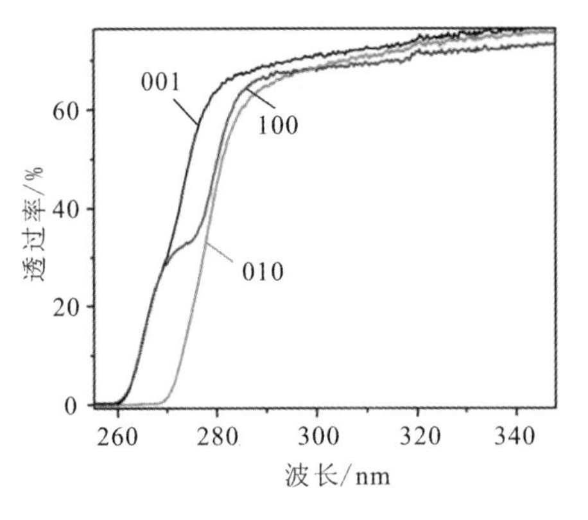

图 1-9　$\beta-Ga_2O_3$ 晶体的紫外透射光谱[32]

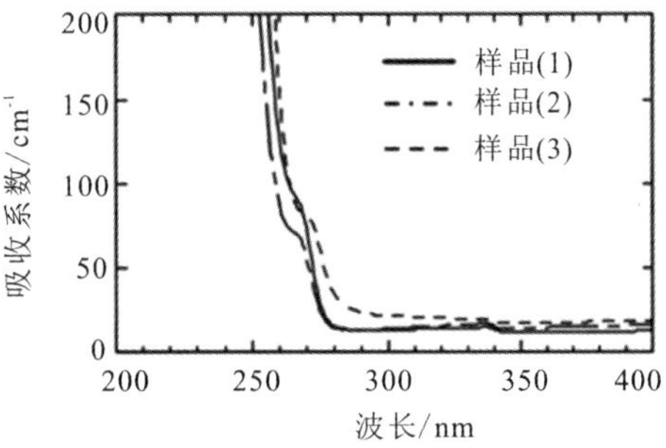

图 1-10　浮区法生长 $\beta-Ga_2O_3$ 单晶样品的紫外吸收光谱[34]

通过紫外波段的透射光谱可得到 $\beta-Ga_2O_3$ 晶体各晶面的光学带隙，如图1-11所示。(100)和(001)晶面的光学带隙几乎相同，为 4.70 eV；(010)晶面的带隙为 4.55 eV，在三个晶面中最小。因此，由于低对称的晶体结构，$\beta-Ga_2O_3$ 晶体的光学带隙也存在明显的各向异性。

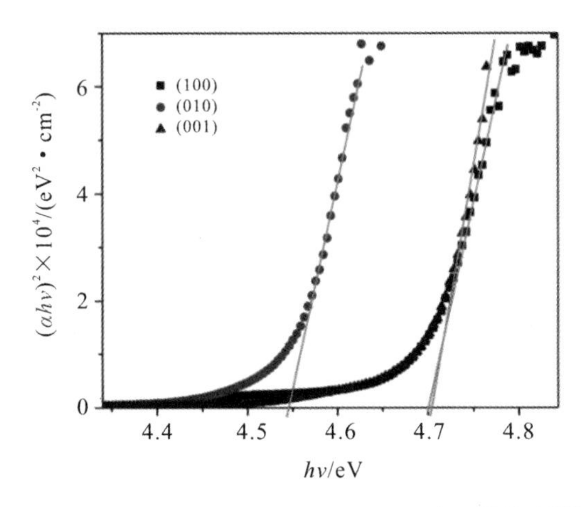

图 1-11　$\beta-Ga_2O_3$ 单晶不同晶面的光学带隙[32]

2. 拉曼性质

在固体材料中拉曼光谱具有较多的激活机制(如分子振动、多种元激发(电子、声子、等离子体等)、杂质、缺陷等)和较广的响应范围。拉曼光谱具有对材料进行分子结构分析、理化特性分析和定性鉴定的作用，还能够分析材料中的空位、间隙原子、位错、晶界和相界等方面的信息。

β-Ga_2O_3 单晶的拉曼光谱如图 1-12 所示[37]。拉曼光谱可反映氧化镓晶体的质量，如缺陷及晶格畸变程度。拉曼光谱中的峰为不同 Ga—O 键运动产生的，100～200 cm^{-1} 的拉曼峰是由 $Ga_I O_4$ 的振动及平移引起的；$Ga_I O_4$ 及 $Ga_{II} O_6$ 的形变产生了 300～500 cm^{-1} 的拉曼峰；600～900 cm^{-1} 的拉曼峰是由 $Ga_I O_4$ 的伸长及弯曲产生的。

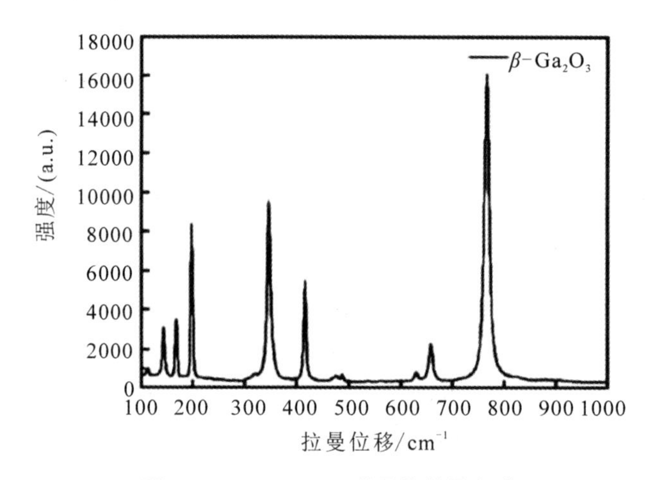

图 1-12　β-Ga_2O_3 单晶的拉曼光谱

图 1-13 是实验获得的 β-Ga_2O_3 单晶的非偏振拉曼光谱，在 100～1000 cm^{-1} 范围内共有 11 个拉曼特征峰，特征峰与 β-Ga_2O_3 晶体理论拉曼峰吻合较好。

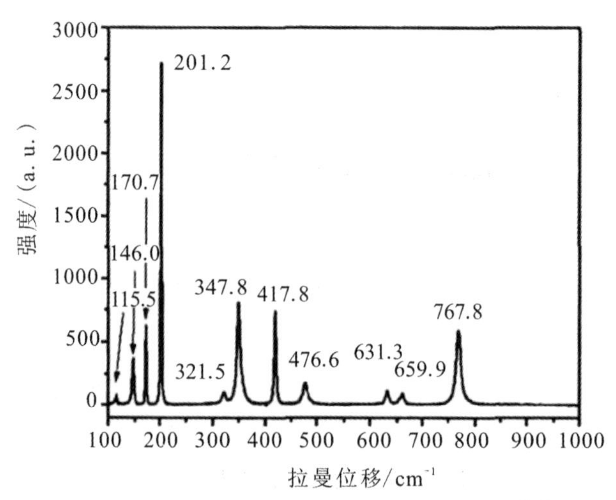

图 1-13　β-Ga_2O_3 单晶的非偏振拉曼光谱[37]

前文提到 $\beta-Ga_2O_3$ 晶体不但是性能优异的宽禁带半导体材料，也有望成为良好的激光基质材料，应用于固态激光领域。而激光基质材料的最大声子能量水平是决定激光效率的重要因素之一。图 1-14 表明氧化镓晶体的最大声子能量为 767.8 cm^{-1}，低于常用激光晶体 YAG 的声子能量(857 cm^{-1})。

拉曼散射峰的半峰宽(FWHM)的频率、强度和宽度等参数可以揭示原子晶格的微观活动，当掺杂元素进入晶格时，晶格结构的变化会导致拉曼光谱峰位和 FWHM 的偏移。表 1-2 给出了掺杂不同元素的 $\beta-Ga_2O_3$ 样品在 77 K 和 297 K 处的拉曼光谱峰位，从表中可以看出掺杂不同元素的 $\beta-Ga_2O_3$ 拉曼光谱峰位有所不同，另外在不同的温度下拉曼光谱峰位也出现了偏移，在低温条件下，G2 和 G3 的峰位偏移比 G1 更明显。换句话说，Ga_IO_4 较容易受温度的影响，具体如下：随着温度的升高，拉曼散射峰的强度逐渐增加，键之间的不规则振动减少了分子结构的顺序，导致 FWHM 的逐渐扩大。

表 1-2　掺杂不同元素的 $\beta-Ga_2O_3$ 样品在 77 K 和 297 K 处的拉曼光谱[38]

群	拉曼模式	峰位/cm^{-1}									说明
		Ga_2O_3			Ga_2O_3:Si			Ga_2O_3:Mg			
		77 K	297 K	Δω	77 K	297 K	Δω	77 K	297 K	Δω	
G1	$B_g(1)$	114.98	114.18	0.80	113.96	114.07	−0.11	114.63	114.20	0.43	链的振动与平移
	$B_g(2)$	146.94	144.75	2.19	146.47	144.74	1.76	146.74	144.77	1.97	
	$A_g(2)$	171.53	169.77	1.76	170.86	169.77	1.09	171.06	169.76	1.30	
	$A_g(3)$	201.05	200.36	0.69	200.55	200.37	0.18	200.76	200.36	0.40	
G2	$A_g(4)$	321.34	320.00	1.34	321.07	320.18	0.89	321.26	320.02	1.24	八面体模式 $Ga_I(O_I)_2$ 的变形
	$A_g(5)$	349.48	347.03	2.45	349.19	347.03	2.16	349.40	347.04	2.36	
	$B_g(3)$	355.79	—	—	355.87	—	—	356.09	—	—	
	$A_g(6)$	417.19	416.75	0.44	416.78	416.73	0.05	417.01	416.76	0.25	
G3	$A_g(7)$	477.29	475.58	1.71	477.17	475.53	1.64	477.41	475.59	1.82	氧化镓的拉伸与弯曲
	$B_g(4)$	477.29	475.58	1.71	477.17	475.53	1.64	477.41	475.59	1.82	
	$A_g(8)$	632.04	630.02	2.02	632.25	630.03	2.22	632.43	630.02	2.41	
	$B_g(5)$	654.78	—	—	654.05	—	—	654.38	—	—	
	$A_g(9)$	660.78	657.82	2.96	660.47	657.02	3.45	660.69	657.71	2.98	
	$A_g(10)$	767.77	764.39	3.38	767.53	764.30	3.23	767.77	764.39	3.38	

$\Delta\omega=\omega_{77\ K}-\omega_{297\ K}$

另外，研究人员对氧化镓进行了拉曼有源声子模式的同位素(^{16}O，^{18}O)研究：使用^{18}O替换^{16}O，通过在(010)和(201)晶面上进行微拉曼光谱测量，可以观察到拉曼频率朝着低能量方向转变，Ga 或 O 原子的振荡会激发拉曼振动，拉曼振动可以通过两个 Ga 或三个 O 晶格位点中的一个来激发[39]

1.2.3 电学性质

自 1964 年 Chase 获得 $\beta-Ga_2O_3$ 晶体以来，其电学性质也逐步得到研究[36]。随着宽禁带半导体的发展和应用，禁带宽度更大的 $\beta-Ga_2O_3$ 及其电学性质调控逐渐成为研究热点。1965 年，H. H. Tippins 通过光谱测试，获得 $\beta-Ga_2O_3$ 晶体的禁带宽度为 4.7 eV[40]。然而，目前对其具体能带结构的认识还有争议。初期，一般认为 $\beta-Ga_2O_3$ 晶体为直接带隙半导体，但是最新的理论计算结果和 ARPES 研究结果表明 $\beta-Ga_2O_3$ 为间接带隙半导体[41]。

1967 年，M. R. Lorenz 采用火焰法分别在氧化气氛和还原气氛下生长获得了 $\beta-Ga_2O_3$ 晶体。氧化气氛下生长的晶体电阻率大于 10^6 Ω·cm，还原气氛下生长的晶体呈淡蓝色，通过霍尔效应测试获得晶体载流子浓度为 2×10^{18} cm^{-3}，载流子迁移率约为 100 cm^2·V^{-1}·s^{-1}，施主电离能约为 0.02～0.03 eV[42]。20 世纪 90 年代开始，随着高质量单晶的获得，$\beta-Ga_2O_3$ 晶体的电学性质得到了更加详细的研究，未掺杂晶体[43]在 85 K 下载流子迁移率达到 886 cm^2·V^{-1}·s^{-1}，Si、Ge、Sn、Nb 等作为施主离子掺杂晶体，其电学性质得到表征[34, 44-45]。除此之外，1977 年 N. Ueda 等研究了晶体的电学及光学性能的各向异性，发现 *b* 向禁带宽度为 4.79 eV，*c* 向禁带宽度为 4.52 eV，而且 *b* 向载流子迁移率也大于 *c* 向[46]。然而，后期 E. G. Villora 及 K. Irmscher 等研究发现晶体载流子迁移率及电阻率没有明显的各向异性[47-48]，J. B. Varley 等通过计算预测 $\beta-Ga_2O_3$ 晶体有效电子质量几乎无各向异性，测试得到的各向异性可能是由于样品中存在孪晶而引起的[49]。N. Ma等[50]通过理论计算认为当载流子浓度低于 1×10^{18} cm^{-3}时，$\beta-Ga_2O_3$ 晶体在 300 K 下载流子迁移率小于 200 cm^2·V^{-1}·s^{-1}。K. Ghosh 通过理论计算获得 $\beta-Ga_2O_3$ 晶体饱和漂移速度为 2×10^7 cm/s，该值与 SiC 的值相当[4, 51]。

还原气氛或中性气氛下生长非故意掺杂晶体中会有较高的载流子浓度，晶体中载流子可能源于晶体原料或生长气氛中的 n 型杂质，也可能源于晶体中的氧空位缺陷。与其他氧化物半导体类似，$\beta-Ga_2O_3$ 电导率与氧分压存在一定的依赖关系，初期，氧空位被认为是晶体导电的原因[49]。$\beta-Ga_2O_3$ 晶体中容

易存在一定数量的氧空位(V_O)缺陷，其单重或双重电离的 $V_O{}^{+}$ 或 $V_O{}^{++}$ 可提供自由电子，晶体在氧气下退火，晶体表面会形成半绝缘层[52]，这间接说明了晶体中的氧空位有可能起到提供载流子的作用。Z. Hajnal 通过半经验量子化学方法计算了氧空位的能级位置，认为氧空位是晶体高温下导电的原因[53]。然而，2010 年 J. B. Varley 等利用杂化泛函计算认为氧空位在晶体中以深能级的形式存在，电离能大于 1 eV，氧空位不是 $\beta-Ga_2O_3$ 晶体 n 型导电的原因，晶体中可能存在 H、Si、Ge、Sn、F 或 Cl 表现为浅能级的杂质，这些浅能级的杂质可能是 $\beta-Ga_2O_3$ 晶体 n 型导电的原因[49]。

对 Si 掺杂的 $\beta-Ga_2O_3$ 进行纯氧气氛退火研究，在 1000℃恒温 10 h 之后晶体颜色变淡，表面载流子浓度出现了下降现象，下降程度根据红外吸收光谱推测为 2 个数量级以上，但晶体内部的颜色和载流子浓度变化均不大，测试结果表明，此现象的出现是因为在高温氧气作用下，晶体表层形成了一层半绝缘层，从而对氧气造成了阻挡作用[54]。

使用霍尔效应(TDH)测量以及深度瞬态光谱(DLTS)对采用提拉法从含二氧化碳与大气的铱坩埚生长的未掺杂晶体进行电学表征，随着掺杂浓度的增加，浅施主的电离能从 25 meV 降低到 16 meV。推导零浓度下孤立施主的电离能量约为 36 meV，该值与有效质量理论值一致。氧气氛中退火的样品表明，晶体中存在至少两个浅施主杂质或缺陷。其中硅含量较高。样品在 0.55 eV、0.74 eV 和 1.04 eV处发现了三个深电子陷阱，所有样品中均可检测到 0.74 eV 的深电子陷阱，其浓度高达 10^{16} cm^{-3}。该深电子陷阱是晶体中的主要补偿受主[48]。

表 1-3 总结了部分已报道的单晶电学性能参数，作为宽禁带半导体材料，欧姆接触电极制备难度较大，因此单晶霍尔效应测试结果受测试条件影响较大。

表 1-3 氧化镓单晶 n 型掺杂电学性能参数[5, 34, 45, 55-57]

作者	时间	掺杂类型	生长方式	电阻率 /(Ω·cm)	电子浓度 /cm^{-3}	载流子迁移率 /(cm^2·V^{-1}·s^{-1})
Cui Huiyuan 等	2019 年	Ta 掺杂	单晶	0.004	3.0×10^{19}	—
Muad Saleh 等	2019 年	Hf 掺杂	单晶	0.005	2×10^{19}	80～65
Zbigniew Galazka 等	2020 年	Si 掺杂	单晶	—	4.3×10^{18}	77～84
Wei zhou 等	2017 年	Nb 掺杂	单晶	0.0055	1.8×10^{19}	40～80
Muad Saleh 等	2020 年	Zr 掺杂	单晶	0.08－0.01	6.5×10^{17}～5×10^{18}	73～112

续表

作者	时间	掺杂类型	生长方式	电阻率/(Ω·cm)	电子浓度/cm^{-3}	载流子迁移率/($cm^2·V^{-1}·s^{-1}$)
Zbigniew Galazka 等	2020 年	Ce、Si 掺杂	单晶	—	$5.3×10^{18}$	58～63
N. Suzuki 等	2007 年	Sn 掺杂	单晶	0.043	$2.26×10^{18}$	49.3
Mu 等	2017 年	UID	单晶	1.49	$3.92×10^{16}$	103

目前对氧化镓薄膜电学性质的研究比单晶的更多，图 1-14 为不同掺杂氧化镓薄膜的载流子迁移率随载流子浓度的变化。图中包含了两种单晶生长方法获得的单晶衬底、三种晶面和四种外延技术，掺杂元素包括 Si、Sn 和 Ge。结果显示了载流子迁移率和载流子浓度之间的一致关系，载流子浓度在很大程度上与沉积技术和掺杂剂无关。载流子的浓度和载流子迁移性的幂次现象比预期的极性光学声子散射和施主离子化杂质散射的组合要弱一些。高掺杂浓度的数值在简并掺杂浓度的范围内，施主杂质带和导带合并，导致迁移率要高于模型所示[58]。

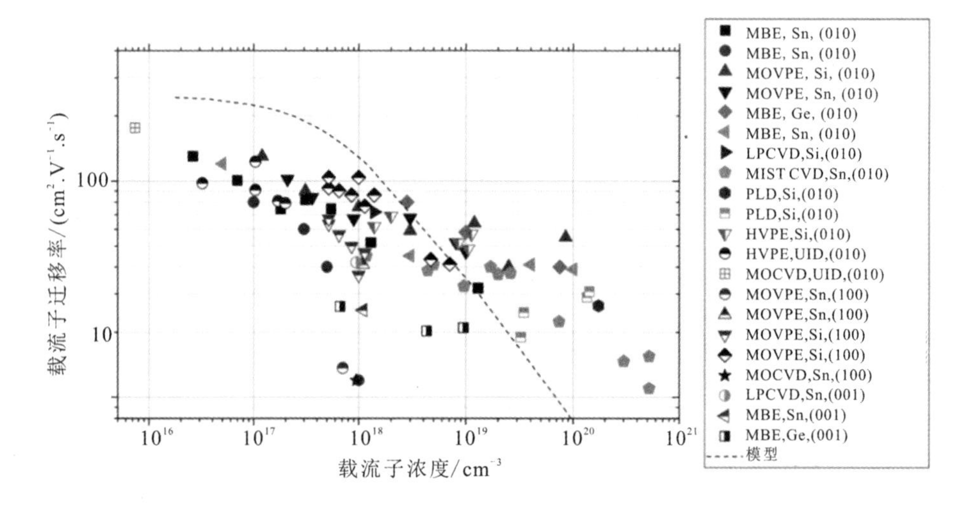

图 1-14　不同掺杂氧化镓薄膜的载流子迁移率随载流子浓度的变化

总体来看，$\beta-Ga_2O_3$ 的 n 型掺杂目前主流的掺杂剂为 Sn、Si、Ge，单晶掺杂以 Sn 为主，薄膜以 Si 为主。n 型掺杂主要考虑以下几点：(1) 掺杂剂离子半

径与 Ga 相近；(2) 掺杂剂激活能小，能实现高浓度掺杂，同时不严重降低晶体质量；(3) 掺杂后晶体生长难度是否增加，掺杂后浓度是否可控。

而在 p 型掺杂方面，与其他宽禁带半导体类似，$\beta-Ga_2O_3$ 晶体较难形成有效的 p 型掺杂。$\beta-Ga_2O_3$ 的 n 型掺杂电导率可以在 $10^{-12}\sim10^3$ S/cm 范围进行调控[59-60]。然而，$\beta-Ga_2O_3$ 的 p 型掺杂却具有较大难度。为了丰富器件类型、提高半导体器件性能，$\beta-Ga_2O_3$ 的 p 型掺杂成为亟待突破的研究重点。山东大学唐程等采用第一性原理对 $\beta-Ga_2O_3$ 的能带结构进行了理论分析[61]，如图 1-15 所示，对于理想的 $\beta-Ga_2O_3$ 晶体，其价带顶为氧的 2p 轨道及镓的 3d 和 4p 轨道，价带底则主要为镓的 4 s 轨道，由此可知，未掺杂的 $\beta-Ga_2O_3$ 显示出 p 型导电的特性。

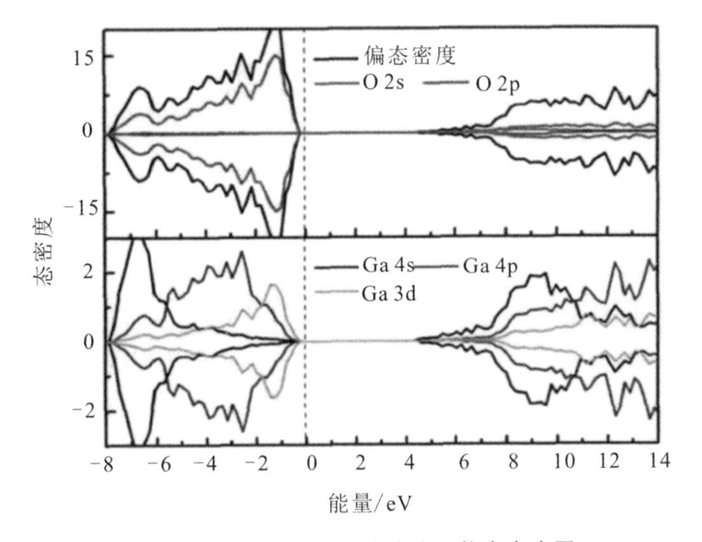

图 1-15　氧化镓的总态密度及偏态密度图

然而，由于本征缺陷及原料杂质的存在，非故意掺杂氧化镓晶体以 n 型半导体的形式存在，其背景电子浓度为 $10^{16}\sim10^{17}$ cm^{-3}[62]。相对于 n 型导电，p 型导电氧化镓的制备则仍是一个待解决的难题。p 型掺杂难以形成的原因主要是：(1) 原料纯度不够导致高背景电子浓度；(2) 材料氧空位等缺陷产生自补偿效应；(3) 缺乏有效的浅能级受主杂质，激活率低[61]；(4) 掺杂剂溶解度较低[63]；(5) 空穴难以产生，即产生空穴的天然受主(如阳离子空位)形成能较高，补偿受主的天然施主(如阴离子空位)的形成能低[64]。最近几年，国内外对氧化镓 p 型掺杂开展了大量理论计算和实验研究，如表 1-4 所示。

表 1－4　国内外对 $\beta-Ga_2O_3$ 晶体 p 型掺杂的研究[63, 65-71]

实验人员	时间	材料	性能
Chang 等	2005 年	Zn 掺杂的 $\beta-Ga_2O_3$ 纳米线	空穴迁移率约为 10^{-2} $cm^2 \cdot V^{-1} \cdot s^{-1}$
Liu 等	2010 年	N 掺杂的 $\beta-Ga_2O_3$ 纳米线	—
Chang 等	2011 年	N 掺杂的 $\beta-Ga_2O_3$ 纳米线	—
Qian 等	2017 年	Mg 掺杂的 p 型 $\beta-Ga_2O_3$ 薄膜	—
Chikoidze	2020 年	本征 p 型 $\beta-Ga_2O_3$ 薄膜	空穴浓度(850 K)约为 5.6×10^{14} cm^{-3} 空穴迁移率约为 9.6 $cm^2 \cdot V^{-1} \cdot s^{-1}$
Islam 等	2020 年	H 掺杂的 p 型 $\beta-Ga_2O_3$ 薄膜	空穴浓度约为 10^{15} cm^{-2}
方志来等	2020 年	N 掺杂的 p 型 $\beta-Ga_2O_3$ 薄膜	空穴浓度(室温)为 2.86×10^{15} cm^{-3} 空穴迁移率(室温)为 41.4 $cm^2 \cdot V^{-1} \cdot s^{-1}$
Chikoidze	2020 年	Zn 掺杂的 p 型 $\beta-Ga_2O_3$ 薄膜	空穴浓度(室温)为 1×10^{8} cm^{-3} 空穴迁移率为 2 $cm^2 \cdot V^{-1} \cdot s^{-1}$

2012 年，Zhang 等[72]根据密度泛函理论利用第一性原理计算了本征 $\beta-Ga_2O_3$ 及 N 掺杂的 $\beta-Ga_2O_3$ 的能带结构、态密度和光学参数等。N 掺杂后，$\beta-Ga_2O_3$ 的带隙减小，价带的顶部引入了较浅的受主杂质能级，N 掺杂是获得 p 型 Ga_2O_3 非常有效的途径。同年，Yan 等[73]通过第一性原理计算比较了 N 掺杂的 $\beta-Ga_2O_3$ 和 N－Zn 共掺杂的 $\beta-Ga_2O_3$ 的电子结构和光学性质。与 N 掺杂的 $\beta-Ga_2O_3$ 相比，N－Zn 共掺杂的 $\beta-Ga_2O_3$ 电离能小于 N 掺杂的 $\beta-Ga_2O_3$ 电离能，结果表明，N－Zn 共掺杂的 $\beta-Ga_2O_3$ 是提高 $\beta-Ga_2O_3$ 中 p 型电导率更好的方式。

2015 年，Guo 等[74]通过第一性原理计算，对非金属元素掺杂氧化镓的影响进行了系统的研究。结果表明：(1) 在富镓缺氧的条件下更易实现 p 型掺杂；(2) 非金属原子取代四配位的 O 原子困难，取代三配位的 O 原子更为容易；(3) 对于掺 X 的 Ga_2O_3(X=N, S, Se, Cl, Br, I)带隙减小；(4) 在所研究的非金属元素 X(X=C, N, F, Si, P, S, Cl, Se, Br 和 I)中，N、F、Cl、Br 对改善氧化镓的 p 型导电表现出较积极的作用，其中 N 元素的掺杂效果最为显著。

2016 年，Tang 等[75]运用第一性原理辅以 VASP 软件模拟了 26 种金属元素掺杂氧化镓的情况，计算了不同元素掺杂时晶体的形成能、电荷密度等性质的变化，系统地归纳了金属元素对氧化镓晶体的影响。这些金属元素分别为 IA 和 IIA 族的元素(Li、Na、K、Be、Mg、Ca)、过渡金属元素(Ti、Pd、Mn、

Co、Ni、Cu、Ag、Au、Zn、Cd、Hg 和部分镧系元素)、IIIA 和 IVA 族的元素(In、Tl、Sn 和 Pb)。计算表明，在不考虑本征缺陷及受主离子激活等问题的情况下，Na、Mg、Ca、Ag、Zn、Cd 均为 p 型掺杂的潜在候选元素。Tang 等还对金属—非金属共掺杂解决氧化镓 p 型导电的情况进行了进一步探讨，着重讨论了金属—氮共掺杂的情况(金属包括：Sc、Ti、V、Cr、Mn、Fe、Co、Ni、Cu、Zn)，从理论上分析指出上述共掺杂氧化镓晶体均表现出 p 型导电特性，并得出缺氧富镓时，镓填隙和镓缺陷共存、镓填隙或镓取代氧的情况氧化镓晶体呈现为 n 型缺陷；镓填隙和镓缺陷共存、镓缺陷的情况氧化镓晶体呈现为 p 型缺陷。因此，理论上在富氧的条件下比富镓的条件下氧化镓晶体更易于形成 p 型缺陷，获得 p 型氧化镓半导体。

2020 年，Akyol 等通过使用文献报道的有高度争议的空穴迁移率值(1×10^{-6} $cm^2\cdot V^{-1}\cdot s^{-1}$和 204 $cm^2\cdot V^{-1}\cdot s^{-1}$)[76-78]，获得了具有不同肖特基接触间距的 $\beta-Ga_2O_3$ 垂直肖特基二极管日盲探测器的外量子效率[79]。他们用建模实验对氧化镓垂直肖特基日盲探测器进行测试发现，非平衡空穴迁移率的平均值为20 $cm^2\cdot V^{-1}\cdot s^{-1}$，该数值远远高于理论值($1\times10^{-6}$ $cm^2\cdot V^{-1}\cdot s^{-1}$)。

目前实验上也获得了一系列 p 型掺杂实验结果。2005 年，Chang 等先以金为催化剂，制备了氧化镓纳米线，然后通过 Zn 扩散的方式以锌粉(99.9%)为渗透的原子，氩气为载气，在 450℃下渗透扩散 1 h，制备了 p 型的氧化镓纳米线[65]。该纳米线的直径为 26 nm，长度为 20 μm，其空穴迁移率约为 10^{-2} $cm^2\cdot V^{-1}\cdot s^{-1}$，如图 1-16 所示，纳米线场效应晶体管电子传输测量结果表明，电流在正 V_g(栅

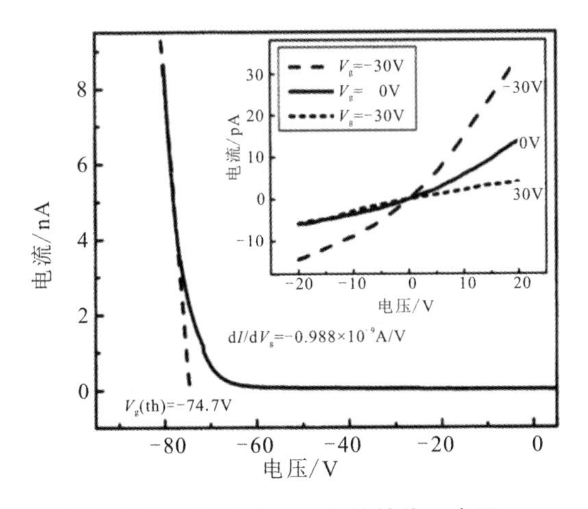

图 1-16　Zn 掺杂氧化镓性能示意图

极电压)时减小，在负 V_g时增大，掺杂纳米线表现出 p 型半导体特性，其电导率显著提高。

2010 年，Liu 等[66]以 NH_3 为掺杂源，通过 CVD 法在 Si 衬底上成功制备了未掺杂和 N 掺杂的 $\beta-Ga_2O_3$ 纳米线。结果显示，未掺杂的氧化镓纳米线呈现出垂直于衬底的形式，而 N 掺杂的 $\beta-Ga_2O_3$ 纳米线的形态产生了明显的变化，相对于衬底呈现随机取向，并且 $I-V$ 测试结果表明，掺 N 的 $\beta-Ga_2O_3$ 纳米线表现出 p 型导电的特性。2011 年，Chang 等通过微波等离子体增强化学气相沉积法和热化学气相沉积法制备了氧化镓纳米线，并构造了 N 掺杂的 $\beta-Ga_2O_3/\beta$　Ga_2O_3 结构 p－n 结[67]。p－n 结在 0.34～1.73 V 范围内的理想因子为 1.79，而在 3.45～4.25 V 范围内的理想因子为 3.45。

2019 年，Chikoidze 等采用金属有机化学气相沉积法在蓝宝石衬底上制备了 $\beta-Ga_2O_3$ 薄膜，其厚度为 450 nm，并通过电霍尔效应和化学 XPS 测量证实了即使在施主缺陷引起的强补偿的情况下，宽禁带 Ga_2O_3 氧化物也是天然的 p 型透明半导体氧化物(TSO)[68]。产生该种现象的主要原因是 Ga_2O_3 特定点缺陷的化学性质。这也是目前已报道的 p 型 TSO 中(例如 NiO、SnO、铜铁矿、氧硫属化物)带隙最大的半导体氧化物，其空穴迁移率超过 10 $cm^2 \cdot V^{-1} \cdot s^{-1}$，自由空穴浓度约为 10^{17} cm^{-3}。图 1－17 显示霍尔电压与所施加的磁场强度呈线性关系，正号表示多数电荷载流子为 p 型(空穴)。霍尔电压(V_H)随着垂直施加的磁场强度增加而线性增加。这证实了该层为 p 型导电。在最大可用温度 850 K 时，自由空穴浓度为 5.6×10^{14} cm^{-3}。在 680～850 K 温度范围内，霍尔空穴迁移率在 9.6～8.0 $cm^2 \cdot V^{-1} \cdot s^{-1}$范围内变化。

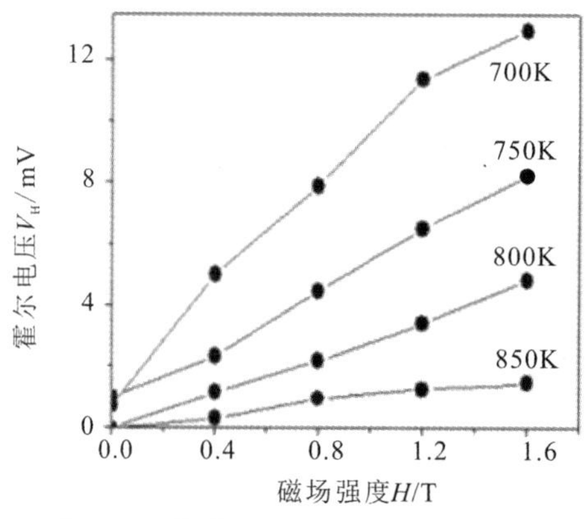

图 1－17　p 型 Ga_2O_3 薄膜不同温度下的霍尔电压与磁场强度的变化

2020 年 4 月，Islam 等控制氢在 Ga_2O_3 晶格中的掺杂，采用氢诱导，使 n 型电导率增加了 9 个数量级，施主电离能为 20 meV，电阻率为 10^4 Ω·cm。他们进一步将 Ga_2O_3 晶体与氢结合，使电导率切换为 p 型，受体电离能为 42 meV[69]。

2020 年 4 月，方志来等采用固-固相变原位掺杂技术，首次成功地在蓝宝石衬底上制备了 p 型的氮掺杂氧化镓薄膜[63]。他们通过热氧化法，在 1000～1100℃下对蓝宝石衬底上的 GaN 薄膜进行高温氧化，实现了 GaN 到 $\beta-Ga_2O_3$ 的固-固相变。$\beta-Ga_2O_3$ 薄膜中的 N 的掺杂受 GaN 分解速率所影响。所制得薄膜在室温下的载流子迁移率为 41.4 $cm^2\cdot V^{-1}\cdot s^{-1}$，室温下空穴浓度为 2.86×10^{15} cm^{-3}，电阻率为 52.6 Ω·cm。在 5 个月的测试周期内，该薄膜电学特性稳定。产物在具备高掺杂浓度的基础上保持了较高的晶体质量，所制得 MSM 型深紫外日盲光电探测器件(如图 1－18 所示)具有极高的响应度(9.5×10^3 A/W)、外量子效率(4.7×10^6 %)、探测率(1.5×10^{15} Jones)与增益带宽积(10^6)。

(a) p型Ga_2O_3薄膜器件模型

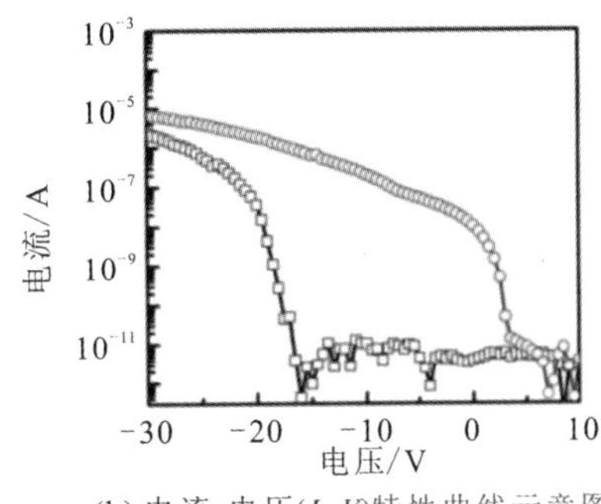

(b) 电流-电压(I-V)特性曲线示意图

图 1－18　p 型 Ga_2O_3 型深紫外日盲光电探测器件及其电流-电压(I－V)特性曲线

综上所述，由于氧化镓在本征状态时往往表现为 n 型导电，并且存在着缺陷的自补偿效应、浅能级受主杂质缺乏且易钝化、激活率低等问题，因此 p 型掺杂的氧化镓结构难以制备。目前氧化镓有效的 p 型掺杂，主要通过两种方式：第一种为用Ⅴ族的阴离子(如 N)取代氧位点；第二种是用Ⅰ、Ⅱ、ⅡB 族的阳离子(如 Mg、Zn 等)取代镓位点。当然，除了单元素掺杂外，共掺杂的形式也是近年来制备 p 型氧化镓结构的一种重要的方式。并且共掺杂的方式打破了单掺杂的溶解度限制，一定程度上可以提高半导体材料的光电性能，在提高电导率方面具有独特的优势[80-81]。Yan 等报道了 Zn－N 共掺杂的方式，提高了 Ga_2O_3 的掺杂浓度，降低了缺陷跃迁能级[82]。但由于 Zn 掺杂和 N 掺杂都能提供空穴，因此两个受主之间的斥力不可忽略。虽然目前在氧化镓的 p 型掺杂领域已经取得了一定的进展，但仍有许多的难题需要攻克，如对氧化镓进行高效的 p 型掺杂及异质结结构的构建依然是一个需要持续探索的方向。

1.2.4 热学性质

$\beta-Ga_2O_3$ 热导率为 13～27 W/(m·K)，比其他半导体材料的热导率低，如 GaN(热导率：130～230 W/(m·K))[83]、SiC(热导率：225～350 W/(m·K))[84]。由于 $\beta-Ga_2O_3$ 具有较大的摩尔质量(187.4 g/mol)，因此与其他材料，如 Al_2O_3 (0.76 J/(g·K))、硅(0.71 J/(g·K))相比，$\beta-Ga_2O_3$ 在室温下具有较低的比热容(0.56 J/(g·K))。如图 1-19 所示，随着温度的升高，$\beta-Ga_2O_3$ 的热导率逐渐降低，比热容则逐渐升高后趋于稳定[6]。为了更好地获得$\beta-Ga_2O_3$的热导率，需要了解 $\beta-Ga_2O_3$ 在不同温度下的比热容，Guo 等人采用差式扫描量热计对 $\beta-Ga_2O_3$ 在 123～748 K 温度下的比热容进行了测量，通过分析发现 $\beta-Ga_2O_3$ 的热容符合德拜模型[85]：

$$C(T) = 3Nk\frac{3}{x_0^3}\int_0^{x_0}\frac{x^4 e^x}{(e^x-1)^2}dx \tag{1-1}$$

式中，$x_0=\theta_D/T$，此处 θ_D为德拜温度，T 为绝对温度，k 为玻尔兹曼常数，N 为样品中的原子数。$\beta-Ga_2O_3$ 具有各向异性，其不同晶向上的热导率差别较大。$\beta-Ga_2O_3$热导率为

$$\kappa_i=c_v(v_i\cdot v_i)\tau \tag{1-2}$$

其中，c_v为比热容，$v_i(i=(x,\ y,\ z))$为$\beta-Ga_2O_3$ 某一方向的声子群速度，τ 为弛豫时间。目前，$\beta-Ga_2O_3$ 的热学性质已经被较为系统地报道。

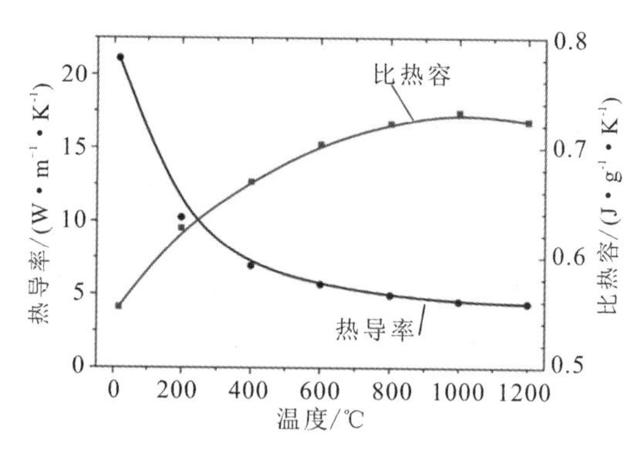

图 1-19　不同温度下 $\beta-Ga_2O_3$[010]晶向的热导率与比热容的变化趋势

Zbigniew Galazka 等人用激光闪光法对 $\beta-Ga_2O_3$ 的热导率进行了测量，

在室温下 $\beta-Ga_2O_3$[010]晶向的热导率为 21 W/(m·K)，$\beta-Ga_2O_3$[100]晶向的热导率为 13 W/(m·K)[6]。穆文祥等人采用 Perkin-Elmer 公司的 Diamond DSC-ZC 同步热分析仪对晶体比热容进行了测量，随后对 $\beta-Ga_2O_3$ 不同晶向的热导率 κ 进行了计算：

$$\kappa=\lambda\cdot\rho\cdot C_p \tag{1-3}$$

式中，λ 为热扩散系数，ρ 为密度，C_p 为热容。

通过计算得出，在室温下 $\beta-Ga_2O_3$[100]晶向、[010]晶向、[001]晶向的热导率分别为 14.9 W/(m·K)、27.9 W/(m·K)、17.9 W/(m·K)[5]。同时该小组还对 Ti 掺杂 $\beta-Ga_2O_3$、Co 掺杂 $\beta-Ga_2O_3$、Cr 掺杂 $\beta-Ga_2O_3$ 的热导率进行了测量，在室温下，Ti^{3+}：$\beta-Ga_2O_3$[010]晶向的热导率为 24.7 W/(m·K)[86]，Co^{2+}：$\beta-Ga_2O_3$[100]晶向的热导率为 13.0 W/(m·K)[87]，Cr^{4+}：$\beta-Ga_2O_3$[100]晶向的热导率为 16.2 W/(m·K)[88]。Zhi Guo 等人用时域热反射测量法(TDTR)对 Sn 掺杂 $\beta-Ga_2O_3$ 晶体的热导率进行了测量，如图 1-20 所示，不同

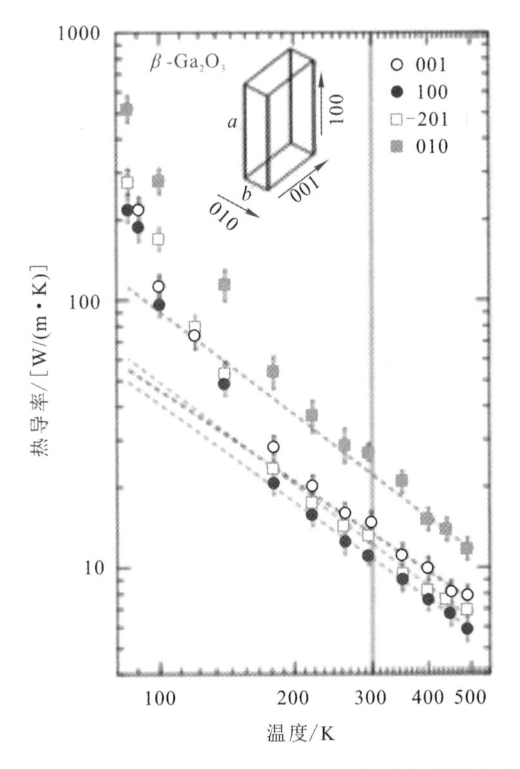

图 1-20　不同温度下 $\beta-Ga_2O_3$ 各晶向的热导率

晶向的 $\beta-Ga_2O_3$ 在 25～500 K 这一温度区间内，随着温度的升高，热导率是逐渐下降的。在室温下[100]、[$\bar{2}$01]、[001]、[010]四种晶向的热导率依次为 10.9 W/(m·K)、15.3 W/(m·K)、16.5 W/(m·K)、27 W/(m·K)[85]。

Marco D. Santia 等人[89]通过第一性原理对 $\beta-Ga_2O_3$ 晶体的热导率进行了计算模拟，通过计算得出[100]、[010]、[001]三个晶向的热导率分别为 16 W/(m·K)、27.5 W/(m·K)、21 W/(m·K)。在 $\beta-Ga_2O_3$ 所有的晶向中，[010]晶向上的热导率最大，[100]晶向上的热导率最小。$\beta-Ga_2O_3$ 晶体的热传递是依靠晶格振动来实现的，其中声子振动在 $\beta-Ga_2O_3$ 晶体的热传递过程中的贡献最大，$\beta-Ga_2O_3$[010]晶向上声子的有效质量最小，有利于声子的传输，因此 $\beta-Ga_2O_3$[010]晶向的热导率最大。在 $\beta-Ga_2O_3$ 晶体热传递的过程中，自由载流子对热传递的影响可以忽略不计[85]。

为实现 $\beta-Ga_2O_3$ 高效的热管理，可以将 $\beta-Ga_2O_3$ 薄膜与高导热衬底结合在一起，利用衬底高导热特点来完成 $\beta-Ga_2O_3$ 器件的及时散热。Mahajan 等人[90]认为金刚石可以作为散热衬底与 $\beta-Ga_2O_3$ 结合在一起以提高器件的性能。此外，高导热衬底的种类不局限于 SiC、金刚石等高导热半导体衬底，还可以包括金属衬底，如铜、铝等金属。Xu 等人通过键合的方法，实现了 2 英寸 $\beta-Ga_2O_3$ 薄膜与 4H-SiC 和 Si(001)基质上的异质集成，并在晶片上制备了 MOSFET 器件[91]。如图 1-21 所示，由于 4H-SiC 和 Si(001)基质的高热导率，GaOISiC 基与 GaOISi 基 MOSFETs 与普通的 $\beta-Ga_2O_3$ 相比，其 I_{ON}/I_{OFF}、R_{ON} 以及 I_{ON} 在室温至 500 K 的温度范围内，表现出更加优异的稳定性。$\beta-Ga_2O_3$

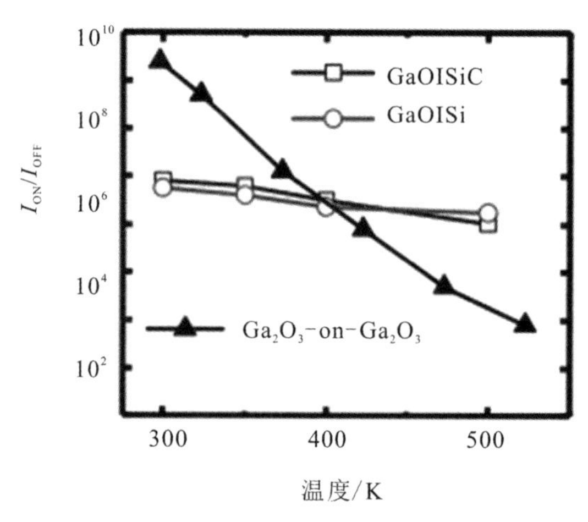

图 1-21 GaOISiC、GaOOSi 和报道的 Ga_2O_3 器件在不同温度下的 I_{ON}/I_{OFF}

与高导热衬底键合在一起，既保留了$\beta-Ga_2O_3$优异的电学性能，又改善了因其自身热导率低导致的器件难以散热的问题。

1.3　总结与展望

随着对高功率器件的性能要求越来越高，第四代半导体的代表材料氧化镓走入了人们的视野。本章简要介绍了半导体材料及氧化镓的发展现状，并介绍了氧化镓的结构、光学、电学、热学等基本性质。氧化镓容易实现n型掺杂，电子浓度可以达到10^{19} cm^{-3}，但是高浓度掺杂后迁移率会明显降低。目前，氧化镓材料仍面临着许多挑战，一方面氧化镓热导率较低，对器件散热造成困难（可将$\beta-Ga_2O_3$薄膜与高导热衬底结合以提高散热能力）；另一方面，氧化镓p型导电难以实现，虽然有报道通过Zn、N等掺杂获得了p型导电的氧化镓薄膜，但目前仍然以单极器件为主。总体而言，基于氧化镓的相关技术还处于发展阶段，要实现这个新的半导体材料的产业应用还有许多问题需要解决。随着单晶生长、材料掺杂、外延及器件加工技术等方面的进步，氧化镓有望在日盲探测和功率器件等方面实现产业化应用。

参考文献

[1] HIGASHIWAKI M, SASAKI K, KURAMATA A, et al. Development of gallium oxide power devices[J]. Physica Status Solidi, 2014, 211(1): 21-26.

[2] TSAO J, CHOWDHURY S, HOLLIS M, et al. Ultrawide-bandgap semiconductors: research opportunities and challenges [J]. Advanced Electronic Materials, 2018, 4(1): 1600501.

[3] TIPPINS H H. Optical absorption and photoconductivity in the band edge of $\beta-Ga_2O_3$ [J]. Physical Review, 1965, 140(1A): A316.

[4] PEARTON S J, YANG J, REN F, et al. A review of Ga_2O_3 materials, processing, and devices[J]. Applied Physics Reviews, 2018, 5(1): 011301.

[5] MU W, JIA Z, YIN Y, et al. High quality crystal growth and anisotropic physical characterization of $\beta-Ga_2O_3$ single crystals grown by EFG method[J]. Journal of Alloys and Compounds, 2017, 714: 453-458.

[6] GALAZKA Z, IRMSCHER K, UECKER R, et al. On the bulk $\beta-Ga_2O_3$ single

crystals grown by the Czochralski method[J]. Journal of Crystal Growth, 2014, 404: 184 - 191.

[7] OISHI T, KOGA Y, HARADA K, et al. High-mobility β - Ga_2O_3 single crystals grown by edge-defined film-fed growth method and their Schottky barrier diodes with Ni contact[J]. Applied Physics Express, 2015, 8(3): 031101.

[8] WANG X, FAIZAN M, NA G, et al. Discovery of New Polymorphs of Gallium Oxides with Particle Swarm Optimization-Based Structure Searches [J]. Advanced Electronic Materials, 2020, 6(6): 2000119.

[9] MAREZIO M, REMEIKA J P. Bond Lengths in the α - Ga_2O_3 Structure and the High-Pressure Phase of $Ga_{2-x}Fe_xO_3$ [J]. The Journal of Chemical Physics, 1967, 46 (5): 1862 - 1865.

[10] YOSHIOKA S, HAYASHI H, KUWABARA A, et al. Structures and energetics of Ga_2O_3 polymorphs [J]. Journal of Physics: Condensed Matter, 2007, 19 (34): 346211.

[11] AHMAN J, SVENSSON G, ALBERTSSON J. A reinvestigation of β - gallium oxide [J]. Acta Crystallographica Section C: Crystal Structure Communications, 1996, 52 (6): 1336 - 1338.

[12] ZINKEVICH M, MORALES F M, NITSCHE H, et al. Microstructural and thermodynamic study of γ - Ga_2O_3 [J]. Zeitschrift für Metallkunde, 2004, 95(9): 756 - 762.

[13] ROY R, HILL V G, OSBORN E F. Polymorphism of Ga_2O_3 and the system Ga_2O_3 - H_2O[J]. Journal of the American Chemical Society, 1952, 74(3): 719 - 722.

[14] PLAYFORD H Y, HANNON A C, BARNEY E R, et al. Structures of uncharacterised polymorphs of gallium oxide from total neutron diffraction[J]. Chemistry-A European Journal, 2013, 19(8): 2803 - 2813.

[15] GELLER S. Crystal structure of β - Ga_2O_3 [J]. The Journal of Chemical Physics, 1960, 33(3): 676 - 684.

[16] SHINOHARA D, FUJITA S. Heteroepitaxy of corundum-structured α - Ga_2O_3 thin films on α - Al_2O_3 substrates by ultrasonic mist chemical vapor deposition [J]. Japanese Journal of Applied Physics, 2008, 47(9R): 7311.

[17] HOSHIKAWA K, OHBA E, KOBAYASHI T, et al. Growth of β - Ga_2O_3 single crystals using vertical Bridgman method in ambient air[J]. Journal of Crystal Growth, 2016, 447: 36 - 41.

[18] CHEN H, LIU K, HU L, et al. New concept ultraviolet photodetectors [J]. Materials Today, 2015, 18(9): 493 - 502.

[19] SANG L, LIAO M, SUMIYA M. A comprehensive review of semiconductor ultraviolet photodetectors: from thin film to one-dimensional nanostructures[J]. Sensors, 2013, 13(8): 10482 - 10518.

[20] ZHAO B, WANG F, CHEN H, et al. Solar-blind avalanche photodetector based on single ZnO-Ga_2O_3 core-shell microwire[J]. Nano letters, 2015, 15(6): 3988 - 3993.

[21] FUJITA. Wide-bandgap semiconductor materials: For their full bloom[J]. Japanese journal of applied physics, 2015, 54(3): 030101.

[22] MU W, JIA Z, YIN Y, et al. One-step exfoliation of ultra-smooth $\beta - Ga_2O_3$ wafers from bulk crystal for photodetectors[J]. CrystEngComm, 2017, 19(34): 5122 - 5127.

[23] ROBERTSON J. Disorder, band offsets and dopability of transparent conducting oxides[J]. Thin solid films, 2008, 516(7): 1419 - 1425.

[24] KUWANO Y, SUDA K, ISHIZAWA N, et al. Crystal growth and properties of $(Lu, Y)_3Al_5O_{12}$[J]. Journal of crystal growth, 2004, 260(1 - 2): 159 - 165.

[25] NOVOSELOV A, KAGAMITANI Y, KASAMOTO T, et al. Crystal growth and characterization of Yb^{3+} - doped $Gd_3Ga_5O_{12}$[J]. Materials research bulletin, 2007, 42(1): 27 - 32.

[26] PETERS R, KRÄNKEL C, FREDRICH-THORNTON S, et al. Thermal analysis and efficient high power continuous-wave and mode-locked thin disk laser operation of Yb-doped sesquioxides[J]. Applied Physics B, 2011, 102(3): 509 - 514.

[27] SATO Y, TAIRA T. The studies of thermal conductivity in $GdVO_4$, YVO_4, and $Y_3Al_5O_{12}$ measured by quasi-one-dimensional flash method[J]. Optics express, 2006, 14(22): 10528 - 10536.

[28] GALAZKA Z, GANSCHOW S, FIEDLER A, et al. Doping of Czochralski-grown bulk $\beta - Ga_2O_3$ single crystals with Cr, Ce and Al[J]. Journal of Crystal Growth, 2018, 486: 82 - 90.

[29] VIVIEN D, VIANA B, REVCOLEVSCHI A, et al. Optical properties of $\beta - Ga_2O_3 : Cr^{3+}$ single crystals for tunable laser applications[J]. Journal of luminescence, 1987, 39(1): 29 - 33.

[30] WALSH C G, DONEGAN J F, GLYNN T J, et al. Luminescence from $\beta - Ga_2O_3 : Cr^{3+}$[J]. Journal of Luminescence, 1988, 40: 103 - 104.

[31] ZHANG J, LI B, XIA C, et al. Single crystal $\beta - Ga_2O_3$: Cr grown by floating zone technique and its optical properties[J]. Science in China Series E: Technological Sciences, 2007, 50(1): 51 - 56.

[32] MU W, CHEN X, HE G, et al. Anisotropy and in-plane polarization of low-symmetrical $\beta - Ga_2O_3$ single crystal in the deep ultraviolet band[J]. Applied Surface Science,

2020，527：146648.

[33] ONUMA T，SAITO S，SASAKI K，et al. Valence band ordering in $\beta-Ga_2O_3$ studied by polarized transmittance and reflectance spectroscopy[J]. Japanese Journal of Applied Physics，2015，54(11)：112601.

[34] SUZUKI N，OHIRA S，TANAKA M，et al. Fabrication and characterization of transparent conductive Sn-doped $\beta-Ga_2O_3$ single crystal[J]. physica status solidi(c)，2007，4(7)：2310-2313.

[35] GALAZKA Z，UECKER R，IRMSCHER K，et al. Czochralski growth and characterization of $\beta-Ga_2O_3$ single crystals[J]. Crystal Research Technology，2010，45(12)：1229-1236.

[36] LOVEJOY T，CHEN R，ZHENG X，et al. Band bending and surface defects in $\beta-Ga_2O_3$[J]. Applied Physics Letters，2012，100(18)：181602.

[37] 张晋，胡壮壮，穆文祥，等. 高质量氧化镓单晶及肖特基二极管的制备[J]. 人工晶体学报，2020，49(11)：2194.

[38] ZHANG K，XU Z，ZHAO J，et al. Temperature-dependent Raman and photoluminescence of $\beta-Ga_2O_3$ doped with shallow donors and deep acceptors impurities[J]. Journal of Alloys and Compounds，2021：160665.

[39] JANZEN B M，MAZZOLINI P，GILLEN R，et al. Isotopic study of Raman active phonon modes in $\beta-Ga_2O_3$[J]. Journal of Materials Chemistry C，2021，9(7)：2311-2320.

[40] TIPPINS H H. Optical absorption and photoconductivity in the band edge of $\beta-Ga_2O_3$[J]. Physical Review，1965，140(1A)：A316.

[41] CHRISTOPH J，VALENTINA S，MANSOUR M，et al. Experimental electronic structure of In_2O_3 and Ga_2O_3[J]. New Journal of Physics，2011，13：085014.

[42] LORENZ M R，WOODS J F，GAMBINO R J. Some electrical properties of the semiconductor $\beta-Ga_2O_3$[J]. Journal of Physics and Chemistry of Solids，1967，28(3)：403-404.

[43] KURAMATA A，KOSHI K，WATANABE S，et al. High-quality $\beta-Ga_2O_3$ single crystals grown by edge-defined film-fed growth[J]. Japanese Journal of Applied Physics，2016，55(12)：1202A2.

[44] VÍLLORA E G，SHIMAMURA K，YOSHIKAWA Y，et al. Electrical conductivity and carrier concentration control in $\beta-Ga_2O_3$ by Si doping[J]. Applied Physics Letters，2008，92(20)：202120.

[45] ZHOU W，XIA C，SAI Q，et al. Controlling n-type conductivity of $\beta-Ga_2O_3$ by Nb doping[J]. Applied Physics Letters，2017，111(24)：242103.

[46] UEDA N，HOSONO H，WASEDA R，et al. Anisotropy of electrical and optical properties in $\beta-Ga_2O_3$ single crystals[J]. Applied physics letters，1997，71(7)：933-935.

[47] VÍLLORA E G, SHIMAMURA K, YOSHIKAWA Y, et al. Large-size $\beta-Ga_2O_3$ single crystals and wafers[J]. Journal of Crystal Growth, 2004, 270(3-4): 420-426.

[48] IRMSCHER K, GALAZKA Z, PIETSCH M, et al. Electrical properties of $\beta-Ga_2O_3$ single crystals grown by the Czochralski method[J]. Journal of Applied Physics, 2011, 110(6): 063720.

[49] VARLEYJ B, WEBER J R, JANOTTI A, et al. Oxygen vacancies and donor impurities in $\beta-Ga_2O_3$[J]. Applied Physics Letters, 2010, 97(14): 142106.

[50] MA N, TANEN N, VERMA A, et al. Intrinsic electron mobility limits in $\beta-Ga_2O_3$ [J]. Applied Physics Letters, 2016, 109(21): 212101.

[51] GHOSH K, SINGISETTI U. Ab initio velocity-field curves in monoclinic $\beta-Ga_2O_3$ [J]. Journal of Applied Physics, 2017, 122(3): 035702.

[52] OSHIMA T, KAMINAGA K, MUKAI A, et al. Formation of semi-insulating layers on semiconducting $\beta-Ga_2O_3$ single crystals by thermal oxidation[J]. Japanese Journal of Applied Physics, 2013, 52(5R): 051101.

[53] HAJNAL Z, MIRÓ J, KISS G, et al. Role of oxygen vacancy defect states in the n-type conduction of $\beta-Ga_2O_3$[J]. Journal of applied physics, 1999, 86(7): 3792-3796.

[54] 穆文祥. $\beta-Ga_2O_3$单晶的生长、加工及性能研究[D]. 济南：山东大学，2018.

[55] CUI H, MOHAMED H F, XIA C, et al. Tuning electrical conductivity of $\beta-Ga_2O_3$ single crystals by Ta doping[J]. Journal of Alloys and Compounds, 2019, 788: 925-928.

[56] GALAZKA Z, SCHEWSKI R, IRMSCHER K, et al. Bulk $\beta-Ga_2O_3$ single crystals doped with Ce, Ce+Si, Ce+Al, and Ce+Al+Si for detection of nuclear radiation [J]. Journal of Alloys and Compounds, 2020, 818: 152842.

[57] SALEH M, VARLEY J B, JESENOVEC J, et al. Degenerate doping in $\beta-Ga_2O_3$ single crystals through Hf-doping[J]. Semiconductor Science and Technology, 2020, 35(4): 04LT01.

[58] CHABAK K D, LEEDY K D, GREEN A J, et al. Lateral $\beta-Ga_2O_3$ field effect transistors[J]. Semiconductor Science and Technology, 2019, 35(1): 013002.

[59] UEDA N, HOSONO H, WASEDA R, et al. Synthesis and control of conductivity of ultraviolet transmitting $\beta-Ga_2O_3$ single crystals[J]. Applied Physics Letters, 1997, 70(26): 3561-3563.

[60] HAN S, MAUZE A, AHMADI E, et al. n-type dopants in(001) $\beta-Ga_2O_3$ grown on (001) $\beta-Ga_2O_3$ substrates by plasma-assisted molecular beam epitaxy[J]. Semiconductor Science and Technology, 2018, 33(4): 045001.

[61] 唐程. 氧化镓晶体有效p型掺杂第一性原理研究[D]. 济南：山东大学，2017.

[62] CHEN X, REN F, GU S, et al. Review of gallium-oxide-based solar-blind ultraviolet

photodetectors[J]. Photonics Research, 2019, 7(4): 381 - 415.

[63] JIANG Z X, WU Z Y, FANG Z L, et al. P-type $\beta-Ga_2O_3$ metal-semiconductor-metal solar-blind photodetectors with extremely high responsivity and gain-bandwidth product[J]. Materials Today Physics, 2020, 14: 100226.

[64] SHENG S, FANG G, LI C, et al. p-Type transparent conducting oxides[J]. physica status solidi, 2006, 203(8): 1891 - 1900.

[65] CHANG P C, FAN Z, TSENG W Y, et al. $\beta-Ga_2O_3$ nanowires: synthesis, characterization, and p-channel field-effect transistor[J]. Applied physics letters, 2005, 87(22): 222102.

[66] LIU L L, LI M K, YU D Q et al. Fabrication and characteristics of N-doped $\beta-Ga_2O_3$ nanowires[J]. Applied Physics A, 2010, 98(4): 831 - 835.

[67] CHANG L W, LI C F, HSIEH Y T, et al. Ultrahigh-Density $\beta-Ga_2O_3$/N-doped $\beta-Ga_2O_3$ Schottky and pn Nanowire Junctions: Synthesis and Electrical Transport Properties[J]. Journal of the Electrochemical Society, 2011, 158(3): D136.

[68] CHIKOIDZE E, SARTEL C, MOHAMED H, et al. Enhancing the intrinsic p-type conductivity of the ultra-wide bandgap Ga_2O_3 semiconductor[J]. Journal of Materials Chemistry C, 2019, 7(33): 10231 - 10239.

[69] ISLAM M M, LIEDKE M O, WINARSKI D, et al. Chemical manipulation of hydrogen induced high p-type and n-type conductivity in Ga_2O_3[J]. Scientific reports, 2020, 10(1): 1 - 10.

[70] CHIKOIDZE E, TCHELIDZE T, SARTEL C, et al. Ultra-high critical electric field of 13.2 MV/cm for Zn-doped p-type $\beta-Ga_2O_3$[J]. Materials Today Physics, 2020, 15: 100263.

[71] QIAN Y, GUO D, CHU X, et al. Mg-doped p-type $\beta-Ga_2O_3$ thin film for solar-blind ultraviolet photodetector[J]. Materials Letters, 2017, 209: 558 - 561.

[72] ZHANG L Y, YAN J L, ZHANG Y J, et al. First-principles study on electronic structure and optical properties of N-doped P-type $\beta-Ga_2O_3$[J]. Science China Physics, Mechanics and Astronomy, 2012, 55(1): 19 - 24.

[73] YAN J L, ZHAO Y N. Electronic structure and optical properties of N-Zn co-doped $\beta-Ga_2O_3$[J]. Science China Physics, Mechanics and Astronomy, 2012, 55(4): 654 - 659.

[74] GUO W, GUO Y, DONG H, et al. Tailoring the electronic structure of $\beta-Ga_2O_3$ by non-metal doping from hybrid density functional theory calculations[J]. Physical Chemistry Chemical Physics, 2015, 17(8): 5817 - 5825.

[75] TANG C, SUN J, LIN N, et al. Electronic structure and optical property of metal-doped Ga_2O_3: a first principles study[J]. Rsc Advances, 2016, 6(82): 78322 - 78334.

[76] VARLEY J B, JANOTTI A, FRANCHINI C, et al. Role of self-trapping in luminescence and p-type conductivity of wide-band-gap oxides[J]. Physical Review B, 2012, 85(8): 081109.

[77] YAKIMOV E B, POLYAKOV A Y, SMIRNOV N B, et al. Diffusion length of non-equilibrium minority charge carriers in $\beta-Ga_2O_3$ measured by electron beam induced current[J]. Journal of Applied Physics, 2018, 123(18): 185704.

[78] LEE J, FLITSIYAN E, CHERNYAK L, et al. Effect of 1.5 MeV electron irradiation on $\beta-Ga_2O_3$ carrier lifetime and diffusion length[J]. Applied Physics Letters, 2018, 112(8): 082104.

[79] AKYOL F. Simulation of $\beta-Ga_2O_3$ vertical Schottky diode based photodetectors revealing average hole mobility of 20 $cm^2 \cdot V^{-1} \cdot s^{-1}$[J]. Journal of Applied Physics, 2020, 127(7): 074501.

[80] YE Z, HE H, JIANG L. Co-doping: an effective strategy for achieving stable p-type ZnO thin films[J]. Nano Energy, 2018, 52: 527-540.

[81] PAN W, CAO M, HAO H, et al. Defect engineering toward the structures and dielectric behaviors of(Nb, Zn) co-doped $SrTiO_3$ ceramics[J]. Journal of the European Ceramic Society, 2020, 40(1): 49-55.

[82] ZHANG L, YAN J, ZHANG Y, et al. A comparison of electronic structure and optical properties between N-doped $\beta-Ga_2O_3$ and N-Zn co-doped $\beta-Ga_2O_3$ [J]. Physica B: Condensed Matter, 2012, 407(8): 1227-1231.

[83] SARUA A, JI H, HILTON K P, et al. Thermal boundary resistance between GaN and substrate in AlGaN/GaN electronic devices[J]. IEEE Transactions on electron devices, 2007, 54(12): 3152-3158.

[84] WEI R, SONG S, YANG K, et al. Thermal conductivity of 4H-SiC single crystals [J]. Journal of Applied Physics, 2013, 113(5): 053503.

[85] GUO Z, VERMA A, WU X, et al. Anisotropic thermal conductivity in single crystal β-gallium oxide[J]. Applied Physics Letters, 2015, 106(11): 111909.

[86] MU W, JIA Z, CITTADINO G, et al. Ti-Doped $\beta-Ga_2O_3$: A Promising Material for Ultrafast and Tunable Lasers[J]. Crystal Growth and Design, 2018, 18(5): 3037-3043.

[87] ZHANG J, WANG Y, MU W, et al. New near-infrared optical modulator of Co^{2+}: $\beta-Ga_2O_3$ single crystal[J]. Optical Materials Express, 2021, 11(2): 442-447.

[88] MU W, YIN Y, JIA Z, et al. extended application of $\beta-Ga_2O_3$ single crystals to the laser field: Cr^{4+}: $\beta-Ga_2O_3$ utilized as a new promising saturable absorber[J]. RSC advances, 2017, 7: 21815-21819.

[89] SANTIA M D, TANDON N, ALBRECHT J D. Lattice thermal conductivity in

$\beta-Ga_2O_3$ from first principles[J]. Applied Physics Letters, 2015, 107(4): 041907.

[90] MAHAJAN B K, CHEN Y P, NOH J, et al. Electrothermal performance limit of $\beta-Ga_2O_3$ field-effect transistors[J]. Applied Physics Letters, 2019, 115(17): 173508.

[91] XU W, WANG Y, YOU T, et al. First demonstration of waferscale heterogeneous integration of Ga_2O_3 MOSFETs on SiC and Si substrates by ion-cutting process. 2019 IEEE International Electron Devices Meeting(IEDM), 2019.

第 2 章

氧化镓体块单晶生长

2.1 氧化镓单晶提拉法生长

2.1.1 提拉法简介

1. 提拉法发展历史

图 2-1 Jan Czochralski

提拉法又称丘克拉斯基法，由丘克拉斯基（Jan Czochralski）发明。1916 年，波兰科学家 Jan Czochralski（见图 2-1）首次提出一种测量金属结晶速率的新方法，该方法通过从金属熔体中提拉单晶，并严格控制使金属结晶速率与提拉速率相同，从而测量出不同种类金属的结晶速率[1]。1918 年，Wartenberg 意识到该方法在单晶生长领域的重要性，并首次使用籽晶，用该方法进行晶体生长。1922 年，Gomperz 改进了原始提拉法，尝试使用管状模具生长定形晶体，为后续导模法的发展提供了新思路。1948 年，Gordon K. Teal 与 J. B. Little 在原始提拉法的基础上进一步改进，成功生长出锗单晶。至此，提拉法开始用于锗、硅单晶的生长，并由此从金属领域逐步进入非金属领域。1951 年，Buckley 在《晶体生长》一书中详细介绍了 Czochralski 晶体生长方法，并将其定义为一种可用于晶体提拉生长的方法，从而 Czochralski 晶体生长方法也被称为“提拉法”，简称 Cz 法。

提拉法在人工晶体领域发挥了关键作用，并不断得到改进，使其适用于更多晶体材料的探索与产业化。随着提拉法技术的进步，该方法从最开始用于锗、硅单晶的生长，到用于砷化镓、蓝宝石、掺钕钇铝石榴石（Nd：YAG）、钆镓石榴石（GGG）和铌酸锂（$LiNbO_3$）等晶体生长，提拉法推动了半导体产业的快速发展，奠定了基于硅单晶的信息产业的基础，并促进了激光和光电子技术的快速发展。

2. 提拉法晶体生长基本原理

提拉法晶体生长基本原理如图 2 - 2 所示，坩埚可以使用电阻加热或感应方式加热，晶体生长原料置于坩埚中。根据材料熔点不同，坩埚可以选用不同的材质，例如单晶硅采用石英坩埚生长，氧化镓则多采用铱金坩埚生长。将原料加热成为均匀熔体，通过调整设备相关参数，使得熔体与籽晶的固液接触界面温度刚好满足晶体熔融条件，当籽晶杆上的籽晶与熔体接触后表面发生熔融时，紧接着提拉籽晶杆，在籽晶和熔体的交界面上不断进行原子或分子的重新排列，逐渐凝固生长出单晶。籽晶杆的提拉及转动的控制需要极其精确，整个晶体生长过程中提拉速度和转动速度的变化会影响炉内的气体对流及扰动情况[2-3]。

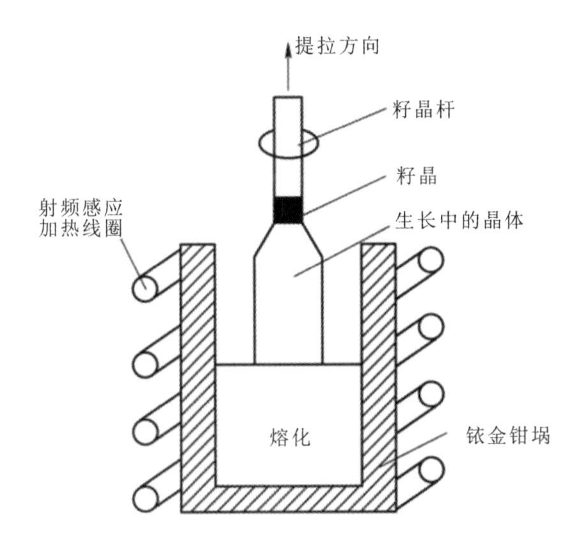

图 2 - 2　提拉法晶体生长基本原理示意图

提拉法晶体生长过程可以概括如下：

化料：加热坩埚中的原料，使其熔化为均匀熔体。

下种：无籽晶生长方式可以将提拉杆直接伸入到熔体中，随着缓慢地提拉，在提拉杆前端开始结晶。这种方式生长出来的晶体结晶性较差。在有籽晶的情况下，可以采用高质量籽晶进行诱导生长，有助于获得高质量定向单晶。下种阶段，籽晶与熔体接触形成固-液界面，该区域温度需要控制在晶体的熔点附近，防止晶体生长速度过快，或熔脱。由于对炉内高温熔体测温准确性不高，因此提拉法下种要求研究人员具有丰富的晶体生长经验。

收颈：下种完成后，缓慢向上提拉籽晶进入收颈阶段。如图 2-3 所示，收颈阶段晶体直径收缩减小，籽晶中部分位错沿其滑移面逐渐延伸至晶体表面而被消除，从而避免大量原有位错延伸至晶体当中，有效地降低了晶体中的位错密度，提高了晶体质量[4]。对于不同的晶体材料，缩颈技术要根据该类晶体的生长习性进行调整，如果晶体颈部过细，容易发生晶体颈部断裂，导致晶体生长终止；如果缩颈不彻底则又无法最大程度消除位错。

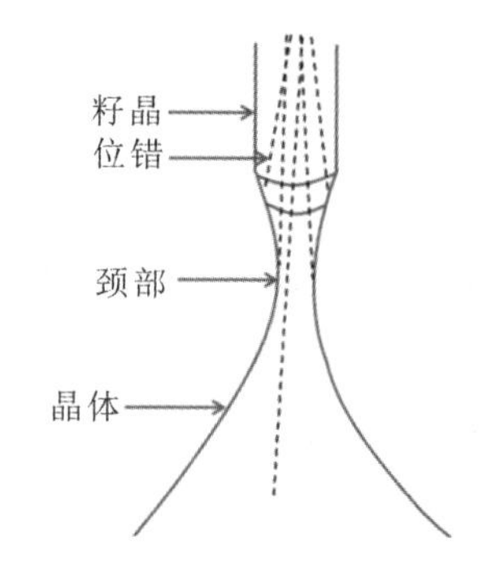

图 2-3　缩颈技术对于位错的消除作用

放肩：收颈阶段完成后，此时应放缓晶体提拉速度或者降低温度，使晶体直径逐渐变大，直至达到预定直径。实际的晶体生长经验表明，晶体两侧同时开始放肩时生长出的晶体质量及对称性良好，特别是对于本身晶体结构对称性较差的晶体材料来说，放肩阶段对于晶体尺寸的扩大和质量控制非常关键[5]。

等径生长：放肩阶段完成后，晶体进入等径生长阶段，晶体横向尺寸不再扩大。等径过程可以通过观察判断晶体大小来调整加热温度，实现等径生长。目前大多数提拉设备也具备自动等径功能，可在该阶段自动调控生长速度从而保持晶体等径生长稳定。

提拉收尾：晶体等径生长阶段即将结束时，增大提拉速度，迅速将晶体从熔融液体中拉脱，静置于熔体之上，再按照设定程序缓慢降温，整个晶体生长过程结束。为降低晶体提脱过程中的热冲击，避免晶体开裂，也可以在等径结束时，逐渐提高加热温度，减小直径后再提脱降温。

3. 提拉设备组成系统及相关设备简介

提拉炉的设备组成系统主要包括运动系统、称重系统、真空系统、气流及气氛控制系统、加热及冷却循环水系统等，如图 2-4 所示。整个运动系统可以实现籽晶杆的稳定旋转与升降。称重系统可实时测量晶体重[质]量，反映晶体生长情况。真空系统可提供真空环境，或充入保护气。加热系统主要可分为电阻加热和感应加热两种，其中电阻加热通常使用电阻丝、硅碳棒等加热体，制

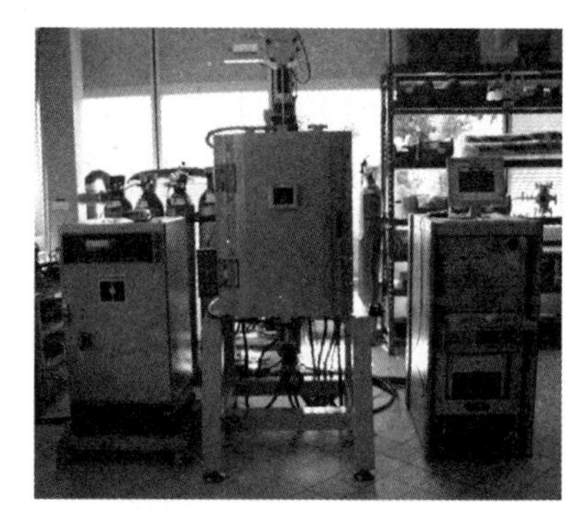

图 2-4　提拉炉实物图

成复杂形状的加热器，多用于低温生长的晶体，可以构建较低的温度梯度。感应加热采用感应线圈加热坩埚，坩埚多为金属、石墨等导电材料，多用于中高温生长条件。气氛控制系统主要由真空泵和进出气组成，气氛的控制对于晶体生长尤其关键，晶体生长过程中气流扰动会对晶体的生长过程产生影响[6-7]。

现在的提拉炉不仅可由计算机控制生长过程，还可以增置可编程逻辑控制器(Programmable Logic Controller，PLC)控制系统进行双系统双保险控制，当计算机系统出现故障时，PLC 控制系统开始运行预储存的晶体生长程序，从而避免因突发故障影响整个晶体生长过程，并在一定程度上保护晶体生长设备。大型晶体生长设备对于电源稳定性要求较高，一般均会配置不间断电源(Uninterruptible Power System，UPS)。

2.1.2　提拉法生长氧化物晶体

1960 年，使用提拉法技术成功生长了第一个氧化物($CaWO_4$)晶体[8]，文章一经发表，引发了探索生长氧化物晶体的热潮，研究者们使用提拉法生长了各种氧化物晶体，如铌酸锂、锗酸铋、钇铝石榴石[9-10]和蓝宝石[11]等。直到 20 世纪 60 年代中期，提拉法在氧化物晶体生长方面的技术应用逐渐成熟，成为光电子工业领域生长大尺寸氧化物单晶的重要方法[12]。

1. 氧化物晶体的生长界面研究

晶体生长过程中固-液界面形状对晶体质量有重要影响。Cockayne 最早开展晶体生长界面形状变化的研究，结果表明：晶体生长界面形状可以通过晶体转动速度进行控制，如在钇铝石榴石晶体生长实验中[13]，当转速高达 150 r/min 时，生长界面可由凸形界面转变为平坦界面。随后，有研究人员通过改变钆镓石榴石晶体中生长界面的形状来影响小面在界面中的位置(如图 2-5 所示)，从

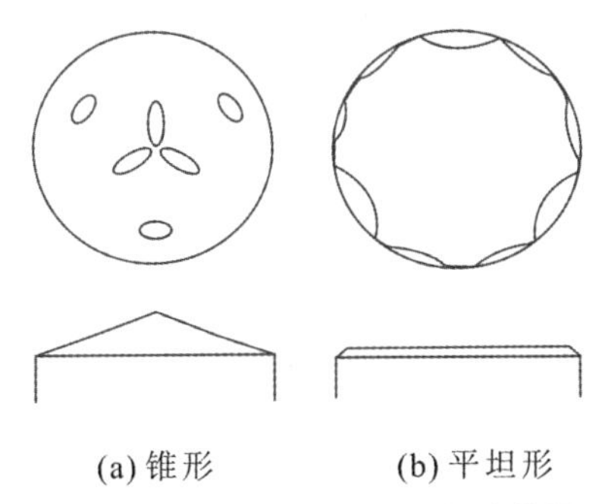

(a) 锥形　　(b) 平坦形

图 2-5　石榴石晶体中不同小面位置所导致的界面形状的改变

而使小面从生长界面中心位置转移至界面边缘逐渐被消除，并在平坦生长界面条件下实现了钆镓石榴石晶体的稳定生长，晶体中心无应力部分得到充分利用，可进一步加工制备出衬底或光学元件[14]。

在最初使用提拉法生长掺钕钇铝石榴石单晶时，晶体生长界面出现了奇怪的反转现象。研究发现，在生长过程中生长界面会从一个朝向熔融体的凸形界面突然转变为平坦界面甚至凹形界面。当使用一个恒定的晶体旋转速度去生长尺寸逐渐增大的晶体时，随着生长晶体凹形部分发生反熔，生长界面就会出现反转现象[15]。如图 2-6 所示，钆镓石榴石晶体的生长条纹清晰地显示出界面形状的变化。在进一步的晶体生长实验中发现，晶体在可见光与近红外光波段可以作为辐射传热的介质，当辐射热量过量，界面处积聚的热量无法正常疏散，凸形界面无法维持，从而转变为平坦界面或者凹形界面。相对于不透明的晶体，透明晶体生长过程中其热量传输更多，熔体与晶体之间需要具有更大的热流传动来保持晶体的稳定生长[16]。

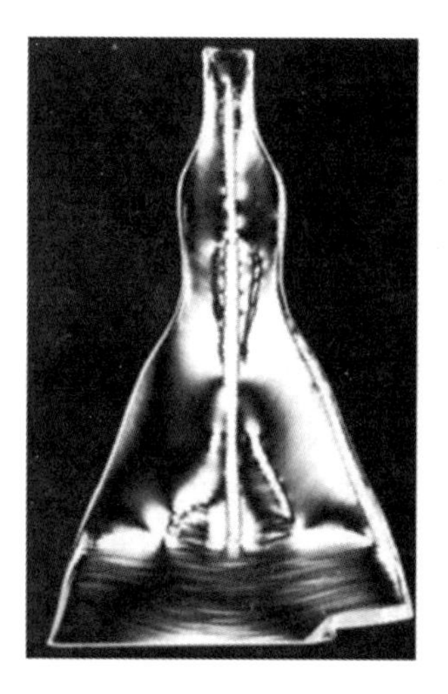

图 2-6　钆镓石榴石晶体中生长条纹显示了界面形状的变化

2. 提拉法生长系统模拟研究

为探明晶体生长系统中影响晶体生长的各种因素，Carruthers 首次对提拉法生长系统进行了流体力学的模拟实验，如图 2-7 所示[17]，通过在水-甘油模拟系统中对不同转速下的流场进行模拟，可以看出晶体转速对流场变化有较大影响。随后，众多实验研究发现，生长炉的外环区域是由加热流体的

自然对流力驱动的流场，而内部区域主要是由晶体旋转引发的对流场。

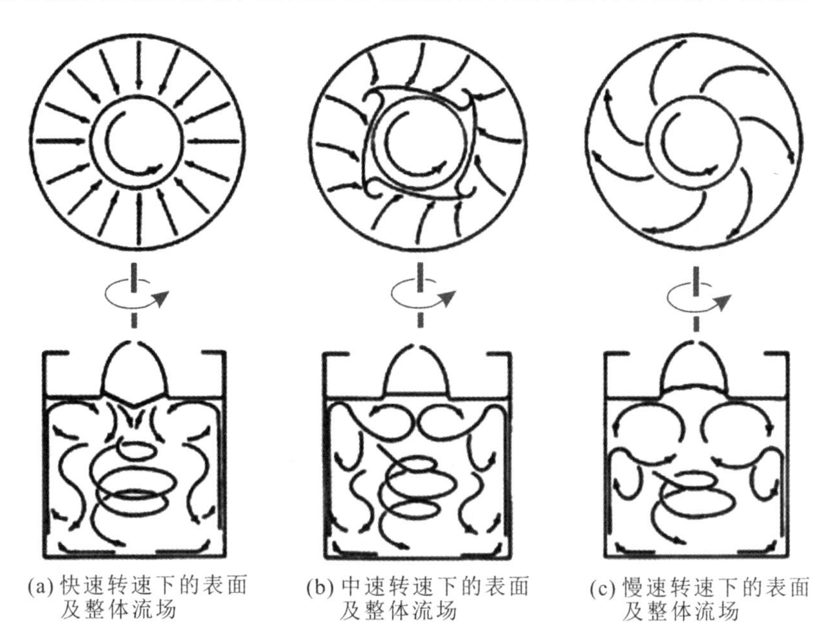

图 2-7　不同转速下的表面及流场

进一步研究发现坩埚内部的熔体高度是影响流体流动的重要因素之一，Whiffin 和 Brice 指出坩埚高度和熔体深度的比值是影响内部流体热振荡的最显著因素[18]，且当坩埚直径和坩埚高度比为 1∶1时，晶体生长的稳定性和生长困难程度达到一个平衡点。这个平衡点的发现，也为提拉法晶体生长的发展奠定了重要基础。随后，研究者们对界面形状的转变展开模拟，计算结果显示：在晶体旋转界面区域的自然对流与强制对流发生转变时，晶体的生长界面也随之发生了改变。这一重要结论对多种晶体的提拉法生长实验起到了关键的指导作用。

20 世纪 70 年代中期，流体动力学的相关模拟实验更加实用，所使用的实验模型也更加复杂，模拟计算的经验和思想已经成功应用到以硅为基础的半导体产业之中，并且对于熔融氧化物晶体的生长实验提供了宝贵的理论指导[19]。

3. 提拉法关键技术及设备改进

早期的晶体生长直径控制系统较为简单，但是难以实现对晶体生长的精确控制。控制电源需要研究人员手动操作，而且在生长过程中，研究人员需要通过不断地观察固-液生长界面来把握晶体直径的变化情况。而通过肉眼观察来手动控制晶体生长的方式难免会有误差。因此，即便是同一种晶体材料，生长出的晶体自然也会有所差异，图 2-8 所示为基于肉眼观察及手动控制生长的石榴石晶体。

图 2-8　基于肉眼观察及手动控制生长的石榴石晶体

20 世纪 70 年代中期，随着载荷传感器技术的快速发展，利用晶体称重的直径控制技术逐渐成熟。在整个晶体生长过程中，精密称重传感器灵敏度并不会降低，同时可以最大程度的降低仪器误差，实现了全自动化操作。如图 2-9 所示，利用晶体称重的直径控制技术生长的钙钛矿晶体可达较大尺寸。

图 2-9　利用晶体称重的直径控制技术生长的大尺寸钙钛矿晶体

尽管晶体生长设备不断得到改进，但针对不同的晶体生长需求，研究者们仍需针对不同的晶体探索出合适的生长工艺参数，并且优化设备功能，才能获得高质量、大尺寸晶体。

2.1.3　提拉法氧化镓单晶生长探索及进展

$\beta-Ga_2O_3$ 属于透明半导体氧化物，其易挥发特性在早期就受到研究者们的广泛关注。虽然该晶体在20世纪60年代已有研究，但是晶体生长难度较大导致发展缓慢。2000年，Tomm等人使用提拉法成功生长出未掺杂的 $\beta-Ga_2O_3$ 单晶，如图2-10所示，该单晶体态通透，呈浅蓝色。研究结果表明单晶生长过程中的挥发问题可以被 O_2 有效抑制，而在 $\beta-Ga_2O_3$ 单晶生长过程中，$Ar+O_2$ 与 $Ar+CO_2$ 两种不同的生长气氛组合都可以提供所需 O_2。Tomm等人通过进一步的模拟计算、实验证实，$Ar+CO_2$ 的生长气氛组合更适用于 $\beta-Ga_2O_3$ 单晶的生长[20]。如图2-11所示，氧化镓原料活性值(氧化镓材料熔点处活性)，在 $Ar+O_2$ 的气氛组合条件下会很快达到1，而处于 $Ar+CO_2$ 的气氛组合条件下时，即使组合中 CO_2 含量很高，其活性值也仍然低于1，同时 $Ar+CO_2$ 的气氛组合的氧分压是完全低于 $Ar+O_2$ 气氛组合的。这一结果表明：$Ar+CO_2$ 的气氛组合更适用于 $\beta-Ga_2O_3$ 单晶的生长过程，这是因为在中高温(1200～1400℃)时，铱金坩埚对 O_2 浓度较为敏感，易被氧化，该温度区间应保持较低的 O_2 浓度。而当温度逐渐升高时，氧化镓挥发问题更加严重，需要更多的 O_2 来抑制挥发。由于 CO_2 可以随着温度升高分解产生更多的 O_2，因此满足 $\beta-Ga_2O_3$ 单晶的生长需求，其分解反应如下：

$$CO_2 \rightleftharpoons CO+1/2O_2 \tag{2-1}$$

如图2-12所示，氧化镓原料气态挥发物种类为GaO、Ga_2O 和Ga，挥发反应方程如下：

$$Ga_2O_3(s) \longrightarrow 2GaO(g)+1/2O_2(g) \tag{2-2}$$

$$2GaO(g) \longrightarrow Ga_2O(g)+1/2O_2(g) \tag{2-3}$$

$$Ga_2O(g) \longrightarrow 2Ga(g)+1/2O_2(g) \tag{2-4}$$

在 $Ar+O_2$ 气氛组合条件下，在温度变化区间内氧分压保持恒定值，在中高温时(1200～1400℃)，O_2 浓度过量会导致铱金坩埚氧化严重。当使用 $Ar+CO_2$ 气氛组合时，氧分压随温度升高逐渐变大，符合实际 $\beta-Ga_2O_3$ 单晶生长要求，避免了 O_2 浓度过高情况的出现。

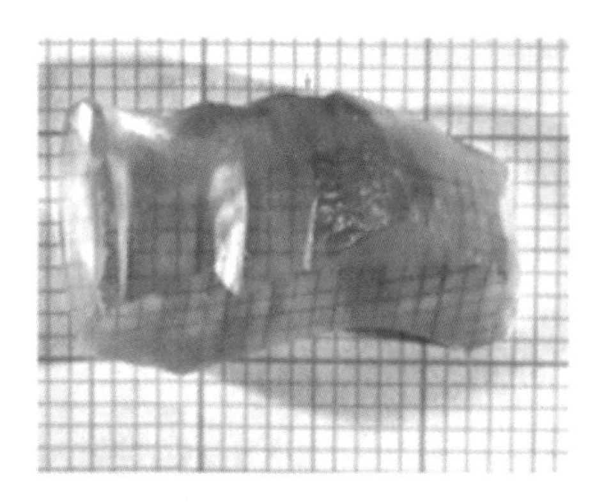

图 2-10　提拉法生长的第一块 β-Ga_2O_3 单晶[20]

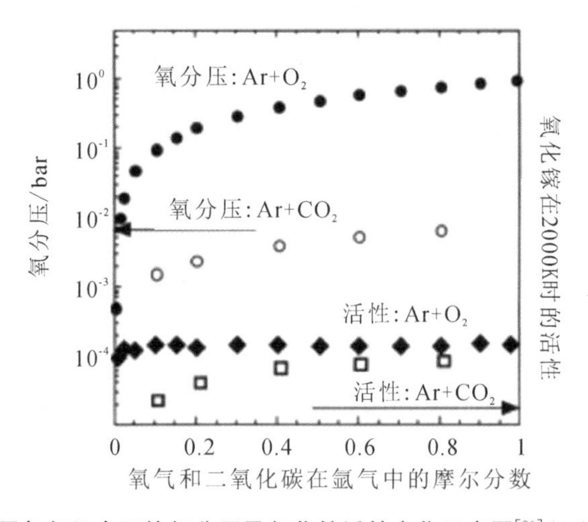

图 2-11　不同气氛组合下的氧分压及氧化镓活性变化示意图[20] (1 bar=100 kPa)

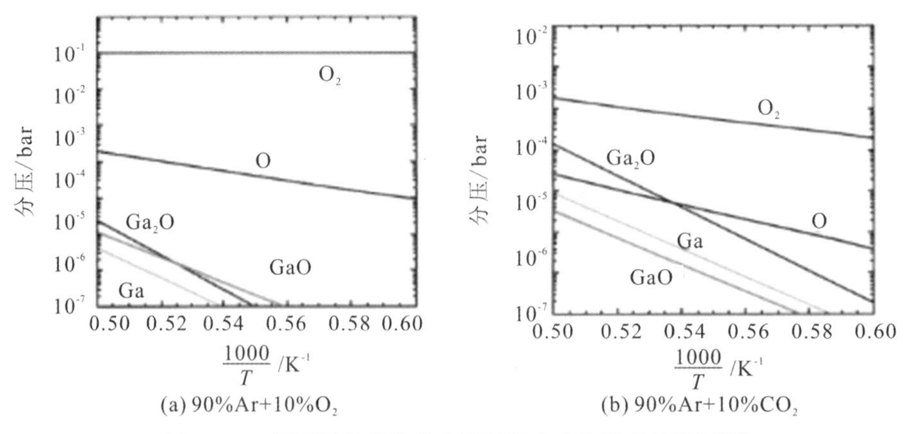

图 2-12　不同挥发物种类分压随温度变化情况示意图[20]

2010 年，德国莱布尼兹晶体生长研究所 Z. Galazka 等人对提拉法生长 $\beta-Ga_2O_3$ 单晶进行了深入研究。氧化镓原料的几种主要挥发物在不同生长气氛条件下的分压值如表 2-1 所示[21]，由表 2-1 可知：相比于在 7 bar 下的 CO_2 和 20 bar 下的 CO_2 两种生长气氛条件下，在 1 bar 下的 Ar+5ppmO_2气氛条件下，主要挥发物质 Ga_2O 的挥发速率分别增加了 18.5 倍、38 倍。该结果证实高压环境下的 CO_2气氛条件对于高温下氧化镓原料的挥发问题抑制效果明显，且由于 CO_2气体可以提供随温度变化的 O_2浓度，一定程度上抑制了铱金坩埚氧化和腐蚀。如图 2-13 所示，Z. Galazka 等人成功生长出直径为 18～22 mm 的 $\beta-Ga_2O_3$ 单晶，研究发现晶体颜色与生长气氛、压力、熔体温度梯度、杂质等因素有关，在 7 bar 的 CO_2、低温度梯度条件下，晶体透明且外形完整。

表 2-1 氧化镓原料在 1820℃时各组分挥发分压[21] （单位：bar）

气氛组合	Ar+5ppm O_2	98%Ar+2%O_2	50%Ar+50%CO_2	CO_2，1 bar	CO_2，7 bar	CO_2，20 bar
Ga_2O(g)	2.4×10^{-3}	2.8×10^{-4}	7.1×10^{-4}	4.6×10^{-4}	1.3×10^{-4}	6.3×10^{-5}
Ga(g)	5.9×10^{-5}	1.2×10^{-5}	2.4×10^{-5}	1.7×10^{-5}	6.5×10^{-6}	3.9×10^{-6}
GaO(g)	4.1×10^{-9}	2.4×10^{-9}	3.0×10^{-9}	2.7×10^{-9}	2.0×10^{-9}	1.6×10^{-9}
O_2(g)	2.4×10^{-3}	2.0×10^{-2}	8.0×10^{-3}	1.2×10^{-2}	4.4×10^{-2}	9.0×10^{-2}

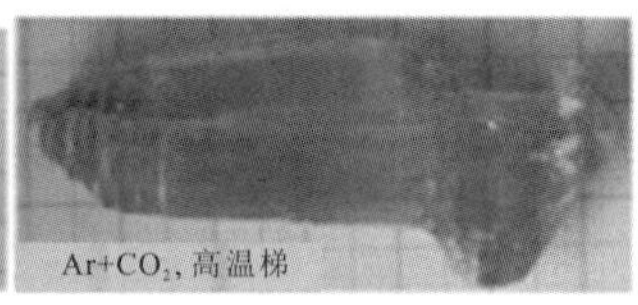

图 2-13 不同生长气氛及温度梯度条件下生长的 $\beta-Ga_2O_3$ 单晶[21]

2016 年，德国莱布尼兹晶体生长研究所使用提拉法将 $\beta-Ga_2O_3$ 单晶直径扩大至 2 英寸[22]，如图 2-14 所示。

对于 $\beta-Ga_2O_3$ 这种自身结构对称性较低，熔点较高的晶体材料，获取晶体的优质籽晶十分关键，质量较好的籽晶可以避免籽晶内部原位错缺陷延伸至新生长的晶体当中，同时降低下种难度。图 2-15 所示为美国空军实验室支持项目下的 Northrop-Grumman SYNOPTICS 公司在没有籽晶的情况下尝试使用铱金丝提拉生长出的 $\beta-Ga_2O_3$ 多晶，研究人员从中得到了长为 30 mm 的籽晶。对于 $\beta-Ga_2O_3$ 晶体，无籽晶生长一般难以获得单晶。

图 2-14　提拉法生长的 2 英寸圆柱形 $\beta-Ga_2O_3$ 晶体

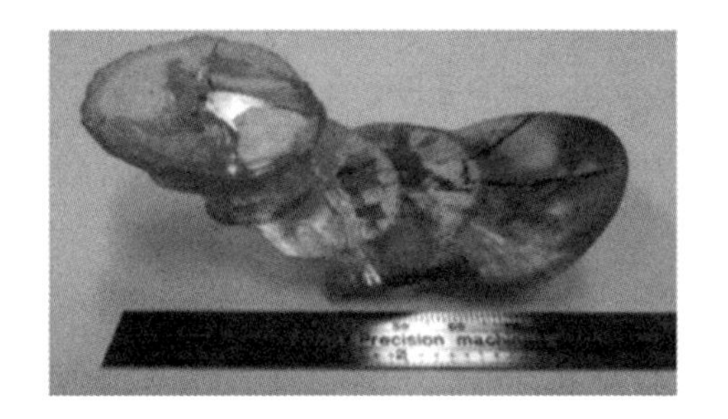

图 2-15　使用铱金丝提拉生长出的 $\beta-Ga_2O_3$ 多晶

在定向籽晶的诱导下，晶体外形更加可控。籽晶自身质量对于所生长出的晶体质量有一定的影响，图 2-16 所示为未优化籽晶生长出的 $\beta-Ga_2O_3$ 晶体，图 2-17 所示为优化籽晶生长出的 $\beta-Ga_2O_3$ 晶体，可以看出通过定向手段进

图 2-16　未优化籽晶生长出的 $\beta-Ga_2O_3$ 晶体[22]

图 2-17　优化籽晶生长出的 $\beta-Ga_2O_3$ 晶体

一步优化籽晶取向，所生长出的晶体质量有较大提高，优化籽晶生长的晶体质量较好且没有出现明显螺旋生长现象。

非故意掺杂晶体一般呈无色透明状，如图2-18所示。德国莱布尼兹晶体生长研究所的Z. Galazka等探索了$\beta-Ga_2O_3$晶体的电子浓度与晶体螺旋生长现象的关系，如图2-19所示，其中左侧晶体的自由电子浓度为10^{18} cm^{-3}量级，中间晶体的自由电子浓度为10^{16} cm^{-3}量级。自由电子浓度低的晶体外形更规整，螺旋生长现象被有效抑制。最右侧的是Mg掺杂的绝缘晶体，可以看出该晶体没有出现螺旋生长现象。Mg元素是一种有效的深能级受主杂质，可以有效捕获晶体中的自由电子，使晶体呈现高阻，从而降低电子对近红外波段辐射的吸收效应。因此，提拉法可以用于生长内部自由电子浓度处于较低水平的$\beta-Ga_2O_3$单晶。

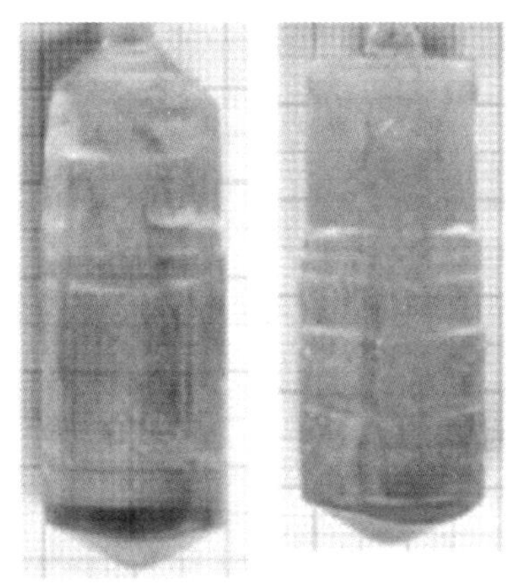

图2-18　非故意掺杂$\beta-Ga_2O_3$晶体

图2-19　提拉法生长的不同电子浓度水平的$\beta-Ga_2O_3$晶体[23]

在提拉法 $\beta-Ga_2O_3$ 晶体的掺杂改性研究方面，常见的掺杂离子有 Sn^{4+}、Si^{4+}、Ge^{4+} 等四价离子，Ce^{3+}、Al^{3+}、Cr^{3+} 等三价离子，Fe^{2+}、Mg^{2+}、Co^{2+}、Ni^{2+} 等二价离子，Li^{1+}、Cu^{1+} 等一价离子。不同掺杂离子在 $\beta-Ga_2O_3$ 能带结构中的位置不同，可以产生不同的电学效应，从而可以获得 n 型导电、半绝缘等不同特性的 $\beta-Ga_2O_3$ 晶体。掺杂工作中，掺杂离子半径与镓离子半径的相近程度，掺杂离子占据四面体还是八面体格位等问题与晶体生长均有密切关系。

Sn^{4+}、Si^{4+} 等掺杂离子作为施主杂质进入 $\beta-Ga_2O_3$ 晶体结构中，使得晶体自由电子浓度升高，晶体呈现 n 型导电特性。图 2-20 和图 2-21 分别是通过提拉法生长的 Si^{4+} 掺杂 $\beta-Ga_2O_3$ 晶体和 Sn^{4+} 掺杂 $\beta-Ga_2O_3$ 晶体，可以看出，施主离子掺杂后的高电子浓度晶体外形控制难度较大，容易出现螺旋生长。图 2-22、图 2-23、图 2-24 分别展示了其他价态离子掺杂 $\beta-Ga_2O_3$ 晶体。

图 2-20 Si^{4+} **掺杂** $\beta-Ga_2O_3$ **晶体**

图 2-21 Sn^{4+} **掺杂** $\beta-Ga_2O_3$ **晶体**

图 2-22 Cr^{3+} **掺杂**

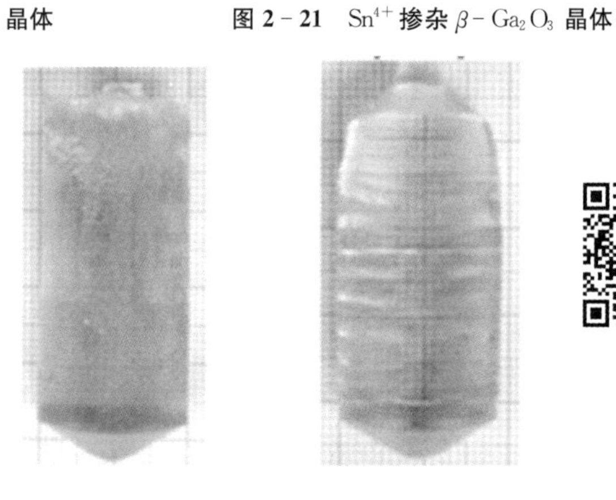

图 2-23 Mg^{2+} **掺杂**

图 2-24 Li^{1+} **掺杂**

电子浓度较低的晶体更利于扩大晶体尺寸与提高晶体质量，因此深能级受主离子 Fe、Mg、Co、Ni 等离子掺杂生长的半绝缘晶体更容易通过提拉法生长获得大尺寸单晶。图 2－25 及图 2－26 所示分别为提拉法生长的直径为50 mm 的 Fe 掺杂和 Mg 掺杂的半绝缘 $\beta-Ga_2O_3$ 晶体。目前，提拉法生长氧化镓单晶尺寸仍停留在 2 英寸，但是提拉法生长晶体具有更大的截面积，更方便获得[010]晶向的大尺寸晶圆。

图 2－25　Fe **掺杂的半绝缘** $\beta-Ga_2O_3$ **晶体**[22]

图 2－26　Mg **掺杂的半绝缘** $\beta-Ga_2O_3$ **晶体**[22]

2.1.4　提拉法晶体生长中的螺旋生长现象

1. 晶体螺旋生长研究模型

提拉法晶体生长中的螺旋生长现象，是高温晶体生长中的常见现象。2016 年，德国科学家 Dietrich G. Schwabe 对于在提拉法生长过程中的晶体螺旋生长现象进行了深入的研究，并利用研究模型科学地解释了螺旋生长现象出现的原因，如图 2－27 所示[24]。在金属单晶提拉生长实验中，人们发现，当晶体生长结束，把晶体从熔体中提拉分离出来时，晶体底端直径会减小，这种情况被认为是提拉法晶体生长的不稳定性所导致的。而与这种情况相反的是晶体直径的扩大，人们把这种相反的晶体直径变化情况称为外扩生长（Flaring Growth）。外扩生长往往发生在过冷熔体或者低温下的混合熔体晶体生长过程中，并且在高熔点氧化物晶体材料生长过程中更容易出现。由于该类晶体普遍具有较高熔点，在高温环境下相对于传导传热，辐射传热占据主导地位，而晶体本身可以作为辐射热量传输的介质，因此正常的热量传输直接影响晶体生长

过程。生长界面温度的波动导致了凹形的固-液生长界面，极易引发外扩生长，而外扩生长的出现进一步导致了晶体螺旋生长现象的发生。

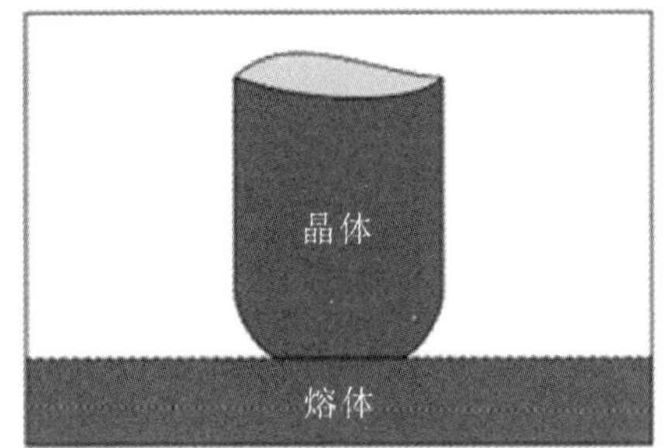

(a) 晶体直径减小

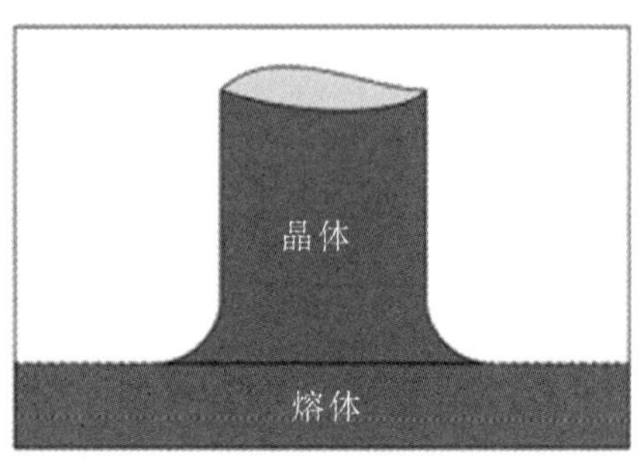

(b) 外扩生长

图 2-27　提拉法晶体生长直径的不稳定性示意图[24]

在整个晶体生长过程中，晶体是否保持在整个温场中心对于获得良好形态晶体十分关键。自身具有较高对称性的晶体一般生长稳定。而对于低对称的单斜 $\beta-Ga_2O_3$ 晶体，在晶体生长过程中更易受到外部生长环境变化的影响。如图 2-28 所示，外扩生长导致晶体的螺旋生长现象，当晶体不稳定生长时，晶体会有一侧先出现“脚”，而为了维持平衡另一侧会出现凹陷，随后开始螺旋生长。

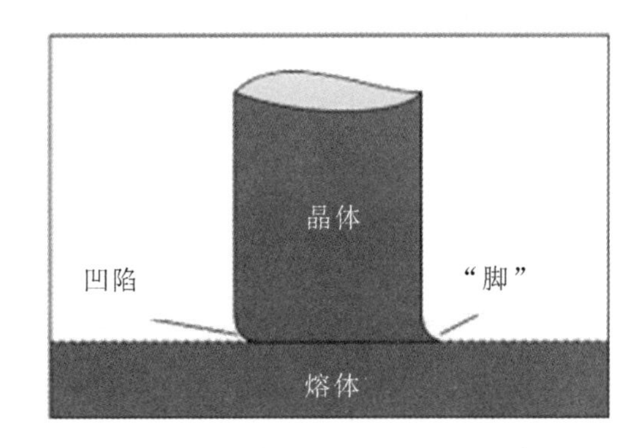

图 2-28　螺旋生长现象形成原理示意图[24]

数值模拟已被广泛应用于晶体生长。图 2-29 和图 2-30 所示分别为 4 英寸和 6 英寸氧化镓单晶提拉生长时熔体的温场以及流场的模拟结果，所用坩埚尺寸均为，直径：400 mm，高：250 mm。可以看出，在离心力和 Coriolis 力的作用下，6 英寸氧化镓单晶生长时的熔体部分出现了四个较大的涡旋，固-液界

面处的温度分布呈波浪形弯曲，这也会造成晶体螺旋生长。而 4 英寸氧化镓单晶生长时，熔体只有一个大的涡旋，热流在循环中传递，固-液界面的等温区呈锥形，温度分布更均匀，有利于凸界面的形成。这说明大直径晶体对熔体中的对流产生很大的影响，晶体更容易出现螺旋生长。

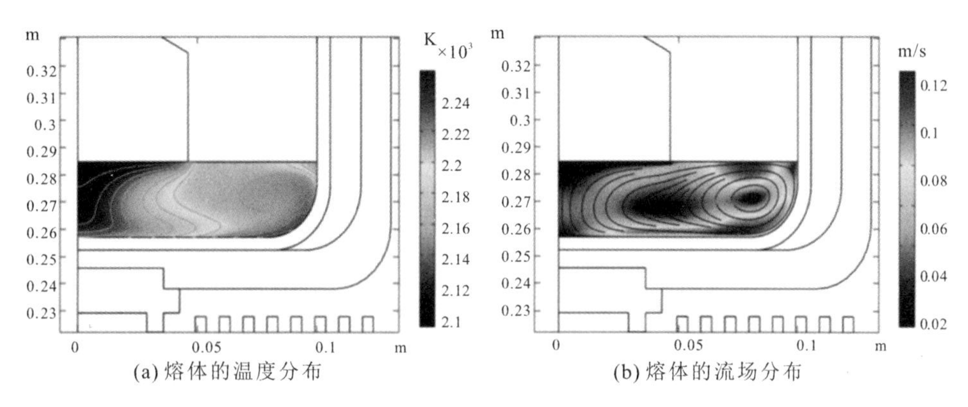

(a) 熔体的温度分布　　(b) 熔体的流场分布

图 2-29　4 英寸氧化镓单晶提拉生长的模拟结果[28]

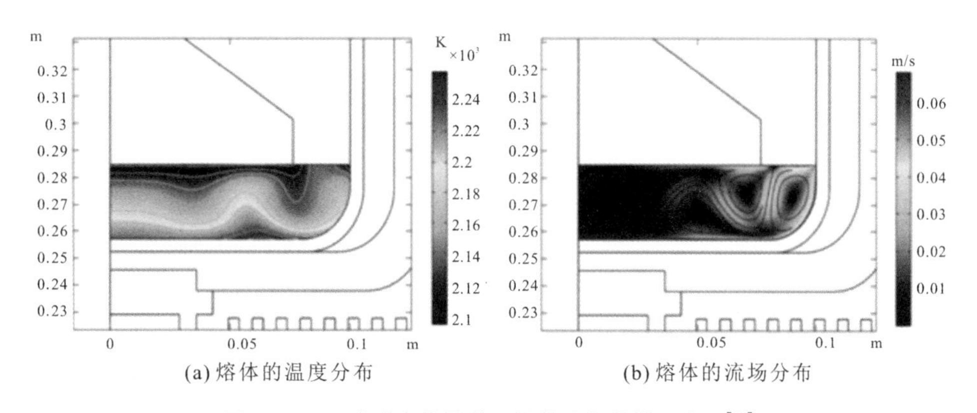

(a) 熔体的温度分布　　(b) 熔体的流场分布

图 2-30　6 英寸氧化镓单晶提拉生长的模拟结果[28]

2. $\beta-Ga_2O_3$ 晶体中的螺旋生长现象

我们对提拉法 $\beta-Ga_2O_3$ 晶体螺旋生长进行了分析。$\beta-Ga_2O_3$ 晶体熔点较高(约为 1793℃)[26]，晶体生长温度高，高温下辐射传热成为主要的传热方式，高温下 $\beta-Ga_2O_3$ 晶体对红外辐射吸收严重。Al_2O_3、$Y_3Al_5O_{12}$ 等绝缘氧化物晶体对红外辐射吸收较弱，固-液界面处热量可以由辐射的形式透过晶体向外传热，降低了固-液界面处的温度，因此，该类晶体容易表现为凸界面生长或近平

坦界面生长[27]。然而，$\beta-Ga_2O_3$ 晶体为半导体材料，随着导电性的增加，自由载流子在红外波段具有强烈的吸收[23]，严重影响了晶体固-液界面处热量的传递，而晶体周围熔体可以通过辐射方式向四周传热，随着晶体长度的增加，热量疏散更为困难，从而导致固-液界面内部温度较高，固-液界面逐渐变为凹界面，如图 2-31 所示。出现凹界面后，晶体生长稳定性减弱，晶体出现螺旋生长现象，甚至脱离液面，难以实现等径生长，如图 2-32 所示。

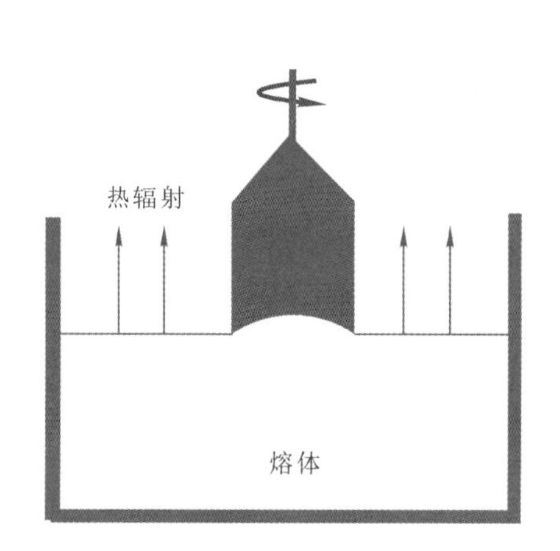

图 2-31　凹界面晶体生长示意图[28]

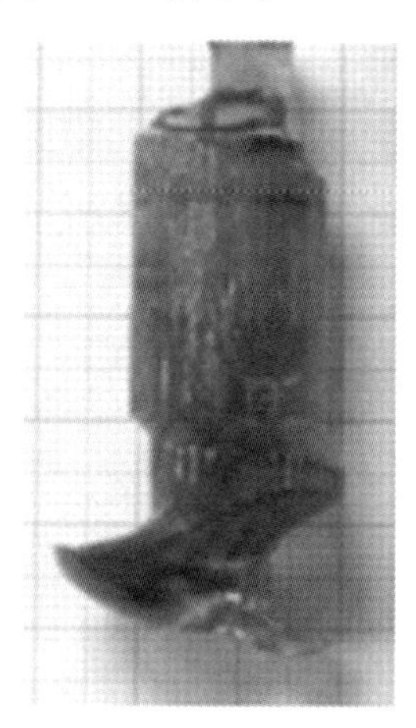

图 2-32　$\beta-Ga_2O_3$ 晶体中的螺旋生长现象

3. 其他晶体中的螺旋生长现象

图 2-33(a)是一块典型的螺旋生长的钒酸钇(YVO_4)晶体，直径为 33 mm，生长速度为 2 mm/h，晶体明显有 6 个螺旋环。进一步观察该晶体，可以看出晶体从圆柱形突然转变为螺旋形，而且螺旋形晶体的直径明显大于圆柱形晶体的，该现象说明螺旋生长发生前晶体首先出现了外扩生长，进而引发了螺旋生长。图 2-33(b)和图 2-33(c)分别是钪酸钐($SmScO_3$)晶体和钆镓石榴石($Gd_3Ga_5O_{12}$)晶体。观察钪酸钐晶体可知，该晶体在圆柱形晶体生长到一半时出现螺旋生长，最后形成 3 个明显的螺旋环，该现象说明螺旋生长是在一定条件下出现的，避免该条件的产生是解决螺旋生长的有效方法。反观钆镓石榴石晶体，螺旋生长现象在晶体下种阶段就已出现，籽晶一接触熔融液体表面，随着晶体直径的变大，螺旋生长迅速开始，该现象也表明只要满足一定的生长条件，螺旋生长现象在整个晶体生长过程中均有可能出现。分析总结这些典型晶体的螺旋生长现象可以得知，在高温生长环境下(钪酸钇晶体熔点为 1810℃，

钆镓石榴石晶体熔点为1800℃)，辐射传热为主要传热方式，晶体可以作为辐射热量传输的介质，而固-液界面处的热量疏散对于界面稳定性有较大影响，所以固-液界面的不稳定与晶体的螺旋生长现象有密切关系。

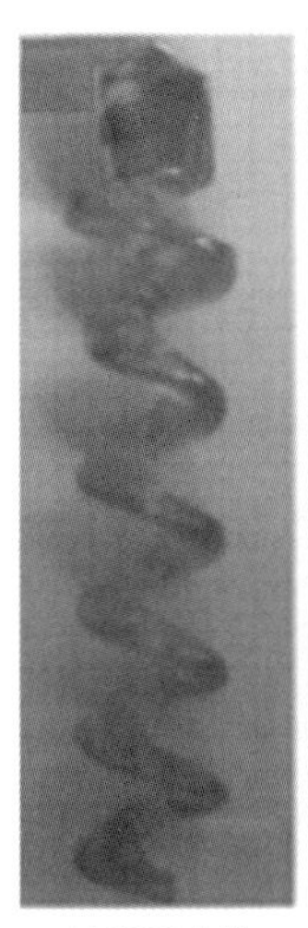
(a) YVO_4晶体

(b) $SmScO_3$晶体

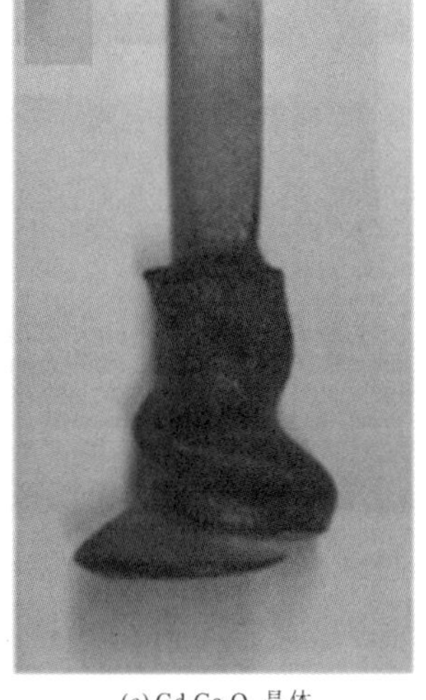
(c) $Gd_3Ga_5O_{12}$晶体

图2-33 不同晶体的螺旋生长

4. 晶体螺旋生长的主要影响因素

晶体透明度对于固-液生长界面及螺旋生长的影响：中高温时，提拉炉内传热方式以辐射传热为主，热量类型主要是红外辐射，对于透明度较高，红外波段透过率高的晶体，生长过程中晶体传热影响因素较小，所以其固-液生长界面较为稳定，不易发生界面反转；而具有高载流子浓度的$\beta-Ga_2O_3$晶体，在红外波段会发生强烈的吸收，所以界面下部容易积聚热量，不易保持一个稳定的固-液生长界面，而凹形生长界面相对凸形和平坦生长界面更容易造成晶体的螺旋生长，且生长过程中的界面反转对于晶体质量也会有较大影响。

提拉速度与晶体转速对于晶体螺旋生长的影响：一个合适的晶体生长速度是保持晶体稳定生长的关键因素，不同晶体有着不同的生长习性，研究人员需要根据所生长晶体的特殊生长习性，探索适合于该晶体的提拉速度与转速。晶体转速对于提拉设备内部的流场分布有较大影响，且与熔体内部对流、自然对流及强制对流的变化有密切关系。不合适的提拉速度或晶体转速都易诱发晶体螺旋生长现象。

温场设计及生长气氛对于晶体螺旋生长的影响：针对不同的晶体，合适的温场设计可以保证晶体生长环境的热力场对称，使坩埚和晶体在生长过程中受热均匀，避免因生长环境受热不均匀导致晶体开裂、微观缺陷增多等问题，从而影响晶体质量。对于一些原料易挥发的晶体，晶体生长气氛、配比需要结合晶体生长实验反复验证及探索，合理的生长气氛可以较好地避免晶体螺旋生长现象的出现。

2.2 氧化镓单晶导模法生长

导模法(Edge-defined Film-fed Growth Method，简称 EFG 法)即为边缘限定薄膜供料生长技术。导模法是一种重要的晶体生长方法，具有生长速度快、生长成本低，可生长大尺寸、异形晶体等优点，常用于单晶 Si、闪烁材料、蓝宝石等晶体的生长。EFG 法在 $\beta-Ga_2O_3$ 晶体生长方面优势明显。目前 Novel Crystal Technology 公司已经实现了 2 英寸 $\beta-Ga_2O_3$ 晶片的产业化，并成功生长出 6 英寸直径的 $\beta-Ga_2O_3$ 晶体。由于 EFG 法晶体生长更加稳定，因此目前 n 型重掺的 $\beta-Ga_2O_3$ 晶体也主要通过 EFG 法生长获得。在国内，EFG 法 $\beta-Ga_2O_3$ 晶体生长主要研究单位有山东大学、中国科学院上海光学精密机械研究所(简称中科院上海光机所)、同济大学、中国电子科技集团公司第四十六研究所(简称中国电科 46 所)等。

2.2.1 导模法晶体生长简介

1. 导模法的提出

导模法是由提拉法演化出的一种成形晶体生长技术。在提拉法中，晶体的尺寸与形状通过提拉速度、加热功率等方式进行控制，通常得到的是圆截面等直径或变直径的晶体。为控制晶体形状，苏联学者 Stepanov 在熔体表面放置一个模具(称为导模)作为约束条件，采用模具约束晶体形状的提拉法称为成形晶体生长法(Shaped Crystal Growth)，又被称为 Stepanov 法。该方法最早用来生长 Al 单晶，但与其他铝合金加工方法相比缺乏成本优势，后来逐渐发展为一种半导体等高附加值功能材料单晶生长技术。成形晶体生长法

的基本原理如图 2-34 所示，放置在熔体表面的模具控制晶体的形状，其中熔体的表面张力在晶体生长过程中起着重要的作用。当晶体从模具的边缘被提拉生长时，熔体黏附在晶体的表面被提起，并通过表面张力维持晶体与熔体的接触，形成图 2-35 所示的“半月面”。熔体被提起的高度越高，温度下降得就越多，在距离熔体表面的高度达到一定值时，熔体达到结晶温度，发生结晶。

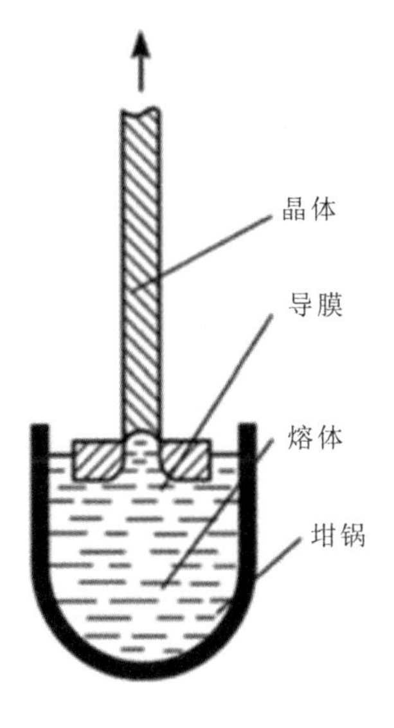

图 2-34　Stepanov **法原理图**

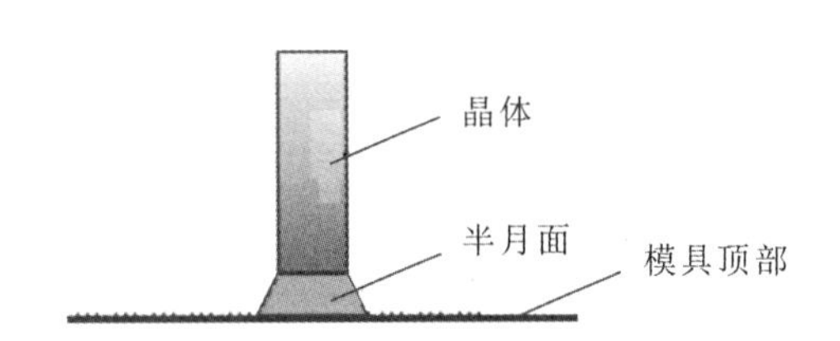

图 2-35　导模法固-液界面示意图

EFG 法是 20 世纪 60 年代由 H. E. LaBelle 等在 Stepanov 法基础上提出。该方法与 Stepanov 法的不同在于不要求模具的内腔与所生长的晶体形状一致，而是利用熔体对模具材料的润湿作用，使其通过毛细管输送到模具上表面，并沿着上表面铺开，形成薄膜，然后由该熔体薄膜提拉出一定形状的晶体。EFG 法只需要对模具上表面的形状进行控制即可实现对晶体形状的控制，与 Stepanov 法相比该方法可以生长出形状更加复杂的晶体。

在 EFG 法晶体生长中，固-液界面位于模具上方，坩埚中熔体流动对晶体生长的影响较小，晶体传热、传质过程与 Cz 法有较大差异。EFG 法的优势主要有，(1) EFG 法晶体生长中毛细管中熔体对流很弱，熔体杂质离子从毛细管上升至固-液界面后较难重新返回坩埚，因此 EFG 法生长晶体时，杂质离子分凝系数一般接近 1，生长的晶体上下杂质分布一致性好；(2) 界面形状可以通过模具表面几何形状调控，固-液界面位于温场中的位置始终不变，且不受坩埚中熔体扰动影响，因此 EFG 法晶体生长固-液界面更加稳定；(3) EFG 法晶体生长速度较快，有利于降低能耗，并可生长异形晶体，降低了晶体加工成本及晶体加工过程中的损耗，因而 EFG 法常常用于生长异形晶体及掺杂晶体等领域。

2. 导模法晶体生长的基本过程

EFG 法晶体生长原理如图 2-36 所示。将晶体生长的原料放在坩埚中加热熔化，从而获得一定的熔体，熔体将通过毛细管上升到模具上表面并形成液膜。将固定于籽晶杆上的籽晶接触到模具上表面，并浸入液膜中，接着缓慢向上提拉籽晶杆，这通常称为“下种”过程。从小尺寸的籽晶过渡到更小直径晶体的过程称为“收颈”过程。降低加热功率，液膜会在表面张力的作用下随晶体的生长而不断扩张，直到铺满模具，这通常称为“放肩”过程。当晶体铺满模具后，以一定速度提拉晶体，同时调控加热功率使晶体外形与模具外形一致，实现晶体“等径”生长。晶体生长至预定长度后，将晶体提离模具表面，这称为“提脱”过程。随后将温度缓慢降至室温，晶体生长结束。图 2-36 所示的生长单元通常放置在一个密封的生长室中。生长室通常既可以抽真空，也可充入特定的气体，进行气氛控制。籽晶杆与一个机械传动机构连接，以实现平稳上下移动，控制晶体生长过程的提拉速度。在感应线圈加热的条件下，坩埚还起着发热体的作用。

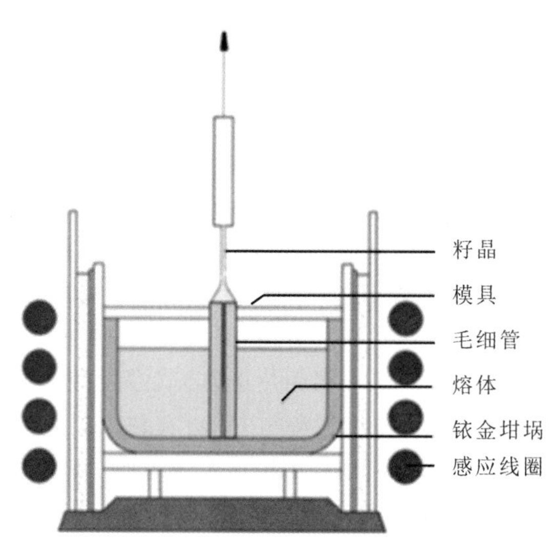

图 2-36　导模法晶体生长原理示意图

3. 导模法 $\beta-Ga_2O_3$ 晶体生长的结晶特性

在 EFG 法晶体生长过程中，晶体、熔体、模具及坩埚的传热热流极其复杂。在晶体内部，通过热传导将来自熔体和结晶界面释放的结晶潜热向籽晶杆及晶体表面传导。熔体内部存在着一个对流与热传导的综合换热过程，如图 2-37所示。在生长 $\beta-Ga_2O_3$ 单晶时，铱金坩埚作为发热体产生的热量对熔体进行加热，同时它也会以热传导及热辐射两种方式对模具进行加热同时向环境散热。模具一般以热辐射的方式向环境进行散热，同时也会通过液膜向晶体传热。晶体会将模具传导的热量及间接的结晶潜热向籽晶杆及晶体表面传导，某些掺杂离子则会使晶体吸收热量。在如此复杂的换热过程中，要维持晶体与熔体的界面恰好处于熔点温度，需要进行精确的温度控制。晶体直径的控制原理可以通过图 2-38 所示的简化传热模型进行分析。

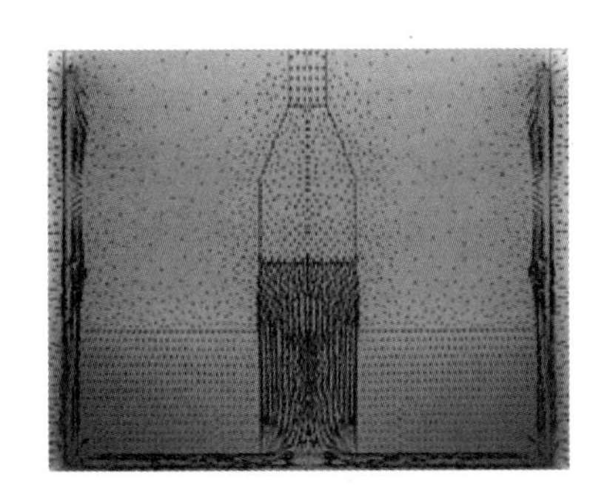

图 2-37　EFG 法生长 $\beta-Ga_2O_3$ 单晶时热传递模拟图

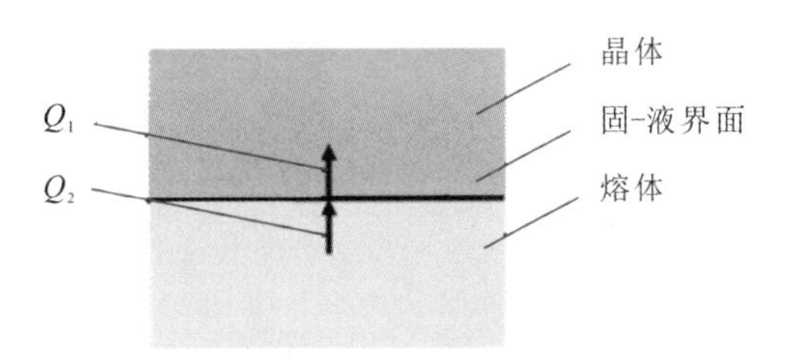

图 2-38　简化传热模型

图 2-38 中，Q_1 和 Q_2 分别表示单位时间结晶界面向晶体中传导的热量和熔体向结晶界面传导的热量。如果单位时间结晶界面释放的结晶潜热用 Q_3 表示，则在结晶界面上存在如下热平衡条件：

$$Q_3 = Q_1 - Q_2 = \Delta Q \tag{2-5}$$

对于缓慢的晶体生长过程，Q_1 和 Q_2 的差值 ΔQ 的变化幅度很小，在有限的时段内是近似恒定的，它满足下述方程：

$$Q_3 = \Delta H_m \rho_c R A \tag{2-6}$$

式中，ΔH_m 为结晶潜热；ρ_c 为晶体的密度；A 为结晶界面的截面面积；R 为晶体的生长速度。

由于没有液面下降的因素，在 EFG 法晶体生长过程中，生长速度 R 与籽

晶杆的提拉速度 ν 相等。因此有

$$A=\frac{\Delta Q}{\Delta H_{m}\rho_{c}\nu} \tag{2-7}$$

对于圆柱形的晶体，假定其直径为 d，则 $A=\frac{\pi d^2}{4}$。因此有

$$d=2\left(\frac{\Delta Q}{\pi\Delta H_{m}\rho_{c}}\right)^{\frac{1}{2}}\nu^{-\frac{1}{2}} \tag{2-8}$$

即晶体的直径与提拉速度的平方根成反比。对于方形的晶体，结果也是类似的。虽然式(2-8)只是一个近似的表达式，但能够定性地反映出提拉速度与晶体直径的关系。提高生长速度将导致晶体直径减小，实现晶体的收颈。反之，降低生长速度将导致晶体直径增大，实现晶体的放肩。当晶体直径达到预定值时，适当提高提拉速度，晶体直径可以维持稳定。在晶体生长过程中，可以通过直接观察晶体直径的变化，实时手动控制晶体的收颈、放肩过程。

晶体生长过程中截面形状的变化由晶体在结晶界面附近的倾斜角度 α 决定，其半径变化速度可表示为

$$\frac{dr}{d\tau}=R_{c}\tan\alpha \tag{2-9}$$

式中，r 为晶体半径；τ 为生长时间；R_c 为晶体的实际生长速度，与晶体的提拉速度 ν 的关系为

$$R_{c}=\nu-\frac{dH}{d\tau}-\frac{dh}{d\tau} \tag{2-10}$$

其中，H 为液膜的高度；h 为半月面的高度。

在式(2-9)及式(2-10)中，H 是由模具几何尺寸、熔体的毛细作用和熔体生长过程的质量守恒关系决定的，h 和 α 则取决于熔体的表面张力、密度及传热条件，可以看出，熔体的表面张力在维持结晶连续进行的过程中起到了至关重要的作用。提拉速度要和生长速度协调一致，而生长速度又与热传导的速度相协调。当提拉速度过大时，结晶界面远离熔体的表面，该距离大于一定值时，熔体的表面张力不足以约束熔体的形状，使熔体被“拉断”，导致晶体生长失败。这也是“提脱”过程的基本原理。

4. 导模法晶体生长实例

模具在 EFG 法晶体生长中起着至关重要的作用，不同的模具形状可以生长出不同形状的晶体，如圆柱形、片状、桶状、纤维状等。

采用环形的导模，可生长环形晶体，如图 2-39(a)所示。该方法又称为 CS

(Closed-Shaping)法。Garcia 等采用 EFG 法生长了直径达 500 mm，壁厚仅为 75～300 μm 的薄壁单晶 Si 管，长度达到 1.2 m。图 2-39(b)所示为薄壁单晶 Si 管的实物图。

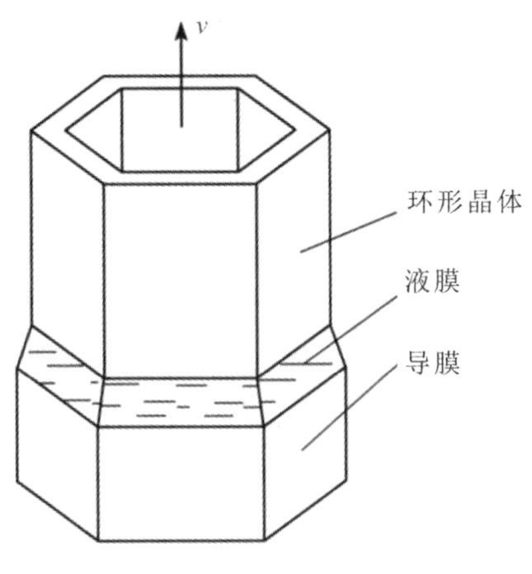

(a) EFG环形生长的基本原理

(b) EFG法生长的薄壁单晶Si管

图 2-39　EFG 法生长环形晶体

此外，EFG 法还可用来生长纤维。Kurlov 等采用图 2-40 所示的 EFG 法生长了直径为 1.2 mm 稀土掺杂的 YAG 晶体光纤。图 2-41 所示为 EFG 法生长蓝宝石纤维的生长图像，EFG 法生长纤维最大的优势在于其可一次性生长多根纤维。

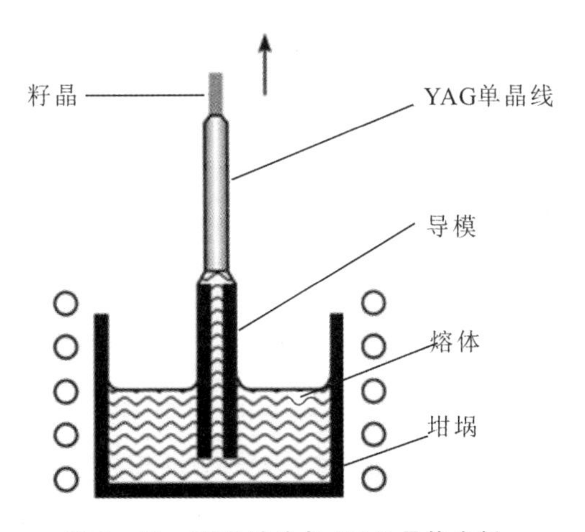

图 2-40　EFG 法生长 YAG 晶体光纤

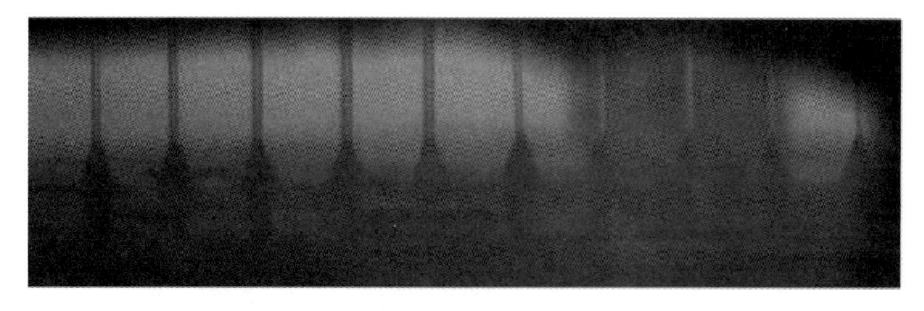

图 2-41　EFG 法生长蓝宝石纤维的生长图像

EFG 法在蓝宝石衬底的工业生产中起到了重要作用，而且可以用来生产具有各种复杂形状的蓝宝石晶体。例如，高质量的大型蓝宝石板材、整流罩、柔性纤维、各种截面的棒和各种直径的蓝宝石管等，如图 2-42 所示。

图 2-42　EFG 法生长的各种形状蓝宝石晶体

自从 EFG 法晶体生长技术被提出以来，异形晶体生长得到了极大的发展。其中包括硅(Si)[29-30]，氧化镓(Ga_2O_3)[4]，氧化铝、氧化锆共晶纤维(Al_2O_3-Zr_2O_3(Y_2O_3))，稀土钼酸盐晶体($Re_2(MoO_4)_3$，Re＝Gd，Tb，Sm)，钼酸锶($SrMoO_4$)[31]掺杂稀土元素，铝酸镁($MgAl_2O_4$)[32]，多组分氧化物单晶(Ca_3VO_4，$Bi1_2SiO_{20}$，$Bi1_2GeO_{20}$，$Bi_4Ge_3O_{12}$，$Nd_3Ga_5O_{12}$)[33]，铌酸锂($LiNbO_3$)[33-35]，稀土元素掺杂钇铝石榴石($Y_3Al_5O_{12}$)[36]，稀土钒酸盐(YVO_4，$GdVO_4$)[37]，钽酸锂($LiTaO_3$)[38]，二氧化钛(TiO_2)[39]，等等。

EFG 法在 $\beta-Ga_2O_3$ 晶体生长方面优势明显，晶体生长固-液界面更加可控，有利于生长高载流子浓度晶体。

2.2.2　导模法氧化镓晶体生长及进展

EFG 法晶体生长设备相对 Cz 法更为复杂，其中晶体生长模具的设计及模具与坩埚、温场的配合最为关键。模具的外形及其在坩埚中的位置对生长界面处温场分布都有显著影响。EFG 法晶体生长界面位于模具与晶体的交界处，铱金模具固定于铱金坩埚中，晶体生长界面不随坩埚中熔体的变化而变化。除此之外，相较 Cz 法，EFG 法晶体等径生长过程中，模具上方液膜全部被晶体覆盖，模具上方散热环境一致，生长界面更为稳定。

但是 $\beta-Ga_2O_3$ 晶体生长中主要存在熔体的挥发、分解、凝结，坩埚腐蚀及晶体开裂等问题，相对传统的晶体生长难度较大。

1. 熔体挥发分解与抑制

在 2.1.3 节中，我们已经提到，$\beta-Ga_2O_3$ 在高温下会发生分解反应导致 $\beta-Ga_2O_3$ 晶体中产生大量的氧空位，而且高温下的 Ga 单质还会与铱金坩埚及模具反应，形成熔点较低的合金，造成贵金属的损耗。通过合理控制气氛中的氧分压可以抑制熔体高温分解，但同时又要避免因氧气浓度过高导致铱金氧化。

除此之外，熔体在高温下容易挥发，挥发的蒸气会在温场及晶体表面重新凝结，严重的情况下凝结的针状、片状杂晶会影响重量信号，从而影响 $\beta-Ga_2O_3$ 晶体的提拉过程。图 2-43 展示了使用 Ar 气作为保护气体，$\beta-Ga_2O_3$

图 2-43　导模法 $\beta-Ga_2O_3$ 晶体生长过程中杂晶凝结现象

晶体生长过程中针状、片状杂晶的凝结情况。由图可以看出，当杂晶影响严重时，晶体生长过程被迫中止，晶体无法继续生长；当杂晶影响较弱时，杂晶也会扰动长晶过程，导致 $\beta-Ga_2O_3$ 晶体质量变差。

为解决上述问题，可以在保护气氛中加入了 CO_2 气体来减弱熔体在高温下的挥发、分解。CO_2 在高温下发生如下分解反应：

$$CO_2(g) \rightleftharpoons CO(g)+1/2\ O_2(g) \tag{2-13}$$

$\beta-Ga_2O_3$ 晶体生长时温度较高，CO_2 会分解出较多的 O_2，从而增加气氛中的氧分压，抑制氧化镓熔体的挥发、分解。因此，CO_2 的加入可以起到动态调节生长气氛中氧分压的作用。生长尺寸更大的晶体可适当掺入氧气以提高保护气氛中的氧分压。通过进一步优化气氛条件可以有效抑制 $\beta-Ga_2O_3$ 晶体生长过程中氧化镓熔体的挥发、分解及凝结。图 2-44 所示为山东大学的研究组优化保护气氛后所生长出的(100)面 $\beta-Ga_2O_3$ 晶体，该晶体生长基本解决了熔体挥发对晶体生长的干扰。

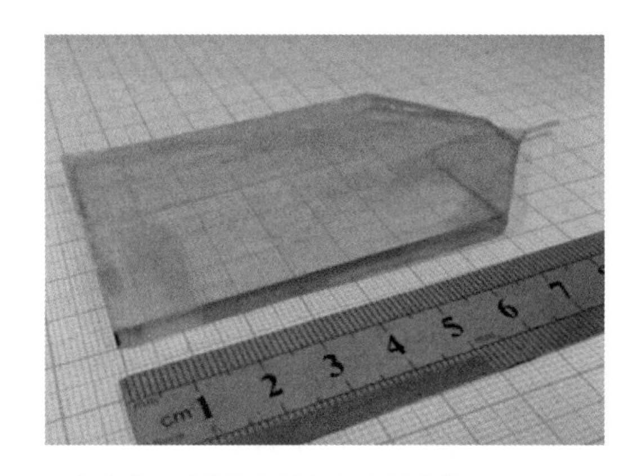

图 2-44　山东大学通过优化保护气氛生长出的(100)面 $\beta-Ga_2O_3$ 晶体

2. 收颈、放肩与晶体开裂

$\beta-Ga_2O_3$ 晶体属于单斜晶系，理论上[010]方向晶体生长速度较快，因此通常采用[010]方向籽晶生长。EFG 法生长 $\beta-Ga_2O_3$ 晶体时，放肩过程中模具表面的缺陷容易引起晶体缺陷及晶体开裂，因此需要对模具表面进行精抛处理。$\beta-Ga_2O_3$ 晶体的螺型位错伯格斯矢量方向平行于[010]方向，大量位错增加了晶体开裂风险。放肩开裂的 $\beta-Ga_2O_3$ 晶体如图 2-45 所示，晶体裂缝中含有大量的位错及孪晶。

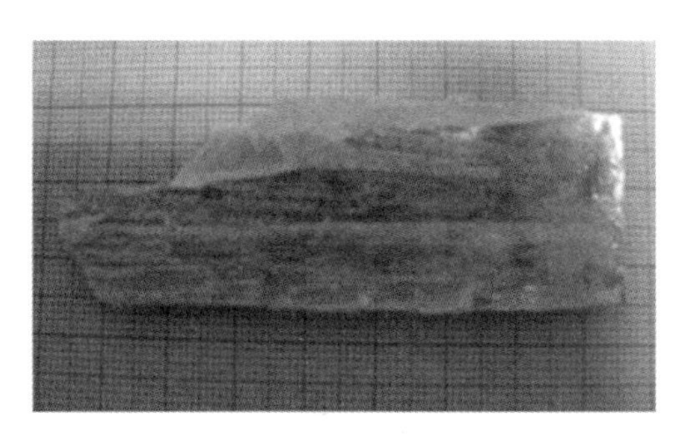

图 2-45　导模法晶体生长过程中放肩开裂的 $\beta-Ga_2O_3$ 晶体[40]

$\beta-Ga_2O_3$ 晶体对称性低，具有两个开裂面，防止开裂是 $\beta-Ga_2O_3$ 晶体生长的主要难点之一。为了解决上述问题，在晶体生长过程中下种之后可以将籽晶收颈，而且籽晶收颈阶段要长，以便减少或消除籽晶中的位错缺陷以及杂晶干扰。为降低放肩过程中产生杂晶的风险，放肩要平缓，放肩速度要均匀，避免大的功率波动。如果放肩过程中产生的杂晶延伸方向与晶体生长方向差别较大，可以继续放肩，杂晶将被逐渐消除。如果杂晶延伸方向与晶体生长方向相近，可以采用二次收颈的方法排除杂晶以便获得大面积的完整单晶。图 2-46 所示为通过缓慢放肩生长的 $\beta-Ga_2O_3$ 晶体，该晶体通透无开裂，质量较高。

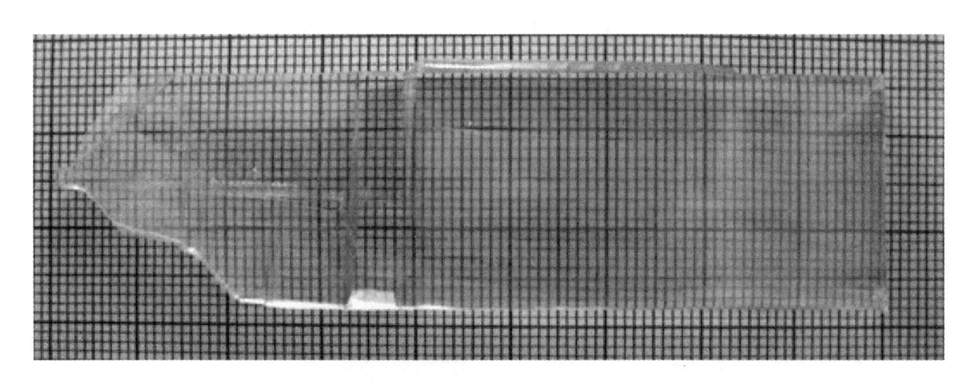

图 2-46　山东大学采用导模法生长的高质量 $\beta-Ga_2O_3$ 单晶

图 2-47 显示了山东大学采用导模法生长的 $\beta-Ga_2O_3$ 晶体的高分辨 X 射线衍射(X-Ray Diffraction，XRD)测试结果，即(400)面的高分辨 XRD 摇摆曲线，半峰宽(FWHM)为 43.2 弧秒，曲线平滑对称，这也说明晶体的质量较高，从而证明了缓慢放肩对晶体质量有较大提升。

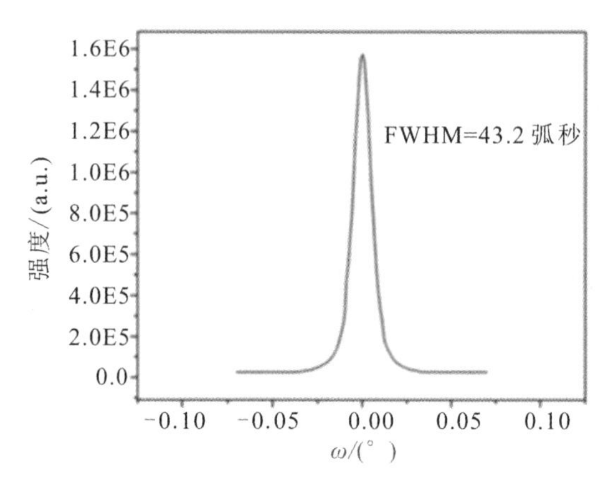

图 2-47　(400)面的高分辨 XRD 摇摆曲线

对于收颈、放肩工艺对晶体质量的影响，其他研究机构也进行过细致的研究。2008 年，日本并木精密宝石公司 A. Hideo 等人对 EFG 法 $\beta-Ga_2O_3$ 晶体生长工艺进行了改进优化，研究了籽晶收颈对晶体开裂的影响，并对晶体位错进行了分析。生长出的 2 英寸直径 $\beta-Ga_2O_3$ 晶体如图 2-48 所示，由于 $\beta-Ga_2O_3$ 晶体中背景载流子浓度较高，因此晶体呈蓝色。由图 2-48 中可明显看出：(a)图的晶体更加完整未出现开裂现象，而(b)图中的晶体出现明显开裂。

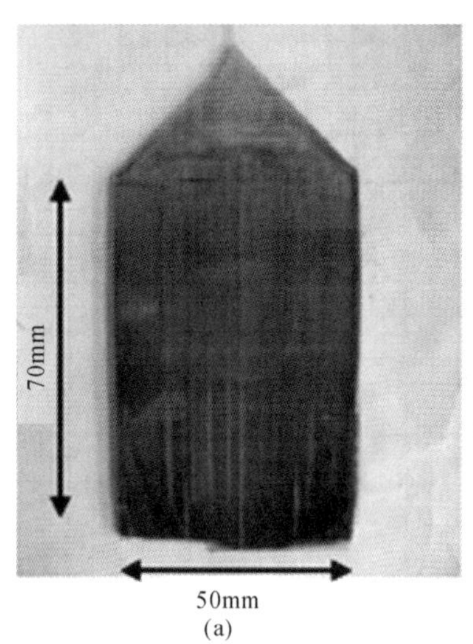

(a)

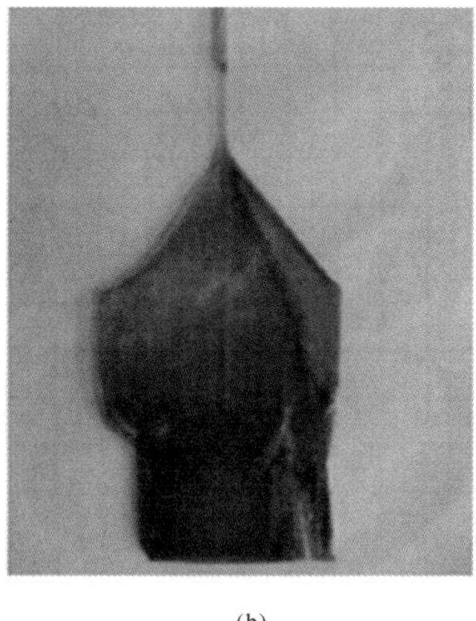

(b)

图 2-48　采用导模法生长的 2 英寸直径 $\beta-Ga_2O_3$ 晶体

A. Hideo 等人通过 50 余次生长实验，系统地总结了下种及收颈过程中不

同生长参数对晶体开裂的影响，结果如图 2－49 及图 2－50 所示。当下种温度高时，晶体颈部直径细，晶体不容易出现开裂现象；晶体开始放肩时，降温速度越快，晶体越容易开裂，但当下种温度足够高时，降温速度快，晶体也可能不开裂。

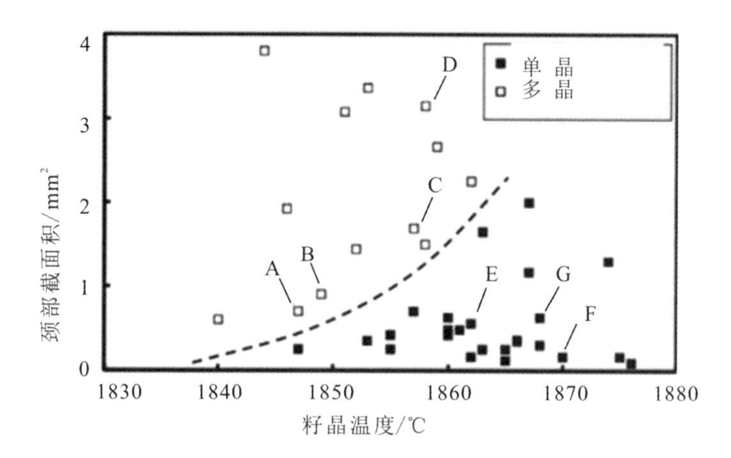

图 2－49　晶体开裂与颈部直径及下种温度的关系

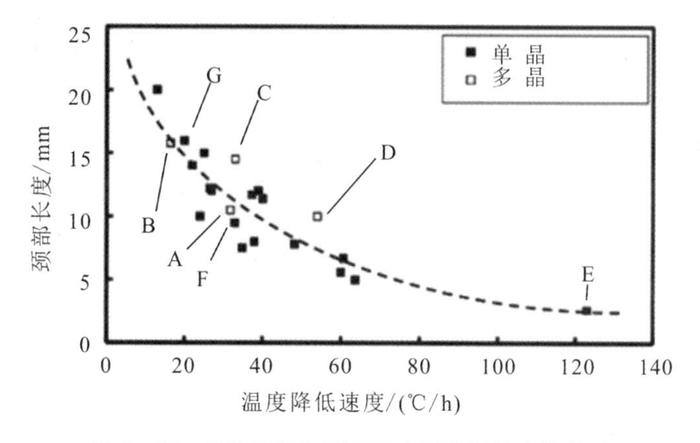

图 2－50　晶体开裂与颈部长度及降温速度的关系

因此，晶体的下种温度和颈部直径是决定 EFG 法生长晶体是否开裂的最关键因素。籽晶中的位错等缺陷延伸至晶体中会显著影响晶体开裂程度，而较细的颈部可以抑制位错等缺陷的延伸；下种过程也可能引起新位错的产生，较高的下种温度不仅可以抑制新位错的产生，还可以促进原子排列的重建。此外，较缓的降温速度，较缓的肩部也可以降低晶体开裂的风险。

3. $\beta-Ga_2O_3$ 晶体生长与孪晶

EFG 法生长 $\beta-Ga_2O_3$ 晶体时，很容易在放肩过程中形成孪晶。图 2－51(a)是具有高密度孪晶界的晶体照片，晶体中明显有由光滑区域及粗糙区域组成的条纹图案。通过 XRD 测试确定光滑区域和粗糙区域的晶面取向分别为(101)和($\bar{2}01$)。图 2－51(b)是(010)晶片的偏振显微镜图片，截面为(010)面。图中暗区和亮区依次可见，明亮度不同是由于晶体取向的不同导致的。晶片左侧的斜面是(100)面，因此孪晶界平行于(100)面[41]。

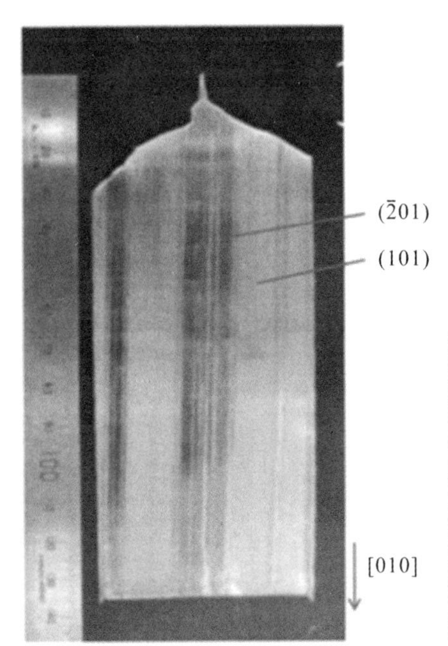

(a) 具有高密度孪晶界的晶体照片

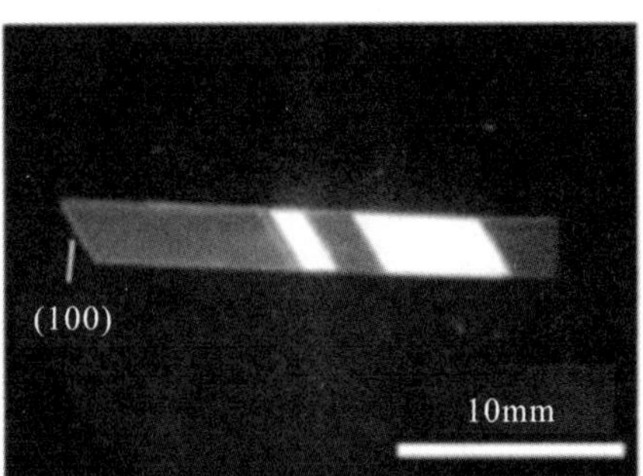

(b) (010)晶片的偏振显微镜图片

图 2－51　孪晶界的晶体

从图 2－51 所示的晶体中我们可以观察推断出孪晶界附近的原子排列规律。如图 2－52 所示，左侧晶体的($\bar{2}01$)平面平行于右侧晶体的(101)平面，这与图 2－51(a)所示的特征相对应。模型中的孪晶界由两侧晶体的共同(100)面构成，这与图 2－51(b)的结果一致。

消除孪晶界是 $\beta-Ga_2O_3$ 晶体商业化中的关键问题。孪晶界是在放肩过程中产生的，放肩过程是生长过程的初始阶段，因此一旦孪晶界产生，它就会贯穿整个晶体。因此，优化放肩工艺是消除孪晶界的关键[41]。

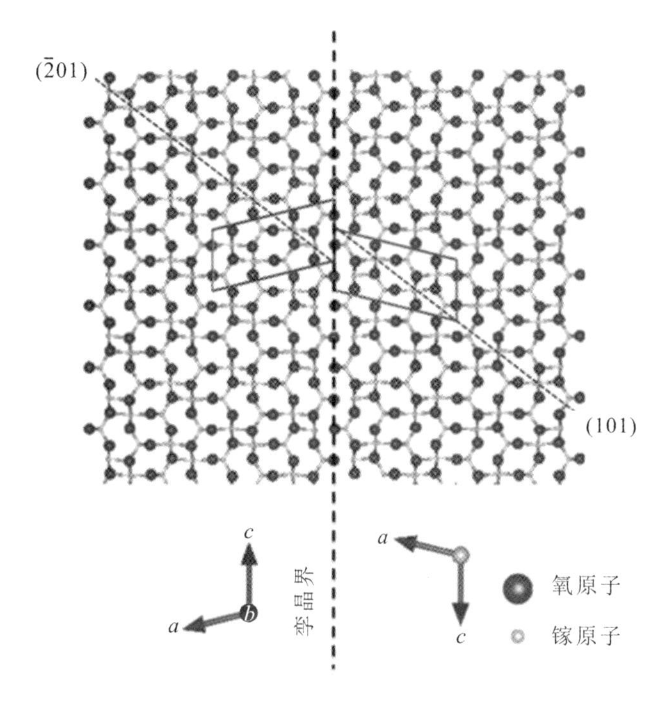

图 2-52　孪晶界附近的原子排列模型

山东大学通过优化收颈、放肩工艺，获得了 2 英寸无孪晶(001)面 β-Ga_2O_3 单晶，如图 2-53 所示。晶体加工技术也取得了突破，衬底表面粗糙度优于 0.5 nm。山东大学初步获得了 4 英寸单晶，高质量 4 英寸单晶正处于研发过程中。

图 2-53　山东大学生长的 2 英寸(001)晶体照片

4. 导模法柱状晶体生长与提拉速度

图 2-54(a)是在 2 mm/h 的低提拉速度下采用导模法生长获得的螺旋氧化镓晶体，螺旋生长现象通常在提拉法生长氧化镓晶体时容易出现[20, 42-44]，主要是由自由载流子对近红外波段吸收严重阻碍了晶体生长过程中的辐射传热导致[45]的。EFG 法生长出的 $\beta-Ga_2O_3$ 晶体容易吸收来自模具的近红外波段热辐射，然而未被晶体覆盖的模具热辐射不受阻碍，温度较低，晶体会逐渐生长到模具较冷的周围区域，造成晶体螺旋生长。

如图 2-54(b)所示，较高的提拉速度会使层状生长更严重。$\beta-Ga_2O_3$ 晶体中(100)面的生长速度较慢，在生长过程中会逐渐发育为显露面，导致晶体难以呈现柱状。因此，10 mm/h 的提拉速度过大，采用 EFG 法不容易得到完整的 $\beta-Ga_2O_3$ 柱状晶体。当提拉速度在 2～10 mm/h 范围内调控时，采用 EFG 法可以生长出规整柱状 $\beta-Ga_2O_3$ 晶体。图 2-54(c)所示为山东大学生长的柱状 $\beta-Ga_2O_3$ 晶体，晶体直径为 25 mm。

(a) 2 mm/h提拉速度下生长获得的螺旋晶体

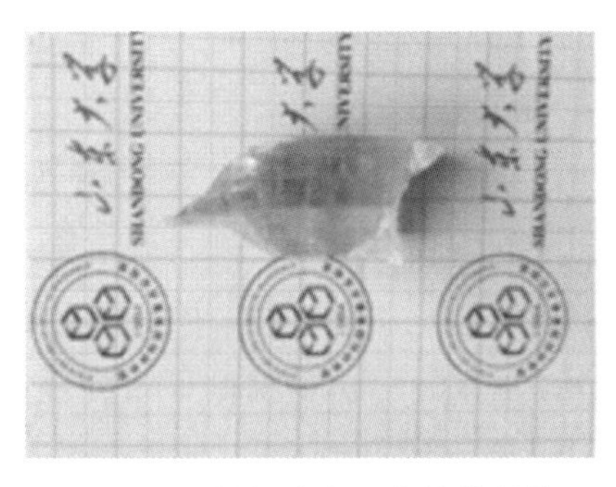

(b) 10 mm/h提拉速度下生长获得的近柱状晶体

(c) 2~10 mm/h提拉速度下生长获得的规整柱状晶体

图 2-54　导模法生长获得的柱状 $\beta-Ga_2O_3$ 晶体照片

2.2.3　导模法掺杂氧化镓晶体生长

1. 组分偏析

一般来说，当熔体中掺杂剂的偏析系数小于 1 时，从熔体生长出来的晶体存在不均匀的掺杂分布，称为偏析。掺杂剂的分布由正态凝固方程计算出，即

$$C_s^* = kC_0(1-f_s)^{(k-1)} \tag{2-14}$$

其中，C_s^* 为掺杂剂在晶体中的浓度，k 为偏析系数，C_0 为熔体中掺杂剂的初始浓度，f_s 为凝固率。发生偏析是因为在凝固过程中掺杂剂未凝固且仍留在熔体中。随着凝固的进行，偏析的程度也会随之增加。

EFG 法生长掺杂的晶体时，偏析一般只发生在厚度方向，而不发生在长度方向。其原理可以用图 2－55 所示的晶体内杂质分布模型图来解释。EFG 法生长晶体过程中，熔体依次沿一个方向均匀流动：熔体首先从模具的底部到达顶部，然后从模具的中心到达边缘。并且，坩埚中的熔体的掺杂浓度在生长过程中不会发生变化，因此在长度方向上的杂质分布基本是均匀的。此外，根据正态凝固方程，模具顶部熔体的掺杂浓度取决于侧向分布。在 $C_s^* = kC_0$ 的浓度下，在缝隙顶部的熔体凝固。熔体中掺杂剂的浓度由中心向边缘增加，因此组分偏析发生在厚度方向。

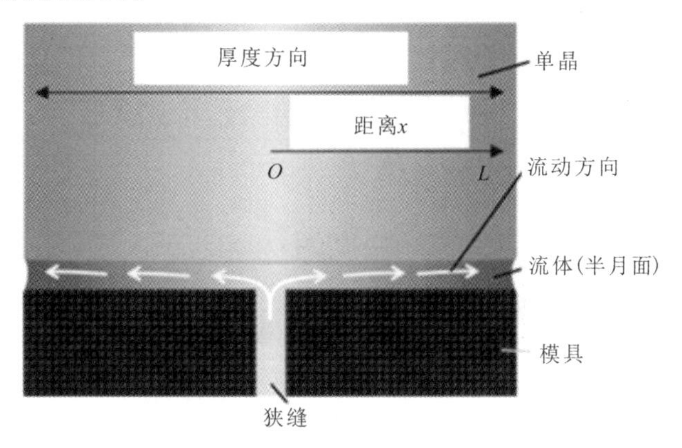

图 2－55　使用单狭缝模具生长的晶体内杂质分布模型图

图 2－56 所示为 EFG 法生长的掺硅 $\beta-Ga_2O_3$ 中 Si 沿晶体厚度方向的分布。图中，黑色标记表示的是使用在 0 mm 位置上有单个狭缝的模具获得的数据，白色标记表示的是使用在－1.5 mm、0 mm 和 1.5 mm 位置上共有三个狭缝的模具获得的数据。从单狭缝数据中可以看到 Si 浓度从中心到边缘不断增

加，这与正常凝固模型相符合。而在三狭缝数据中，Si 在狭缝处(0 和±1.5 mm)的浓度较低，缝间以及外缝与模具边缘之间的浓度较高。该浓度分布可以用图 2-57 所示的模型来很好地解释。

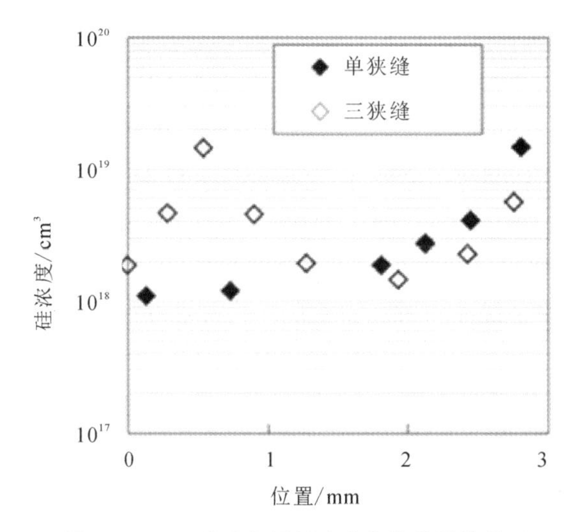

图 2-56　Si 浓度与沿厚度方向的位置的关系

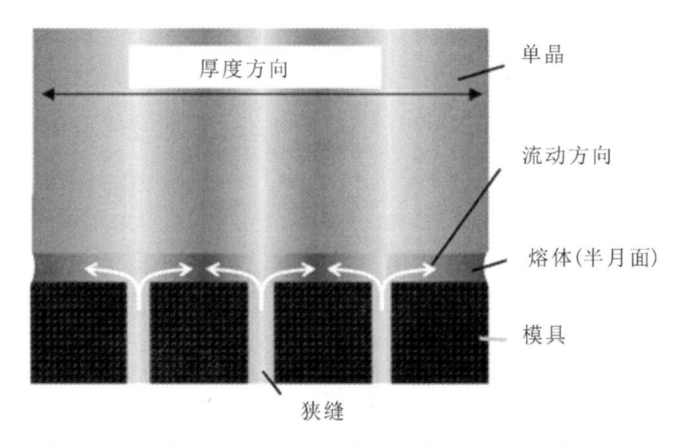

图 2-57　使用三狭缝模具生长的晶体内杂质分布模型图

利用正态凝固方程拟合数据，可以估算出掺杂离子的偏析系数 k。如图 2-58 所示，图中数据为使用 6 mm 厚及 18 mm 厚的模具获得的 Si 掺杂 $\beta-Ga_2O_3$ 晶体中的 Si 分布数据。当 k 在 0.25～0.35 范围时，数据拟合良好。因此，Si 在$\beta-Ga_2O_3$中的偏析系数估计在 0.3 左右。同样，Fe 和 Sn 的偏析系数分别为 0.25 和 0.2，值得注意的是，Sn 拟合的不是很好。如图 2-59 所示，

P_{O_2} =0.02 atm(1 atm=101.325 kPa)，掺杂剂的量为 1 mol，温度为 1800℃，总压力为 1 atm 时氧化镓中各掺杂剂的挥发性物质分压。由图可明显看出，SnO 的蒸汽压远远高于 SiO_2，SnO 更易挥发，大量的 SnO_2 从熔体中挥发导致 Sn 的偏析系数拟合不够好。

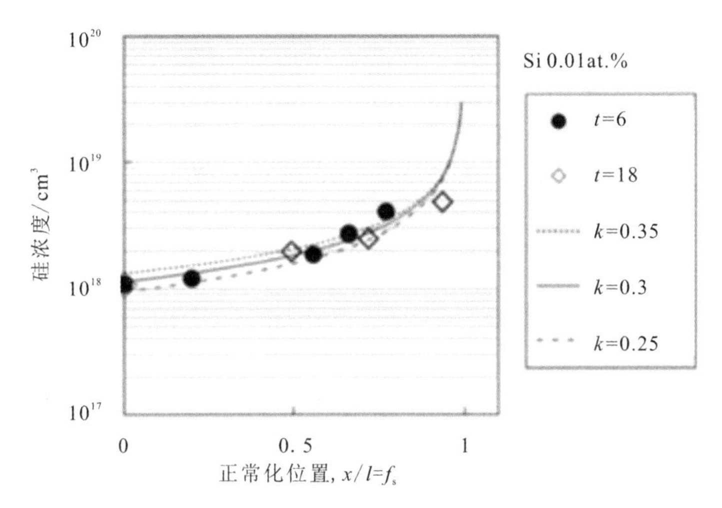

图 2-58　β-Ga_2O_3 中 Si 的偏析系数的估算(t 为模具厚度)

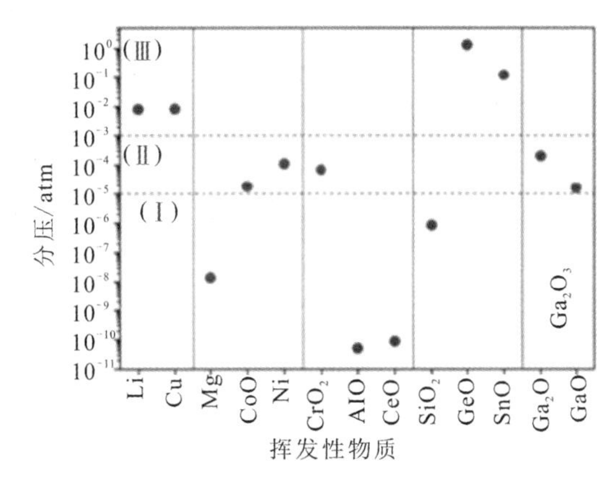

图 2-59　β-Ga_2O_3 单晶掺杂剂的不同金属氧化物的挥发性物质的分压

图 2-60 为 EFG 法生长的 β-Ga_2O_3 晶体中掺杂剂沿长度方向的分布。正如应用在 EFG 法上的正态凝固模型所预期的那样，在掺杂 Si 和 Fe 的情况下，掺杂剂的浓度在长度方向上没有变化。而对于 Sn，其浓度随着长度的增加而降低，这可能也是 SnO_2 从熔体中蒸发损失导致的。因此 EFG 法生长掺杂晶体

时既要注意组分偏析的影响，又要注意掺杂高挥发性的氧化物时，需要对其采取抑制挥发的措施，保证掺杂浓度的准确性。

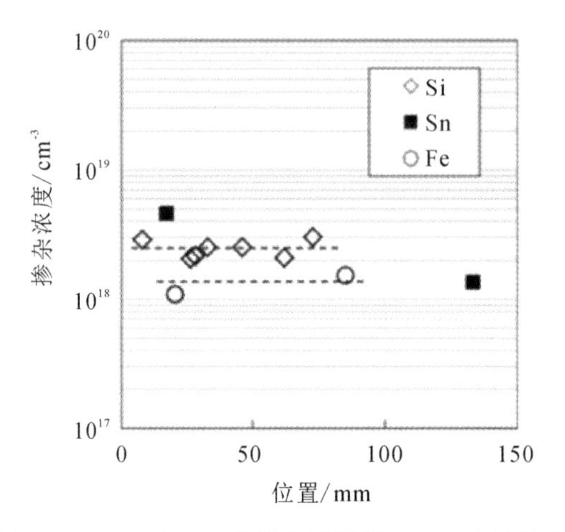

图 2-60　$\beta-Ga_2O_3$ 中掺杂剂沿长度方向上的分布

2. $\beta-Ga_2O_3$ 晶体过渡金属离子掺杂及光电性能调控

$\beta-Ga_2O_3$ 晶体中 Ga^{3+} 离子半径与过渡金属元素离子半径相当，有利于过渡金属离子的掺杂。同时过渡金属离子有丰富的光电磁性能，可用于调控 $\beta-Ga_2O_3$ 物理特性。

山东大学张晋、陶绪堂等人使用 EFG 法生长出掺杂 Cr^{3+} 离子的 $\beta-Ga_2O_3$ 晶体[47]，并发现 $Cr^{3+}:\beta-Ga_2O_3$ 晶体在近红外波段有明显的宽带近红外荧光特性，如图 2-61 所示。$Cr^{3+}:\beta-Ga_2O_3$ 晶体荧光光谱半峰宽为 70.5 nm，最大

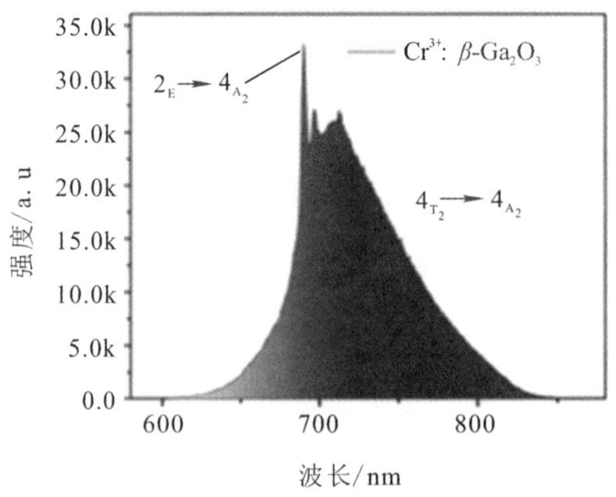

图 2-61　$Cr^{3+}:\beta-Ga_2O_3$ 晶体的荧光光谱

强度位于 690.1 nm。E. Nogales 等人也在 Cr^{3+} 掺杂的 $\beta-Ga_2O_3$ 微纳结构中发现了红光荧光特性[48]。

通过霍尔测试发现 Cr^{3+} 离子并不会对晶体本身的电学性能产生影响，Cr^{3+}：$\beta-Ga_2O_3$ 晶体仍是 n 型导电的，具体电学性能如表 2－2 所示。

表 2－2　Cr^{3+}：$\beta-Ga_2O_3$ 晶体的电学性质

电学性质	测试结果
载流子类型	n
禁带宽度/eV	4.70
掺杂浓度/cm^{-3}	1.91×10^{19}
载流子浓度/cm^{-3}	9.55×10^{17}
载流子迁移率/($cm^2\cdot V^{-1}\cdot s^{-1}$)	99.0
电阻率/($\Omega\cdot cm^{-1}$)	0.066

基于 Cr^{3+}：$\beta-Ga_2O_3$ 晶体透明导电，具有宽带近红外荧光特性的特点，其有望作为荧光衬底，制备宽带近红外 LED。$\beta-Ga_2O_3$ 具有优良的导电性能及透明性，并且它与 GaN 的晶格失配率仅为 4.7%，远低于蓝宝石。因此 $\beta-Ga_2O_3$ 更适合外延生长 GaN，制作 LED。

山东大学穆文祥、陶绪堂等人使用 EFG 法生长出掺杂 Ti^{3+} 离子的 $\beta-Ga_2O_3$ 晶体，通过 X 射线荧光光谱分析(X-Ray Fluorescence，XRF)测试，确定晶体中 Ti 掺杂浓度分别为 0.0486 at%(原子百分量)及 0.182 at%，并对生长出的晶体进行了详细的热学及光学测试。Ti^{3+}：$\beta-Ga_2O_3$ 晶体热导率可达 24.7 $W\cdot m^{-1}\cdot K^{-1}$(25.5℃)。相对常用激光晶体，$Ti^{3+}$：$\beta-Ga_2O_3$ 热导率具有明显优势。Ti^{3+}：$\beta-Ga_2O_3$ 晶体荧光寿命达到 176 ± 5 μs，是 Ti^{3+}：Al_2O_3荧光寿命的 50 倍，说明 Ti^{3+}：$\beta-Ga_2O_3$ 晶体具有良好的能量储存能力。

Ti^{3+}：$\beta-Ga_2O_3$ 晶体与其他常见 Ti 掺杂晶体基本物理性质比较如表 2－3所示。从表中可以看出，Ti^{3+}：$\beta-Ga_2O_3$ 晶体在分凝系数、热导率、荧光谱宽、荧光寿命方面均具有较好性能，有望成为综合性能优异的超快激光增益介质。

表 2-3　$Ti^{3+}:\beta-Ga_2O_3$ 晶体与其他常见 Ti 掺杂晶体基本物理性质比较

物理性质	$Ti^{3+}:\beta-Ga_2O_3$	$Ti^{3+}:Al_2O_3$	$Ti^{3+}:BeAl_2O_4$	$Ti^{3+}:YAG$
密度/(g/cm^3)	5.945	4.000	3.69	4.56
有效分凝系数	0.49	0.2	—	—
比热容/($J\cdot g^{-1}\cdot K^{-1}$)	0.47	0.766	—	0.6
热导率/($W\cdot m^{-1}\cdot K^{-1}$)	24.7(0.18 at%)	16.3～18.5 (0.25 at%)	23(无掺杂)	11.7(无掺杂)
折射率	1.94(632.8 nm)	1.76(800 nm)	1.74(750 nm)	1.84(632.8 nm)
吸收峰位/nm	518	500	500	505
吸收截面/cm^2	$E/\!/a$: 1.1×10^{-20} $E/\!/b$: 1.5×10^{-20} $E/\!/c$: 3.58×10^{-20}	2×10^{-20}～7×10^{-20}	—	5×10^{-21}
荧光寿命/μs	176±5	3.15	5	19(190 K)
发射峰半峰宽 FWHM/nm	140	180	约 120	约 200
发射峰位置/nm	735	780	750, 850	770
发射截面/cm^2	$E/\!/a$: 6.4×10^{-21} $E/\!/b$: 3.9×10^{-21} $E/\!/c$: 2.6×10^{-21}	$E/\!/c$: 4.1×10^{-19} $E\perp c$: 2.0×10^{-19}	4.0×10^{-19}	—

除此之外，山东大学穆文祥、陶绪堂等人使用 EFG 法成功生长出 Cr^{4+} 离子及 Co^{2+} 离子掺杂的 $\beta-Ga_2O_3$ 晶体[49]，并将这些晶体作为可饱和吸收体，分别实现了 1064 nm 及 1341 nm 激光的被动调 Q 输出，说明这些晶体在固态激光方面也具有一定应用潜力。

2.3　氧化镓单晶布里奇曼法生长

1925 年，美国物理学家布里奇曼提出了一种新式的晶体生长方法，该方法利用坩埚的相对移动，熔体自低温区逐渐开始凝固，生长结束得到完整晶体。

苏联科学家 Stockbarger 于 1936[50]年提出了与布里奇曼法较为相似的晶体生长方法，同时对布里奇曼法进行了改进，所以该方法又称作 Bridgman-Stockbarger 晶体生长法。利用封闭坩埚，布里奇曼法常用于制备碱金属及碱土金属的卤化物晶体材料和一些挥发性较强的氧化物及氟化物单晶[51-52]。目前，布里奇曼法也逐渐发展成为生长氧化镓单晶的重要方法。

2.3.1　布里奇曼法晶体生长基本原理

布里奇曼法可以分为垂直布里奇曼(Vertical Bridgman，VB)法和水平布里奇曼(Horizontal Bridgman，HB)法，两种方法的晶体生长原理基本相同，差异在于温度梯度的方向设置。垂直布里奇曼法的温度梯度的轴线方向和坩埚的竖直轴线方向与重力场方向相平行，而水平布里奇曼法的温度梯度的轴线方向与重力场方向相垂直[53]。垂直布里奇曼法由于其晶体的生长方向与温度梯度的轴线方向、重力场方向均平行，所以生长出的晶体对称性较好，且晶体在生长过程中垂直结晶，不需要对抗重力场。相对于垂直布里奇曼法，水平布里奇曼法的晶体生长炉设计构造较为简单，更方便研究人员调控温区分布，从而控制晶体生长行为[54]。

图 2-62 所示为布里奇曼法晶体生长基本原理示意图。布里奇曼晶体生长炉通常为管式结构，可以分为三个主要温度区域：高温区、温度梯度区、冷却结晶区。高温区位于整个晶体生长炉上部，该区域温度一般高于所生长晶体的熔点，晶体生长初期，坩埚位于高温区进行化料，该阶段需要持续保持高温，以保证坩埚中熔体全部熔化，从而获得均匀的过热熔体；中间区域为温度梯度

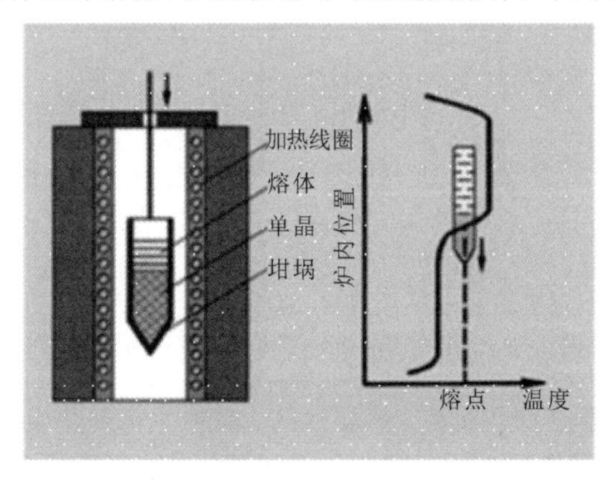

图 2-62　布里奇曼法晶体生长基本原理示意图

区，该区域温度呈梯度变化，温度梯度的线性变化及温梯大小直接影响熔体高低温状态的转变过程，是影响晶体质量的重要因素；温度梯度区的下方就是冷却结晶区，该区域温度一般低于所生长晶体的熔点，熔体经过温度梯度区时，自身温度逐渐从高于晶体熔点的高温过渡到接近晶体熔点的较低温度，熔体下端先到达冷却结晶区，温度下降至熔点以下，晶体结晶速率加快，尺寸逐渐变大。整个生长过程中坩埚持续下降，晶体得以生长，所以布里奇曼法也可以称为“坩埚下降法”。

布里奇曼法生长晶体为连续过程，随着坩埚与生长设备的相对移动，晶体的固-液界面在固定的温度变化区移动，熔体的凝固从坩埚的一端开始逐渐扩展到整个坩埚，从而完成晶体的生长。凝固方向可以自上而下也可以自下而上，取决于晶体生长炉的温区设计，研究人员可以根据炉体自身设计及所生长晶体的特点进行调整。

如图 2-63 所示，定向籽晶坩埚下降法可以实现大尺寸单晶的生长。为提高晶体利用率，首先在坩埚的籽晶放置袋内装好特定晶向籽晶，然后于籽晶上部装晶体原料，将籽晶及原料装填完毕的坩埚放于晶体生长炉高温区中，开始升温。随着温度的逐渐上升，温度到达晶体原料的熔点之后，坩埚中晶体原料会熔化为均匀熔体，坩埚下部籽晶也会部分回熔。该阶段需要精确调控晶体生长炉的温度，高温区温度过高极有可能导致坩埚下端籽晶全部熔化，温度较低则无法适当回熔部分籽晶，致使籽晶起不到诱导作用。

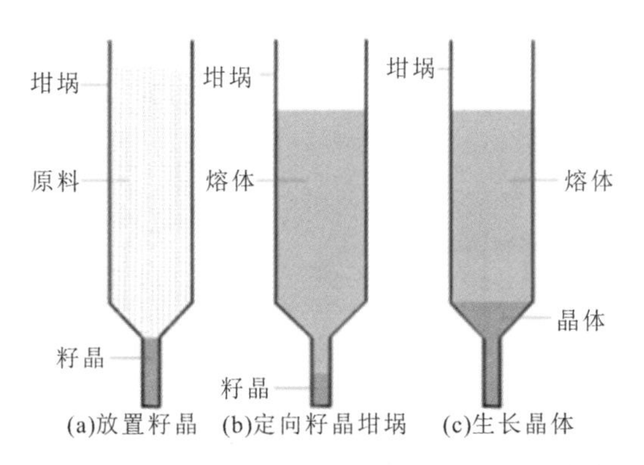

图 2-63 定向籽晶坩埚下降法各过程示意图[62]

由于布里奇曼法籽晶回熔、籽晶熔接、晶体生长整个过程生长情况都无法直接观察，固-液生长界面不可视，需要多次探索合适条件。当确定整个坩埚内的晶体原料全部完全熔化，固-液生长界面达到合适的生长条件，则可

以开始通过坩埚与生长炉的相对移动来逐步移动固-液生长界面。坩埚逐渐移动离开高温区经过温度梯度区域再进入冷却结晶区，坩埚下端熔体从固-液界面逐步冷却结晶，最终得到与籽晶晶向一致的体块单晶。由于所生长出的体块单晶形状与坩埚设计形状一致，因此可以根据实际应用需要自主设计坩埚外形，并且可扩大坩埚尺寸以生长较大尺寸单晶，提高晶体产率及利用率。

2.3.2　布里奇曼法的优缺点

布里奇曼法的优点：

(1) 布里奇曼法生长的晶体形状与坩埚形状一致，因此可以根据需要定制坩埚外形，便于生长大尺寸及特定尺寸外形的晶体。

(2) 通过采用密封坩埚，布里奇曼法可以有效避免过多挥发造成的原料损失及坩埚外腔污染，在生长一些挥发性较强或者较易氧化的晶体材料时具有一定优势[64]。改进后的布里奇曼法可以实现晶体生长的原位退火，使得生长出的晶体不需要完全冷却至室温再取出后进行退火处理，可直接在原晶体生长环境进行退火处理，这更有效地消除晶体内部残余应力和晶体缺陷，提高晶体质量。

(3) 高蒸气压晶体材料的熔体在高温条件下会大量挥发，导致原料损失严重而且污染坩埚内部环境，甚至污染熔体，影响晶体正常生长[56]。利用高压布里奇曼法生长该类晶体，可有效抑制晶体生长过程中的熔体挥发。多坩埚晶体生长技术在布里奇曼法晶体生长中的成功应用[57]，提高了晶体生长效率，还可同期生长不同比例掺杂的多个晶体，便于探索最优晶体掺杂比例。改良优化后的布里奇曼法应用广泛，在工业化晶体生长领域具有较大优势。

布里奇曼法的缺点：

(1) 由于晶体生长过程熔体及晶体都是与坩埚内部直接接触，因此晶体内部容易产生较大的应力，晶体存在杂质，晶体质量下降，缺陷增多。

(2) 整个晶体生长过程都在密封环境下进行，无法观察晶体生长情况，研究人员无法通过观察固-液生长界面情况来实时调控工艺参数控制晶体生长。

(3) 对于在冷却过程中晶体体积增大明显的晶体材料(负热膨胀材料)无法生长。

在布里奇曼法晶体生长过程中，熔体及晶体始终与坩埚内壁完全接触，坩埚内壁材料极易造成内部晶体及熔体环境的污染，导致晶体质量下降，所以在布里奇曼法晶体生长中坩埚选材十分关键。坩埚选材需要与所生长晶体的物理化学性质及其在熔融状态下的流体性质相适应，合适的坩埚材料可以起到较好的导热传热作用，有助于晶体质量的提升，一般所选的坩埚材料需要满足以下要求[58-59]：

（1）坩埚本身需要具备较好的化学稳定性，不会在常温及高温情况下与坩埚内熔体、晶体材料发生化学反应，避免污染晶体内部生长环境。

（2）坩埚材料纯度必须足够高，避免在晶体生长过程中引入其他杂质，污染熔体，影响晶体正常生长。

（3）坩埚材料应具有一定的导热传热能力。因为坩埚本身与生长晶体及熔体直接接触，生长过程中热量的传导需要以坩埚为传输途径，所以如果坩埚材料自身导热能力较差，容易造成坩埚膨胀爆炸。坩埚需要经过三个温区，温度的变化会导致较为剧烈的热量变化，所以坩埚需要具备一定的导热能力，传热太好保温较差也不利于晶体的正常生长。

（4）坩埚材料需要有较高的熔点和耐高温能力，保证坩埚在长时间的高温条件下保持其性能稳定，不会发生开裂、分解、强度下降等情况。

（5）根据生长不同的晶体，选用的坩埚材料需要适配晶体的热膨胀性能，由于在布里奇曼法晶体生长中最终晶体会占据整个坩埚内部空间，因此在加热、冷却过程中，晶体也会随之膨胀、收缩，坩埚需要具备适配性能。

（6）坩埚本身形状决定了所生长晶体的形状，坩埚材料需要具备一定的可加工特性，方便设计坩埚形状。

2.3.3 布里奇曼法生长 $\beta-Ga_2O_3$ 晶体

提拉法、导模法生长 $\beta-Ga_2O_3$ 晶体通常采用铱金坩埚。因为氧化镓熔体具有易挥发特性，生长气氛中合适的氧气浓度一方面有助于 $\beta-Ga_2O_3$ 晶体的正常生长，另一方面需尽量避免铱金坩埚的氧化，所以提拉法、导模法工艺控制较为复杂。2016 年，K. Hoshikawa 等人尝试使用布里奇曼法生长 $\beta-Ga_2O_3$ 晶体，坩埚采用一定比例的铂铑合金（Pt∶Rh=7∶3），其熔点可达 2173 K，高于 $\beta-Ga_2O_3$ 晶体熔点，且化学性质稳定，$\beta-Ga_2O_3$ 晶体可在空气气氛条件下生长，同时具有较小的温度梯度。由于布里奇曼法所生长晶体的形状完全由坩埚形状控制，从而不需要提拉法、导模法等生长方法中较难的直径扩大过程。图 2-64 为不同形状铂铑合金坩埚生长的 $\beta-Ga_2O_3$ 晶体。

(a) 圆柱形

(b) 圆锥形

图 2－64　不同坩埚形状生长的 $\beta-Ga_2O_3$ 晶体[26]

图 2－65 所示为 K. Hoshikawa 等人采用自发结晶方式生长的 $\beta-Ga_2O_3$ 晶体。由图可以看出，A 晶体表现出完全不透明的特性，晶体明显为多晶，质量较差，B 晶体也有部分多晶形成，C 晶体呈单晶态，但可以观察到晶体内部有明显应力纹。研究发现，在自发结晶生长过程中，由于不同晶向生长速度存在各向异性，生长过程中晶向逐渐淘汰，从而出现多晶逐步变为单晶的现象。

(a)

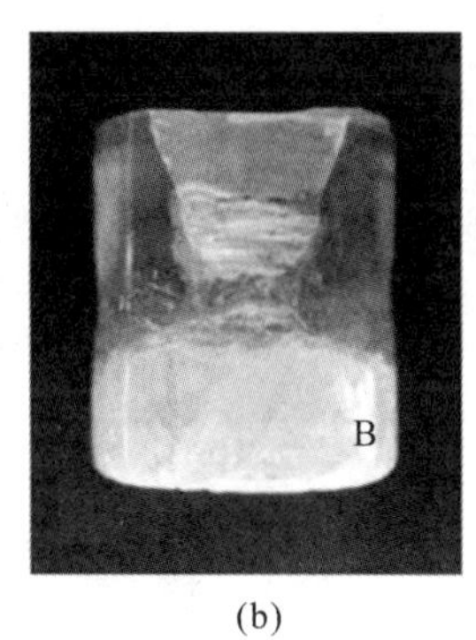

(b)

(c)

图 2－65　自发结晶方式生长的 $\beta-Ga_2O_3$ 晶体[26]

高温情况下，难以避免铂元素和铑元素进入熔体当中。根据对布里奇曼法生长 $\beta-Ga_2O_3$ 晶体中主要杂质元素进行的分析可知，铂、铑元素占比较高，对熔体有明显污染，如表 2－4 所示。

表 2-4　布里奇曼法生长 $\beta-Ga_2O_3$ 晶体中常见杂质元素[26]

元素	Na	Al	Si	Fe	Rh	Pt
浓度（摩尔百分比）	$(2.3\sim23)\times10^{-4}$	$(2.7\sim27)\times10^{-4}$	$(2.8\sim28)\times10^{-3}$	$(5.6\sim56)\times10^{-4}$	$(3.1\sim31)\times10^{-3}$	$(9.8\sim98)\times10^{-4}$

布里奇曼法生长 $\beta-Ga_2O_3$ 晶体多呈黄色，通常认为是由铂铑合金坩埚中的铑元素所致。由图 2-66(a)～(c)可知，[100]和[001]方向生长的$\beta-Ga_2O_3$晶体外表相似，且晶体表面较为光滑，而[010]方向生长的晶体表面更为粗糙且不均匀，并且在晶体周围存在针状晶体。图 2-66(d)～(f)显示，[100]和[001]方向生长的籽晶在晶体从坩埚中取出时脱落，而[010]方向生长的籽晶未出现该现象，此现象说明了 $\beta-Ga_2O_3$ 晶体在[100]和[001]方向易解理。图 2-67 所示为不同晶面且无明显孪晶缺陷的 1 英寸 $\beta-Ga_2O_3$ 晶圆。

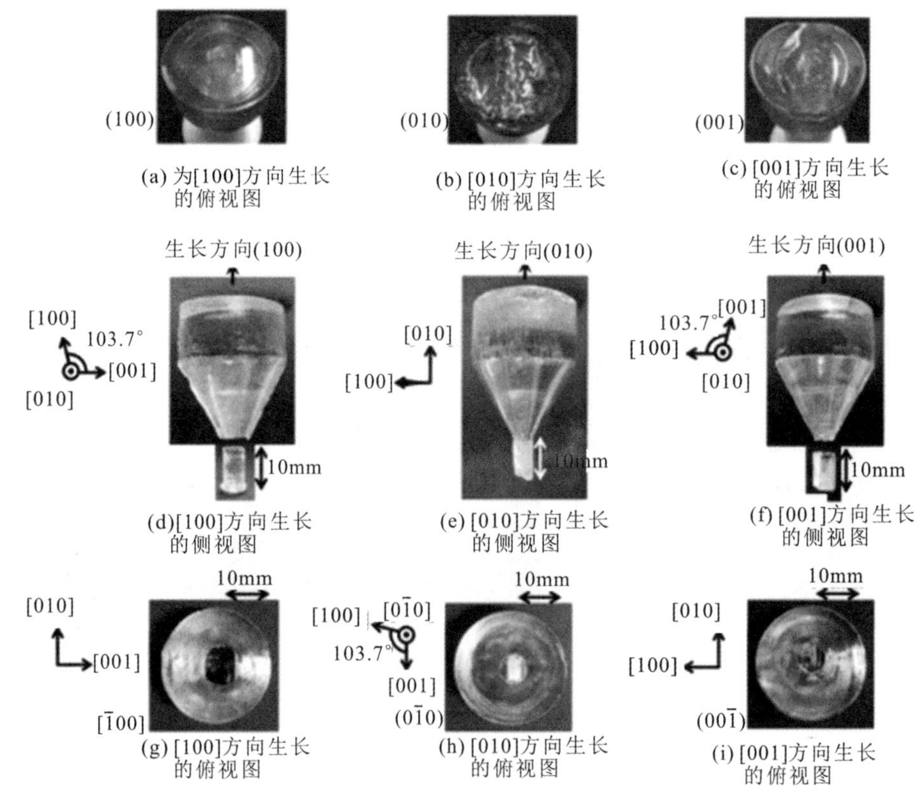

图 2-66　采用定向籽晶生长的 $\beta-Ga_2O_3$ 晶体[60]

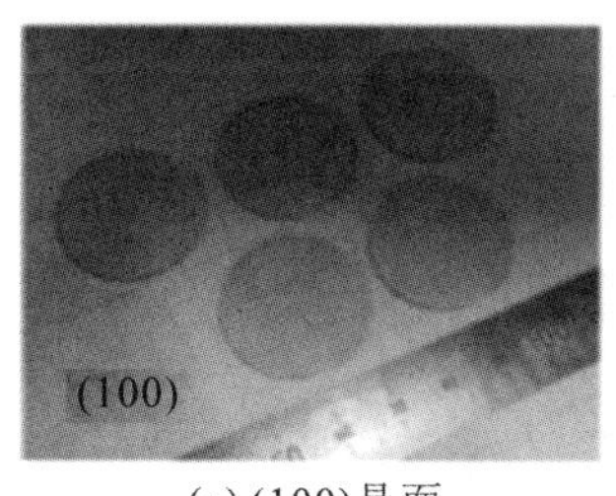

(a) (100)晶面

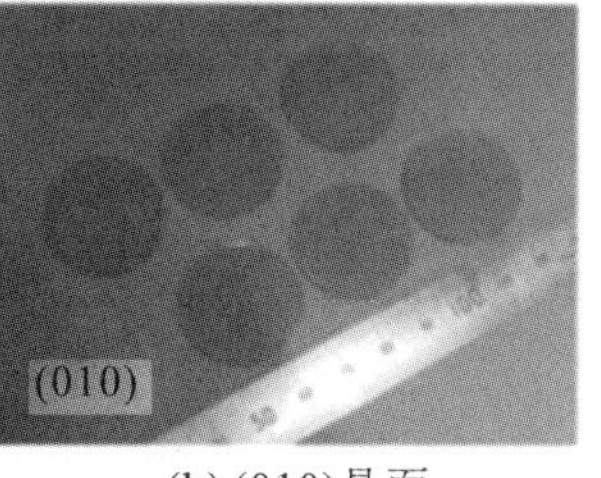

(b) (010)晶面

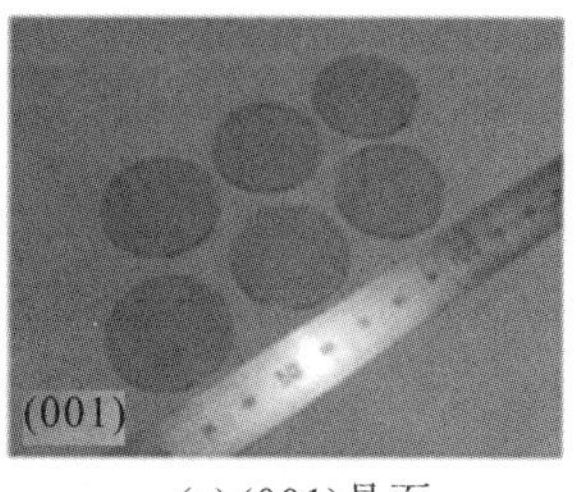

(c) (001)晶面

图 2-67　不同晶面且无明显孪晶缺陷的 1 英寸 $\beta-Ga_2O_3$ 晶圆[69]

2020 年，K. Hoshikawa 等人使用布里奇曼法在空气气氛条件下生长出了 2 英寸的 Sn 掺杂 $\beta-Ga_2O_3$ 晶体。图 2-68 所示为[001]方向生长的 2 英寸 Sn 掺杂 $\beta-Ga_2O_3$ 晶体[61]。研究发现，在实验中生长出的晶体多数类似于图 2-65(a)所示晶体，呈现不透明状态的多晶。图 2-65(c)所示晶体为 2 英寸 $\beta-Ga_2O_3$ 单晶。布里奇曼法生长过程中的组分变化、杂质聚集、生长界面不稳定等问题极易导致单晶转变为多晶，降低成品率。图 2-69 所示为(001)晶面的 2 英寸的 Sn 掺杂 $\beta-Ga_2O_3$ 晶圆。

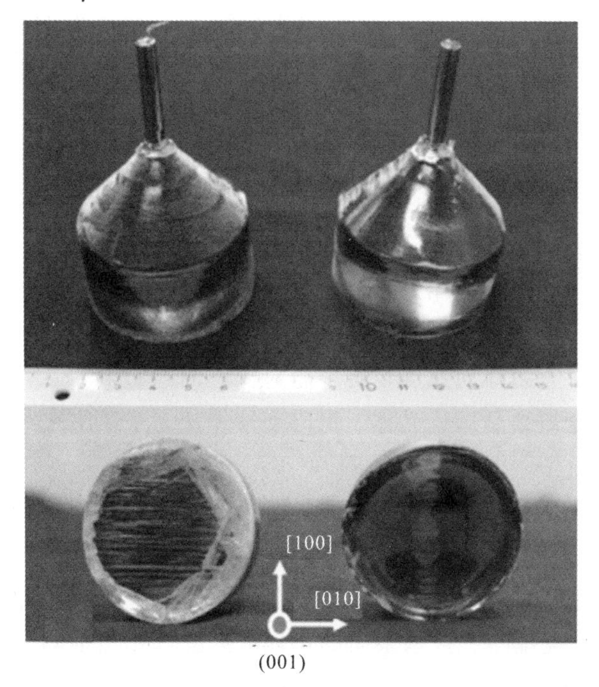

图 2-68　[001]方向生长的 2 英寸 Sn 掺杂的 $\beta-Ga_2O_3$ 晶体[61]

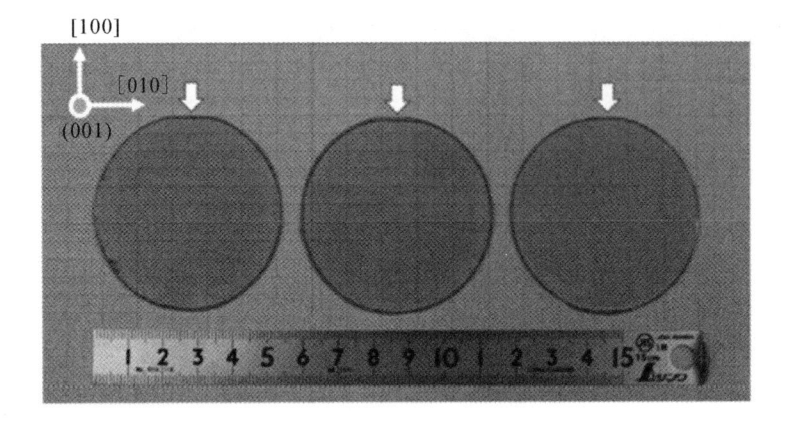

图 2-69 (001)晶面的 2 英寸 Sn 掺杂 $\beta-Ga_2O_3$ 晶圆[61]

2.4 氧化镓单晶光学浮区法生长

光学浮区(Optical Floating-Zone，OFZ)法是一种常见的晶体生长方法，简称浮区法，其生长周期短，常用于新材料探索。该方法在晶体生长过程中不使用坩埚，更适用于高纯度晶体的生长。目前，浮区法已广泛应用于YAG、TGG及Lu_2O_3等激光晶体，以及$\beta-Ga_2O_3$、ZrO_2及TiO_2等氧化物晶体生长。图 2-70 所示为浮区法晶体生长炉实物图。光学浮区法是一种垂直的熔体生长方法，由 P. H. Keck 等人于 1953 年发明。该方法生长晶体时，多晶料棒(或者晶体棒)与晶体处于同一垂直线，采用电阻、激光及辐射等加热方式，使多晶料棒靠近晶体的一端熔化，形成熔区。然后，控制多晶料棒和晶体在垂直方向上的移动速度，使多晶料棒不断经过高温区形成熔体，熔区到达低温区后冷却结晶形成晶体。相比于熔体法，浮区法在晶体生长方面有独特的优势：

(1) 生长速度快，在较短的时间内能够生长得到高质量的晶体，虽然尺寸不如熔体法得到的晶体尺寸大，但也能够满足常规性能测试需求。

(2) 生长过程中熔区处于多晶料棒和晶体之间，不需要坩埚，可以生长高熔点晶体，并且排除了接触杂质的可能，生长得到的晶体具有很高的纯度。

(3) 晶体生长过程中多晶料棒、熔体和晶体处于同一垂直线。晶体生长的观察和控制更加方便。

同时，浮区法生长晶体也存在着不足：

(1) 因为要精确地控制熔区大小，所以对加热装置的要求较高。

(2) 多晶料棒、熔体和晶体处于垂直线方向，且熔体的支撑是依靠自身的表面张力，容易导致生长过程中熔区不稳定，影响晶体的质量。

(3) 熔体在高温区向低温区移动冷却结晶的过程中，温度梯度较大，导致晶体中产生较大的热应力。

$\beta-Ga_2O_3$ 晶体生长的料棒首先要将氧化镓粉料通过等静压压制成型，然后对其进行烧结(1400～1600℃烧结 6～24 h)[62-65]。$\beta-Ga_2O_3$ 晶体生长时，首先通过炉子中椭圆镜将光束聚焦到料棒表面，致使料棒逐渐熔化。在初始生长阶段，籽晶缓慢接触到熔体，形成由晶体-熔体-料棒组成的熔区。晶体生长通过料棒和籽晶的拉送完成，且二者均可以独立旋转以调控熔体对流，以便获得更加对称的熔区。晶体旋转速度一般控制在 5～20 r/min，拉速一般为 1～20 mm/h[62, 64-66]。由于浮区法无坩埚，氧化镓晶体生长可在高氧浓度气氛下完成，可抑制氧化镓高温时的挥发和分解，过高的氧气会使熔体中出现大量孔洞。典型的晶体生长气氛为氮气和氧气二者混合。

图 2-70　浮区法晶体生长炉实物图

图 2-71(a)展示了日本早稻田大学学者采用浮区法生长获得的不同晶向氧化镓单晶，晶体直径为 5～8 mm，生长气氛为氮气和氧气混合气体，流速为 250 mL/min，提拉速度为 1～5 mm/h[66]。目前，浮区法所获氧化镓晶体最大直径为 1 英寸，如图 2-71(b)所示，此晶体无裂纹及孪晶，晶体质量较好。图 2-71(c)展示了经加工后获得的 1 英寸氧化镓单晶衬底。通过调控 O_2 和 N_2 的比例，可实现非故意掺杂 $\beta-Ga_2O_3$ 晶体中电导率从小于 $10^{-9}\ \Omega^{-1}\cdot cm^{-1}$ 到 $38\ \Omega^{-1}\cdot cm^{-1}$ 的大范围调控[67]。

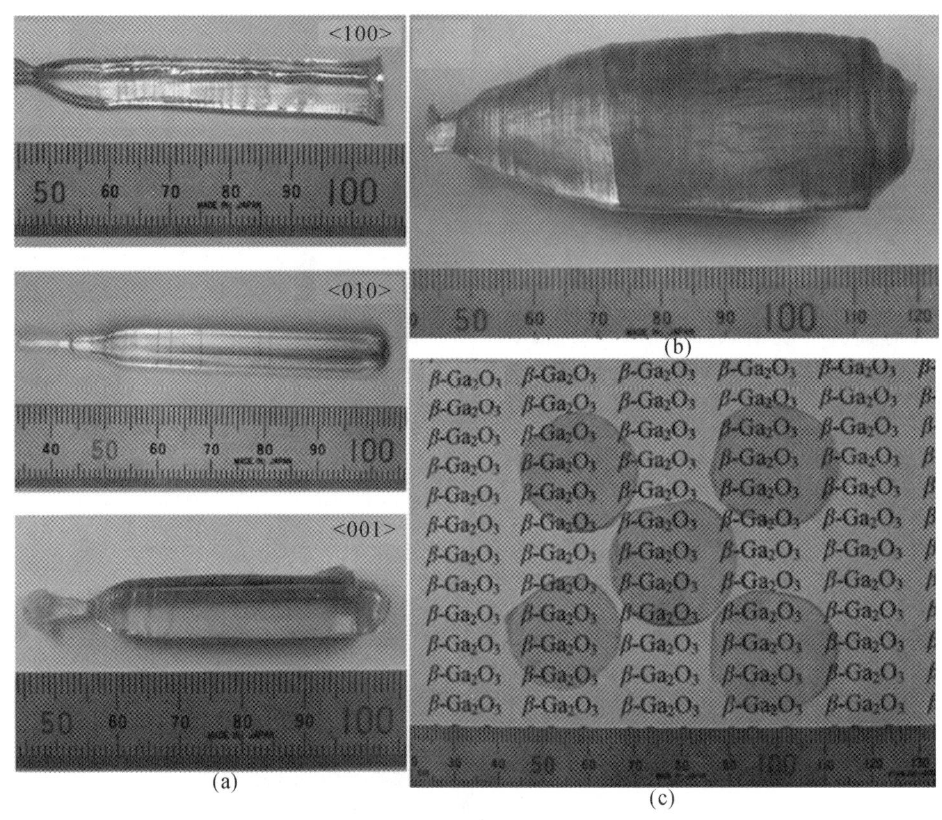

图 2-71　浮区法生长获得的非故意掺杂氧化镓晶体

β-Ga_2O_3 晶体在掺杂碱土金属元素[68]、ns^2 离子[69, 70]和 Ce[71]后表现出闪烁性质，如图 2-72 所示。掺杂碱土金属元素后，氧化镓晶体光致发光和闪烁光谱展示了该晶体从紫外光到蓝光存在强烈发射。衰退的时间较短，约为几纳秒到几十纳秒，光致发光和闪烁都是十万分之一秒。在 α 射线辐照下，Be、Mg、Ca、Sr 和 Ba 掺杂氧化镓晶体的闪烁光产额分别为 570、1030、1100、1560 和 1600 ph/MeV。在 X 射线诱导和 280 nm 光源激发下，Ce 掺杂的氧化镓晶体在 420 nm 附近出现了发射峰，这归因于 Ce^{3+} 的 5d→4f 跃迁。衰减时间为几十纳秒，对应于 Ce^{3+} 的发射，几纳秒到数百纳秒的衰减时间对应于氧化镓材料本征特性。Ce 掺杂的氧化镓晶体在 10 Gy 的 X 射线辐照下也表现出热激发发光峰，随着 Ce 掺杂量的增加，发光峰逐渐增强。ns^2 离子掺杂氧化镓晶体也表现出了闪烁特性，其中 Sn：β-Ga_2O_3 晶体具有最高的光产额，约为 1500 ph/MeV（α 射线辐射）。

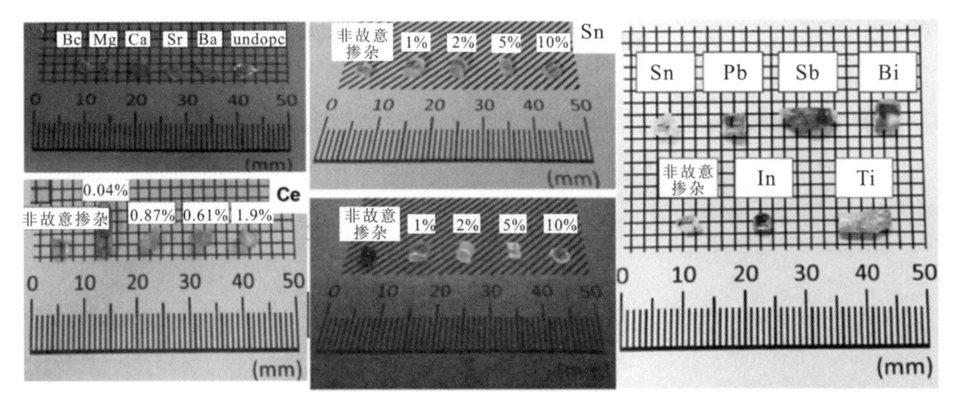

图 2－72　浮区法生长获得的氧化镓闪烁晶体

此外，通过故意掺杂 Si、Sn 等浅能级施主杂质可以提高 $\beta-Ga_2O_3$ 晶体自由载流子浓度，提高电导率。Si 掺杂可以使电子浓度控制在 $10^{16}\sim10^{18}\ cm^{-3}$ 范围[82]。而 Sn 掺杂的自由电子浓度约为 $5\times10^{17}\sim7\times10^{18}\ cm^{-3}$，载流子迁移率约为 $49.3\sim87.5\ cm^2\cdot V^{-1}\cdot s^{-1}$[73, 83-84]。近年来，Nb 和 Ta 也被证明是控制 $\beta-Ga_2O_3$ 晶体电阻率($3.6\times10^2\sim4\times10^{-3}\ \Omega\cdot cm$)和载流子密度($3.6\times10^{16}\sim3.0\times10^{19}\ cm^{-3}$)的有效施主离子[85-86]。在高氧浓度下，Mg：$\beta-Ga_2O_3$ 晶体电阻率高达 $6\times10^{11}\ \Omega\cdot cm$[77]。Fe 掺杂的 $\beta-Ga_2O_3$ 晶体也可以实现 $5.5\times10^{11}\ \Omega\cdot cm$ 的高电阻率，如图 2－73 所示[63]。

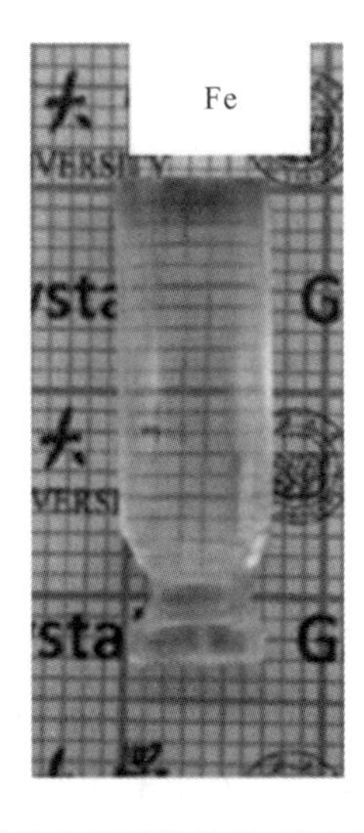

图 2－73　浮区法生长获得的 Fe 掺杂高阻氧化镓晶体

光学浮区法由于不使用坩埚，晶体纯度更高，掺杂更加可控，适合于优化晶体光电特性研究。但由于其加热方式和表面张力的限制，OFZ 法难以满足大尺寸 $\beta-Ga_2O_3$ 衬底的市场需求。另外，OFZ 法生长体系中没有使用热场，容易导致晶体具有较高的应力和高密度位错。因此，用 OFZ 法得到的 $\beta-Ga_2O_3$ 晶体摇摆曲线的半峰宽波动范围较大，约为 43～324 弧秒[64, 66, 68]。

2.5 总结与展望

目前，国内外对于氧化镓体块单晶生长研究工作仍处于快速发展阶段。提拉法、导模法、布里奇曼法等晶体生长方法在氧化镓单晶生长领域显现出各自的优势与特点，但不同方法的困难、短板也逐渐显现。其中，提拉法可生长最大尺寸达 2 英寸，无明显宏观缺陷的低自由电子浓度氧化镓单晶，由于具有高自由电子浓度的 n 型晶体生长过程易出现螺旋生长现象，因此提拉法在该类晶体生长方面仍有较大困难；导模法已实现 2 英寸及 4 英寸氧化镓单晶衬底的商用，6 英寸衬底规格也进入研发阶段，其产业化优势明显，而导模法获取 b 向晶片尺寸较小，且 b 向晶片易沿(100)和(001)两个解理面开裂，加工制备其更大尺寸晶片具有较大难度；布里奇曼法可生长不同生长方向的 2 英寸氧化镓单晶，且晶体可在空气气氛条件下生长，但由于其生长速度相对较慢，且通常使用铂铑合金坩埚，整体生长成本与提拉法和导模法相比较高，同时布里奇曼法生长氧化镓单晶中尺寸放大也存在一定挑战；光学浮区法采用无坩埚形式进行晶体生长，避免了杂质的污染，晶体纯度较高，但由于其加热方式及张力控制熔体的技术特点，晶体尺寸较难放大。探索不用贵金属坩埚生长大尺寸氧化镓晶体的工作亟待开展。

在氧化镓单晶的生长研究工作中，不同生长方法的改进方向均以氧化镓单晶尺寸及质量的同步提高为共同目标。在考虑不同生长方法特点的基础上，通过调节温场、坩埚等硬件设施来满足生长更大尺寸晶体的条件。晶体质量与内部缺陷有密切关系，高质量籽晶、高水平下种与放肩工艺、稳定的固-液生长界面等是影响晶体内部缺陷的重要因素。氧化镓单晶中位错、孪晶等是常见缺陷类型。氧化镓晶体由于对称性较差，其单晶生长过程中易于形成缺陷，因此对晶体生长工艺要求较高。

参考文献

[1] GADOMSKI A. Jan Czochralski，The pioneer of crystal research[J]. Europhysics News，2011，42(5)：22 - 24.

[2] 潘佩聪，颜声辉，朱洪滨，等. 影响提拉法晶体生长的传热参数[J]. 人工晶体学报，1991，(Z1)：370.

[3] 刘福云，曹余惠，杨琳，等. 感应加热提拉法晶体生长温场的设计和调整[J]. 人工晶体学报，1991，(3)：279.

[4] AIDA H，NISHIGUCHI K，TAKEDA H，et al. Growth of $\beta-Ga_2O_3$ single crystals by the edge-defined，film fed growth method[J]. Japanese Journal of Applied Physics，2008，47(11R)：8506.

[5] 陈庆汉. 关于提拉法放肩阶段直径变化的讨论[J]. 人工晶体学报，1984，(04)：67 - 69＋27.

[6] 李留臣，薛抗美. 我国人工晶体生长设备的回顾与展望[J]. 人工晶体学报，2002，31(3)：328 - 331.

[7] 袁文愈. 我国晶体生长设备的现状与发展[J]. 人工晶体学报，2000，(S1)：227.

[8] NASSAU K. Preparation of Large Calcium-Tungstate Crystals Containing Paramagnetic Ions for Maser Applications[J]. Journal of Applied Physics，1960，31(8)：1508 - 1508.

[9] BALLMAN A A，BROWN H. The growth and properties of strontium barium metaniobate，$Sr_{1-x}Ba_xNb_2O_6$，a tungsten bronze ferroelectric[J]. Journal of Crystal Growth，1967，1(5)：311 - 314.

[10] BALLMAN A A. Growth of piezoelectric and ferroelectric materials by the Czochralski technique[J]. Journal of the American Ceramic Society，1965，48(2)：112 - 113.

[11] COCKAYNE B，CHESSWAS M，GASSON D B. Single-crystal growth of sapphire[J]. Journal of Materials Science，1967，2(1)：7 - 11.

[12] BRANDLE C D. Czochralski growth of oxides[J]. Journal of Crystal Growth，2004，264(4)：593 - 604.

[13] COCKAYNE B，CHESSWAS M，GASSON D B. The growth of strain-free $Y_3Al_5O_{12}$ single crystals[J]. Journal of Materials Science，1968，3(2)：224 - 225.

[14] STACY W，ENZ U. The characterization of magnetic bubble-domain materials with X-ray topography[J]. IEEE Transactions on Magnetics，1972，8(3)：268 - 272.

[15] ZYDZIK G. Interface transitions in Czochralski growth of garnets[J]. Materials Research Bulletin，1975，10(7)：701 - 707.

[16] SCHWABE D, SUMATHI R R, WILKE H. An experimental and numerical effort to simulate the interface deflection of YAG[J]. 2004, 265(3-4): 440-452.

[17] CARRUTHERS J R. Flow transitions and interface shapes in the Czochralski growth of oxide crystals[J]. Journal of Crystal Growth, 1976, 36(2): 212-214.

[18] WHIFFIN P A, BRUTON T M, BRICE J C. Simulated rotational instabilities in molten bismuth silicon oxide[J]. Journal of Crystal Growth, 1976, 32(2): 205-210.

[19] KOBAYASHI N, ARIZUMI T. Computational analysis of the flow in a crucible[J]. Journal of Crystal Growth, 1975, 30(2): 177-184.

[20] TOMM Y, REICHE P, KLIMM D, et al. Czochralski grown Ga_2O_3 crystals[J]. Journal of crystal growth, 2000, 220(4): 510-514.

[21] GALAZKA Z, UECKER R, IRMSCHER K, ET AL. Czochralski growth and characterization of β-Ga_2O_3 single crystals[J]. Crystal Research and Technology, 2010, 45(12): 1229-1236.

[22] BLEVINS J D, STEVENS K, LINDSEY A, et al. Development of large diameter semi-insulating gallium oxide (Ga_2O_3) substrates[J]. IEEE Transactions on Semiconductor Manufacturing, 2019, 32(4): 466-472.

[23] GALAZKA Z, IRMSCHER K, UECKER R, et al. On the bulk β-Ga_2O_3 single crystals grown by the Czochralski method[J]. Journal of Crystal Growth, 2014, 404: 184-191.

[24] SCHWABE D G. Spiral crystal growth in the Czochralski process-revisited, with new interpretations[J]. Crystal Research and Technology, 2020, 55(2): 1900073.

[25] TANG X, LIU B, YU Y, ET AL. Numerical Analysis of Difficulties of Growing Large-Size Bulk β-Ga_2O_3 Single Crystals with the Czochralski Method[J]. Crystals, 2021, 11(1): 25.

[26] HOSHIKAWA K, OHBA E, KOBAYASHI T, et al. Growth of β-Ga_2O_3 single crystals using vertical Bridgman method in ambient air[J]. Journal of Crystal Growth, 2016, 447: 36-41.

[27] GALAZKA Z, GANSCHOW S, REICHE P, et al. Experimental Study of Interface Inversion of $Tb_3Sc_xAl_{5-x}O_{12}$ Single Crystals Grown by the Czochralski Method[J]. Crystal Research and Technology: Journal of Experimental and Industrial Crystallography, 2002, 37(4): 407-413.

[28] 穆文祥. β-Ga_2O_3 单晶的生长、加工及性能研究. 济南：山东大学，2018.

[29] CISZEK T F. Edge-defined, film-fed growth(EFG) of silicon ribbons[J]. Materials Research Bulletin, 1972, 7(8): 731-737.

[30] CISZEK T F, SCHWUTTKE G H, YANG K H. Factors influencing surface quality and impurity distribution in silicon ribbons grown by the capillary action shaping

technique(CAST)[J]. Journal of Crystal Growth, 1980, 50(1): 160 - 174.

[31] DUNAEVA E E, IVLEVA L I, DOROSHENKO M E, et al. Synthesis, characterization, spectroscopy, and laser operation of $SrMoO_4$ crystals co-doped with Tm^{3+} and Ho^{3+} [J]. Journal of Crystal growth, 2015, 432: 1 - 5.

[32] MAGESH M, ARUNKUMAR A, VIJAYAKUMAR P, et al. In Growth and Characterization of $LiInS_2$ single crystal by Bridgman technique, Ram, 2013, 1536: 357 - 358.

[33] IVLEVA L I, KUZ'MINOV Y S, OSIKO V V, et al. The growth of multicomponent oxide single crystals by stepanov's technique[J]. Journal of Crystal Growth, 1987, 82(1): 168 - 176.

[34] FUKUDA T, HIRANO H. Growth and characteristics of $LiNbO_3$ plate crystals[J]. Materials Research Bulletin, 1975, 10(8): 801 - 806.

[35] RED'KIN B S, KURLOV V N, TATARCHENKO V A. The stepanov growth of $LiNbO_3$ crystals[J]. Journal of Crystal Growth, 1987, 82(1): 106 - 109.

[36] KURLOV V N, KLASSEN N V, DODONOV A M, et al. Growth of YAG: Re^{3+} (Re=Ce, Eu)-shaped crystals by the EFG/Stepanov technique[J]. Nuclear Instruments and Methods in Physics Research Section A: Accelerators, Spectrometers, Detectors and Associated Equipment, 2005, 537(1): 197 - 199.

[37] EPELBAUM B M, SHIMAMURA K, INABA K, et al. Edge-Defined Film-Fed (EFG) Growth of Rare-Earth Orthovanadates $REVO_4$ (RE=Y, Gd): Approaches to Attain High-Quality Shaped Growth[J]. 1999, 34(3): 301 - 309.

[38] KURLOV V N, RED'KIN B S. Growth of shaped lithium tantalate crystals[J]. Journal of Crystal Growth, 1990, 104(1): 80 - 83.

[39] MACHIDA H, HOSHIKAWA K, FUKUDA T. Growth of TiO_2 ribbon single crystals by edge-defined film-fed growth method[J]. Journal of Crystal Growth, 1993, 128(1, Part 2): 829 - 833.

[40] 穆文祥. $\beta - Ga_2O_3$ 单晶的生长、加工及性能研究. 山东大学, 2018.

[41] KURAMATA A, KOSHI K, WATANABE S, et al. High-quality $\beta - Ga_2O_3$ single crystals grown by edge-defined film-fed growth[J]. Japanese Journal of Applied Physics, 2016, 55(12): 1202A2.

[42] GALAZKA Z, IRMSCHER K, SCHEWSKI R, et al. Czochralski-grown bulk $\beta - Ga_2O_3$ single crystals doped with mono-, di-, tri-, and tetravalent ions[J]. Journal of Crystal Growth, 2020, 529: 125297.

[43] GALAZKA Z, UECKER R, IRMSCHER K, et al. Czochralski growth and characterization of $\beta - Ga_2O_3$ single crystals[J]. Crystal Research and Technology, 2010, 45(12): 1229 - 1236.

[44] GALAZKA Z, GANSCHOW S, FIEDLER A, et al. Doping of Czochralski-grown bulk $\beta-Ga_2O_3$ single crystals with Cr, Ce and Al[J]. Journal of Crystal Growth, 2018, 486: 82-90.

[45] GALAZKA Z, IRMSCHER K, UECKER R, et al. On the bulk $\beta-Ga_2O_3$ single crystals grown by the Czochralski method[J]. Journal of Crystal Growth, 2014, 404: 184-191.

[46] GALAZKA Z, IRMSCHER K, SCHEWSKI R, et al. Czochralski-grown bulk $\beta-Ga_2O_3$ single crystals doped with mono-, di-, tri-, and tetravalent ions[J]. Journal of Crystal Growth, 2020, 529: 125297.

[47] ZHANG J, MU W, ZHANG K, et al. Broadband near-infrared Cr^{3+} : $\beta-Ga_2O_3$ fluorescent single crystal grown by the EFG method[J]. CrystEngComm, 2020, 22(44): 7654-7659.

[48] NOGALES E, GARCÍA J A, MÉNDEZ B, et al. Red luminescence of Cr in$\beta-Ga_2O_3$ nanowires[J]. Journal of Applied Physics, 2007, 101(3): 033517.

[49] MU W, YIN Y, JIA Z, et al. An extended application of $\beta-Ga_2O_3$ single crystals to the laser field: Cr^{4+} : $\beta-Ga_2O_3$ utilized as a new promising saturable absorber[J]. RSC Advances, 2017, 7(35): 21815-21819.

[50] STOCKBARGER D C. The production of large single crystals of lithium fluoride[J]. Review of Scientific Instruments, 1936, 7(3): 133-136.

[51] HARADA K, SHIMANUKI S, KOBAYASHI T, et al. Dielectric and piezoelectric properties of $Pb[(Zn_{1/3}Nb_{2/3})_{0.91}Ti_{0.09}]O_3$ single crystal grown by solution Bridgman method[J]. Key Engineering Materials, 1999, 157: 95-102.

[52] SHI H, SHEN D, REN G, et al. Growth of $NaBi(WO_4)_2$ crystal by modified-Bridgman method[J]. Journal of crystal growth, 2002, 240(3-4): 459-462.

[53] 介万奇. 晶体生长原理与技术[M]. 科学出版社, 2019.

[54] RUDOLPH P, KIESSLING F M. The horizontal Bridgman method[J]. Crystal research technology, 1988, 23(10-11): 1207-1224.

[55] DONG Y M, XIA H P, FU L, et al. White light emission from Dy^{3+}-doped $LiLuF_4$ single crystal grown by Bridgman method[J]. Optoelectronics Letters, 2014, 10(4): 262-265.

[56] DOTY F, BUTLER J, SCHETZINA J, et al. Properties of CdZnTe crystals grown by a high pressure Bridgman method[J]. 1992, 10(4): 1418-1422.

[57] XU J. Growth of 4″$Li_2B_4O_7$ single crystals by multi-crucible Bridgman method[J]. Journal of crystal growth, 2004, 264(1-3): 260-265.

[58] 徐家跃. 氧化物晶体的坩埚下降法生长[J]. 人工晶体学报, 2002, 31(3): 298-304.

[59] 侍敏莉，陆宝亮，徐家跃. 大尺寸氟化物晶体的坩埚下降法生长研究[J]. 激光与红外，2004，34(6)：467－469.

[60] OHBA E, KOBAYASHI T, TAISHI T, et al. Growth of (100), (010) and (001) $\beta-Ga_2O_3$ single crystals by vertical Bridgman method[J]. Journal of Crystal Growth, 2021, 556: 125990.

[61] HOSHIKAWA K, KOBAYASHI T, OHBA E. 50 mm diameter Sn-doped (001) $\beta-Ga_2O_3$ crystal growth using the vertical Bridgeman technique in ambient air[J]. Journal of Crystal Growth, 2020, 546: 125778.

[62] HOSSAIN E, KULKARNI R, MONDAL R, et al. Optimization of Gas Ambient for High Quality $\beta-Ga_2O_3$ Single Crystals Grown by the Optical Floating Zone Technique [J]. ECS Journal of Solid State Science and Technology, 2019, 8(7): Q3144.

[63] ZHANG H, TANG H L, HE N T, et al. Growth and physical characterization of high resistivity Fe: $\beta-Ga_2O_3$ crystals[J]. Chinese Physics B, 2020, 29(8): 087201.

[64] SUZUKI N, OHIRA S, TANAKA M, et al. Fabrication and characterization of transparent conductive Sn-doped $\beta-Ga_2O_3$ single crystal [J]. physica status solidi c, 2007, 4(7): 2310－2313.

[65] ZHANG J, XIA C, DENG Q, et al. Growth and characterization of new transparent conductive oxides single crystals $\beta-Ga_2O_3$: Sn [J]. Journal of Physics and Chemistry of Solids, 2006, 67(8): 1656－1659.

[66] VÍLLORA E G, SHIMAMURA K, YOSHIKAWA Y, et al. Large-size $\beta-Ga_2O_3$ single crystals and wafers[J]. Journal of Crystal Growth, 2004, 270(3－4): 420－426.

[67] UEDA N, HOSONO H, WASEDA R, et al. Synthesis and control of conductivity of ultraviolet transmitting $\beta-Ga_2O_3$ single crystals[J]. Applied Physics Letters, 1997, 70(26): 3561－3563.

[68] YANAGIDA T, KAWAGUCHI N. Optical and scintillation properties of alkaline earth doped Ga_2O_3 single crystals prepared by the floating zone method[J]. Japanese Journal of Applied Physics, 2019, 59(SC): SCCB20.

[69] USUI Y, NAKAUCHI D, KAWANO N, et al. Scintillation and optical properties of Sn-doped Ga_2O_3 single crystals[J]. Journal of Physics and Chemistry of Solids, 2018, 117: 36－41.

[70] USUI Y, OYA T, OKADA G, et al. Comparative study of scintillation and optical properties of Ga_2O_3 doped with ns^2 ions [J]. Materials Research Bulletin, 2017, 90: 266－272.

[71] USUI Y, OYA T, OKADA G, et al. Ce-doped Ga_2O_3 single crystalline semiconductor showing scintillation features [J]. Optik, 2017, 143: 150－157.

[72] VÍLLORA E G, SHIMAMURA K, YOSHIKAWA Y, et al. Electrical conductivity and carrier concentration control in $\beta-Ga_2O_3$ by Si doping[J]. Applied Physics Letters, 2008, 92(20): 202120.

[73] OHIRA S, SUZUKI N, ARAI N, et al. Characterization of transparent and conducting Sn-doped $\beta-Ga_2O_3$ single crystal after annealing[J]. Thin Solid Films, 2008, 516(17): 5763-5767.

[74] YAMAGA M, VÍLLORA E G, SHIMAMURA K, et al. Donor structure and electric transport mechanism in $\beta-Ga_2O_3$[J]. Physical Review B, 2003, 68(15): 155207.

[75] CUI H, MOHAMED H, XIA C, et al. Tuning electrical conductivity of $\beta-Ga_2O_3$ single crystals by Ta doping[J]. Journal of Alloys and Compounds, 2019, 788: 925-928.

[76] ZHOU W, XIA C, SAI Q, et al. Controlling n-type conductivity of $\beta-Ga_2O_3$ by Nb doping[J]. Applied Physics Letters, 2017, 111(24): 242103.

[77] ONUMA T, FUJIOKA S, YAMAGUCHI T, et al. Correlation between blue luminescence intensity and resistivity in $\beta-Ga_2O_3$ single crystals [J]. Applied Physics Letters, 2013, 103(4): 041910.

[78] ZHANG J, LI B, XIA C, et al. Growth and spectral characterization of $\beta-Ga_2O_3$ single crystals[J]. Journal of Physics and Chemistry of Solids, 2006, 67(12): 2448-2451.

第3章

氧化镓单晶衬底加工

3.1 引言

半导体单晶经过定向、切割、研磨、抛光等步骤，获得光滑表面后才能用于薄膜外延及器件制备。半导体产业上游主要是指针对半导体衬底及外延片的研发。其中衬底主要有 Si、Al_2O_3、GaAs、SiC、GaN、金刚石、Ga_2O_3 等。衬底材料的性质和衬底表面形状对外延薄膜的特性有很大的影响，外延层中的缺陷多遗传于衬底材料，进而影响器件性能。氧化镓作为近年来备受关注的新一代半导体材料，具有宽禁带、高击穿场强、高深紫外波段透过率等优越性能，在高频、高效率、大功率微电子器件等领域具有良好的应用前景[1]。上述领域中器件结构的外延层缺陷密度对器件的使用寿命和工作效率有重要的影响。因此，氧化镓器件要求使用高形状精度、低损伤的高质量衬底。

β-Ga_2O_3 是氧化镓最稳定的晶相，其晶格参数为 $a=1.22$ nm，$b=0.304$ nm，$c=0.580$ nm，$\alpha=\gamma=90°$，$\beta=103.8°$[2]，β-Ga_2O_3 晶体作为一种新型的单斜半导体材料，呈现出典型的各向异性。其各晶面具有不同的排列和结构密度，因此显示出不同的物理、化学和电学性质。基于其性质的各向异性，不同的晶面适用于不同的应用领域。由于各晶面力学特性、解理特性不同导致其加工性能不同，在实际加工中需采取的加工工艺及参数也要有所改变。

氧化镓是一种硬脆材料，硬脆材料由于具有低塑性、易脆性、微裂纹及工件表面层组织易破坏等特性，在使用传统方法加工时存在加工质量差、工件破损率高、效率低、无法完成设计要求等问题，这本一定程度上限制了氧化镓材料产业化发展。

3.2 晶体开裂特性及对加工的影响

开裂是晶体中常见的一种宏观缺陷，严重影响晶体在实际工程中的应用。导致晶体开裂的原因主要有两方面：一方面源于晶体本身的结构和性质，晶体解理特性使其在加工过程中易沿解理面开裂；另一方面与晶体加工工艺有关，在晶体生长及机械加工过程中，晶体内部应力集中导致应变，当应变程度超过晶面范性形变的范围，且局部超过屈服点时，晶体发生开裂。研究晶体的力学

特性有助于研究人员了解其加工机理，避免在其加工时引起晶体开裂。

3.2.1　解理

晶体解理就是晶体受到外力的作用时，沿着一定结晶方向开裂且裂出光滑平面的性质。解理面比一般晶面更加光亮平整，可以出现规则的阶梯状解理面或解理纹。解理面的形成主要受晶体结构和成分的制约，每一类晶体的解理面常常是固定的，与晶体中晶面表面能、面网密度、化学键强度、面间距等性质紧密相关。表 3-1 列出了几种不同矿物晶体的解理类型。从中可以看出，当介于层与层或链与链之间的结合力微小时，矿物晶体就容易解理。

表 3-1　某些晶体的解理类型[3]

晶体	层内或链内键力类型	解理网面之间键力类型	解理网面
石墨	层内 C 原子是很强的同极性(或金属性)键力	层之间为范德华力	按六方晶体(0001)面极完整解理
Cd - I_2 型晶体，如氢氧镁石	层内原子是同极性或离子键力	层之间为范德华力	(001)或(0001)面完整解理
链状晶格的 Te	链内为同极性键力	链间为较弱键力	链间的($10\bar{1}$)面解理
链状的辉石	链内为异极性键力	链内为较弱余力	链间的键力强度较角闪石大，(110)面解理欠完善，(100)面与($\bar{1}10$)面夹角为 93°
链状的角闪石	链内为异极性键力	链内为较弱余力	链间的键力强度较辉石小，(110)面解理完善，(100)面与($\bar{1}10$)面夹角为 56°
云母	层体间极强异极性键力	层体之间虽是异极性力，但仅为 1 价的阳离子	平行(001)面极易完整解理

氧化镓晶体存在(100)和(001)两个解理面。其中,(100)面为主解理面,(001)面为次解理面。氧化镓[100]方向(*a* 向)、[010]方向(*b* 向)、[001]方向(*c* 向)的晶格常数分别为 12.23 Å、3.04 Å 和 5.80 Å[4]。相较于(010)、(001)面,(100)面更易受到外力而断裂。图 3-1 所示为 $\beta-Ga_2O_3$ 晶体三维结构图,从三维结构上看,$\beta-Ga_2O_3$ 晶体的(100)面上只有相互平行的化学键,更容易受到外界剪切应力的破坏[5]。

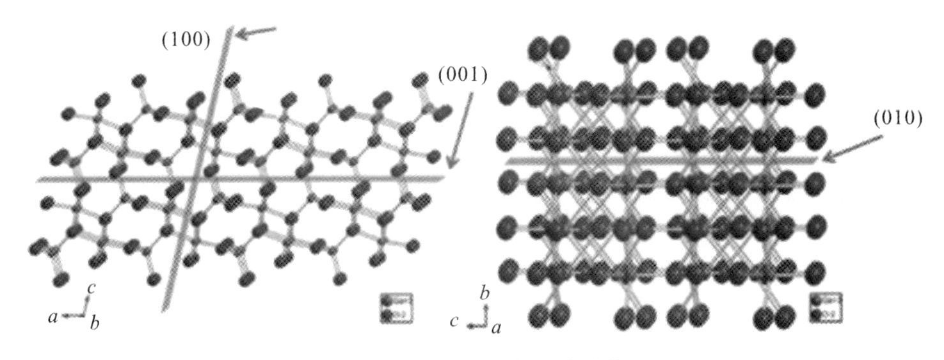

图 3-1　$\beta-Ga_2O_3$ 晶体三维结构图

晶体的解理特性会直接影响晶体的生长及加工过程,使晶体在生长、加工过程中易受应力影响而开裂。如图 3-2 所示,晶体在加工过程中,由于应力集中,会在晶片表面形成大量解理裂纹,裂纹随着加工的进行不断扩展,致使晶体有可能出现孪晶、二次解理等现象,最终出现解理舌、解理坑等缺陷[6]。Zhou

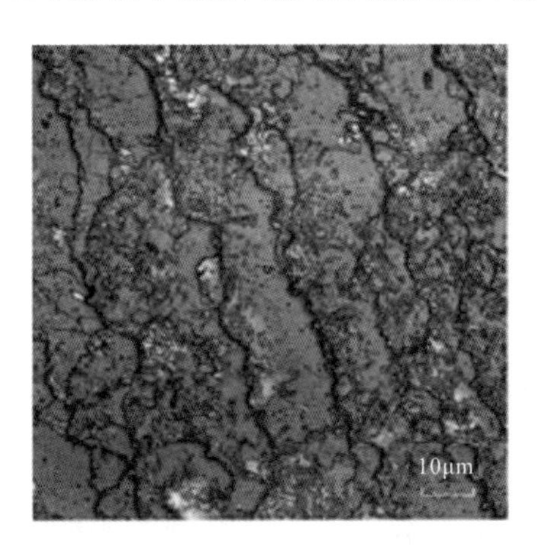

图 3-2　氧化镓经加工后产生的解理舌、解理坑

等人[7]的研究结果也证实在相同的加工条件下，$\beta-Ga_2O_3$(100)面的材料去除方式为解理分层，其表面粗糙度较(010)晶面更大。

晶体的解理特性虽然给晶体加工造成一定困难，但该特性的存在并非全无益处。晶体不同晶面的解理程度不同，但对于固定晶面而言，其解理程度是相同的。这一规律有助于研究人员对晶体进行定向。以$\beta-Ga_2O_3$单晶为例，施加定向机械力使之解理后，露出的光滑平面为(100)面或(001)面，由于(100)面为主解理面，(001)面为次解理面，光亮程度更高的晶面即为(100)面。另外，研究人员还可利用此特性直接进行晶片剥离，从而获得表面质量良好的晶片。相关内容将在本章3.8节衬底机械剥离与应用进行详细介绍。

3.2.2　晶体力学性能

材料力学性能包括材料硬度、塑性、弹性、断裂韧性等性能，通过这些力学性能指标能够预测材料在加工过程中的响应，以便于优化加工工艺。图3-3所示为$\beta-Ga_2O_3$不同晶面的晶体结构。由图3-3可知，沿着晶格的不同取向，原子排列的周期性和疏密程度不尽相同，由此$\beta-Ga_2O_3$晶体在不同取向上的

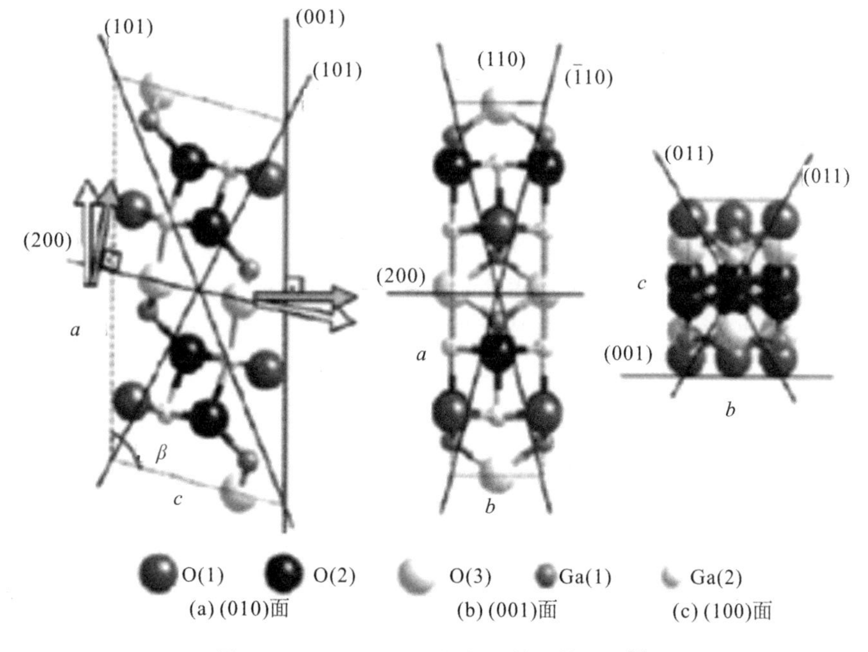

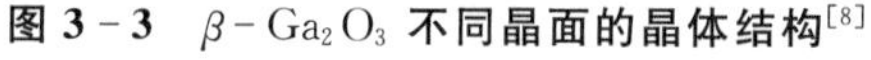
图3-3　$\beta-Ga_2O_3$不同晶面的晶体结构[8]

力学性能也不同。单晶材料具有强烈的各向异性，其机械、物理性能在不同晶向上存在较大差异。因此在研究力学特性及加工表面质量时，就必须考虑材料的各向异性的影响。

晶体硬度是晶体微观特性的宏观反映，直接反映了晶体抵抗外界压入、划刻等机械作用力的能力，是晶体在机械加工方面的关键参数。从结晶学的角度考虑，晶体硬度的基本规律为原子晶体硬度最高，离子晶体硬度次之，分子晶体硬度最低。晶体硬度的大小可以由维氏硬度和莫氏硬度来表示。晶体在加工切削过程中，各晶面的硬度对切削工艺以及加工表面质量有一定的影响。表 3-2 列出了 $\beta-Ga_2O_3$ 单晶不同晶面的硬度[9-10]。弹性模量是材料重要的力学性能参数，从宏观角度来说，弹性模量是衡量物体抵抗弹性变形能力大小的尺度，从微观角度来说，弹性模量则是原子、离子或分子之间键合强度的反映。断裂韧性则是材料阻止宏观裂纹失稳扩展能力的度量，也是材料抵抗脆性破坏的韧性参数。

表 3-2　$\beta-Ga_2O_3$ 单晶不同晶面的硬度[9-11]

	(100)	(010)	(001)	(101)	$(\bar{2}01)$
Hv/GPa	8.5	6.55	10.3	9.7	12.5
H_M	6.39	5.87	6.82	5.66	

为了测量材料的力学性能，许多不同的划痕与压痕试验应运而生。在微米级别，甚至是纳米级别的材料研究中，材料本身将会出现尺寸效应等各种特殊的效应。随着近年来纳米技术的快速发展，寻找合适的方法来研究纳米尺度材料的物理力学性能变得越来越重要。目前，研究体块材料及纳米尺度材料的力学和变形性能的最有效方法之一是纳米压痕法。纳米压痕法的原理是通过连续记录被研究材料与具有已知几何形状的压头相互作用而产生的残余应变，获得载荷-应变曲线[12]。随着技术的不断发展，纳米压痕法的技术越来越成熟。

利用纳米压痕技术测量材料力学性能的理论方法应用最广的是 Oliver-Pharr 方法。该方法是由 Oliver 和 Pharr[13] 根据 Sneddon[14] 提出的不同的轴对称压头的几何外形与平整的弹性平面之间压入深度的关系改进得到的。纳米压痕试验通常分为三个过程：首先将金刚石压头在设定的载荷下压入被测试

件的表面，当载荷达到设定的最大载荷时保持一段时间不变；然后将压头撤出试件，在这个过程中记录下载荷和位移的变化；最后通过载荷-位移曲线来计算被测材料的硬度和弹性模量。纳米压痕试验的载荷-位移曲线见图3-4。

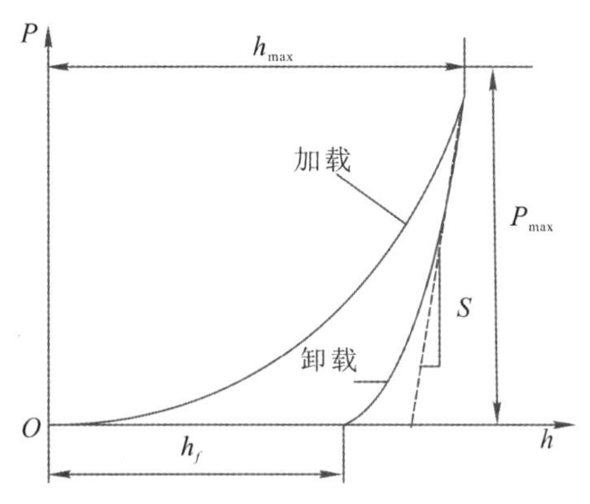

图3-4　纳米压痕试验的载荷-位移曲线

根据图3-4所示，按照经典的弹塑性理论，被测材料的硬度 H 和弹性模量 E_s 的有关公式如下：

$$H=\frac{P_{max}}{A} \tag{3-1}$$

$$E_r=\frac{\sqrt{\pi}}{2\beta}\frac{S}{\sqrt{A}} \tag{3-2}$$

$$E_r=\frac{1-\nu_s^2}{E_s}+\frac{1-\nu_i^2}{E_i} \tag{3-3}$$

式中：P_{max}为最大载荷；A 为压头与试件接触部分在平面上的投影面积；E_r为当量弹性模量；E_s为被测材料的弹性模量；E_i为压头材料的弹性模量；ν_i为压头材料的泊松比；ν_s为被测材料的泊松比；S 为接触刚度。

宋放等[8]对 $\beta-Ga_2O_3$(100)面和(010)面进行纳米压痕试验，通过计算两个晶面的硬度与弹性模量可知，虽然(100)面上原子排列比(010)面更密，但(100)面的硬度比(010)面低。两个晶面在不同最大载荷下的硬度变化趋势如图3-5所示，两个晶面上的硬度都随着最大载荷的增大而减小，并趋于稳定。经过计算得出 $\beta-Ga_2O_3$(100)面的平均硬度为10.7 GPa，(010)面的平均硬度为12.3 GPa。

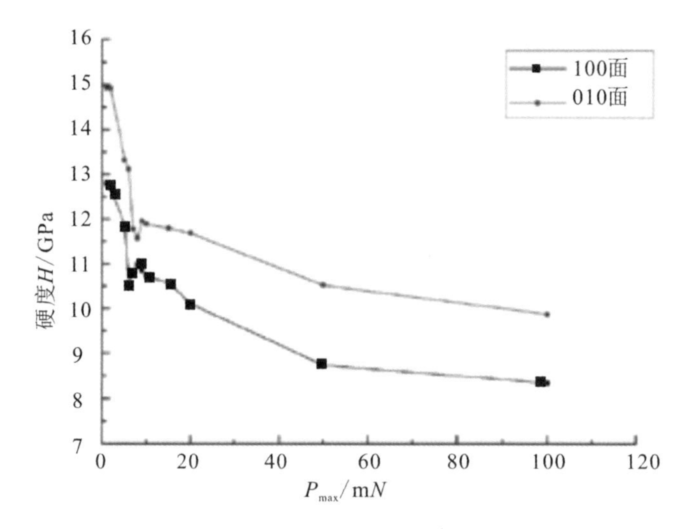

图 3-5　不同晶面的硬度随最大载荷的变化

如图 3-6 所示，$\beta-Ga_2O_3$(100)面的弹性模量比(010)面低，两个晶面上的弹性模量都随着最大载荷的增大而减小，并趋于稳定。经过计算得 $\beta-Ga_2O_3$(100)面的平均弹性模量为 209.6 GPa，(010)面的平均弹性模量为 197.7 GPa。

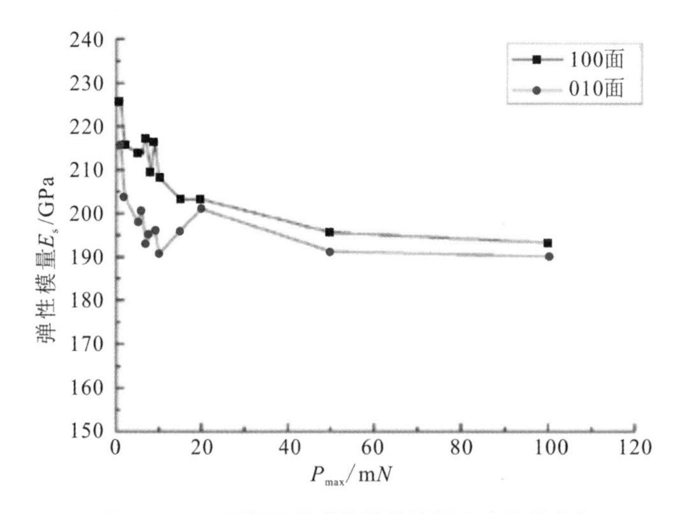

图 3-6　不同晶面的弹性模量随最大载荷的变化

晶体力学性能不同使其加工效率及加工后表面质量也有所不同。一般而言，材料的硬度越大，在磨削过程中阻力越大；材料弹性模量越大，磨削难度越大。

3.3　氧化镓晶体定向

晶体定向指通过测试方法确定晶体的晶面、晶轴等要素与宏观晶体的几何关系。$\beta-Ga_2O_3$ 是单斜晶体，只有一个二次对称轴[010]，晶体沿此轴向具有最大的生长速度、禁带宽度、热导率和电导率。(010)面衬底在同质外延时也表现出最快的成膜速度[15]。另外 $\beta-Ga_2O_3$ 不同晶面的机械性能存在明显差异，在加工 $\beta-Ga_2O_3$ 晶体时也需要适当改变切割参数，避免晶体开裂。

对于这些很难根据外形判断结晶方位的晶体，一般采用光图像法、劳厄照相法或单色 X 射线衍射法进行定向。光图像法需要打磨晶体，损耗较大，且打磨的粗糙表面会影响反射光斑的观察；劳厄照相法定向质量较差，对称性较低的晶体，定向过程比较复杂。$\beta-Ga_2O_3$ 采用定向籽晶法进行生长，得到晶体的生长轴向一般与籽晶方向相近。另外 $\beta-Ga_2O_3$ 也具有明显的解理特性。综合以上特点，通过 X 射线衍射法可以快速对方位大致确定的 $\beta-Ga_2O_3$ 晶面、晶轴进行进一步的检测。下面对此方法进行简要介绍。

3.3.1　X 射线衍射的基础知识

X 射线是一种电磁波辐射，它的波长很短(约 0.01 Å～100 Å)，如图 3-7 所示，具有穿透性和很高的能量。由于 X 射线波长与晶体的原子间距相当，可以发生衍射，因此可利用 X 射线测定晶体结构。

X 射线谱根据其是否连续可以分为两种：连续 X 射线谱和特征 X 射线谱。连续 X 射线谱具有连续波长，会在管电流一定、电压低于激发电压时产生，其谱线强度随波长变化，短波限 λ_0 随管电压增加向短波方向移动；特征 X 射线谱具有特定波长，在管电压高于激发电压时产生，且波长不随管电压的增加而变。靶材内层电子能量较低，受高速带电粒子撞击容易出现空位，相邻高能级电子层的电子跃迁回低位时会辐射出特征 X 射线。由此可见，特征 X 射线的波长只与靶材的能级结构有关，是物质的固有特性。

当 X 射线与物质相互作用时，会同时发生透过、吸收和散射。物质的元素的原子序数值越大，物质对 X 射线的吸收越强。另一方面，晶体的电子在 X 射线的影响下发生受迫振动，向各个方向辐射出与入射线同频率的电磁波，各个电子的散射波之间可以在某些方向上始终保持叠加，发生相干散射。这种只有衍射方向改变的相干散射是晶体结构分析和定向的基础。

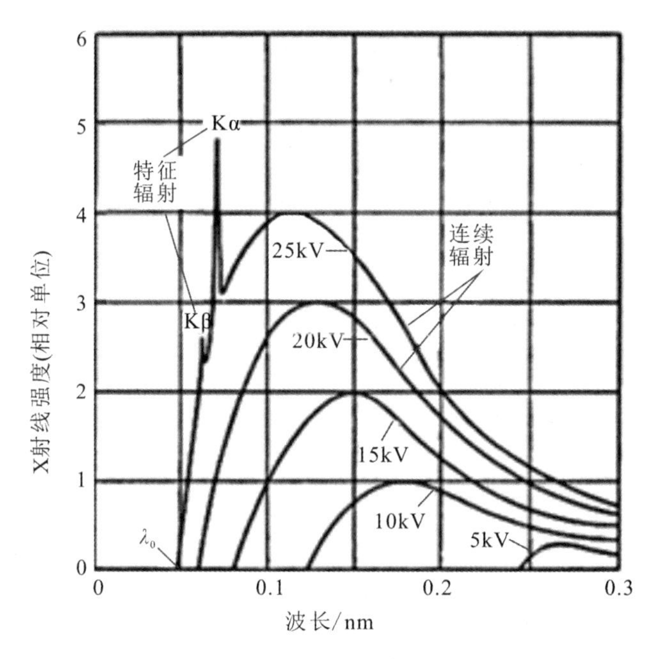

图 3-7　Mo 靶 X 射线管的 X 射线谱

假设晶体是一组相互平行且等距的原子面，并将衍射线看作原子面对特征 X 射线的反射。如图 3-8 所示，一束波长为 λ 的 X 射线以入射角$(90°-\theta)$投射到两相邻原子面 P_1、P_2后发生相干散射，两束反射线的光程差 $\sigma=CB+BD=2d\sin\theta$。当这组相互平行的任意两个原子面的光程差满足 $n\lambda=2d\sin\theta$ 时，同样会发生相干散射。该公式为 X 射线在晶体中相干散射必须满足的几何条件，即布拉格定律[16]。其中 n 是整数，称为反射级数，d 为原子面间距，θ 为入射线或反射线与原子面的夹角。由于晶体存在螺旋轴或滑移面的微观对称要素，某

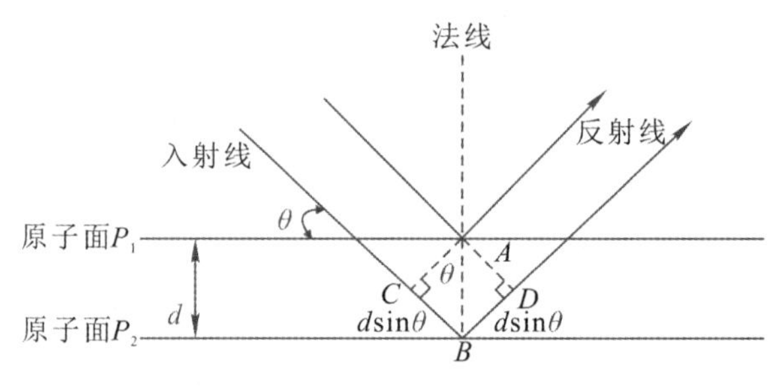

图 3-8　布拉格定律示意图

些晶面的衍射强度可能为零，即发生了消光。因此在进行结构分析时也需要关注同一个晶面簇中不同级数的衍射数据。

3.3.2　定向仪的原理与操作

X 射线衍射定向仪遵循光的衍射及相关几何规律，阳极靶面发出特征 X 射线经过金属狭缝和平行光管投射到待测样品上，当晶面间距和入射角$(90°-\theta)$满足布拉格公式 $n\lambda=2d\sin\theta$ 时，X 射线将发生相干衍射，信号被另一侧的计数管接收，并通过放大器的微安表显示出来。读出衍射角并将其与理论衍射角进行比较，便可求出衍射角实际与理论值的偏差[17-18]。

定向仪的基本结构如图 3－9 所示，样品吸附在载物台的真空吸盘上，探测器固定在被测晶面的理论 $2\theta_{hkl}$ 位置，转动手轮改变样品的角度，如果被测晶面与待确定的点阵面的位向相对一致，样品台位于 θ_{hkl} 角度时，X 射线在晶体中散射必定满足布拉格定律，发生相干衍射，探测器接收到的射线最强，微安表显示电流最大。

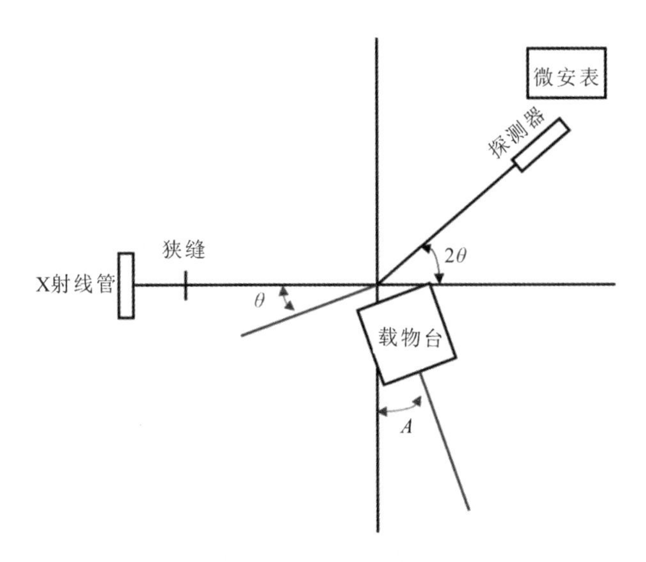

图 3－9　X 射线衍射定向仪的基本结构

如果被测晶面与想要确定的点阵面不平行，而是绕着旋转轴中心线顺时针方向偏离了一个较小的角度 σ，在检测时仍然将计数器固定在 $2\theta_{hkl}$ 位置，那么微安表会在角度 $A=\theta_{hkl}+\sigma$ 时达到最大值。绕吸附面的法线将晶体旋转 180°后再次测试，显然微安表在 $A'=\theta_{hkl}-\sigma$ 出现最大读数。通过两次测试读数计算晶面在这个方位上实际偏差的角度，$\sigma=(A-A')/2$。σ 越大，被测晶面与点阵面的夹角越大，偏差越大。

需要指出的是，在实际测试时只测水平方位的偏差不够准确，无法得知被测晶面在法向方位的偏差。所以需要额外将晶体绕吸附面的法线旋转 90°、270°，使原来的水平方位变为法向方位后再次测试，计算偏差角。

图 3-10 所示为 $\beta-Ga_2O_3$ 晶片定向的实例，切割出的被测晶面大致为(001)面，$2\theta=31.78°$，由于待测晶面与理论点阵面存在一定的未知偏角，因此该晶片定向需要定向仪精确测定。

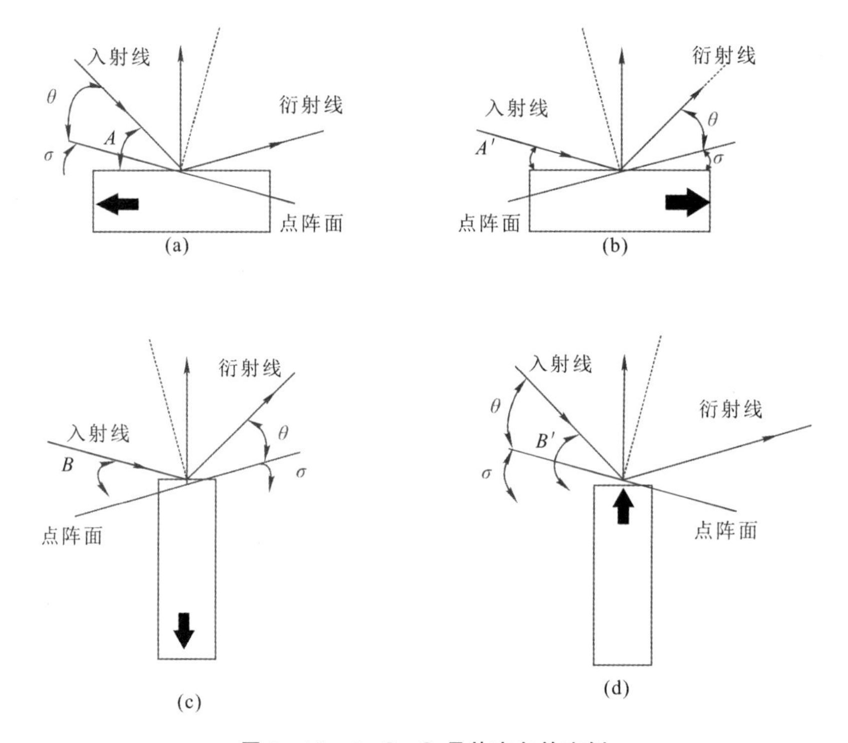

图 3-10　$\beta-Ga_2O_3$ 晶片定向的实例

如图 3-10 所示，在晶片上做好标记，方便确认晶片放置的方向，探测器的 2θ 固定在 31.78°处，旋转手轮，在 $\theta=15.89°$ 附近找到微安表读数的最大值，记下此时的角度 $A=16.1°$；再将晶片绕吸附面法线依次旋转 90°、180°、270°，重复操作并记下读数 $B=15.5°$，$A'=15.4°$、$B'=16.3°$。计算出水平方位的偏差角 $\sigma=(A-A')/2=0.35°$，法向方位的偏差角 $\sigma'=-0.4°$，即晶片在水平方位上顺时针偏离了 0.35°，在法向方位上逆时针偏离了 0.4°。

对于形状不规则的晶块甚至晶棒，样品在放置时很难保证 180°和 90°的旋转，在水平方位和法向方位测定的 σ 也无法相等。一般使用十字测定法测定这种样品的待测晶面：在样品表面画好正交十字，并以十字为基准测出水平和法向方位的衍射角，将所测衍射角与理论值对比，根据计算的偏离角对晶体进行研磨修正，复测，直至符合要求。

3.4　氧化镓晶体切割

切割为晶体加工的第一道工序，切割得到的晶片的平整度对后续研磨抛光过程有很大的影响。晶体的切割方法应根据晶体的特性及加工要求确定，其目的是将晶体切割成符合使用要求的薄片。切割时应尽量将晶片的翘曲度、总厚度变化、表面粗糙度降至最低。切割的主要工艺要求为高效率、高材料利用率、低损伤、无污染。目前，硬脆材料的切割技术主要有内圆切割技术、激光切割技术、线切割技术等。

3.4.1　内圆切割技术

传统的内圆切割技术指在圆环状刀片基体的中心放置晶体，刀片做高速旋转运动，在不断添加磨料的同时，晶体径向进给，并被内圆刀片切成晶片。图 3－11 所示为内圆切割机切割硅棒示意图。在切割过程中，刀片稳定性好、刚性强、具有可调性。然而随着晶圆尺寸不断增大，内圆切割技术的劣势凸显。内圆切割工艺中随着内圆刀片尺寸的增大，其刀片张紧力随之增大，刀片刃口的加厚使切割产生的损耗增加，切割后的晶片损伤层较厚，成品率低。在大尺寸晶体加工的趋势下，内圆切割技术因效率低、切割效果差而逐渐不能满足成品需求，新型切割技术应运而生。

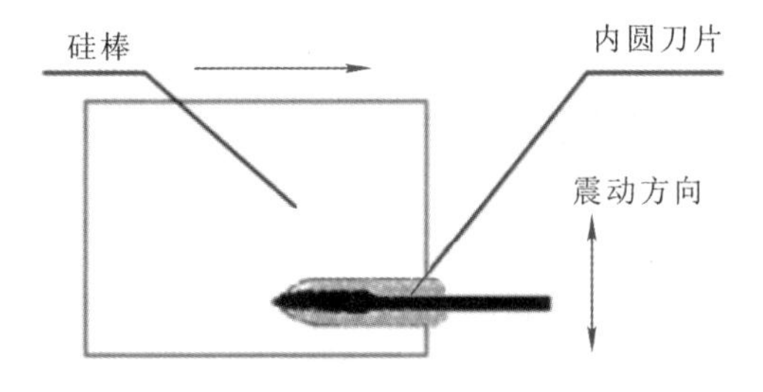

图 3－11　内圆切割机切割硅棒示意图[19]

3.4.2 激光切割技术

激光切割技术是一种高速度、高质量的切割方法，具有可切割任意图形、加工速度快、切口质量好等特点。通常用于激光切割的激光器主要有超短脉冲激光、Nd：YAG 激光、紫外激光、飞秒超短脉冲激光等。激光切割的效果与晶体对激光的吸收率、辅助气体、激光能量密度、激光切割速度等参数有关[20]。

1. 晶体对激光的吸收率

由于不同晶体的热物理性能不同，晶体对激光的吸收率也不同，晶体会表现出不同的激光切割适应性。选择适合加工晶体的激光器可有效提升切割效率及质量。以蓝宝石为例，由于蓝宝石对 1070 nm Nd：YAG 红外激光的吸收率很低，因此要加工蓝宝石就需要提高激光能量密度，这将导致加工难度增大且热效应明显，重凝现象严重[21]。

2. 辅助气体

激光切割机切割不同的材料时要用不同的辅助气体[22]。激光器工作气体用于产生激光；保护气体用于保护光学器件，驱动光闸。激光器工作气体一般由氦气、氮气、二氧化碳气体按照一定比例混合而成，可以保证设备最佳性能；辅助气体不但可以将熔渣及时吹走，还起到冷却工件和清洁的作用，选用不同的辅助气体，能够改善切割的速度及割缝表面质量，对特殊晶体的切割具有重大意义。辅助气体有氧气、空气、氮气和氩气等。

辅助气体的压力也是影响切割效果的因素之一。增加辅助气体压力可以提高排渣能力，提高切割速度。但辅助气体压力到达一个最大值后，继续增加气体压力反而会引起切割速度的下降。这是因为在高的辅助气体压力下，高的气流速度对激光作用区冷却效应的增强及气流中存在的间歇冲击波对激光作用区冷却的干扰作用导致切割速度降低。当气流中压力和温度不均匀时，辅助气体会引起气流场密度的变化，从而干扰光束能量的聚焦，这种干扰会影响熔化效率，有时可能改变模式结构，导致切割质量下降。如果光束发散太甚，使光斑过大，甚至会造成不能有效进行切割的严重后果。

3. 激光能量密度

激光切割时激光光束能量密度高，且与面积成反比，所以较高的能量密度使得焦点光斑直径尽可能小，以便产生窄的切缝。激光能量密度过低时，激光无法切断晶体，或因光斑分离造成切割后晶片形貌差等现象。激光能量密度过

高时，热影响区变大，会造成挂渣增多、晶体崩边、切缝粗糙等现象。

4. 激光切割速度

激光切割速度决定了激光与材料间的相互作用时间。提高切割速度的操作包括提高功率、改变光束模式、减小焦点光斑尺寸等。适当的切割速度能改善切口质量，即切口略有变窄、切口表面更平整，同时可减小变形。

激光切割加工效率高，适合微切割、微钻孔等难以加工的情况。然而，Yamomoto[23]等利用连续激光或普通脉冲激光切割热导率较低的 Si_3N_4 陶瓷材料，切割后样品抗弯强度降至切割前的 1/3。由于氧化镓材料热导率也较低，因此高能激光束会使材料表面热应力集中，进而形成微裂纹、大的碎屑，甚至导致材料断裂。

3.4.3　线切割技术

目前，线切割技术不断发展，线切割已经成为晶片切割的主流方法。线切割是将金属丝通过一定的方法缠绕在线桶上，线桶旋转带动金属丝在一定区域内移动，在润滑油及某种研磨料的作用下完成对晶片的切割。线切割技术根据磨料的切割机理分为游离磨料线切割和固结磨料线切割。游离磨料线切割是使用裸露的金属丝和带有磨料的切割液，切割时运动的金属丝带着切割液进入切割区域，利用三体磨粒磨损作用去除材料。固结磨料线切割则采用电镀金刚石线锯丝或树脂金刚石线锯丝，在加工中靠二体磨粒磨损作用去除材料。其中，相较于树脂金刚石线锯丝，电镀金刚石线锯丝在切割性能和表面质量方面更占优势，在脆性材料切割方面应用更广泛。

由于线锯丝在切割过程中会出现损耗，成本较高，因此切割过程中线锯丝采用往复进丝模式。为形成连续不断地切割，线锯丝沿单一方向运转一段时间后，切割速度减慢并沿反向运转。当线锯丝开始转变运转方向时，切割速度减慢并趋近零，而晶体仍然保持进给，这使得线锯丝与切割表面的锯切力变大，黏附晶体微屑，形成沟槽状的切割条纹。而在使用磨料切割液时，研磨颗粒分布于切割表面，会嵌入到晶体之中，加剧微裂纹的产生，增加损伤层的厚度。

在切割过程中，反复接触逐渐磨损而引起的切削性能的变化使金刚石线锯丝的优化使用变得复杂。D. Kim[24]等提出了一种基于数学描述的金刚石线锯丝切割性能和寿命的表征方法。根据理论模型预测，由于每种磨料的压痕细度的增加，切削速度会随着进给力的增强和磨料粒径的减小而加快。实验结果表明，磨料浓度较低的金属丝具有较高的材料去除率，但其金刚石线锯丝的寿命

却呈现出相反的趋势。维持金刚石线锯丝切割性能并延长其寿命能有效提高晶片切割质量。

总体而言，线切割优点显著：线切割产生的残余应力会被柔性金刚石线锯丝减小，因而微裂纹和损伤层的厚度远远小于内圆切割技术切割后的晶体表面[25]；线锯丝的直径小，线切割产生的切缝窄，晶体损耗少；线切割既可切割小尺寸晶片，也能加工大尺寸晶体，适用范围广；切割过程稳定性好，切割样品变形崩边情况很少，样品表面质量较高。图 3-12 所示为线切割获得的不同晶向 $\beta-Ga_2O_3$ 晶体样品。

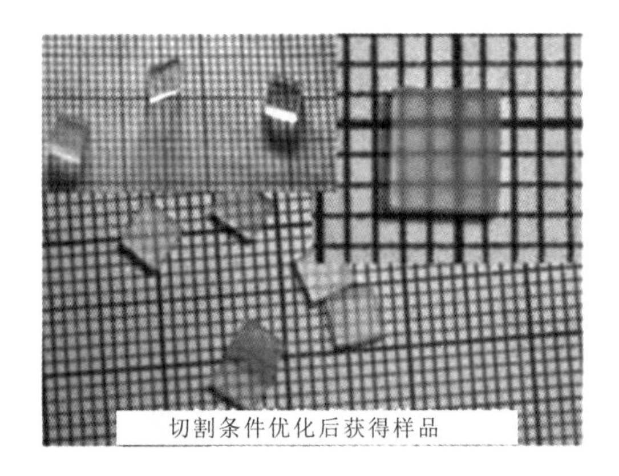

图 3-12　线切割获得的不同晶向 $\beta-Ga_2O_3$ 晶体样品

晶片的切割工艺是半导体材料加工的第一步，相对于研磨和抛光，切割具有最强的机械效果。因此，切割会对晶片的机械强度产生较大影响，严重时可导致晶片断裂。采用固结磨料线切割技术，可使切割表面均匀性更好，切割效率更高。线切割技术是半导体晶片切割过程中应用最广泛的技术。目前，对 $\beta-Ga_2O_3$ 单晶加工机理的研究还没有引起足够的重视，特别是对 $\beta-Ga_2O_3$ 晶片切割过程中表面质量的研究仍处于空白状态。晶片切割过程对晶片具有很大的破坏性，会在晶片表面和亚表面上留下大量的缺陷，如位错、堆积缺陷、微裂纹、断口等[26]。晶片中裂纹、横向裂纹和径向裂纹等微裂纹对晶片质量影响较大。横向和径向裂纹相互作用形成切屑并在晶片表面留下裂纹坑。中间裂纹垂直延伸到晶片表面并留在晶片内部，这是亚表面损伤层的主要组成部分。虽然这些微裂纹可以通过研磨、抛光的方法去除，但是如果中间裂纹过长，研磨、抛光时间和成本将会很大，将对 $\beta-Ga_2O_3$ 衬底的生产效率产生相当大的影响。此外，中间裂纹的存在会降低晶片的机械强度，使晶片更容易断裂，进

而限制了 $\beta-Ga_2O_3$ 在电子领域的应用前景。因此，降低切割过程中的晶片损伤是提高 $\beta-Ga_2O_3$ 晶片质量的关键。Gao 等[27]研究了往复式金刚石切割工艺参数对 $\beta-Ga_2O_3$ 单晶(010)面切割表面质量的影响，研究指出衬底亚表层损伤层的深度主要取决于送丝速度和晶体的进给速度。根据亚表层损伤层的变化随着金刚石颗粒在线锯丝上的位置角度增大，降低送丝速度和晶体的进给速度可以降低晶片切割过程中金刚石颗粒在晶片上的负荷，降低晶片的压痕深度。另外，线切割速度越高或进给速度越低，塑性剪切去除的材料所占比例越大，则晶片表面越光滑，表面粗糙度越小。

3.4.4　切割工序相关晶片参数

切割工艺对晶片厚度、总厚度变化、弯曲度、翘曲度等参数影响较大。

厚度是指晶片给定点处穿过晶片的垂直距离，晶片上每点的厚度也并非完全相同，通常用总厚度变化来表示晶片各点厚度的差异。总厚度变化(Total Thickness Variation，TTV)，为晶片最大厚度与最小厚度的差值。在实际应用中，对晶片 TTV 的要求视其用途而决定。以直径为 100 mm 的硅片为例，切割硅片的 TTV 应不大于 10 μm，研磨硅片的 TTV 应不大于 5 μm，抛光硅片的 TTV 应不大于 10 μm。

弯曲度(BOW)和翘曲度(WARP)都是表征晶片体形变的参数，与晶片可能存在的任何厚度变化无关，表征的是晶片的体性质而非表面特性。弯曲度是晶片中线面凹凸形变的量度，当晶片只向一个方向弯曲时，弯曲度可以反映出晶片的形变程度，但是当晶片弯曲凹凸的方向不是单一的时候，就只能用翘曲度才能更准确地描述其形变程度。翘曲度是晶片中线面与一基准平面偏离的量度，即晶面中线面与一基准面之间的最大距离与最小距离的差值。衬底存在弯曲也不完全是缺点。杨德超等[28]在不同弯曲度的蓝宝石衬底上生长了 LED 外延结构并制作芯片，实验结果表明存在弯曲度的衬底起到了预先弛豫外延层中的部分应力的作用，使外延层的质量得到了改善，随着衬底弯曲度的逐渐增加，外延层中的残余应力不断变小，位错等缺陷也逐渐减少，外延层的晶格质量得到了改善。

在加工过程中，晶片翘曲现象普遍存在，要想获得高精度半导体器件，该问题需得到有效解决。除受晶体生长工艺的影响外，翘曲现象主要由切割工艺引起。线切割晶片产生翘曲的主要原因是不同位置的温度差异引起材料温度场分布和热膨胀差异，导致残余应力分布不均匀[32]。另外，金刚石线锯丝的切割性能对衬底的总厚度变化、翘曲度、粗糙度等也有很大的影响。

3.5 晶体机械研磨

早在公元前 2000 年左右研磨加工已有记载，埃及开始利用此加工技术打磨他们的金属。中国古代诗句“他山之石，可以攻玉”“只要功夫深，铁杵磨成针”“如切如磋，如琢如磨”等也是我国劳动人民在长期研磨加工实践中总结得出的。机械研磨是通过工件和研磨工具做相对运动，利用磨料作用，在一定压力下从工件表面削去一层切屑，快速去除切割留下来的变质层，获得精确的几何形状和很低的表面粗糙度。

3.5.1 晶片边缘倒角

进行研磨的晶片绝大多数都会先进行边缘倒角处理，目的在于消除晶片边缘应力集中区域，以减少后续工艺过程中晶片的破损。单晶经切割后，其边缘棱角部位应力较集中。脆性材料在加工过程中极易破损，而应力集中的边缘区域就成为最脆弱的区域。在晶片边缘出现的崩边、缺口及开裂等缺陷会在后面工序中进一步拓展，甚至引起晶格滑移等二次缺陷。

通过边缘倒角就可以释放晶体边缘区域的应力，以减少在后续加工中晶片的损伤。晶片边缘倒角可以用化学刻蚀、晶面研磨以及周边轮磨的方式来实现。其中周边轮磨，质量较为稳定。周边轮磨是利用旋转的砂轮来磨削晶片。砂轮上开有与衬底晶片倒角所需外形相同的沟槽，原理如图 3-13 所示。

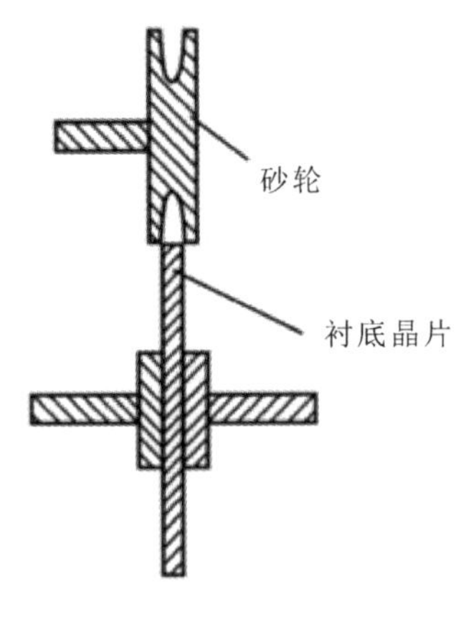

图 3-13　衬底晶片边缘倒角原理图[30]

3.5.2　研磨加工工艺

由于切割后的晶片表面质量及平整度远不能达到器件生产工艺的要求，因此晶片需要通过研磨工艺对晶片上下两个平面进行磨削，去除表面的刀痕或线痕，以改善晶片平整度。现有的研磨加工工艺可分为游离磨料研磨、半固结磨料研磨和固结磨料研磨。

游离磨料研磨是普遍采用的传统研磨技术，是在研磨机上由游离磨料进行慢速加工的方法。研磨时使用的磨料硬度应大于被加工材料，磨料韧性较高，这样磨料才能切入被加工材料中且不易磨损。目前，研磨加工中常用的磨粒有氧化铝(Al_2O_3)、金刚石(C)、氮化硅(Si_3N_4)、碳化硅(SiC)等。研磨盘多为硬度较高的铸铁盘。具有棱角的磨料在研磨盘与工件之间滚动，磨料的棱角对工件表面的滚轧效果显著，使工件表面裂纹加深，亚表面裂纹形成网络进一步使表面材料崩落，因此，材料的去除以三体脆性断裂去除为主。Li[31]等人利用游离磨料对碳化硅晶片进行研磨，通过对比分析磨粒类型、粒度、浓度等参数对材料去除率和加工质量的影响，发现高硬度磨料的材料去除率较高，但表面加工质量不好；低硬度磨料虽然可以获得较小的表面粗糙度，但加工效率较低。晶片通过游离磨料研磨后的平坦化效果较好，但加工过程中通过裂纹及裂纹扩展来实现材料去除，材料去除量大。

半固结磨料研磨结合了固结磨料加工的高效和游离磨料的高表面质量的优势，采用特殊结合剂来固结磨料。加工时结合剂具有“塑性”特性，使加工时有效磨料增多，单位磨削力小。郁炜[32]等人采用半固结磨料研磨技术对CLBO进行加工，加工后的晶体表面呈明显耕犁状，磨粒磨损方式以高效的二体磨损为主。工件材料主要依靠微切削、微耕犁等延性去除。半固结磨料研磨适用于局部材料去除，磨料载体浮动性较强，对于平面加工面型误差较大。

固结磨料研磨时使用的研磨液不含磨料，主要依靠研磨垫上的金刚石颗粒切削加工工件。李标[33]等人采用磁流变抛光斑点法测量游离磨料和固结磨料研磨加工后工件亚表面裂纹层深度，得出固结磨料研磨后的亚表面裂纹层深度比游离磨料研磨小得多，能有效提高表面质量。这是因为固结磨料研磨去除材料的方式以磨粒的微小切削为主，由于磨料的出露高度有限，加上基体的退让特性，磨粒切入工件的深度较游离磨料研磨时小得多。

3.5.3 氧化镓晶片研磨

相较于常见的硅、蓝宝石等晶体，氧化镓在研磨过程中容易产生解理裂纹、解理坑等解理现象。由于原子结构排布的不同，$\beta-Ga_2O_3$ 单晶的(100)晶面及(010)晶面的材料去除方式及加工后表面形貌有所不同。图 3-14 所示为 $\beta-Ga_2O_3$ 单晶(100)晶面及 $\beta-Ga_2O_3$(010)晶面研磨后表面三维形貌对比。(100)晶面易解理，该晶面受载后亚表面产生的横向微裂纹会沿着易解理方向产生解理滑移，在(100)晶面的截面产生平行状的解理裂纹，解理裂纹是横向微裂纹经过单晶氧化镓的滑移系后的扩展和延伸，在解理裂纹的扩展下，材料发生解理断裂，最终整片材料从晶面解理剥离，根据剥离的大小与严重程度，在晶体表面形成微解理坑、舌形解理坑、解理台阶等表面形貌，完成材料去除过程。而(010)晶面材料呈正常的脆性断裂去除，形成了晶体材料研磨后较为常见的凹坑与划痕间隔分布的表面形貌，在同样的加工参数下，(010)晶面相对于(100)晶面更易获得较高的表面质量[7]。

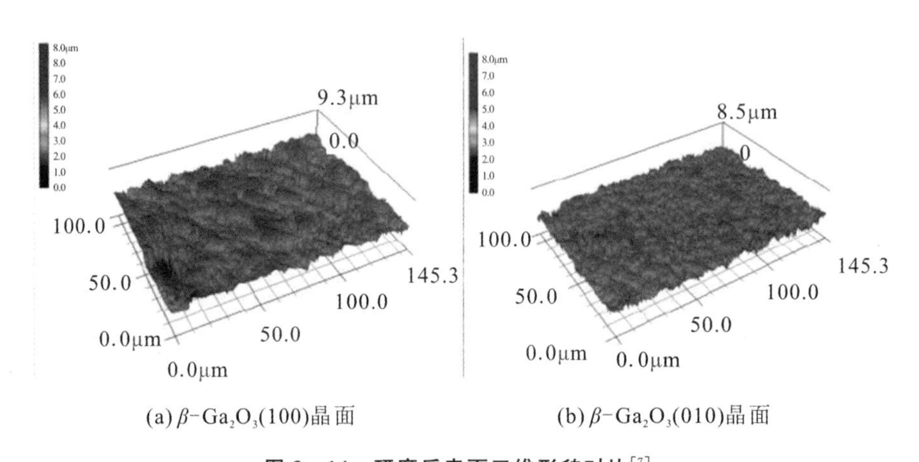

(a) β-Ga_2O_3(100)晶面　　(b) β-Ga_2O_3(010)晶面

图 3-14　研磨后表面三维形貌对比[7]

黄传锦等人[34]根据摩擦学原理建立边界润滑磨损模型，依次采用水、油作为研磨液对氧化镓进行加工。水磨后，研磨垫表面乳胶层发生溶胀，因此研磨区域内局部接触点处应力集中值降低，晶体表面的解理现象得到有效抑制；经水磨后的氧化镓再进行油磨，通过降低磨粒切入晶面的深度，缓解晶面解理现象的发生，晶体粗糙度也大大降低。

从研磨盘角度来看，不同材质的研磨盘带来的研磨效果也不相同。目前常用的研磨盘有铸铁盘、锡铅合金盘、铜盘等。在研磨阶段选用的磨料具有一定硬度，在不同研磨盘上均会发生磨粒镶嵌的现象。由于不同材质的研磨盘硬度不同，磨料在不同研磨盘表面的嵌入深度也不同。磨料在硬度较大的研磨盘上嵌入深度较小，在载荷的作用下，对晶片表面切入深度较大，形成较大的切深，晶片研磨后易形成解理台阶。而在硬度较低的锡铅合金盘上，磨粒极易嵌入研磨盘，相对地，对晶片表面切入深度较小，磨粒对晶片表面进行微切削，进而形成大量微解理坑的形貌。一般而言，表面粗糙度随着研磨盘硬度的降低而降低，说明降低研磨盘的硬度对改善解理形貌，提高表面质量十分有效。

3.6　氧化镓化学机械抛光

晶片加工中，切割、研磨等加工工序会在晶片表面形成损伤层，从而使得晶片表面有一定粗糙度，导致晶片的表面完整性变差，抛光就是在研磨基础上，进一步获得更光滑、平整的单晶表面的过程。抛光是决定晶片表面加工质量的关键工序。目前，针对氧化镓等硬脆材料最常用的抛光方法为化学机械抛光(Chemical Mechanical Polishing，CMP)，该方法具有成本低、应用范围广等优点。

图3-15所示为CMP原理图。抛光设备一般由承载抛光垫的工作台、工件夹持机构、压力机构和抛光液供给机构四部分组成。将抛光垫固定在工作台上，加工过程中主轴电机带动工作台旋转，同时抛光垫依靠摩擦力带动晶片旋转，并在抛光压力以及相对运动的作用下对晶片表面进行机械去除。抛光液使用含有磨料的化学试剂，并以一定的速度滴到抛光垫的中心，在离心力的带动下，其均匀分布于被加工晶片表面，与晶片产生化学反应，进行化学去除。经过化学机械的综合作用晶片可实现材料的微量去除，最终在被研磨的晶片表面形成光洁表面。目前半导体产业内对于最小特征尺寸为0.35 μm及以下的器件必须进行全局平坦化，而CMP技术具有能够全局平坦化、能够平坦化不同的材料、去除表面缺陷、改善金属台阶覆盖及其相关可靠性、使更小的芯片尺寸增加层数变为可能等多重优点，因此得到了广泛的认可和应用。

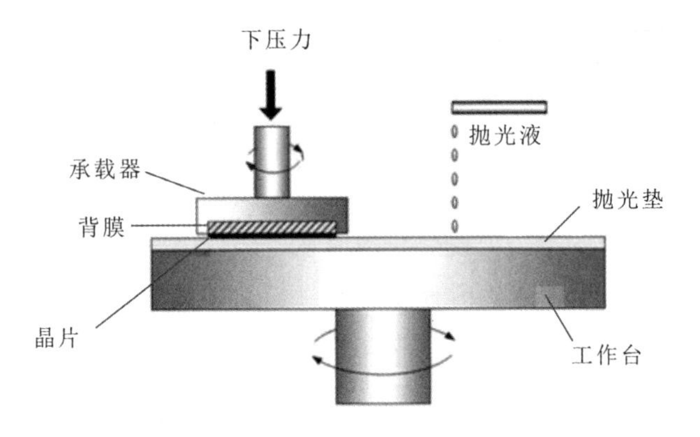

图 3-15 CMP **原理图**

化学机械抛光技术于1965年由Monsanto提出，该技术起初用于玻璃表面的加工，如军用望远镜等。1984年起，CMP工艺由IBM引入集成电路制造业后，逐步进入工业化生产领域[35]。

化学机械抛光综合了化学抛光和机械抛光的优势。单纯的化学抛光，抛光速度较快，表面光洁度高，损伤低，但表面平整度和平行度差，抛光后表面一致性差；单纯的机械抛光表面一致性好，表面平整度高，但表面光洁度差，损伤层深。化学机械抛光可以获得质量较高的表面，又可以得到较高的抛光速度，得到的平整度比其他抛光方法高两个数量级，是目前能够实现全局平坦化的唯一有效方法。化学机械抛光是一个复杂的多相反应，它存在着两个动力学过程：

(1) 抛光首先使吸附在抛光垫上的抛光液中的氧化剂、催化剂等与晶片表面的原子在表面进行氧化还原的动力学过程，这是化学反应的主体。

(2) 抛光表面反应物脱离晶片表面，即解吸过程使未反应的单晶重新裸露出来的动力学过程。它是控制抛光速度的另一个重要过程。

CMP技术利用了磨损中的"软磨硬"原理，即用较软的材料来进行抛光以实现高质量的表面抛光。要获得质量好的晶片，必须使抛光过程中的化学刻蚀作用与机械磨削作用达到一种平衡。如果化学刻蚀作用大于机械磨削作用，则抛光后晶片表面产生刻蚀坑、橘皮状波纹。如果机械磨削作用大于化学刻蚀作用，则晶片表面产生高损伤层。

抛光过程中的材料去除是抛光垫、磨料、抛光液等在合适的条件下联合作用的结果。CMP工艺中最重要的两大组成部分是抛光液和抛光垫，二者皆为消耗品。

3.6.1　抛光液的选择

CMP主要依靠化学刻蚀和机械磨削的共同作用来实现材料的表面加工，选择合适的化学成分的抛光液将会大大提高抛光效率和质量。抛光液一般为均匀分散的乳白色胶体，主要起到抛光、润滑、冷却的作用。抛光液中主要成分包含磨粒、氧化剂、刻蚀剂、分散剂、酸碱调节剂、表面活性剂、缓蚀剂等。其中，刻蚀剂起溶解作用，对抛光面凸起部分溶解整平；缓蚀剂可抑制化学反应，避免化学反应太激烈而难以控制。

抛光液中的磨粒是影响抛光效果的重要因素，需根据被加工材料的物化性质选择相应的磨料。目前国际上有关$\beta-Ga_2O_3$单晶片抛光的研究较少，而对于和氧化镓同属Ⅲ族元素氧化物的蓝宝石研究较为成熟。蓝宝石加工时使用的抛光液多为碱性硅溶胶，采用SiO_2颗粒对经碱性溶液刻蚀过的蓝宝石晶片进行磨削，达到抛光效果[36]。相较于Al_2O_3(莫氏硬度为9)、CeO_2(莫氏硬度为7)等常用的抛光磨料，SiO_2莫氏硬度为6，最接近氧化镓晶体的莫氏硬度，更适用于氧化镓的CMP加工。对于硅溶胶CMP抛光液，SiO_2颗粒要求为1～100 nm，浓度为1.5%～50%，所以产生的机械磨削作用较少，机械损伤大大减少。

磨粒对抛光效果的影响主要来自磨粒的尺寸、分布、硬度、形状和作用形式等。在多数情况下，切削深度与磨粒尺寸成正比。若磨粒过小，则去除量小；磨粒越大，磨粒与晶片表面的机械摩擦作用会越强，表面及亚表面损伤情况越严重。Huang等[37]用不同形状的Al_2O_3磨粒对$\beta-Ga_2O_3$(100)面进行抛光。磨粒SEM(Scanning Electron Microscope)形貌如图3-16所示。经边缘较尖锐的锐性磨粒加工后，样品表面粗糙度大，表面损伤严重，表面形貌见图3-17；经

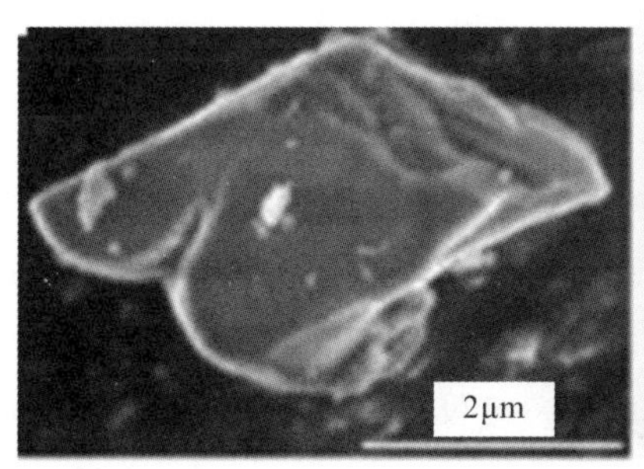

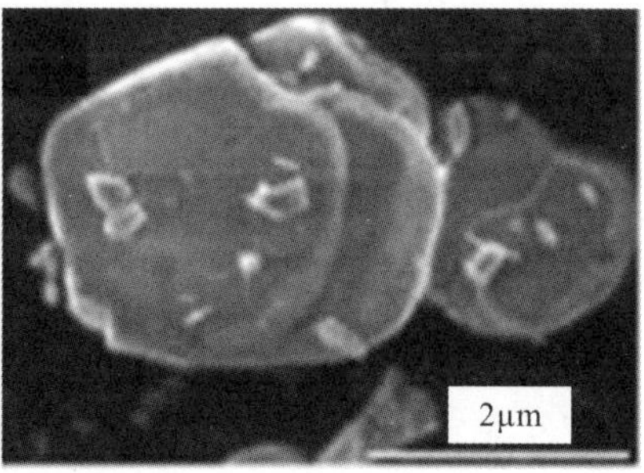

图3-16　磨粒SEM形貌

边缘圆润的钝性磨粒加工后，样品表面光滑平整，表面形貌见图3－18。但当样品加工前存在较大深度的坑状缺陷时，钝性磨料很难在短时间内将其完全去除。

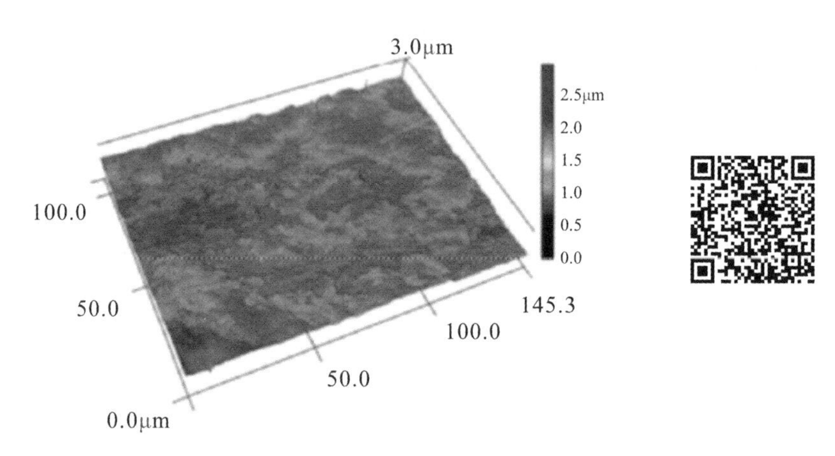

图 3－17　经锐性磨料研磨后的氧化镓晶体表面形貌

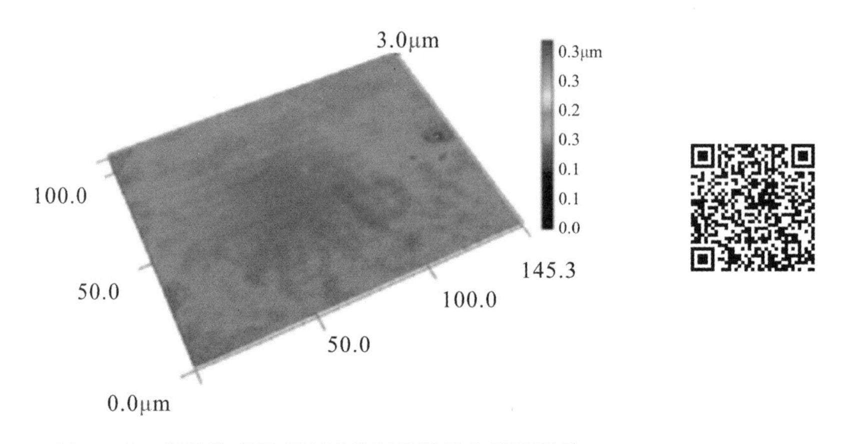

图 3－18　经钝性磨料研磨后的氧化镓晶体表面形貌

氧化剂的加入是为了加快刻蚀速度。但是对于氧化镓而言，分子式中的原子均达到完全氧化的稳定状态，很难通过添加氧化剂的方法加快材料刻蚀。因此，通过酸碱调节剂来对氧化镓进行刻蚀更有效。

Ga_2O_3 是一种两性氧化物，在某些酸性或碱性溶液中会产生刻蚀反应。因此，在抛光液中加入这些酸性或碱性溶液可以提高抛光效率和质量。在 CMP 过程中可能会发生以下潜在的化学反应：

$$Ga_2O_3(s)+6H^+(aq)\longrightarrow 2Ga^{3+}(ag)+3H_2O(l) \tag{3-4}$$

$$Ga_2O_3(s)+2OH^-(aq)+3H_2O(l)\longrightarrow 2[Ga(OH)_4]^-(aq) \tag{3-5}$$

这些化学反应可能会显著影响 Ga_2O_3 的 CMP 结果。

另外，有研究表明氧化镓与酸、碱的反应作用与温度有关[38]。在室温下，$\beta-Ga_2O_3$ 分别可以与 HF 和 NaOH 发生化学反应。在较低的温度下，$\beta-Ga_2O_3$ 有稳定的化学性质。当温度设定为 100℃时，H_3PO_4 对 $\beta-Ga_2O_3$(100)面的刻蚀速度比 H_2SO_4 的刻蚀速度快，刻蚀速度随着溶液温度的升高而增大，但在晶体取向不同时，刻蚀速度也有显著差异。因此，在 $\beta-Ga_2O_3$ 抛光液的制备中，NaOH 和 H_3PO_4 非常适合作为碱性和酸性调节剂，以提供合适的化学环境。将在中性抛光液中经过化学机械抛光的氧化镓晶片浸泡在 H_3PO_4 和 NaOH 溶液中蚀刻 4 h，经刻蚀后晶片表面质量得到有效改善，且在酸性溶液中刻蚀得到的晶片表面起伏更小。图 3-19 所示为 Ga_2O_3 经 CMP 后的材料去除机理。

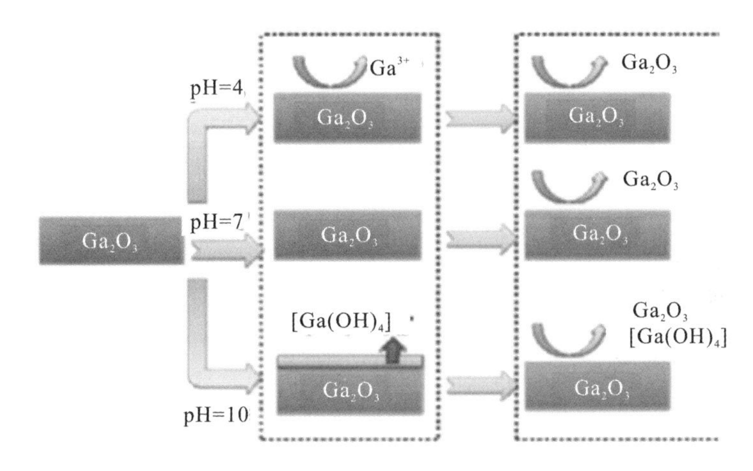

图 3-19　材料去除机理

综合分析图 3-19 可以得出：在 CMP 过程中，中性条件下 Ga_2O_3 的材料去除方法可能表现为直接破坏晶体表面结构的机械效应，将 Ga_2O_3 从晶态转变为非晶态，进而去除非晶态层。相比于中性条件下的纯机械去除过程，在酸性或碱性条件下的化学去除过程，需要考虑化学因素的影响。随着 H_3PO_4 的加入，Ga_2O_3 转化为 $GaPO_4$，在含有 $GaPO_4$ 的抛光液中有较好的溶解性，暴露出新鲜的 Ga_2O_3 表面进行反应。因此，在酸性条件下可以观察到较高的材料去除率。同时，NaOH 通过形成氢氧根使 Ga_2O_3 表面钝化，氢氧根不溶于抛光液中，反应停止。

在抛光液中加入一定浓度的表面活性剂可以分散不溶性颗粒，降低液体表面张力，有效改善 CMP 效果。通过表面活性剂对不溶性颗粒的分散和凝聚的保护作用，磨料与晶片凹面接触不足，导致反应能和传质能较低。基于此点，晶片表面凹处化学机械作用小，去除效率低；凸处在压力作用下化学机械作用大，去除效率高，最终实现全局平坦化。有研究分别选取一种非离子表面活性剂、阴离子表面活性剂和阳离子表面活性剂对蓝宝石 CMP 效果进行研究[39]，三种不同种的表面活性剂均能够得到较好的表面质量并提高材料去除率，当体积分数均为 0.4%时，使用添加阳离子表面活性剂的抛光液时获得的蓝宝石表面粗糙度最低，更有利于衬底表面的洁净化。但由于表面活性剂浓度的增加会逐渐降低磨料的摩擦系数，当加入浓度超过一定值时，表面质量会有所下降。

同时添加表面活性剂有利于后续清洗工作的进行。这是由于加入表面活性剂以后，表面活性剂可以包裹住晶片表面附着的颗粒，通过超声震动的方法可轻易去除这些颗粒。

3.6.2 抛光垫的选择

抛光垫由含有填充材料的基础材料组成，具有一定弹性，疏松多孔，表面存在许多凹坑和微凸峰。其主要作用是存储和传输抛光液，将抛光过程中产生的副产品带出抛光系统，并对被加工晶片提供一定的压力且对其表面进行机械摩擦。抛光垫的材质、表面粗糙度、弹性模量、含氧量等特性影响了化学机械抛光效果。抛光垫的多孔性和表面粗糙度将影响抛光液的运输、材料去除率和接触面积，是关系到平坦化效果的直接因素之一。当使用硬抛光垫(如 IC1000、IC1400 等)时，晶片可获得较小的片内非均匀性，当使用软抛光垫(如 Suba800、Suba600 等)时，晶片可获得较好的表面质量[40]。图 3-20 展示了聚氨酯抛光垫、IC1000 抛光垫、SubaⅣ抛光垫的表面形貌[41]。

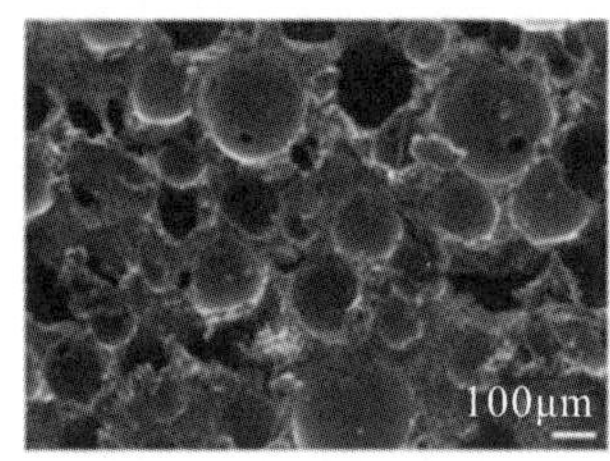

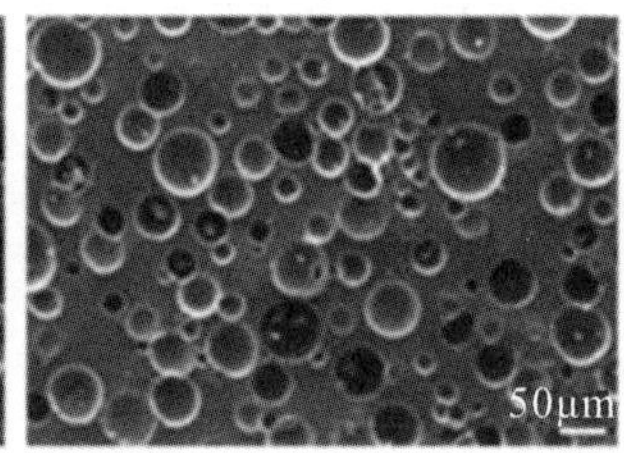

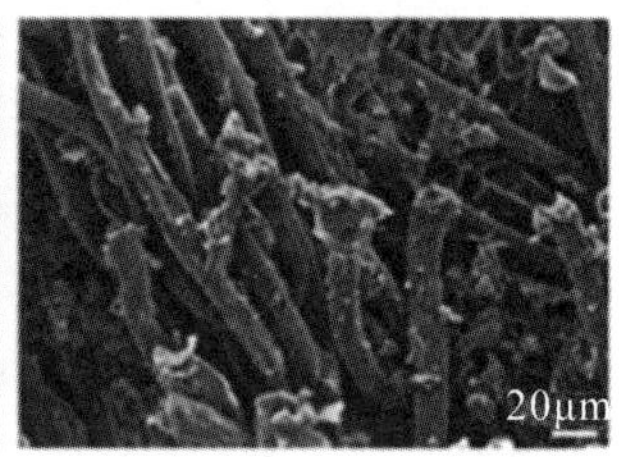

图 3-20 聚氨酯、IC1000、SubaⅣ抛光垫 SEM 图[41]

抛光垫按是否含有磨料可分为磨料抛光垫和无磨料抛光垫，按材质可分为阻尼布抛光垫、聚氨酯抛光垫、无纺布抛光垫和复合型抛光垫。龚凯等[42]分别选用Politex型阻尼布、Suba600型无纺布、LP57聚氨酯抛光垫对氧化镓晶体进行抛光实验。采用高分子树脂合成的Politex型阻尼布抛光垫的表面有很多绒毛结构，其质地较软、弹性较好。Suba600型无纺布抛光垫由聚合物棉絮类纤维构成，纤维结构均匀，表面有不均匀分布的孔隙。LP57聚氨酯抛光垫表面有发泡体组织，还有类似海绵的多孔结构，这种结构在抛光液中的磨粒对晶片表面进行摩擦时起到缓冲作用，避免对晶片的挤压，产生凹坑缺陷。一些尺寸较大的孔可以及时进行新旧抛光液的更替，提高抛光质量及效率。从抛光垫表面结构及加工结果来看，用LP57聚氨酯抛光垫抛光后氧化镓单晶表面质量良好，没有明显缺陷。

抛光垫作为抛光工艺的技术核心和价值核心，技术壁垒高、认证时间长。目前全球抛光垫市场呈现寡头垄断格局，采用DWPI(Derwent World Patent Index®)数据库检索分析国内外CMP抛光垫技术专利申请文献，检索到的数据显示，该类专利的申请主要有美国罗门哈斯公司(ROHM)、日本合成橡胶公司(JAPS)、陶氏化学公司(DOWC)、三星公司(SMSU)。抛光垫的研究大多集中在美国、日本等国家，国内有关CMP抛光垫技术研究起步较晚，目前与国际先进水平仍有较大差距，相关专利也较少，而且绝大多数集中在表面沟槽结构技术研究，仅有清华大学等少数几个涉足材料组分研究[43]。

美国、日本、德国、韩国的抛光垫相关专利申请量在2003—2006年达到高峰，此后有逐渐回落的趋势，我国相关专利申请自2003年开始呈现稳步增长态势，表明我国在化学机械抛光技术领域的研发力度逐渐增强。

3.6.3　抛光工艺条件

化学机械抛光是一个复杂的过程，除抛光液与抛光垫外，氧化镓抛光效果还与抛光温度、压力、时间等参数有关。

一般而言，温度越高，化学反应越剧烈，在材料去除率提高的同时也会存在化学机械作用不平衡的问题；此外，氧化镓晶片在温差过大时解理现象严重。因此，抛光温度也要服从晶片表面质量的要求。

压力增大时抛光垫与晶片的摩擦力会随之增大，机械去除作用增加，抛光速度增大，但过高的压力容易造成晶片破碎，也会使抛光液在抛光垫中的滞留量减少，进而影响抛光速度。过高或过低的压力都不利于晶片的抛光效果。

抛光时间也是影响抛光后晶片质量的关键因素，抛光时间过短无法完全消除表面划痕等损伤，但抛光时间过长容易造成环状的位错层。此外，晶片的抛光对抛光环境要求较高，为避免环境污染及大颗粒的侵入造成表面划痕，应在超净间进行抛光。

3.7 晶体加工损伤分析

器件的制备要求衬底表面超光滑，表面无任何破损和划痕，亚表层无破坏、无表层应力。衬底表面的缺陷、损伤等都直接影响器件的性能，会导致后道工序的成品率降低。减少或消除加工损伤是提高加工质量的关键。在加工过程中进行表面损伤检测的研究，有利于及时反馈加工效果，以便更好地调整加工工艺。

晶体加工损伤分为表面损伤和亚表面损伤两类。由于晶体自身性质及加工工艺的影响，在经过一系列加工工序后，晶片表面会形成划痕、破碎、凹坑、微裂纹、橘皮等损伤，亚表面会出现位错、层错、微裂纹、残余应力等损伤，经研磨抛光后的材料损伤情况如图 3－21 所示。不同的损伤需采取不同的检测手段，目前晶体加工表面损伤的检测方法可分为破坏性检测和非破坏性检测两大类[44]。破坏性检测会对被检测样品造成部分或全部破坏，以使所检测的损伤在表面显示出来，再对其进行显微测试；反之，非破坏性检测不会对晶片造成破坏，也不会引入新的损伤。

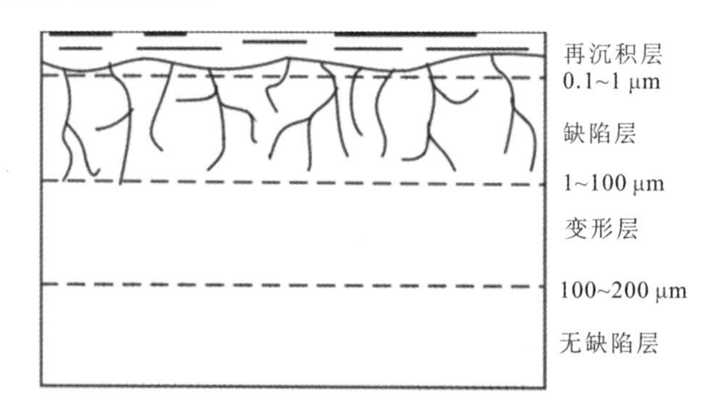

图 3－21　亚表面损伤层的理论结构[45]

3.7.1　表面损伤及检测方法

表面损伤可以用光学显微镜、超景深光学显微镜、激光共聚焦扫描显微镜、扫描电子显微镜等设备进行直接观测，也可以用原子力显微镜和三维表面轮廓仪等设备对表面的粗糙度、平整度进行精确测量。此类损伤往往采用非破坏性检测方法，图 3-22 展示了划痕、凹坑等晶片表面常见缺陷形式。

图 3-22　晶片表面常见缺陷形式[46]

崩边、破碎等缺陷的产生往往与压力有关，在加工过程中可以避免。划痕是晶片表面狭长而浅的沟槽，其产生与抛光液中的大颗粒物有关。当抛光环境洁净度较低时，抛光过程中很容易引入大颗粒杂质。同时，抛光液流量过小及抛光压力过大等都会使机械摩擦力过大进而导致划痕出现。

波纹、橘皮、凹坑等出现与化学机械抛光过程中化学去除作用和机械去除作用的平衡有关。当机械去除作用小，化学去除占主导作用时，抛光液化学作用形成的软质层无法及时去除，造成过度刻蚀，形成刻蚀坑和波纹。当机械去除占主导作用时，化学作用产生的软质层被去除却又不能及时产生，因此机械去除作用近似于直接作用在晶片表面，导致橘皮、划痕甚至破碎出现。在加工过程中吸附在晶片表面的各种污染颗粒可以通过 CMP 后清洁去除。

3.7.2　亚表面损伤及检测方法

亚表面损伤层处于晶体样品表面和材料基体之间，该层在切削力的作用下产生的损伤使该层的形貌、力学特性等都区别于基体，并极大地影响材料的使用性能。亚表面裂纹形状及损伤深度可以通过截面显微法获得，裂纹深度可以

用锥度抛光及化学刻蚀法进行测量，位错和层错信息可通过分布刻蚀法获得。用透射电子显微法也可观察分析、分辨非晶层、多晶层、微裂、位错等缺陷，用 X 射线或拉曼光谱可以分析晶体表面微观应力和残余应力。

1. 亚表面损伤层类型

1）亚表面裂纹

人们普遍认为脆性材料的去除方式有脆性断裂去除和延展性（即塑性）变形去除两种，硬脆材料的去除方式则以前者为主。图 3－23 所示为脆性断裂示意图，由图可以看出脆性断裂去除是因磨粒对样品表面的挤压，在样品表面形成微小的中央裂纹和侧向裂纹，且侧向裂纹不断扩展导致材料破碎进而实现材料的去除的。图 3－24 所示为单颗磨粒在材料表面作用示意图，磨粒压入材料表

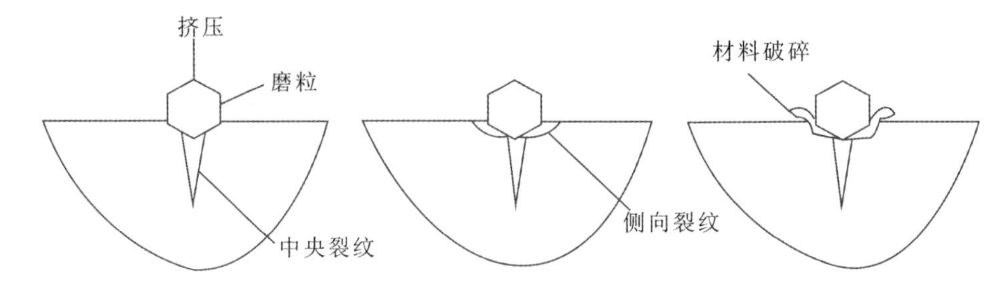

图 3－23　脆性断裂示意图

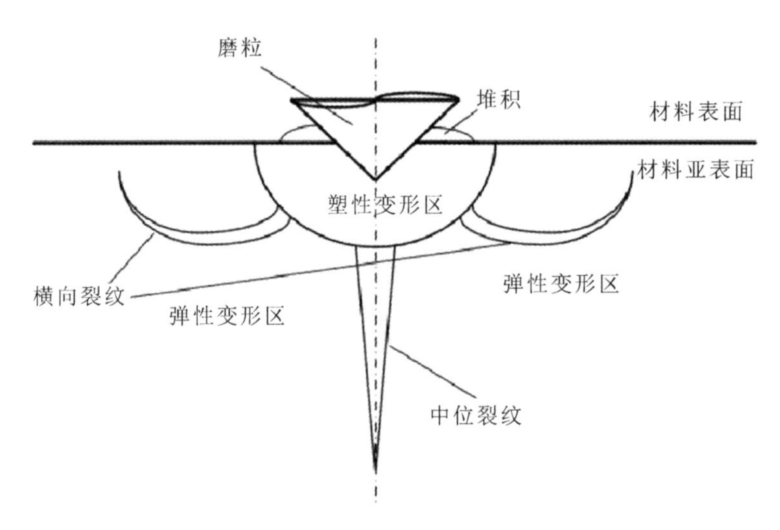

图 3－24　单颗磨粒在材料表面作用示意图[47]

面，类似于尖锐压头对于材料表面的加载过程，会在磨粒下方形成一个塑性变形区，此区域的材料变形后不可恢复，对应的塑性变形区外则为弹性变形区，此区域内的材料变形可以恢复，由于磨粒的挤压，塑性变形区的材料向磨粒的侧向流动，最终在压痕的周边形成堆积。当加载载荷增大时，磨粒压入深度增加，塑性变形区也随之扩大，由于塑性变形区与弹性变形区的变形量不一致，从而产生了残余应力。当残余应力达到材料的应力极限时，则会在塑性变形区顶端的受拉的径向位置上形成中位裂纹。而磨粒离开材料表面，类似于尖锐压头的卸载过程，此时塑性变形区的材料不再流动，而弹性变形区的材料产生弹性恢复。塑性变形区的材料由于受到弹性变形区的挤压，而在塑性变形区与弹性变形区接触的两侧产生拉应力，当拉应力超过材料的应力极限时，便产生了横向裂纹，横向裂纹的扩展则形成了亚表面损伤。裂纹在各道加工工序中均有可能产生。

硬脆材料加工过程容易引起亚表面裂纹，且不易被观察到。由于磨粒粒度不同及切割过程不稳定，亚表面会出现字状、斜线状、竖折状等不同形状的裂纹。

2）位错、层错、孪晶等损伤

位错、层错、孪晶等亚表面损伤也是导致硬脆材料塑性变形去除的原因之一，这些损伤可能同时产生，也可能出现一种或几种。Li 等人[48]对反应烧结碳化硅陶瓷进行超精密磨削实验，通过透射电子显微镜（TEM）发现其塑性变形主要由层错、位错和孪晶引起。堆垛层错是由原子堆垛顺序被局部破坏导致，其形成过程有滑移、抽出和插入三种类型。位错属于晶体的线性缺陷，是对材料力学性能产生影响最具代表性的晶格缺陷，可分为刃型、螺型和混合型位错三类。

3）残余应力

在外力的作用下，当外力没有通过物体表面向物体内部传递应力时，在物体内部保持平衡的应力称为固有应力或初始应力；在无外力作用时，以平衡状态存在于物体内部的应力称为残余应力。材料及器件内部在制备及加工过程中会在其内部产生应力，应力状态对其可靠性和使用寿命有重要影响[49]。

2. 亚表面损伤检测方法

晶体加工表面损伤的检测方法可分为破坏性检测方法和非破坏性检测方

法两大类。

1）破坏性检测方法

破坏性检测方法，要对被测样品进行局部甚至完全“破坏”处理，将亚表面损伤暴露出来，再采用相应的检测方法对暴露出来的损伤进行检测和表征。此类检测方法会对被测样品造成不可逆的检测损伤，影响检测后样品的继续使用，具有一定的局限性。但破坏性检测方法具有原理简单、经济、结果直观等优点，在亚表面质量控制方面应用广泛。

常用的破坏性检测方法有截面显微法、锥度抛光法、择优刻蚀法、透射电子显微镜法等。

（1）截面显微法。截面显微法是观测晶体亚表面损伤层深度和微裂纹构型的常用方法，是用剖面工艺将深度方向的裂纹显现出来，以便更直观地反映出损伤的形态和分布特性，它适用于亚表面损伤机理的研究。截面显微法示意图如图 3－25 所示。Pei 等人[50]利用截面显微法得到硅片磨削引入的损伤深度与形貌。被检测样品表面出现横向裂纹、中位裂纹、伞状裂纹以及树状裂纹等，而且损伤深度约为磨粒粒径的一半。

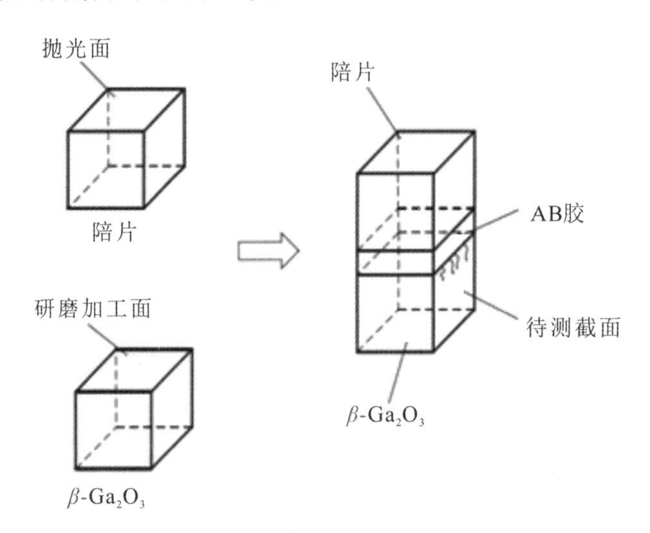

图 3－25　截面显微法示意图

（2）锥度抛光法。相较于截面显微法，锥度抛光法样品制备较简单。如图 3－26 所示，将样品磨出一个小角度的斜面，截面上的损伤情况将以刻蚀坑的形式在这个小角度的斜面上显示出来。锥度抛光法适用于损伤深度较小的晶

片检测。晶体缺陷部分引起的局部应力场会加快刻蚀速度，所以晶片损伤区域会产生一定形状的刻蚀坑，刻蚀坑的分布显示出晶体亚表面损伤分布及损伤层的深度。Jin 等人[51]分别采用锥度抛光法和化学刻蚀法对光学材料熔融石英的亚表面损伤深度进行测试。锥度抛光法获得的深度是 7.34 μm，化学刻蚀法获得的深度是 16.07 μm，这两种方法得到的测试结果均在光学材料亚表面损伤深度理论范围内，但有一定差异。这是由于锥度抛光法测量时没有考虑变形层的深度。

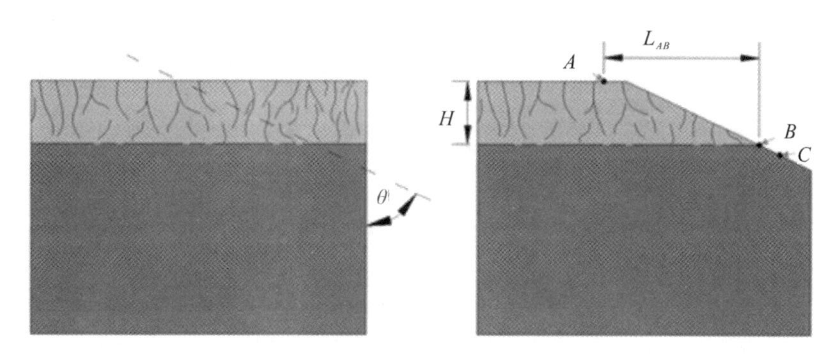

图 3－26　锥度抛光法示意图

(3) 择优刻蚀法。择优刻蚀法也是检测亚表面损伤的方法之一。在单晶晶片中，由于机械损伤导致的晶格无序排列区域与晶格有序区域的化学势不同，其刻蚀速度也不同。损伤区的刻蚀速度更快，形成一定形状的蚀坑。在截面显微法中，往往也要用刻蚀液刻蚀抛光后的截面，才能将位错滑移等缺陷或裂纹显现出来。刻蚀效果受刻蚀液、刻蚀时间等参数的影响。

(4) 透射电子显微镜(TEM)法。透射电子显微镜法的检测精度相对较高，除了可以观测亚表面损伤层的深度以外，还可以进一步分辨出非晶层、位错、孪晶等缺陷的分布。由于透射电子束一般只能穿透厚度为 100 nm 以下的薄层样品，样品的制备十分重要。常用的透射电子显微镜样品制备方法有离子减薄、超薄切片、聚焦离子束(FIB)等。Zhang 等[52]采用 TEM 法研究单晶硅片在不同加工条件下的微观结构变化，结果显示非晶层、位错、滑移系的分布随加工条件的变化而改变。Huang[53]等对单晶 Al_2O_3 进行纳米划痕实验，并利用 TEM 法对亚表面损伤层进行观测，观测结果如图 3－27 所示。由图 3－27 可以看出，单晶 Al_2O_3 亚表面存在位错滑移、层错和孪晶，这也是单晶 Al_2O_3 塑性变形的原因。

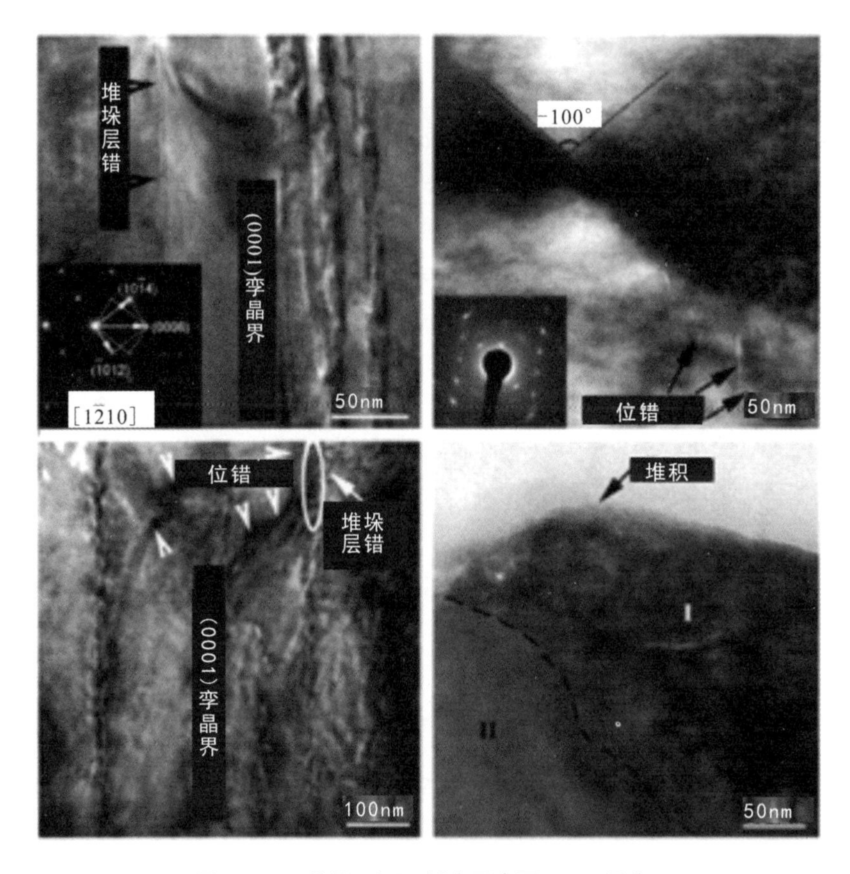

图 3-27　单晶 Al_2O_3 划痕亚表面 TEM 图像

2) 非破坏性检测方法

除破坏性检测方法外，非破坏性检测方法在损伤检测方面应用更广泛。非破坏性检测方法有 X 射线衍射(XRD)法、拉曼散射法、激光散射法等。

(1) X 射线衍射法。X 射线衍射法是目前常用的一种用于测量晶体加工后残余应力的主要方法，具有无损、快捷、高精度等优势，在测量多晶体材料方面较为成熟，图 3-28 展示了多晶体材料残余应力的测量原理。为了满足超精密加工的表面检测要求，在脆性材料的损伤检测中应用的是更高分辨率的 X 射线衍射仪(HRXRD)[54-55]。梁斌[56]等利用掠入射 X 射线衍射(GIXRD)方法对 KDP 晶体的表面/亚表面损伤进行表征，首次明确提出结构层次包含多晶层、择优取向层、晶格应变层，并对多晶层、择优取向层的厚度进行了计算。

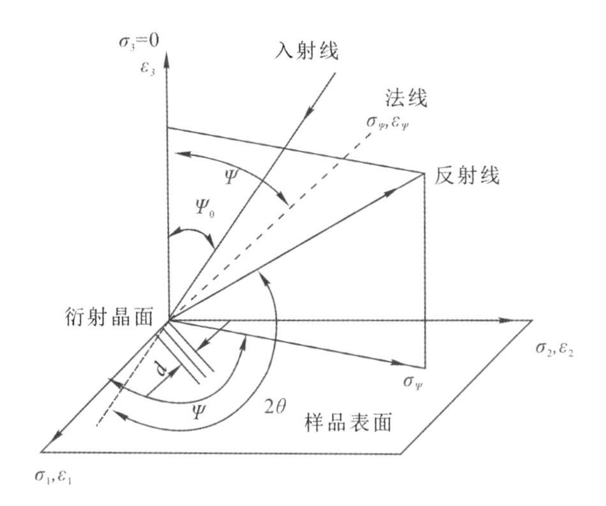

图 3-28　多晶材料残余应力测量原理图[57]

(2) 拉曼散射法。拉曼散射法常用于检测晶体加工的残余应力及相位转换，在晶体的损伤检测中可采用高分辨率的拉曼光谱仪。在检测时改变入射激光束的波长可以检测不同深度的损伤，得到的拉曼谱线的数目、拉曼位移的大小、谱线的长度直接与样品分子振动或转动能级有关。Tonshoff [58]等分别研究脆性、塑性加工硅片的拉曼光谱，得出脆性断裂的硅片表面无非晶层存在，而塑性变形去除的硅片表面存在非晶层。

(3) 激光散射法。激光散射法具有检测范围大、检测精度高等优点，广泛用于微缺陷的检测。根据瑞利定律、Mie 散射定律可知，材料中微小缺陷在激光照射下会形成以缺陷为中心的散射，激光散射法通过检测材料不同位置的散射线来探知材料缺陷的分布情况。

对于硬脆材料的表面/亚表面损伤检测，要综合考虑检测方式的适用性、准确性、测试成本等条件。

3.7.3　氧化镓加工损伤

Gao 等[59]利用金刚石砂轮开展了 $\beta-Ga_2O_3$ 单晶的纳米磨削实验，以探究氧化镓晶片在加工后的亚表面损伤。为了考察粒度对所形成的亚表面微观结构的影响，他们分别采用了不同粒度的金刚石砂轮对样品进行了初步磨削，以获得光滑表面。由图 3-29 可知，样品表面都有不同的磨削条纹，金刚石砂轮粒度越小，磨削条纹越浅。透射电子显微镜的横断面图像清楚地表明，损伤是在亚表面形成的，砂轮越细，形成的损伤层越薄。

图 3-29　样品亚表面 TEM 图

样品沿[010]方向的 HRTEM 横断面形貌如图 3-30 所示，结果表明塑性磨削亚表面无裂纹损伤，塑性流动区共有三层，表层为非晶层，向下为纳米晶多晶，最下层为层错、位错及孪晶等纳米尺度缺陷构成的变形区。

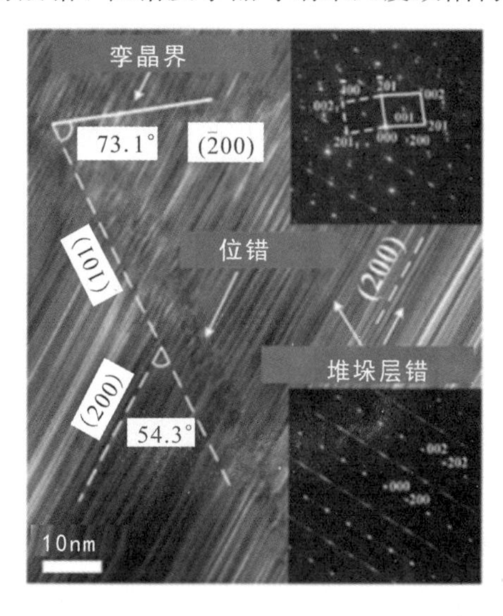

图 3-30　样品沿[010]方向的 HRTEM 图

纳米磨削下 $\beta-Ga_2O_3$ 亚表面出现微晶缺陷，这与材料性能和磨削条件有关。已有研究表明，纳米晶、堆垛层错和孪晶在堆垛缺陷能量较低的材料中更容易诱发。氧化镓的堆垛层错能较低，相比之下，硅、锗、砷化镓等其他重要半导体材料的堆垛层错能相对较高，分别为(69±7)mJ/m^2、(60±8)mJ/m^{2}和

(48±6)mJ/m^2。之前对硅、锗和砷化镓的研究表明，非晶相的形成总是与变形有关，这种变形是在其他晶体缺陷形成之前诱发的。在Gao等的研究中，只有当磨削条件接近于摩擦过程时比能较大，释放出一定的热量，此时，在样品的亚表面发现了非晶相，而其他磨削条件下没有发现非晶相。由此推导出$\beta-Ga_2O_3$的非晶化所需的临界能级高于其他缺陷的临界能级。

Wu等[60]利用纳米压痕技术对($\bar{2}01$)面的单晶$\beta-Ga_2O_3$衬底进行加工损伤变形机理研究，为了研究负载效应，采用的负载从0.2 mN变化到10 mN。TEM结果如图3-31所示。在衬底的最表层(200)晶面存在堆垛层错，且延伸约10 nm至亚表面。这也说明，在抛光条件下，即使是非常小的变形，堆垛层错也很容易形成。基于以上分析，$\beta-Ga_2O_3$单晶在压痕载荷作用下的变形规律和发生的顺序总结如下：首先对沿(200)晶面和以($\bar{2}01$)晶面为晶界的孪生结构进行了层错诱导，由于堆垛层错的密度远高于孪生层错，因此堆垛层错很可能是在孪生层错形成之前就开始了；其次在相对高的载荷下，位错在(101)晶

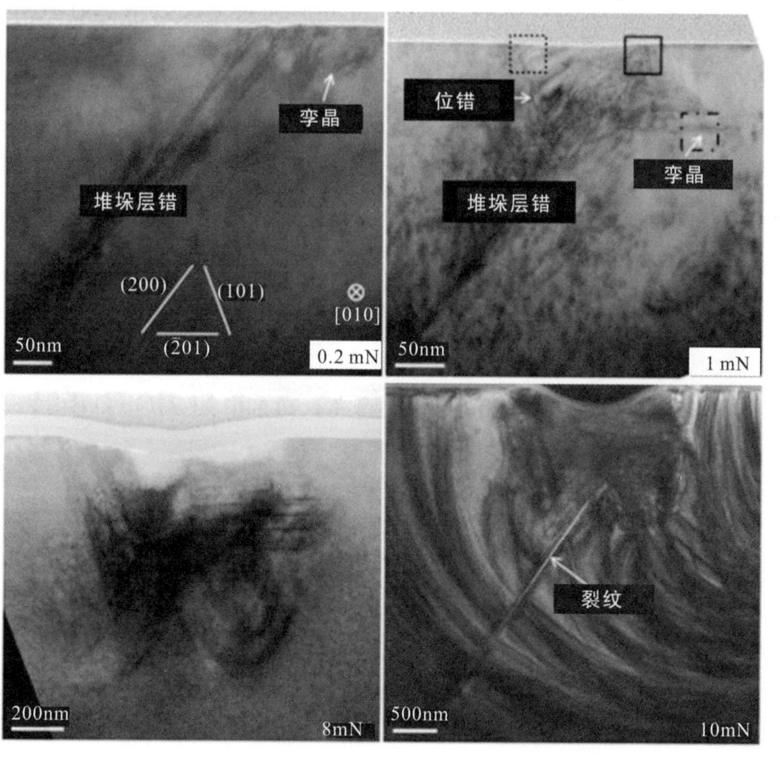

图3-31　$\beta-Ga_2O_3$断层TEM下的亚表面图像

面开始发生；再次随着压痕载荷的进一步增大，层错、孪晶和位错的密度增大，形成较深的缺陷层；最后当压痕载荷足够时，($\bar{2}$01)晶面弯曲，裂纹沿(200)晶面扩展。

3.8 衬底机械剥离与应用

晶体的解理特性虽然对加工效果有一定影响，但并非毫无用处。我们可以利用晶体的解理特性对晶体进行机械剥离。2004 年，英国曼彻斯特大学物理学家 Geim 等[61]首次用机械剥离法，成功地从高定向热裂解石墨上剥离得到单层石墨烯，开创了二维材料研究领域，也拉开了机械剥离研究的序幕。机械剥离多应用于石墨烯、二硫化钼(MoS_2)、氮化硼(BN)等二维材料制备中。二维材料层内原子靠离子键或共价键连接，层与层之间通过较弱的范德瓦尔斯力连接，外加机械作用力很容易将其分离。氧化镓材料的某些晶面具有类二维材料的性质，针对 $\beta-Ga_2O_3$ 单晶在加工过程中易沿着(100)面解理断裂的特性，通过机械剥离的方法有望获得高质量的晶片。目前，国际上通常采用机械剥离的方法来获得(100)或(001)面的 $\beta-Ga_2O_3$ 纳米片并用于原型器件制备。

3.8.1 衬底机械剥离

由于氧化镓晶体具有两个呈 103.8°的解理面，在简单机械剥离过程中容易出现晶片的断裂，晶片尺寸较小，质量较差。剥离前的预处理工艺可以有效提高晶体剥离成功率。在氩气气氛下退火相较于未退火处理更容易得到大面积样品[62]。图 3－32 所示为经预处理后机械剥离获得的 $\beta-Ga_2O_3$ 晶片。

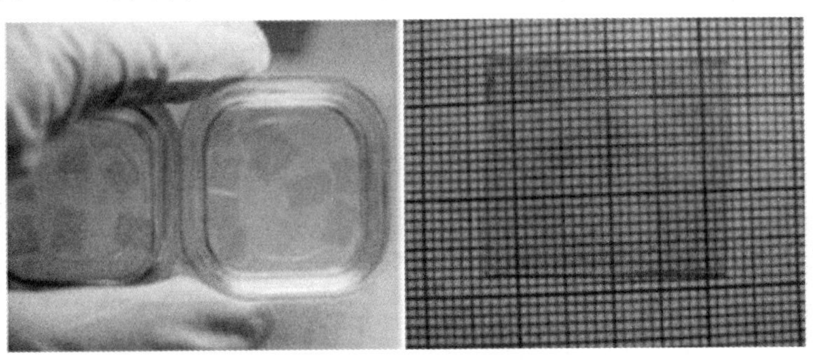

图 3－32 经预处理后机械剥离获得的 $\beta-Ga_2O_3$ 晶片

从单晶衬底上剥离氧化镓薄片时可采用胶带重复对撕的剥离减薄方法，其过程如 3－33 所示。这种用胶带从样品上粘下一片并反复剥离的方法又称为微机械剥离法，广泛用于二维材料中。用乙醇、酒精、去离子水对氧化镓衬底进行超声清洗并吹干后，选取干净的位置直接用胶带粘贴，充分按压使胶带与氧化镓衬底接触后撕下胶带，重复几次后便可在胶带上得到氧化镓单晶片，厚度覆盖一百纳米到几微米的范围[63]。

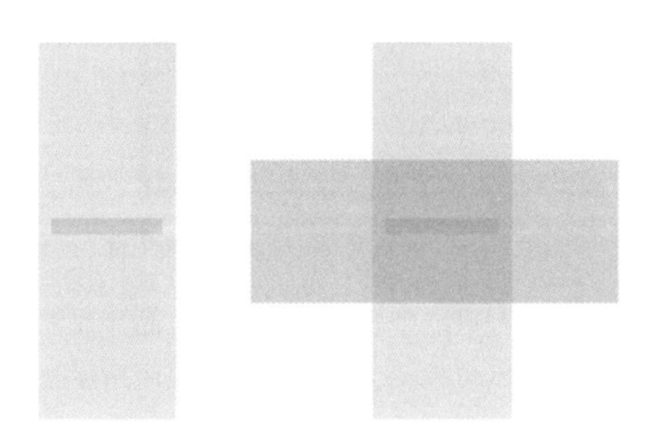

图 3－33　胶带反复对撕减薄

3.8.2　剥离获得的晶片质量

对剥离获得的氧化镓晶片进行表面形貌测试，通过光学显微镜观察到的结果显示晶片表面洁净、平整(见图 3－34)。根据图 3－35 所示的 AFM 测试结果可知，理想情况下获得的晶片可达原子级平坦，晶片粗糙度可低至 0.05 nm 以下，可很好地满足半导体工艺对衬底表面的要求。通过机械剥离方法获得晶片，

图 3－34　衬底光学显微镜测试

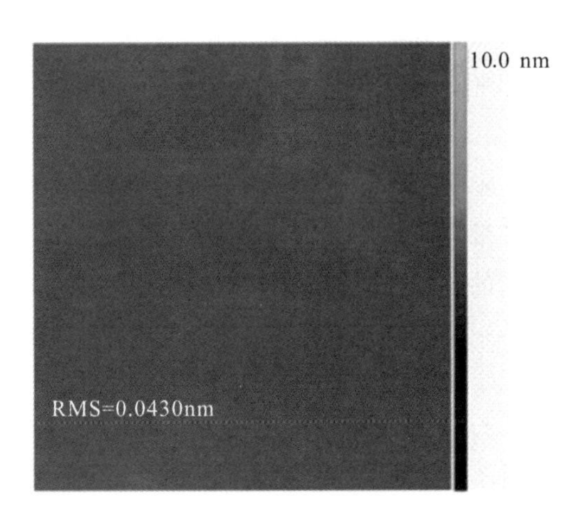

图 3-35　衬底片 AFM 表面形貌测试

理论上避免了机械抛光过程可能带来的表面损伤，晶片表面晶格完整度更高，但也存在得到的晶片厚度不可控及无法获得非解理面晶片等问题。

3.8.3　机械剥离晶片的应用

氧化镓材料热导率低的问题限制了其实际应用。实验和理论研究均已确认β-Ga_2O_3的热导率只有0.1～0.3 W·cm^{-1}·K^{-1}[64-66]，比SiC(4.9 W·cm^{-1}·K^{-1})、GaN(1.3 W·cm^{-1}·K^{-1})、Si(1.5 W·cm^{-1}·K^{-1})等半导体材料的热导率低，这对于需要应用于高压、大电流条件下的半导体功率电子器件而言是非常不利的，过高的热量聚集将严重影响器件的性能和可靠性。为了解决氧化镓散热困难的问题，可以通过机械剥离法从高质量氧化镓单晶衬底上获得薄片并转移至其他衬底再进行器件制备。2014年，HWANG等首次通过机械剥离法利用氧化镓单晶制作出了场效应晶体管[67]。Zhou团队[68]利用机械剥离法获得的氧化镓单晶制作的场效应管，实现了1.5 A/mm的超高电流密度。机械剥离法在氧化镓器件制备方面的优势明显。

Oh等[69]通过机械剥离法以尺寸为1 cm×1.5 cm的体块β-Ga_2O_3样品为原料进行剥离，得到了准二维的β-Ga_2O_3薄片，并制作了日盲光电探测器，其最高的响应度达1.8×10^5 A/W。图3-36所示为日盲探测器件制备过程的示意图。

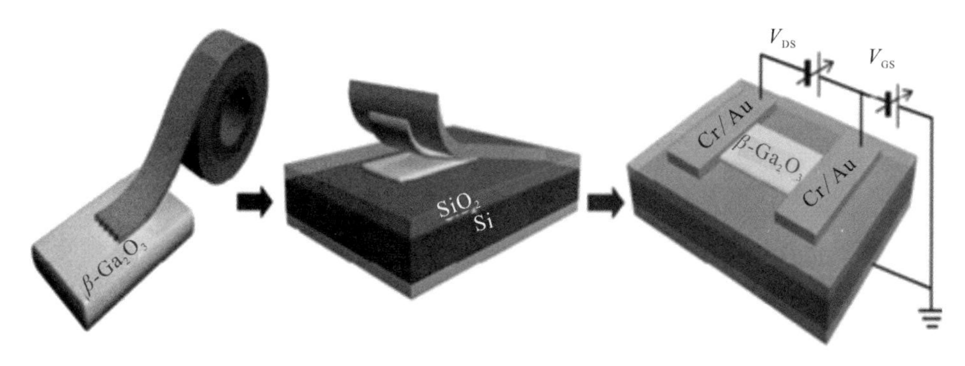

图 3-36　日盲探测器件制备过程示意图

此外，通过机械剥离获得的氧化镓晶片表面粗糙度低，平整度好。Mu 等[62]为了检测剥离 $\beta-Ga_2O_3$ 晶片在器件制造中的可用性，制备了一个简单的金属-半导体-金属(MSM)结构光电探测器。原理如图 3-37(a)所示。在 10 V 的恒定电压下进行的光谱响应实验表明 $\beta-Ga_2O_3$ MSM 结构光电探测器对日盲光谱范围敏感，具有较高的光谱选择性。该器件的良好性能验证了剥离的晶片可用于 $\beta-Ga_2O_3$ 器件。

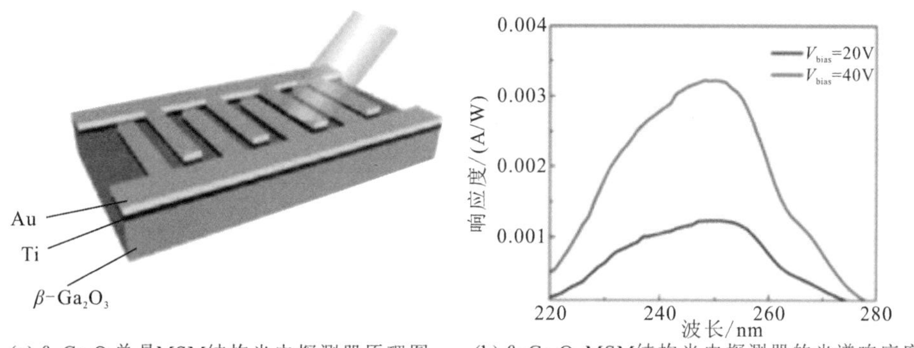

(a) β-Ga_2O_3单晶MSM结构光电探测器原理图　(b) β-Ga_2O_3 MSM结构光电探测器的光谱响应度

图 3-37　$\beta-Ga_2O_3$ 单晶 MSM 结构光电探测器

3.9　总结与展望

在整个半导体材料成本中，抛光材料仅次于硅片、电子气体和掩模板，占比为 7%，是半导体制造的重要材料之一。目前化学机械抛光材料基本被国外

企业垄断，尤其是美国的企业。加工是衔接半导体材料与器件的桥梁，本章围绕衬底晶片的加工展开，从晶体特性、晶片加工工艺、衬底表面/亚表面损伤表征、衬底机械剥离等方面进行了介绍。氧化镓虽然不像 SiC 一样具有高的硬度，但是其解理特性为加工带来易碎片、高损伤的难题，仍需开展系统研究，从而提高衬底晶片表面质量。

近年来，晶体线切割技术逐渐从游离磨料线切割向固结磨料金刚石线切割转变，且预计这一趋势会继续增长[70]。因为固结磨料线切割提供了更高的材料去除率和更低的材料损失，较游离磨料线切割更有优势。游离磨料线切割涉及三体磨损，易导致金属线磨损。相比之下，固结磨料线切割通过双体磨损机制去除材料，其中核心金属线不太可能磨损，使用寿命更长。而电镀金刚石线锯丝具有更大的研究价值及应用潜力。但目前国内对电镀金刚石线锯丝的研究并不占据领先地位，在降低金刚石线锯丝成本，提高金刚石线锯丝使用寿命及切割后衬底材料质量等方面还有很大发展空间。

研磨是衬底超光滑表面制备的重要工序。目前常用的研磨方式有游离磨料研磨、半固结磨料研磨和固结磨料研磨。研磨方式对晶片的亚表面损伤影响较大。在晶体研磨过程中，磨料种类、粒度的选择关系到研磨加工效率及质量。CMP 技术在整个衬底加工工序中起到“承上启下”的作用。在衬底加工工序中，常采用线切割方法，晶片表面易出现脆性破坏、裂纹、表面不光滑等缺陷，而研磨过程因其压力较大，会造成表面出现应力集中等问题。化学机械抛光过程可以有效消除前道工序带来的缺陷，改善晶片表面及亚表面质量，降低残余应力的影响。化学机械抛光过程可对晶片表面实现纳米尺度的材料去除，从而有效地降低表面粗糙度、改善晶片平整度，获得超光滑的表面。因此，CMP 技术是直接决定晶片表面质量的关键工艺，也是影响氧化镓器件质量的关键工序之一。

化学机械抛光工艺参数的制定一般采用经验方法，先给定工艺参数，开展抛光实验，然后根据抛光结果反向调整工艺参数，如此反复实验直到摸索出最优参数，而对于化学机械抛光过程的材料去除机制的相关研究较少。了解其机制，有助于探索参数变化对抛光效果的影响。因此，揭示 CMP 过程中材料在原子量级的去除机制，衬底平坦化影响机理等问题有重要价值。而在实际生产中，因 CMP 技术发展的限制及材料自身特性，CMP 的使用仍存在较多困难。

目前对 $\beta-Ga_2O_3$ 材料去除行为还缺乏系统研究。$\beta-Ga_2O_3$ 存在各向异

性，需要利用不同晶面/晶向的 $\beta-Ga_2O_3$ 作为衬底制作性能各异的元器件。$\beta-Ga_2O_3$ 衬底的不同晶面/晶向间的物理及化学特性表现出明显差异。因此，需明确其材料特性及材料去除行为。另外，CMP 过程材料在微观尺度上的变形机制尚待进一步明确。CMP 技术的材料去除机理无法在宏观尺度上探究，而需在分子、原子的尺度上分析。

除抛光过程中工艺参数外，抛光垫对抛光效果的影响也极为关键，且抛光垫受外国企业垄断情况十分严重。抛光垫的粗糙度、弹性模量、剪切模量及可压缩性等机械性能对抛光效率及衬底平整度起着重要作用。抛光垫的硬度对抛光均匀性有明显的影响，较硬的抛光垫可获得较好的模内均匀性（WID）和较大的平面化距离，较软的抛光垫可改善样品的片内均匀性（WIW）。但是，抛光垫在使用后会逐渐“釉化”，导致去除速度下降，用修整的方法可以恢复抛光垫的粗糙面，改善其容纳浆料的能力，从而维持并延长抛光垫的寿命。因而，改进抛光垫，延长其使用寿命从而减少加工损耗是 CMP 的主要挑战之一。

加工完成后，研究晶片表面/亚表面损伤情况及不同工艺参数对损伤的影响规律可以为减小加工损伤深度，提高表面层质量，提高加工效率及降低加工成本提供理论研究依据。目前对氧化镓衬底的表征多集中于晶片表面，欠缺对其亚表面质量的检测。对于亚表面损伤而言，存在破坏性检测与非破坏性检测两类检测方法。破坏性检测与非破坏性检测各有优缺点。破坏性检测样品制备困难，容易引入新的损伤，影响检测结果；非破坏性检测结果不直观，对测试仪器要求较高、费用昂贵。目前，关于硬脆材料的表面损伤检测技术尚不完善。成本低廉、运行简单、结果直观的检测仪器，方便、低损的样品制作方法与新的损伤理论将成为未来脆性材料损伤检测技术的研究重点。

利用了 $\beta-Ga_2O_3$ 晶体的解理特性，用晶体机械剥离的方法获得衬底晶片，避免了传统晶体研磨、抛光过程中晶体开裂的问题。用此方法获得的衬底晶片表面质量良好，一定范围内促进了氧化镓薄膜外延及器件的发展。

参考文献

[1] HIGASHIWAKI M, SASAKI K, KAMIMURA T, et al. Depletion-mode Ga_2O_3 metal-oxide-semiconductor field-effect transistors on $\beta-Ga_2O_3$ (010) substrates and temperature dependence of their device characteristics. Applied Physics Letters, 2013,

103(12)：123511.

[2] ZACHERLE T, SCHMIDT P C, MARTIN M. Ab initio calculations on the defect structure of $\beta-Ga_2O_3$. Physical Review B, 2013, 87(87)：235206.

[3] 刘建成，徐润源. 晶体解理和它的结构因素. 人工晶体，1984，(04):301－305.

[4] HIGASHIWAKI M, SASAKI K, MURAKAMI H, et al. Recent progress in Ga_2O_3 power devices. Semiconductor Science and Technology, 2016, 31(3)：034001.

[5] 穆文祥. $\beta-Ga_2O_3$ 单晶的生长、加工及性能研究[D]. 青岛：山东大学，2018.

[6] 龚凯. 单晶氧化镓研抛加工技术研究[D]. 镇江：江苏大学，2018.

[7] ZHOU H, WEI J, SONG F, ET Al. Analysis of the grinding characteristics of $\beta-Ga_2O_3$ crystal on different planes. Journal of Advanced Manufacturing Systems, 2020.

[8] 宋放. 氧化镓纳米力学性能及固结磨料研磨实验研究[D]. 淮南市：安徽理工大学，2019.

[9] MU W X, JIA Z T, YIN Y R, et al. High quality crystal growth and anisotropic physical characterization of $\beta-Ga_2O_3$ single crystals grown by EFG method. Journal of Alloys and Compounds, 2017, 714：453－458.

[10] NIKOLAEV V I, CHIKIRYAKA A V, GUZILOVA L I, et al. Microhardness and Crack Resistance of Gallium Oxide. Technical Physics Letters, 2019, 45(11)：1114－1117.

[11] GUZILOVA L I, GRASHCHENKO A S, PECHNIKOV A I, et al. Study of $\beta-Ga_2O_3$ epitaxial layers and single crystals by nanoindentation technique. Materials Physics and Mechanics, 2016, 29(2016)：166－171.

[12] BULYCHOV S I, ALEKHIN V P, SHORSHOROV M H, et al. Determination of Young's modulus from theindentor penetration diagram. Zavod. Lab, 1975, 41(9)：1137－1141.

[13] OLIVER W C, Pharr G M. An improved technique for determining hardness and elastic modulus using load and displacement sensing indentation experiments. Journal of Materials Research, 1992, 76(6):1564－1583.

[14] SNEDDON I N. The relation between load and penetration in the axisymmetric boussinesq problem for a punch of arbitrary profile. International Journal of Engineering Science, 1965, 3(1)：47－57.

[15] MAZZOLINI P, FALKENSTEIN A, WOUTERS C, et al. Substrate-orientation dependence of beta-Ga_2O_3(100), (010), (001), and ((2)over-bar01) homoepitaxy by indium-mediated metal-exchange catalyzed molecular beam epitaxy (MEXCAT-MBE). Apl. Materials, 2020, 8：011107.

[16] 廖晓玲. 材料现代测试技术[M]. 北京：冶金工业出版社，2010.

[17] 阙端麟. 硅材料科学与技术[M]. 杭州：浙江大学出版社，2000.

[18] 刘来保. 应用X射线定向仪的晶体快速定向法[M]. 合肥：中国科学技术大学出版社，2001.

[19] 王广峰. 多线切割机对硬脆材料加工的发展方向. 电子工业专用设备，2010，39(01)：31－40.

[20] 蔡志祥，高勋银，杨伟，等. 光纤激光切割蓝宝石基片的工艺研究. 激光与光电子学进展，2015，52(08)：172－179.

[21] HAN J，LI C Q，ZHANG M F，ET AL. An investigation of long pulsed laser induced damage in sapphire. Optics & Laser Technology，2009，41(3)：339－344.

[22] 李召华，王春净. 激光切割的影响因素. 金属世界，2019，(02)：21－23.

[23] YAMOMOTO J C. Laser Machining of Silicon Ni-tride. LAMP'87，1987：213－215.

[24] KIM D，KIM H，LEE S，et al. Characterization of diamond wire cutting performance for lifetime estimation and process optimization. Journal of Mechanical Science and Technology，2016，30：847－852.

[25] 樊瑞新，卢焕明. 线切割单晶硅表面损伤的研究. 材料科学与工程，1999，(02)：58－60.

[26] 柏伟，赵超，龚志红. InSb晶片的机械加工损伤层研究. 红外，2017，38(01)：6－11.

[27] GAO P C，TAN B M，YANG F，et al. Influence of diamond wire saw slicing parameters on (010) lattice plane beta-gallium oxide single crystal wafer. Materials Science in Semiconductor Processing，2021，133：105939.

[28] 杨德超，梁红伟，邱宇，等. 衬底弯曲度对GaN基LED芯片性能的影响. 发光学报，2013，34(03)：340－344.

[29] 李红双，高玉飞，李新颖，等. 线锯切割晶片翘曲度的影响因素分析. 工具技术，2018，52(12)：54－57.

[30] 周海，白立刚，赵梓皓，等. 衬底基片精密加工过程中宏观质量控制. 机械设计与制造，2010，(09)：259－261.

[31] LI W，YAN Q S，LU J B，et al. Effect of Abrasives on the Lapping Performance of 6H－SiC Single Crystal Wafer. Advanced Materials Research，2013，690－693：2179－2184.

[32] 郁炜，吕迅. CLBO晶体的半固结磨粒研磨加工研究. 航空精密制造技术，2008，44(06)：15－24.

[33] 李标，高平，等. 游离磨料和固结磨料研磨后亚表面裂纹层深度研究. 中国机械工程，2013，24(07)：895－898.

[34] 黄传锦，周海，朱永伟，等. 研磨液在氧化镓晶体研磨中的作用. 硅酸盐学报，2019，47(01)：43－47.

[35] 李丹. 化学机械抛光(CMP)技术、设备及投资概况. 电子产品世界，2019，26(06)：31－34.

[36] 宗思邈，刘玉岭，牛新环，等. 蓝宝石衬底材料 CMP 去除速率的影响因素. 微纳电子技术，2009，46(01)：50 - 54.

[37] HUANG C J, ZHOU H, XIA C T, et al. Effect of abrasive grit shape on polishing of β-Ga_2O_3(100) substrate. Precision Engineering, 2020, 61: 65 - 71.

[38] HUANG C J, ZHOU H, ZHU Y W, et al. Effect of chemical action on the chemical mechanical polishing of β-Ga_2O_3(100) substrate. Precision Engineering, 2019, 56: 184 - 190.

[39] 崔雅琪，牛新环，王治，等. 不同种类表面活性剂对 a 面蓝宝石衬底 CMP 的影响. 半导体技术，2019. 44(11)：883 - 898.

[40] KIM N H, SEO Y J, LEE W S. Temperature effects of pad conditioning process on oxide CMP: Polishing pad, slurry characteristics, and surface reactions. Microelectronic Engineering, 2006, 83(2): 362 - 370.

[41] JOHN M G, DAVIS C. Polishing pad surface characterisation in chemical mechanical planarization. Journal of Material Process Technology, 2004, 153 - 154: 666 - 673.

[42] 龚凯. 单晶氧化镓研抛加工技术研究[D]. 镇江：江苏大学，2018.

[43] 张宽. 化学机械抛光中抛光垫技术专利文献综述. 重庆电子工程职业学院学报，2016，25(04)：149 - 150.

[44] ZHANG Y X. Measurement of Silicon Wafer Surface/Subsurface Damage Induced by Ultra-precision Processing. Electronics Quality, 2014, (7): 73 - 75.

[45] 李信路. 硬脆材料研磨亚表面损伤的离散元法研究[D]. 南京：南京航空航天大学，2017 .

[46] 易德福. 砷化镓衬底化学机械抛光材料去除机理及抛光特性研究[D]. 北京：北京交通大学，2019.

[47] 韦嘉辉. 单晶氧化镓纳米力学行为及游离磨料研磨实验研究[D]. 镇江：江苏大学，2020.

[48] LI Z, ZHANG F H, ZHANG Y, et al. Experimental investigation on the surface and subsurface damages characteristics and formation mechanisms in ultra-precision grinding of SiC. International Journal of Advanced Manufacturing Technology, 2017, 92(5 - 8): 2677 - 2688.

[49] 徐春广. 无应力制造技术. 机械工程学报，2020，56(08)：113 - 132.

[50] PEI Z J, BILLINGSLEYSR. Grinding induced subsurface cracks in silicon wafers. International Journal of Machine Tools & Manufacture, 1999, 39(7): 1103 - 1116.

[51] JIN Y Z, JIAO L Y, ZHU Y W, et al. Study on the destructive measurement of subsurface damage for fused silica mirror. Proc. SPIE 10837, 9th International Symposium on Advanced Optical Manufacturing and Testing Technologies: Large

Mirrors and Telescopes, 2019, 10837: 1083719 - 1.

[52] ZHANG L C, ZARUDI I. Effect of ultra-precision grinding on the microstructural change in silicon monocrystals. Journal of Materials Processing Technology, 1998, 149 - 158.

[53] HUANG L, BONIFACIOC, SONG D, et al. Investigation into the microstructure evolution caused bynanoscratch-induced room temperature deformation in M-plane sapphire. Acta Materialia, 2011, 59(13): 5181 - 5193.

[54] LUCCA D A, BRINKSMEIERE, GOCH G. Progress in Assessing Surface and Subsurface Integrity. CIRP, 1998, 47, (2): 669～693.

[55] BRINKSMEIERE. State-of-the-art of non-destructive measurement of subsurface material properties and damages. Precision Engineering, 1989, 10: 211 - 224.

[56] 梁斌. 基于XRD的超精密加工表面/亚表面损伤表征技术. 哈尔滨: 哈尔滨工业大学, 2017.

[57] 刘彦平, 斯永敏. 残余应力无损测试技术. 湖南省精密仪器测试学会2008年学术年会, 2008.

[58] TONSHOFF H K, SCHMIEDENW V, IMASAKI I. Abrasive machining of silicon. Annals of the CIRP, 1990, 2: 621 - 630.

[59] GAO S, WU YQ, KANG R K, et al. Materials Science in Semiconductor Processing, 2018, 79: 165 - 170.

[60] WU Y Q, GAO S, HUANG H. The deformation pattern of single crystal $\beta-Ga_2O_3$ under nanoindentation. Materials Science in Semiconductor Processing, 2017, 71: 321 - 325.

[61] NOVOSELOV K S, GEIM A K, MOROZOV S V, et al. Electric field effect in atomically thin carbon films. Science, 2004, 306(5696): 666 - 669.

[62] MU W X, JIA ZT, YIN Y R, et al. One-step exfoliation of ultra-smooth $\beta-Ga_2O_3$ wafers from bulk crystal for photodetectors. CrystEngComm, 2017, 19: 5122 - 5127.

[63] 王赫. 基于机械剥离的氧化镓场效应晶体管电学特性研究[D]. 大连: 大连理工大学, 2019.

[64] STEPANOV S T, NIKOLAEV V I, BOUGROV V E, et al. Gallium oxide: properties and applications-a review. Reviews On Advanced Materials Sciences, 2016.

[65] SINHA G, ADHIKARYK, CHAUDHURI S. Sol-gel derived phase pure $\alpha-Ga_2O_3$ nanocrystalline thin film and its optical properties. Journal of Crystal Growth, 2005, 276: 204 - 207.

[66] DAISUKE S, FUJITA S. Heteroepitaxy of corundum-structured $\alpha-Ga_2O_3$ thin films on $\alpha-Al_2O_3$ substrates by ultrasonic mist chemical vapor deposition. Japanese Journal of Applied Physics, 2008, 47: 7311.

[67] HWANG W S, VERMA A, PEELAERS H, et al. High-voltage field effect transistors

with wide-bandgap beta-Ga_2O_3 nanomembranes. Applied Physics Letters, 2014, 104: 203111.

[68] ZHOU H, MAIZE K, QIU G, et al. beta-Ga_2O_3 on insulator field-effect transistors with drain currents exceeding 1.5 A/mm and their self-heating effect. Applied Physics Letters, 2017, 111(9): 4.

[69] OH S, KIM J, REN F, et al. Quasi-two-dimensional β-gallium oxide solar-blind photodetectors with ultrahigh responsivity. Journal of Materials Chemistry C, 2016, 4(39): 9245-9250.

[70] http://www.itrpv.net/Reports/Downloads/2014/, I. I. T. R. f. P.

第 4 章

氧化镓晶体中的缺陷

晶体缺陷是指晶体内部结构完整性受到破坏，按其三维空间延展程度可分成点缺陷、线缺陷、面缺陷和体缺陷。探究并调控晶体缺陷，对生长高质量晶体及研发高性能器件具有十分重要的意义。晶体缺陷的表征及发现是缺陷研究的先决条件。对于线、面及体缺陷，首先可以采用刻蚀手段使其以蚀坑形式显露在晶体表面；然后，采用光学显微镜、扫描电子显微镜或原子力显微镜等手段观察蚀坑的分布形貌特点；最后，通过组合使用聚焦离子束和透射电子显微镜等技术，探究缺陷类型、形成及作用机理。然而，原子级的点缺陷往往很难被发现，除使用透射电子显微镜及扫描隧道显微镜直接观察外，还可通过发光光谱、深能级瞬态谱、正电子湮灭、电子顺磁共振、红外光谱及理论计算等手段进行表征。

4.1 氧化镓晶体中的点缺陷

点缺陷是在局部区域只有原子尺寸大小的缺陷，存在于晶体的特定位置或者特定点，这与扩展缺陷有所不同，因为扩展缺陷不会局限于特定的晶格位置。例如：一维线缺陷位错，当额外原子面插入完美晶格点阵中，原子面边缘以线状形式构成刃型位错。堆垛层错作为面缺陷则是由错排的原子面造成的。目前，关于氧化镓晶体中位错、堆垛层错以及中空纳米管已有详细报道[1-4]。

晶体中的点缺陷可以总结为两类：(1) 本征点缺陷；(2) 非本征点缺陷。前者仅涉及晶体中的本征原子，后者则包括杂质原子。当杂质原子进入到半导体后，半导体电学性质会有所变化，因此杂质原子也被称为掺杂原子。失去原子的空缺是典型的本征缺陷，例如氧空位(V_O)和镓空位 (V_{Ga})。如果氧原子及镓原子不在晶格中原有位置，而是移动到了晶格间隙，则成为自间隙原子(O_i和 Ga_i)。自间隙缺陷往往会在高能粒子束轰击的情况下产生，例如中子。当然，在常规实验条件下 O_i 和 Ga_i 是很难形成的，因为所对应的缺陷形成能较高。缺陷形成能(E^f)是衡量缺陷产生难易程度及浓度的重要指标。如果形成能较低，晶体中可能会含有高浓度的缺陷，影响晶体质量。缺陷浓度可以由以下公式确定：

$$N = N_{\text{sites}} \exp\left(\frac{-E^f}{K_B T}\right) \tag{4-1}$$

式中 N_{sites} 代表可形成缺陷位点的浓度，K_B 是玻尔兹曼常数，T 是开尔文温度。

第Ⅳ族中元素，例如 Si、Sn，因为比 Ga 多一个价电子，因此可以将 Ga 置换并以施主形式存在。额外的电子可以通过热激发到导带，形成 n 型氧化镓导电，激发所需的能量称为施主结合能。Si 和 Sn 的施主结合能只有几十毫电子伏，因此 Si 和 Sn 被认为是浅能级施主。第Ⅱ族中 Mg 和 Ca 元素，因为价电子比 Ga 少一个，理论上可以将 Ga 置换并以受主形式存在，但是，将电子从价带激发到受主能级所需的能量太高，所以 Mg 和 Ca 被认为是深能级受主。

4.1.1　本征点缺陷

1. 氧空位

在氧化物晶体中，氧空位(V_O)的存在很难避免。同时，由于氧空位难以从实验角度探测观察，因此经常被认为是导致非故意掺杂晶体 n 型导电的原因。目前，有关氧化镓中 V_O 的报道主要来自密度泛函数理论计算(DFT)，DFT 作为第一性原理技术是根据原子核的电子密度分布和位置来计算的。最近，混合泛函也被用于氧化镓能级和带隙的计算中[5]。针对氧化镓中 V_O 的形成能，主要通过以下几个步骤来计算：首先，计算本征氧化镓中总电子能量(势能加动能)，所有的键长都允许改变或释放，以使总电子能量最小化。然后，一个氧原子被移除并放入一个容器中，在这个容器中，氧能量以化学势 μ_O 给出，形成能则是带有缺陷材料和纯(固有的)材料之间的能差。此外，缺陷的电荷态 q 也是一个重要的影响因素。如果 $q=1$，缺陷则给出一个电子，那么电子能量即是费米能 E_F。如果 $q=2$，缺陷则提供两个电子。一般来说，电荷态对形成能的贡献用 qE_F 来表示。考虑到以上所有因素，V_O 形成能可由下列公式表示：

$$E^f = E(Ga_2O_3:V_O) - E(Ga_2O_3) + \mu_O + qE_F \tag{4-2}$$

其中，$E(Ga_2O_3:V_O)$ 和 $E(Ga_2O_3)$ 分别为缺陷半导体和纯半导体的计算总电子能量。能量与价带最大值(Valence Band Maximum，VBM)有关。

Varley 等计算了不同氧原子位点(Ⅰ、Ⅱ、Ⅲ)V_O 形成能，如图 4-1 所示[6]。由公式(4-2)可知，图 4-1 中纵坐标 E^f 和横坐标 E_F 的斜率为电荷态 q。氧空位是负 U 型缺陷中的一种，当费米能级较低时，电荷态以 2 价形式存在；当费米能级较高时，电荷态为 0，呈现电中性。在文献中，对于给定的费米能级通常只显示具有最低形成能的电荷态。图 4-1(b)所示为能级图中从 $q=2$ 到 $q=0$ 最低能态点，以水平线表示。由于氧空穴(0/2+)能级远离导带，被认为是深能级施主。将一个电子从该缺陷能级激发到导带所需要的热能要远高于室温。因此，氧空位不可能是导致氧化镓呈现 n 型导电的原因。但是，氧空位可以通过施予电子的方式来补偿受主。随着受主掺杂含量的提高，费米能级将被下推到贴近价带的位置。费米能级的降低会导致氧空位形成能变小，氧空位更易形成。当形成能减小到某一值时，费米能级不再降低。值得注意的是，图 4－1 所示的形成能计算仅针对富氧条件，即样品存在于含氧环境中。如果样品在真空、氢气或者含 Ga 条件下，则处于贫氧(富镓)环境。在富镓条件下氧空位形成能会降低，根据公式(4－1)可知，晶体中会存在较高浓度的氧空位。

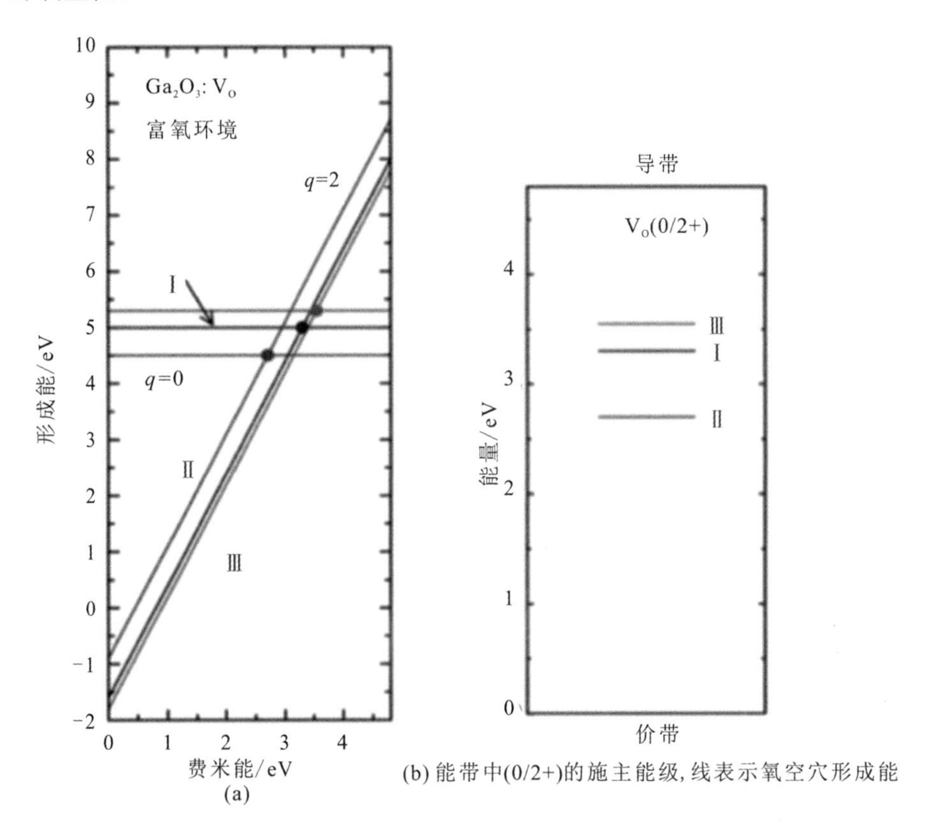

(b) 能带中(0/2+)的施主能级，线表示氧空穴形成能

图 4－1　氧化镓中不同氧原子位点(Ⅰ、Ⅱ、Ⅲ)V_O形成能

2. 镓空位

镓空位(V_{Ga})也是氧化镓晶体中常见的点缺陷。由于 Ga 含有三个价电子，当镓原子离开原位形成镓空位的时候，三个氧悬挂键也随之形成并可以接受电

子。因此，镓空位可以被看作三重受主。这也是镓空位能够补偿施主能级，降低晶体中自由电子浓度的原因。已有计算表明，Ga(Ⅰ)型空位形成能要低于Ga(Ⅱ)型空位形成能[7-8]。镓空位的原子结构是比较罕见的，图4-2所示为移除一个Ga(Ⅰ)的晶体结构图。从能量上来分析，另一个邻近的Ga(Ⅰ)原子更倾向于离开原有位置并驻留在六氧八面体中。该释放过程会形成以一个镓原子为核心的两个镓空位结构。图中，释放的镓原子与四个O(Ⅱ)和两个O(Ⅲ)成键。此外，释放的镓原子与四个O(Ⅱ)和两个O(Ⅰ)成键的情况也存在。最近，在扫描透射电子显微镜(STEM)拍摄的氧化镓高分辨图片中[9]，人们已观察到了与图4-2所示结构相似的镓空位。

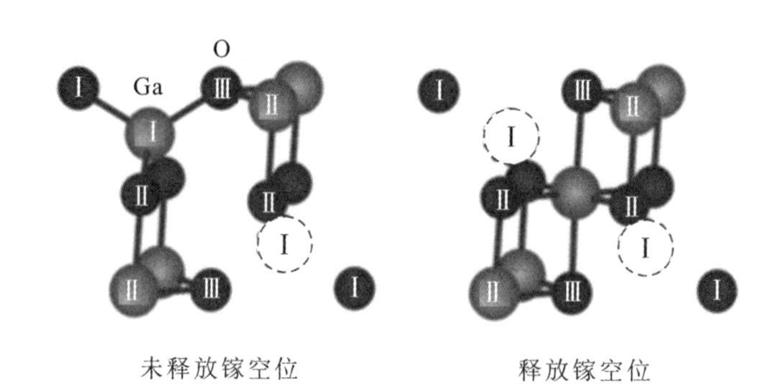

图4-2　移除一个Ga(Ⅰ)的晶体结构图(图中显示了氧化镓中存在的三种氧原子和两种镓原子)

电子顺磁共振(EPR)是表征具有未成对自旋电子型缺陷的有效手段。当引入磁场时，自旋向上和自旋向下的电子能量产生分裂，微波源可以激发由下向上的转变。实际操作时，磁场的变化由微波源的频率来控制，图4-3展示了吸收光谱的导数曲线。对于一个自旋为−1/2的电子，当满足下列条件时，微波激发跃迁：

$$h\nu=\mu_B gB \tag{4-3}$$

其中，$h\nu$ 是微波光子能量，g 是朗德因子(对于电子来说为2左右)，μ_B 是玻尔磁子，B 是磁感应强度(全书矢量未用黑体均指矢量的模)。g 的精确值取决于缺陷种类和晶体场方向。

在n型氧化镓晶体中，镓空位被完全占据，电荷态 $q=-3$，表示为 $V_{Ga}{}^{3-}$。电子皆已成对，所以不存在EPR信号。Kananen等通过中子辐射的方法在氧化镓样品中形成了空位缺陷[10]。辐射导致了 $V_{Ga}{}^{2-}$ 缺陷的存在，该缺陷含有一个未成对自旋电子($s=1/2$),该电子局限在邻近空位缺陷的其中一个O(Ⅰ)位置。在氧化镓完美晶格点阵中,O(Ⅰ)有三个邻近的镓原子,但由于镓空位缺陷的存在,只有两个镓原子邻近。由于^{69}Ga和^{71}Ga原子核邻近,所以图4-3所示的EPR谱展示了超精细的分裂,二者皆具有$I=3/2$的自旋强度。此外,作者也发现了V_{Ga}^{-}缺陷的存在,该缺陷具有两个未成对的自旋电子,$s=1$。

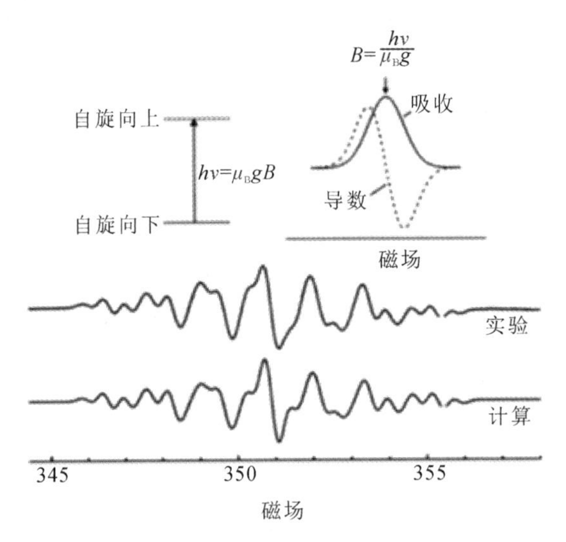

图4-3 跃迁光谱及导数曲线(上部:EPR跃迁光谱;下部:实验和理论模拟的EPR镓空位(V_{Ga}^{2-})导数曲线)

正电子湮灭也是探究镓空位的另一重要手段[11]。一个正电子或者阳电子带有正电荷,当湮灭一个电子后会释放两束γ射线。如果正电子被镓空位束缚,其寿命会增加,因为空穴的开放,体积中电子密度较低。人们可以通过正电子所增加的寿命来评估空位缺陷的浓度。此外,空位中的电子动量与纯晶体中的不同,这引起了γ射线光谱的细微变化。正电子湮灭实验表明在n型氧化镓晶体中V_{Ga}以补偿受主形式存在[12]。

3. 氢化的镓空位

上文中提到,镓空位是三重受主,具有三个氧悬挂键。因此,氢原子可以通过提供电子形成O—H键的方式来钝化镓空位。O—H键拉伸振动模式可用红外光谱法(IR)检测。为了具有红外活性峰,振动必须要由偶极矩诱导。红外活性模式会在红外光谱区产生吸收峰。经典理论解释,光吸收是由电场对杂质

原子推拉造成的。电磁能作为机械运动的驱动力，会导致振动频率 ν 处的光透过强度 I 降低。频率通常由波数(单位为 cm^{-1})间接表示，波数为

$$\text{Wavenumber}=\frac{1}{\lambda}=\frac{\nu}{c} \tag{4-4}$$

其中，λ 是红外光波长；c 是光速，为 3.0×10^{10} cm/s。红外光谱通常以吸收率为纵坐标绘制：

$$\text{Absorbance}=\lg\left(\frac{I_0}{I}\right) \tag{4-5}$$

其中，I_0 为不包括缺陷样品的参考光强，且红外光谱测试需在低温下进行(5～12 K)。

当氧化镓在 800℃以上的氢气环境中退火时，氢原子会与 V_{Ga} 络合[13]。络合物标记为 $V_{Ga}2H$，络合需要两个氢原子来形成 O—H 键，如图 4-4 所示。图 4-5(a)所示为简化的 O—H 键质点弹簧模型，当氢原子同时振荡的时候，偶极矩便会产生。非对称振动模式会在 3437 cm^{-1} 的位置产生红外光吸收。然而，对称振动模式不会引入偶极矩，不会出现红外吸收峰。3437 cm^{-1} 处吸收峰位与偏振相关，偏振光沿着 b 轴[010]方向时，由于偏振方向垂直 O—H 键，因此不会激发振动模式，如图 4-5(b)、(c)所示。

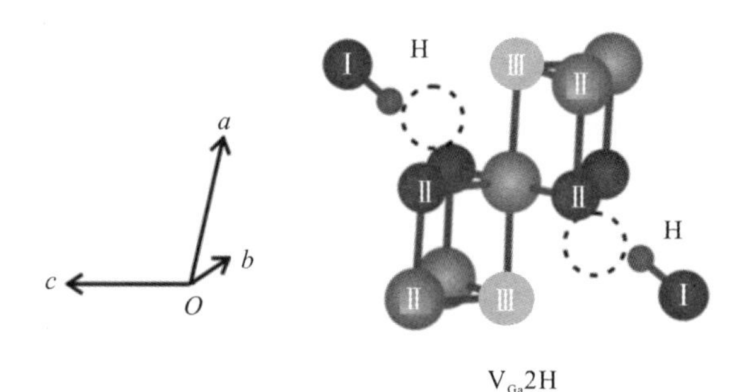

图 4-4　氢化镓空位的原子结构示意图

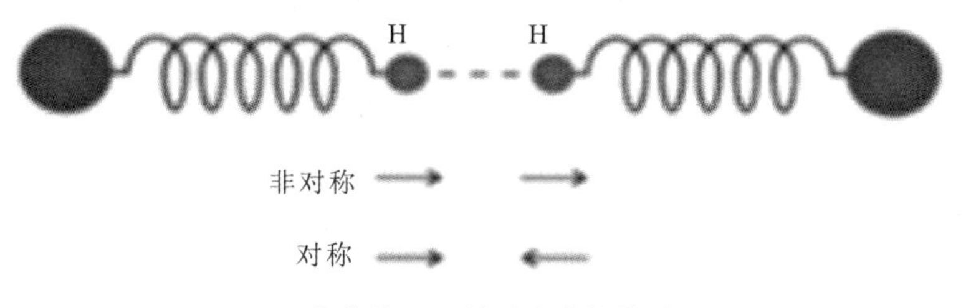

(a) 简化的O—H键质点弹簧模型

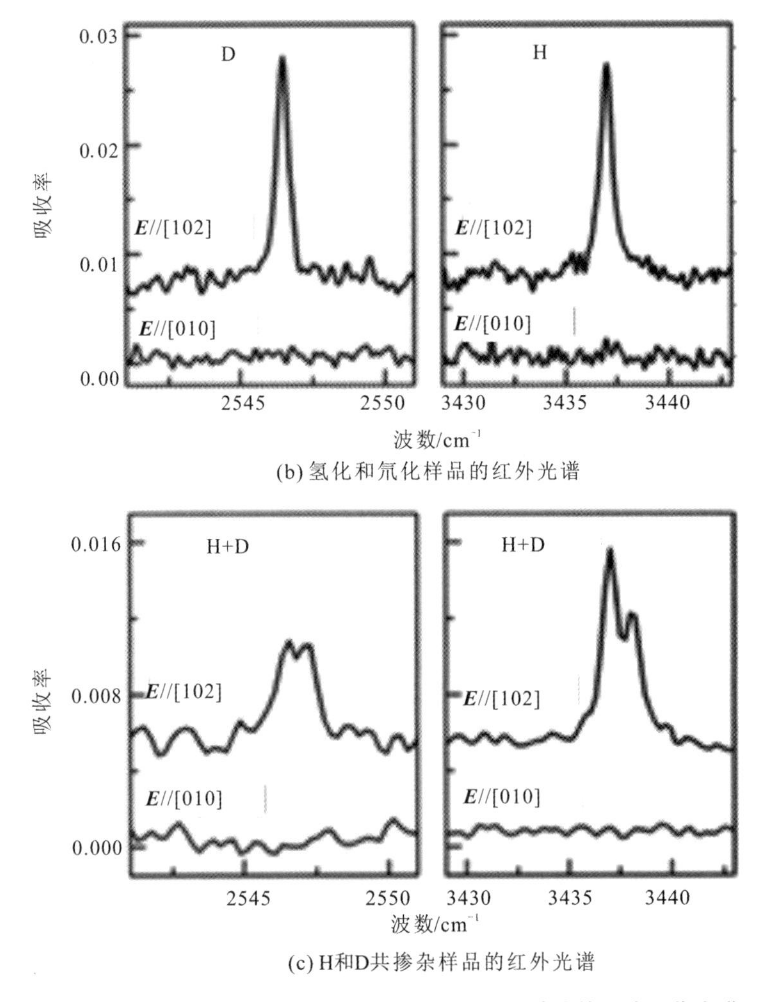

(b) 氢化和氘化样品的红外光谱

(c) H和D共掺杂样品的红外光谱

图 4-5　简化的 O—H 键质点弹簧模型，$V_{Ga}2H$ 缺陷的红外吸收光谱

当氢被氘取代时，较重的同位素将会降低振动频率。氘的引入会形成 O—D 键并在 2546 cm^{-1}处产生红外吸收峰，缺陷标记为 $V_{Ga}2D$。样品在 H_2 和 D_2 混合气氛中退火时，$V_{Ga}2D$、$V_{Ga}2H$ 以及 $V_{Ga}HD$ 三种络合缺陷皆会形成。$V_{Ga}HD$ 会出现两个新峰位，分别对应 O—H 和 O—D 键振动，如图 4-5(c)所示。新峰位的出现进一步表明，该类型缺陷具有两个氢原子。

当样品测试温度从 5 K 提升到室温时[14]，$V_{Ga}2H$ 峰位会蓝移 8 cm^{-1}。频移是由温度升高时 O—H 键和邻近原子的相互作用导致的。随着频移的出现，吸收峰会展宽，因为近邻原子的自由运动阻断了 O—H 键振荡，有效地降低了

振动时长。

4.1.2　非本征点缺陷

1. 浅能级施主

浅能级施主至少比被置换原子多一个价电子，例如 Si_{Ga}，与氢原子相类似额外电子将围绕正电荷 Si_{Ga} 运行。释放额外电子所需要的能量称为施主结合能 E_d，由玻尔模型所决定：

$$E_d = 13.6\left(\frac{m^*}{m}\right)\left(\frac{1}{\varepsilon^2}\right) \tag{4-6}$$

式中，$m^*/m \approx 0.28$，相对介电常数 $\varepsilon \approx 11$[15]。将以上数值代入式(4-6)后，$E_d \approx$ 30 meV。在图 4-6 所示的能级图中[16]，Si(0/+)施主能级以水平线表示，低于导带最小值。该能级由于靠近导带最小值，因此被认为浅施主。该浅施主可以在 EPR 谱图中形成激发，$g \approx 1.96$[17]。

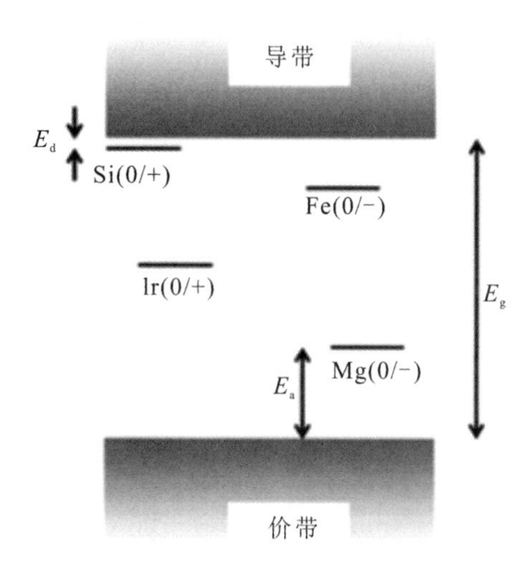

图 4-6　Ga_2O_3 **中选定杂质的能级评估**

除了非故意掺杂会导致 n 型氧化镓外[18]，故意掺杂 Si 可以将自由电子浓度控制在 $10^{16} \sim 10^{18}$ cm^{-3} 范围内[19]。Si 元素的有效掺杂已经通过薄膜沉积以及离子注入的形式成功实现了[20-21]，第Ⅳ族中 Ge 和 Sn 元素也已被应用到 n 型氧化镓薄膜生长中[22-23]。计算表明，Si 和 Ge 原子更倾向于替代 Ga(Ⅰ)，Sn

则倾向于替代 Ga(Ⅱ)[6]。Zr 作为过渡族金属，在体块氧化镓晶体中以浅施主形式存在[24]。因为它与被取代的 Ga^{3+} 价电子数相同，所以中性电荷态($q=0$)标记为 Zr^{3+}，Zr^{4+} 则为正电荷态($q=+1$)。

氢作为浅施主，推测将以两种形式存在，分别为置换氢及间隙氢[6]。间隙氢(H_i)会与晶格中原有的氧原子成键；置换氢(H_O)本质上是氧空位中的一个质子。间隙氢在红外谱中会以 O—H 峰的形式存在；置换氢具有较低的振动频率，位于双声子吸收光谱中，因此很难检测到。实验结果显示氧化镓在氢气中退火后自由载流子吸收增加，表明氢以浅施主形式存在[25]。另一测试进一步证实，氧化镓在惰性气体中退火，将有一个"隐藏的氢库"释放出氢施主。

2. 深能级受主

Mg 元素被认为是实现半绝缘氧化镓的潜在掺杂元素，并将置换 Ga(Ⅱ)[26-27]。因为 Mg 价电子比 Ga 少一个，所以 Mg 是受主。计算表明，Mg 的受主能级在价带最大值上方 1.0～1.5 eV 位置[28-29]。对于中性 Mg，空穴是非常局限的，位于邻近 Mg 的 O(Ⅰ)原子上[30]。Ritter 等发现高浓度 Mg($10^{18}\sim10^{19}$ cm^{-3})可以掺杂到体块氧化镓中，该浓度足以补偿施主[29]，这对于半绝缘材料的实现非常有益。但是有效的 p 型导电并没有实现，因为 Mg 掺杂是以深能级形式存在的。目前，理论计算表明所有的置换受主都是以深能级形式存在的[31]。

Mg 掺杂氧化镓在 800℃以上的氢气气氛中退火时，氢会钝化 Mg，并形成中性络合物 MgH[29]。该缺陷以沿着 a 轴方向的 O—H 键为中心，Mg 掺杂氧化镓红外吸收光谱中在 3492 cm^{-1}位置出现 O—H 键的伸缩振动峰，如图 4-7

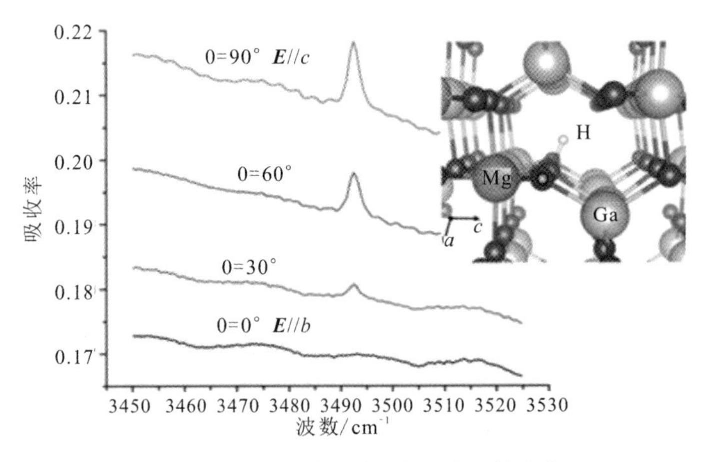

图 4-7　MgH 缺陷的极化红外透射光谱

所示。3492 cm^{-1}对应O—D的活性峰。Mg掺杂氧化镓在氢和氘混合气氛中退火，其红外吸收光谱会同时出现O—H和O—D峰，但是没有新峰出现，表明MgH只包含一个氢原子。偏振红外光谱结果表明，当偏振方向平行于c轴，活性峰光强最大；当偏振方向平行于b轴光强则变为0。因此，O—H偶极矩位于$a-c$晶面，该结果也与计算结果相符合。

阻抗测试初步显示了受主影响电学性能的作用机理。非故意掺杂氧化镓阻抗为10 kΩ左右，然而Mg掺杂的氧化镓会形成高阻，大约为100 GΩ。低浓度掺杂的Ca：Ga_2O_3仍体现为n型导电，但是相比于非故意掺杂晶体，阻抗较高，约为10 MΩ，表明Ca受主部分被施主杂质补偿了。Ca：Ga_2O_3在氢气中退火后，会在3441 cm^{-1}位置出现红外吸收峰，这主要由CaH络合缺陷中O—H键伸缩振动导致[32]。其所对应的O—D红外活性峰将在2558 cm^{-1}位置出现。

深能级瞬态谱(DLTS)已应用于研究常见过渡族金属Fe所引入的深能级缺陷。DLTS是一项测试缺陷捕捉和释放自由载流子速度的技术[16]。考虑到金属与n型氧化镓间的接触，假设施主为浅能级，可以把所有电子送给导带。此外，样品中需含有电子陷阱，且电子陷阱在带隙的上部有很深的能级。反向偏压将耗尽区中电子扫除，形成正电施主和空置陷阱，如图4-8(a)所示。反向偏压的突然增加会扫除耗尽区中更多的电子，电子陷阱会捕捉到电子，如图4-8(b)所示。随着时间推移，电子陷阱释放电子，导致正电空间电荷密度增加，缩小耗尽区。一段时间后，耗尽区宽度达到稳态值，如图4-8(c)所示。

耗尽区在平面电容器中起到绝缘介质作用，其宽度与电容成反比例关系。因此，电容可以方便地测量耗尽区宽度。通过测量电容瞬态的温度函数，可以获得与导带最小值相关的深能级缺陷。能级越深，缺陷释放载流子的速度越缓慢。DLTS和混合计算表明，Fe更倾向于置换Ga(Ⅱ)，在导带最小值下方0.8 eV

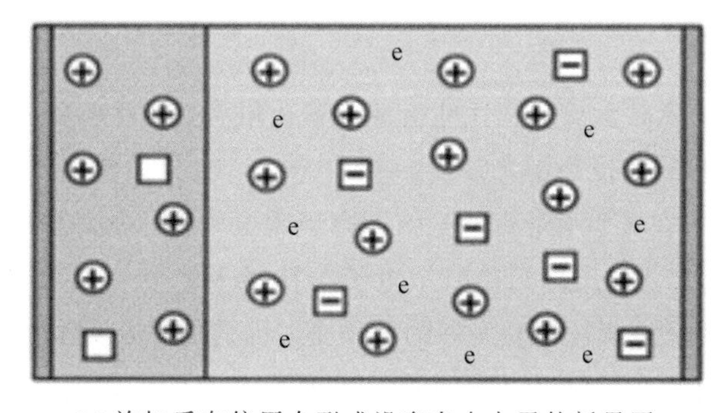

(a) 施加反向偏压会形成没有自由电子的耗尽区

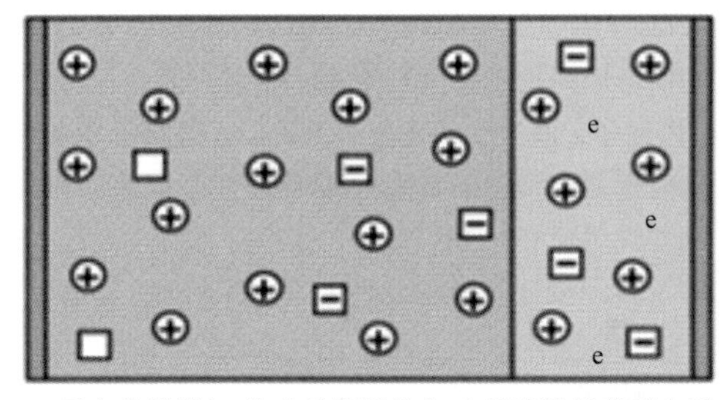

(b) 反向偏压增加，造成耗尽区扩大，电子陷阱捕获了电子

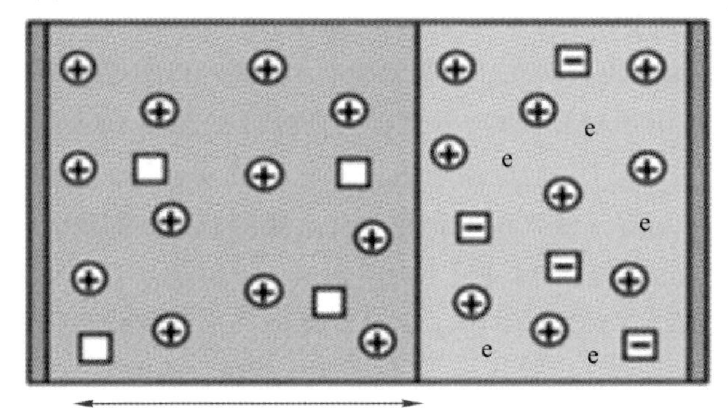

(c) 过了一段时间，电子陷阱释放了它们的电子，导致耗尽宽度减少

图 4-8　深能级瞬态谱测试过程(圆圈为浅施主，方框为电子陷阱，e 为自由电子)

的深能级缺陷位置[33]。受主能级(0/—)可由 Fe^{3+}/Fe^{2+} 表示，因为 Fe^{3+} 相对于晶格点阵中的 Ga^{3+} 呈现电中性状态，然而 Fe^{2+} 则是负电。EPR 测试探测到了 Fe^{3+} 信号。Bhandari 等[34]通过 EPR 谱观察到了从 Fe^{2+} 到导带的光致激发，形成的 Fe^{3+}。

3. 铱金杂质

体块氧化镓单晶生长工艺往往会使用铱金坩埚，因此难以避免铱金杂质的引入[29, 35]，通常其浓度范围为 10^{17}～10^{18} cm^{-3}，铱金更倾向于作为深能级施主置换 Ga(Ⅱ)。在 n 型氧化镓中，铱施主呈现电中性，电荷态标记为 Ir^{3+}。在 Mg 掺杂的氧化镓中，Ir 多给出一个电子以补偿 Mg 受主，因此以 Ir^{4+} 形式存在。由于电子从基态跃迁到激发态的 d 轨道，因此 Ir^{4+} 在红外光谱 5148 cm^{-1} 位置会产生吸收峰，如图 4-9 所示[36]。当样品在氢气中退火时，Mg 受主会被钝化，所以不会接受来自 Ir^{3+} 的电子，导致 5148 cm^{-1} 位置处吸收峰光强降低。

该峰也存在各向异性，当红外偏振光平行于 c 轴，吸收峰光强减弱[35-36]。Ir^{3+} 在红外光谱中不会产生任何光谱信号。当轻微 n 型掺杂的氧化镓样品被能量大于 2.2～2.3 eV 的光子照射时，电子会从 Ir^{3+} 被激发到导带形成 Ir^{4+}，导致 5148 cm^{-1} 峰出现[36]。实验过程表明，施主能级大约在导带最小值以下 2.25 eV 位置，该值与理论计算结果相符合。

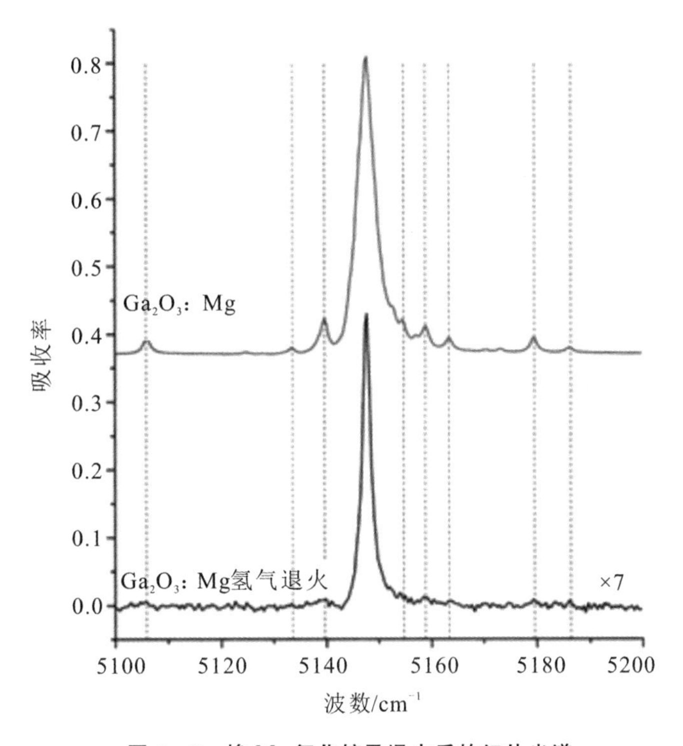

图 4-9　掺 Mg 氧化镓及退火后的红外光谱

除了 5148 cm^{-1} 位置的 Ir^{4+} 主峰外，Ritter 等观察到在光谱附近有许多较小的边带峰[36]。因为他们只在 Mg 掺杂的氧化镓样品中出现，所以这些小峰是由 IrMg 导致的。当光子能量大于 2.2 eV 时，IrMg 峰强会减小。作者认为该转变是光子诱导电子从 Mg 跃迁到 Ir($Ir^{4+}Mg^{-}$—$Ir^{3+}Mg^{0}$)导致的。

n 型体块氧化镓样品经氢气退火后，会出现 3313 cm^{-1}、3437 cm^{-1}、3450 cm^{-1}、3500 cm^{-1} 四个红外吸收峰[29]，在氘气氛中退火，可以发现有适当的频移。3437 cm^{-1} 峰来源于 $V_{Ga}2H$ 复合缺陷，然而其他三个峰位还没有相关报道。Ritter 等人推测他们很可能来自 IrH 复合缺陷。

4. 辐照

氧化镓作为宽禁带半导体，具有非常优良的耐辐照性能。在辐照条件下缺陷产率低[37]，因此在极端环境应用方面氧化镓具有很大的优势，例如在空间站的应用。辐照也是实验室中探究缺陷的一种重要方式。通过 1 eV～20 MeV 高能中子对氧化镓样品进行辐照，采用深能级瞬态光谱测试分别观察到了导带最小值下 1.3 eV 和 2.0 eV 位置的深能级电子缺陷[38]，该缺陷产率为 8～10 cm^{-1}。电子缺陷作为补偿受主缺陷，会导致自由电子浓度降低。氧化镓经 1.5 MeV 的电子辐照后[39]，也会导致缺陷的产生以及自由载流子浓度的下降，载流子移除率为 5 cm^{-1}。Pearton 等人比较了 GaN 和 Ga_2O_3 的载流子移除率，发现二者基本相同[17]。

氧化镓样品经 0.6 MeV 和 1.9 MeV 辐照后，自由电子浓度急剧下降[40]，作者认为是本征缺陷的产生补偿了施主，例如镓空位。热退火处理样品后，载流子浓度可恢复，这是由注入质子钝化所致。结合 EPR 和理论计算结果发现[41]，注入质子形成的缺陷中心有一个是镓空位，另一个还未明确。

4.2 氧化镓晶体中的线缺陷

4.2.1 位错

位错是晶体中典型的一维线缺陷，只能终止于晶界或者晶体表面。当位错相交于晶体表面时，交点位置的晶格点阵产生畸变，同时杂质原子将易聚集于位错线周围，因此采用刻蚀的方法可使能量较高的位错以蚀坑的形式在晶体表面露头，以便后续研究其形成及作用机理。借助于刻蚀的手段，通过计算蚀坑密度的方式也可标定晶体的综合质量。位错的类型可分为三种：(1) 刃型位错；(2) 螺型位错；(3) 混合位错。其中混合位错是刃型及螺型位错的混合。目前，随着氧化镓单晶生长技术及器件研发的技术日益成熟，晶体的缺陷研究及控制显得尤为重要。研究表明，氧化镓单晶中线缺陷主要以刃型位错及螺型位错形式存在。最近，人们对蚀坑排列方向、位错延伸晶向、形成及作用机理等也进行了详细研究。

1. 刃型位错

Ueda 等[3]以导模法生长获得的($\bar{2}01$)面氧化镓晶片为基础，采用实验室易实现的化学刻蚀手段进行刻蚀，条件为 H_3PO_4 在 130℃沸煮 420 min。如图 4-10(a)所示，大部分的蚀坑沿着[010]方向有序排列，蚀坑间距范围为 20～100 μm，位错密度约为 $10^4\ cm^{-2}$。除此之外，Ueda 等还发现一些孤立无序的蚀坑，如图 4-10(b)所示。图像进一步放大可发现，蚀坑由四个面构成，带有偏心的核心，长轴平行于[102]晶向[3]。为了进一步确定位错类型，Ueda 等采用 FIB、TEM 及选区电子衍射(Selected Area Electron Diffraction，SAED)等技术连用手段对其进行了详细分析。

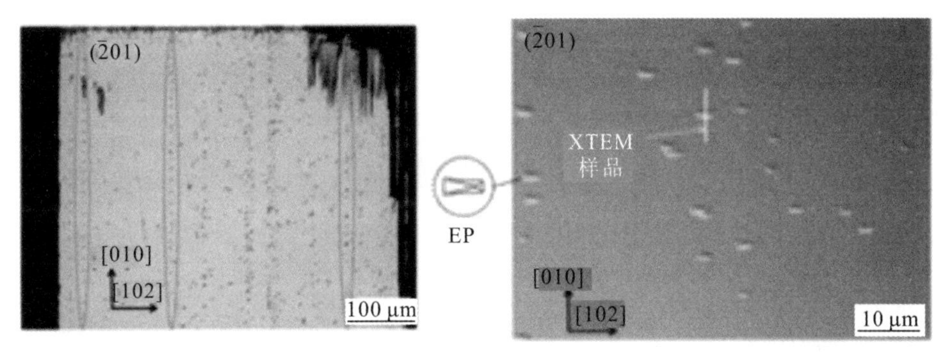

(a) 经刻蚀后的($\bar{2}01$)晶面氧化镓光学显微镜图片

(b) 蚀坑放大图片，XTEM测试位置用白线标记

图 4-10 经化学刻蚀后($\bar{2}01$)面氧化镓晶片的蚀坑图

图 4-11(a)及(b)是典型的位错明场 TEM 图片，分别在倒易点阵矢量 $\boldsymbol{g}=0\bar{2}0$ 及 $\boldsymbol{g}=\bar{2}01$ 条件下获得用以确定伯格斯矢量。如图 4-11(a)所示，我们可以清晰地观察到蚀坑核心下的位错，然而完整的位错线并未出现，只是部分显示(在图片中用 *AB* 标出)，这表明位错线并未完全垂直于晶体表面($\bar{2}01$)面，而是略向[102]方向倾斜；相反，在图 4-11(b)中不能观察到任何蚀坑下的任何位错。根据 $\boldsymbol{g}\cdot\boldsymbol{b}=0$ 消光原则[42]，可以确定位错线的伯格斯矢量垂直于($\bar{2}01$)面，平行于[010]或者[$0\bar{1}0$]方向。图 4-11(c)和(d)的选区电子衍射图样分别对应于图 4-11(a)和(b)。图 4-11(e)为弱束暗场 TEM 位错图片，位错由 *AB* 标出。虽然，位错衬度较弱，但仍可以观察到明显的位错线，表明晶体中的位错不易分解为两部分，这是由相对较高的堆垛层错能造成的。

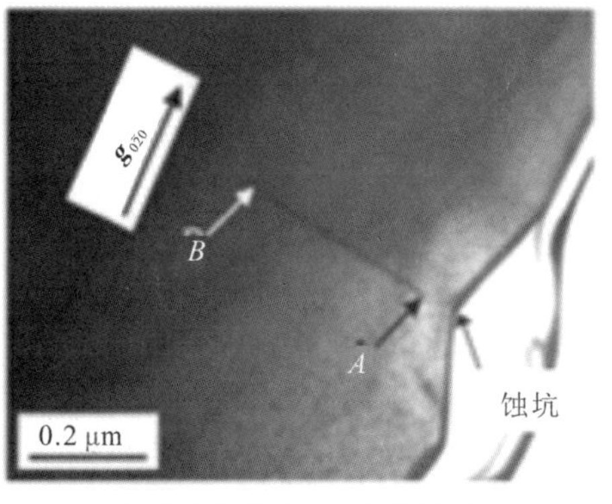

(a) 倒易点阵矢量$\boldsymbol{g}=0\bar{2}0$条件下获得的位错明场TEM图片

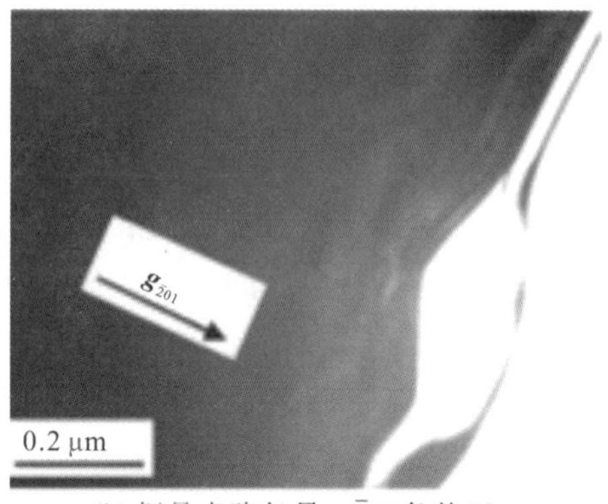

(b) 倒易点阵矢量$\boldsymbol{g}=\bar{2}01$条件下获得的位错明场TEM图片

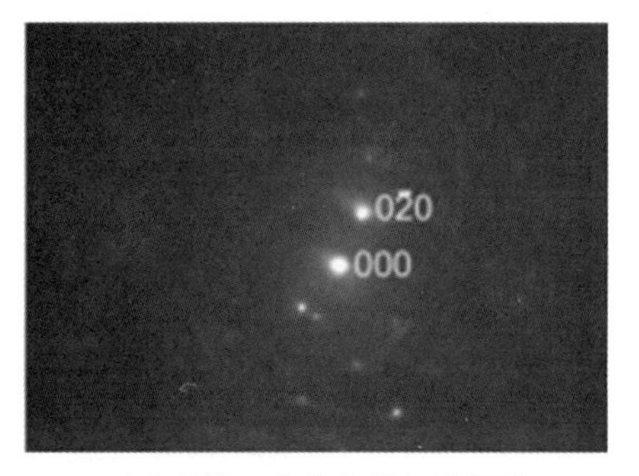

(c) 对应于图(a)中的电子衍射图样

(d) 对应于图(b)中的电子衍射图样

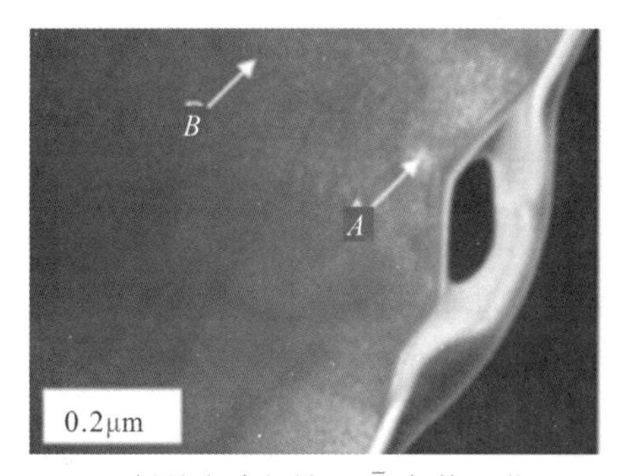

(e) 倒易点阵矢量$\boldsymbol{g}=0\bar{2}0$条件下获得的位错弱束暗场TEM图片

(f) 对应于图(e)中的电子衍射图样

图 4-11　XTEM 缺陷分析，对应于图 4-10(b)中白线标记的蚀坑位置(典型位错)

在一些情况下，人们可以观察到相对较短的位错线，图 4-12(a)所示为在$\boldsymbol{g}=0\bar{2}0$条件下获得的位错明场 TEM 图片，位错线垂直于($\bar{2}01$)面。然而，当 $\boldsymbol{g}$ 变换为 $\bar{2}01$ 方向时，位错线几乎消失，如图 4-12(b)所示。另一个位错

实例如图4－12(c)和(d)所示，两条位错线在图4－12(c)中用D1和D2表示。虽然在4－12(c)中可以观察到非常小的蚀坑(Etch Pit)，但位错线距离蚀坑核心位置较远。此外，两条位错线都略微倾向于$[0\bar{1}0]$方向。当在$\boldsymbol{g}=\bar{2}01$条件下时，两条位错线皆隐蔽，如图4－12(b)所示，表明位错线的伯格斯矢量方向与图4－11中相同，皆为[010]或者$[0\bar{1}0]$方向。推测图4－12(a)和(c)中位错线形状轻微改变与晶体生长过程中非均匀应力场导致的位错滑移或者攀移有关。

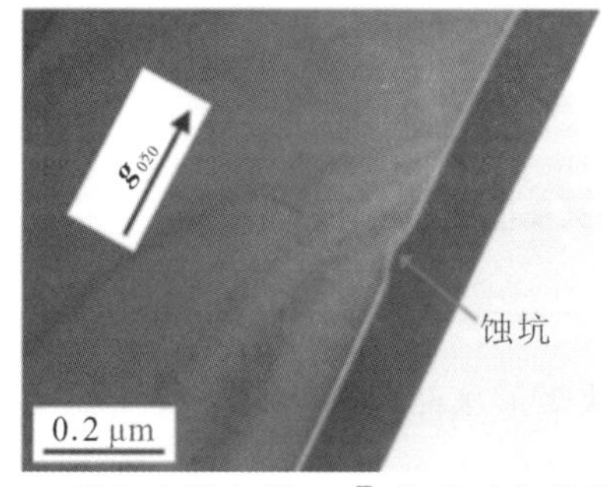

(a) 倒易点阵矢量$\boldsymbol{g}=0\bar{2}0$条件下获得的一条位错明场TEM图片

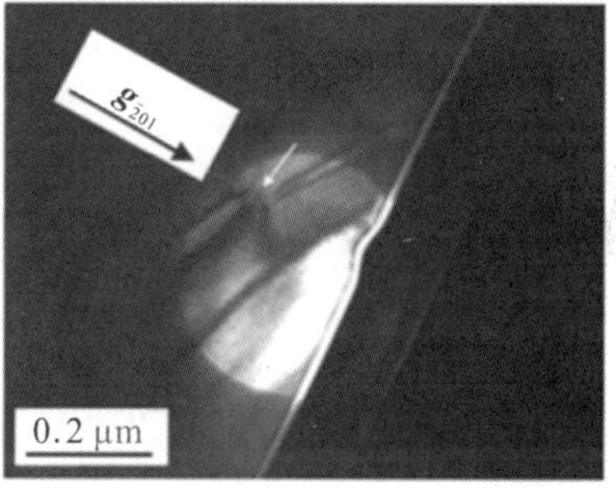

(b) 倒易点阵矢量$\boldsymbol{g}=\bar{2}01$条件下获得的一条位错明场TEM图片

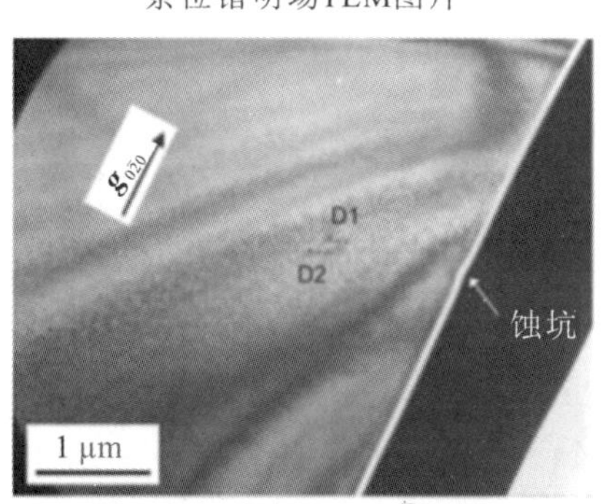

(c) 倒易点阵矢量$\boldsymbol{g}=0\bar{2}0$条件下获得的两条位错明场TEM图片

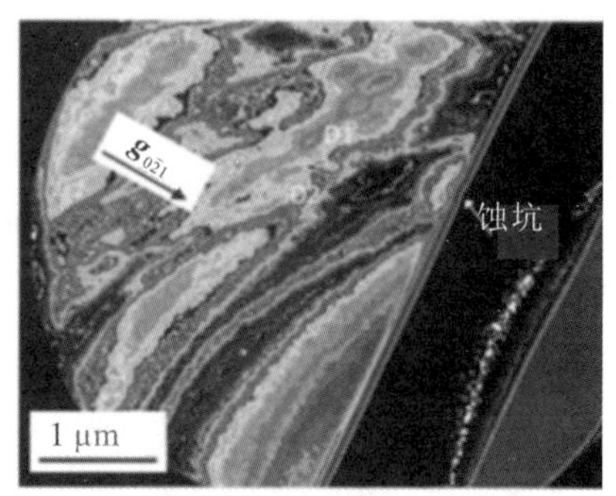

(d) 倒易点阵矢量$\boldsymbol{g}=\bar{2}01$条件下获得的两条位错明场TEM图片

图4－12　XTEM缺陷分析，对应于图4－10中白线标记的蚀坑位置(其他特征位错)

基于以上TEM结果分析，可以得出位错阵列模型[3]，如图4－13所示，阵列排布的蚀坑对应于刃型位错，其伯格斯矢量平行于[010]或者$[0\bar{1}0]$方向，箭头表示位错运动的方向。虽然这些位错位于同一平面并略微偏向于(102)晶面，但最有可能的滑移面是(101)晶面，这也与已有报道相符[43]。具体刃型位错的产生机理有待进一步研究。

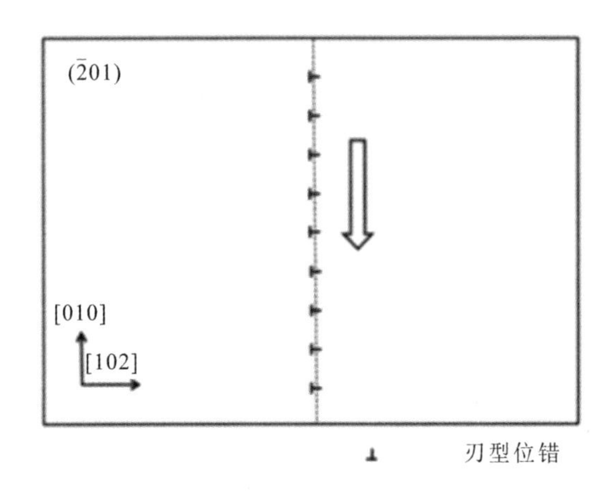

图 4-13　位错阵列模型

2. 螺型位错

$\beta-Ga_2O_3$ 晶片取自于导模法生长的体块矩形单晶，晶片宽为 10 mm 且平行于[102]方向，长为 15 mm 且垂直于[102]方向，主面为(010)晶面，厚度约为 0.4 mm。人们用 KOH 溶液作为刻蚀液，通过化学刻蚀的方法对晶片缺陷浓度及分布进行了研究，借助于聚焦离子束技术(FIB)，沿着特定角度对蚀坑进行截面切割以使位错显露，进而完成 TEM 样品制作。结合 TEM 测试及消光原则对位错类型进行了标定。

图 4-14(b)为从[$\bar{1}0\bar{1}$]方向观察到的蚀坑下位错横截面 TEM 图像[44]。由图可知，蚀坑下晶体缺陷是典型的位错线，该位错线几乎平行于[010]方向并延伸至晶体内部，蚀坑沿着[102]方向有序排布。为进一步确定位错类型，图 4-15 给出了在不同倒易点阵矢量下图 4-14 中位错 TEM 图片。图 4-15(b)中位错消失，产生消光现象。根据消光原则 $\boldsymbol{g}\cdot\boldsymbol{b}=0$ 可确定，位错的伯格斯矢量 $\boldsymbol{b}$ 垂直于倒易点阵矢量 $\boldsymbol{g}=\bar{2}02$。

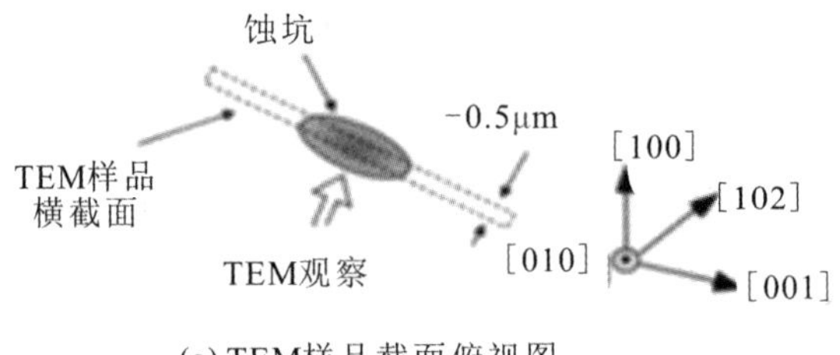

(a) TEM样品截面俯视图

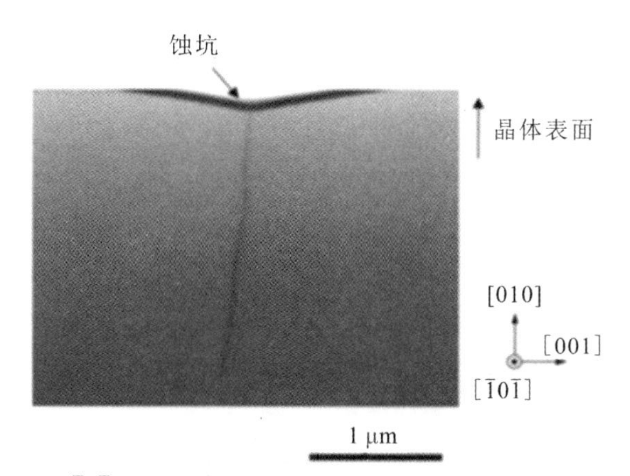

(b) 从[$\bar{1}0\bar{1}$]方向观察到的蚀坑下位错横截面TEM图像

图 4-14　蚀坑下位错 TEM 图片

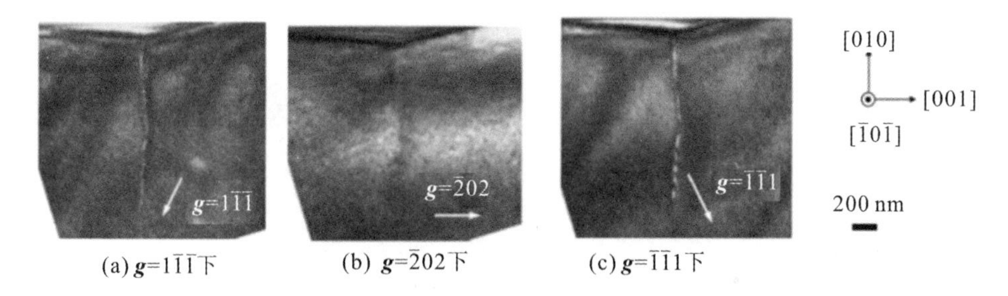

(a) g=1$\bar{1}\bar{1}$下　(b) g=$\bar{2}$02下　(c) g=$\bar{1}\bar{1}$1下

图 4-15　不同倒易点阵矢量下图 4-14 中位错 TEM 图片

图 4-16 为从[001]方向观察到的蚀坑下位错横截面 TEM 图像，蚀坑仍沿着[102]方向有序分布。由图可知，蚀坑下晶体缺陷仍然是位错线，不同的是位错先沿着[010]方向延伸至晶体内部深度约为 2 μm 处，然后转折至[100]方向继续延伸。图 4-17 给出了在不同倒易点阵矢量下图 4-16 中位错 TEM 图片。

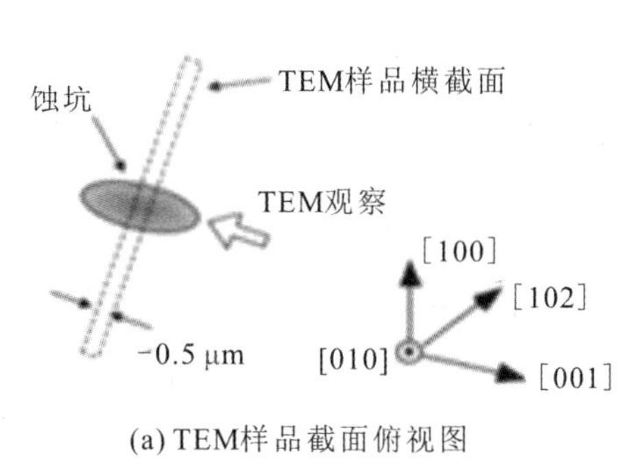

(a) TEM样品截面俯视图

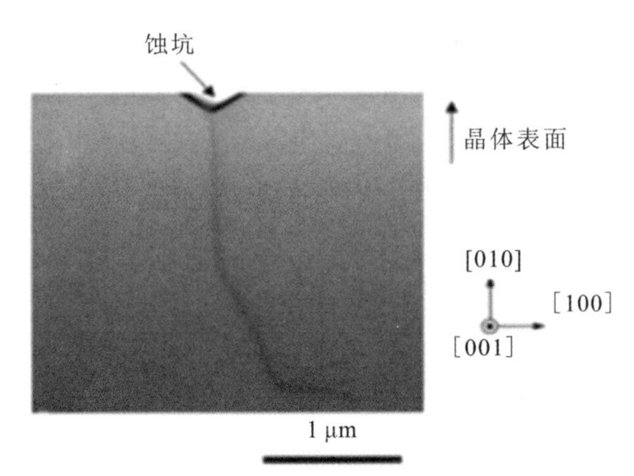

(b) 从[001]方向观察到的蚀坑下位错横截面TEM图像

图 4-16　蚀坑下位错 TEM 图片

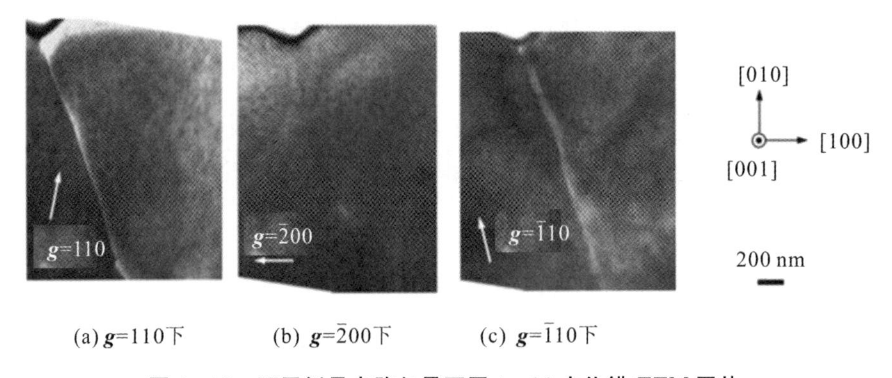

(a) $\boldsymbol{g}$=110下　(b) $\boldsymbol{g}$=$\bar{2}$00下　(c) $\boldsymbol{g}$=$\bar{1}$10下

图 4-17　不同倒易点阵矢量下图 4-16 中位错 TEM 图片

图 4-17(b)中位错消失，产生消光现象。根据消光原则可确定，位错的伯格斯矢量 $\boldsymbol{b}$ 垂直于倒易点阵矢量 $\boldsymbol{g}=\bar{2}00$。

综上所述，大部分蚀坑沿着[102]方向有序排布。蚀坑下位错线在靠近晶面表面时延伸方向平行于[010]晶向。TEM 结果显示，位错线的伯格斯矢量 $\boldsymbol{b}$ 同时垂直于倒易点阵矢量 $\boldsymbol{g}=\bar{2}02$ 和 $\boldsymbol{g}=\bar{2}00$，由此可确定伯格斯矢量 $\boldsymbol{b}$ 平行于[010]方向，与位错线延伸方向相同，所以该位错类型为螺型位错[44]。

沿[102]方向排列的螺型位错被认为主要由亚晶界造成，如图 4-18 所示。该亚晶界是带有旋转轴的扭转晶界，旋转轴垂直于($\bar{2}$01)晶面。旋转角度 θ 可以通过以下方程来确定[45]：

$$\theta=\frac{b}{D} \tag{4-7}$$

b 是伯格斯矢量的模，D 是位错间的距离。假设伯格斯矢量的模等同于晶格常量 $b=0.304$ nm，那么旋转角度 θ 约为 0.017°(31 弧秒)。

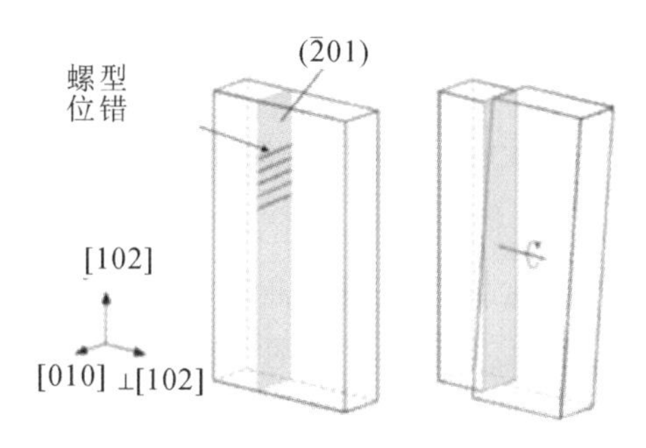

图 4-18　亚晶界示意图

目前，通过实验手段确定了氧化镓晶体在生长过程中形成的刃型及螺型位错。除此之外，也有相关文献报道了采用纳米压痕及化学机械抛光手段人为引入位错，用以研究氧化镓单晶的切、磨、抛特性。虽然，位错类型未被确定，但已通过 TEM 等表征技术观察到位错线延伸方向及易存在的晶面，对未来位错研究仍有重要指导意义。

3. 机械加工中产生的位错

纳米压痕技术是一种常见且易于实现的实验手段，可用于模拟金刚石砂与研磨或抛光工作材料之间的相互作用及加工损伤。

图 4-19 所示为 10 mN 压力导致的氧化镓晶体(2̄01)面凹坑下的位错高分

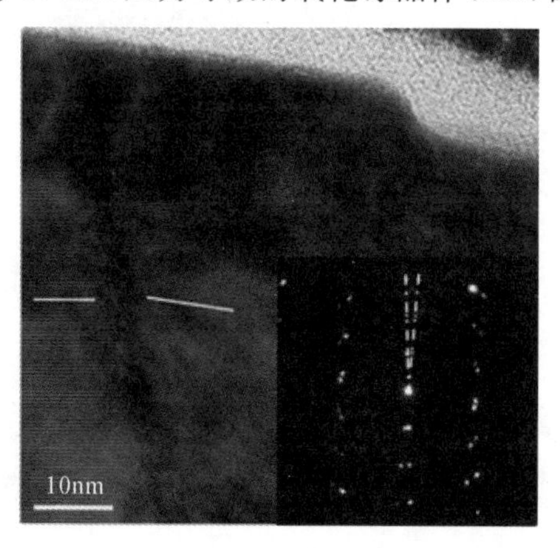

图 4-19　10 mN 压力导致的凹坑下的位错高分辨 TEM 图片

辨 TEM 图片，图中可以清晰地观察到位错线内及其周围的原子错排[46]。位错线并不是完全垂直于($\bar{2}$01)晶面，而是有 6.6°的倾斜。从位错所对应的电子衍射图片中也能清晰地观察到点阵弯曲的现象，倾斜角约为 7°。根据氧化镓晶体结构及位相角度可以确定，位错线出现在(101)晶面。同时，点阵弯曲现象只有在高负载的情况下才能发现，这表明晶格弯曲能是相对较高的。

4. 加工过程引入位错

体块单晶的生长到衬底晶片的最终商用，要经历一系列的加工过程。目前，氧化镓(100)晶面因其具有易解理特性，通过机械剥离的手段便可获得原子级粗糙度的衬底[47]，故而已广泛应用于学术研究。然而，其他晶面的加工仍面临着巨大挑战，如(010)，(001)及($\bar{2}$01)晶面。氧化镓硬度较大，易解理，各向异性较强，属于硬脆材料。所以，在衬底加工过程中极易出现崩边、开裂等现象[48]；同时，切、磨、抛过程中容易引入损伤层，严重影响氧化镓晶体的性能[49]。

图 4－20 所示为沿[010]方向观测到的样品 HRTEM 横断面位错图像[50]。晶体为($\bar{2}$01)晶面，孪晶面为($\bar{2}$01)晶面，堆垛层错面为(200)晶面，由此可确定位错线存在于(101)晶面，与纳米压痕所引入的位错所在晶面相同。

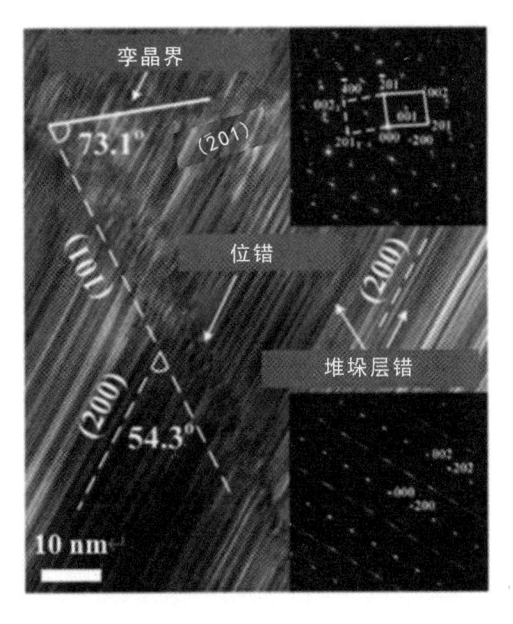

图 4－20 沿[010]方向观测到的样品 HRTEM 横断面位错图像

纳米压痕及加工过程中引入的位错皆存在于(101)晶面中，该现象并非偶然，而是由氧化镓的晶体结构所决定的。(101)晶面是氧化镓单晶中氧原子密排面，其中还包括($\bar{2}$01)、($\bar{3}$10)及($\bar{3}\,\bar{1}$0)晶面[43]。以上四个晶面构成了氧原子的扭曲立方紧密堆积结构，位错形成能较低。所以，在受外力作用时位错通常在这四个晶面中产生。

4.2.2　位错的运动

无论是刃型位错、螺型位错还是混合位错，在受到力的作用后它们都会产生运动。位错线运动的方向可用右手定则来判断，如图 4-21 所示，右手的拇指、食指以及中指组成一直角坐标系。拇指指向顺着伯格斯矢量方向而运动的那部分晶体，食指指向为位错线的方向，中指指向便为位错线的运动方向。

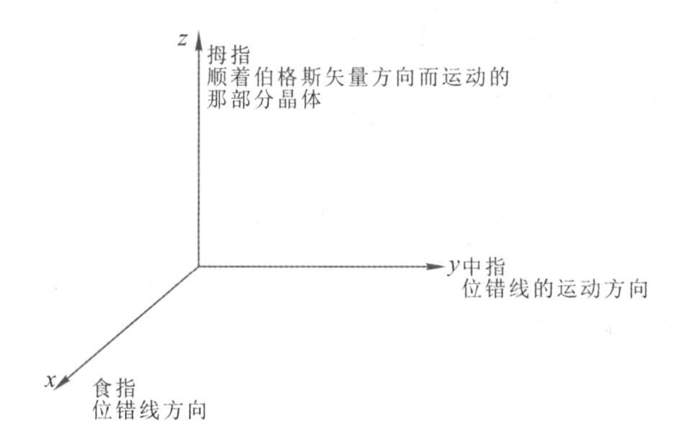

图 4-21　位错线运动的右手定则

位错的运动形式有两种，分别是滑移和攀移。滑移是位错线在外加切应力作用下在滑移面上的运动，位错滑移面是由位错线和伯格斯矢量组成的平面。对于刃型位错，由于位错线跟伯格斯矢量是垂直的，因此刃型位错具有唯一的滑移面，其滑移方向垂直于位错线，平行于伯格斯矢量。而对于螺型位错，其位错线与伯格斯矢量是平行的，因此螺型位错不具有唯一的滑移面，其滑移方向垂直于位错线和伯格斯矢量。除了滑移，位错线还可以通过另一方式来运动，即攀移。攀移是通过物质的迁移，即原子或空位扩散而完成的，也就是说攀移会引起晶体体积变化，因此攀移运动是一种非守恒运动。另外由于原子或空位扩散对温度十分敏感，因此位错的攀移是一个热激活的过程，通常只有在高温下攀移才对位错的运动产生重要影响。对于刃型位错，其攀移是在垂直于滑移面上的运动，因此刃型位错的攀移运动很困难。而螺型位错不能发生攀移

运动。在氧化镓位错的研究中，Yao 等[51]用同步 X 射线衍射(XRD)和 X 射线形貌术(XRT)观察了(010)晶面 $\beta-Ga_2O_3$ 衬底中的位错及其排列，发现了四种位错以及它们的滑移面，伯格斯矢量方向分别为[010]、[010]、[201]、[001]，对应的滑移面分别为(001)、($\bar{2}$01)、(10$\bar{2}$)和(100)面，如图 4-22 所示。表 4-1 为目前已报道的氧化镓中存在的滑移系统以及位错类型。

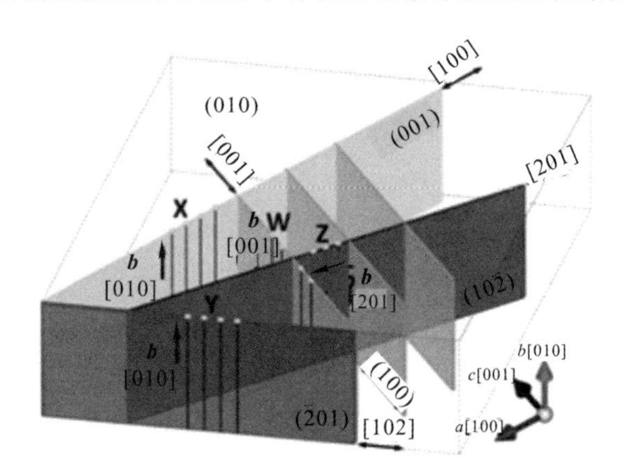

图 4-22　滑移系统示意图

表 4-1　氧化镓中存在的滑移系统以及位错类型的相关报道总结

伯格斯矢量[*uvw*]	滑移面(*hkl*)	位错类型	文献
010	$\bar{2}$01	螺型	Yao 等[51] Yao 等[52] Yamaguchi 等[43] Yamaguchi 等[53] Masuya 等[54] Mahadik 等[55]
$\left(\frac{1}{2}\right)112$ 或$\left(\frac{1}{2}\right)1\bar{1}2$	$\bar{2}$01	混合	Yao 等[52] Yamaguchi 等[43] Yamaguchi 等[53]
010	101	刃型	Yao 等[52] Yamaguchi 等[43] Yamaguchi 等[53] Masuya 等[54]

续表

伯格斯矢量[*uvw*]	滑移面(*hkl*)	位错类型	文献
$10\bar{1}$	101	—	Yao 等[52]
001	$\bar{3}\,\bar{1}0$	—	Yao 等[52]
$\left(\frac{1}{2}\right)1\bar{3}0$	$\bar{3}\,\bar{1}0$	—	Yao 等[52]
$\left(\frac{1}{2}\right)1\bar{3}2$	$\bar{3}\,\bar{1}0$	—	Yao 等[52]
001	$\bar{3}10$	—	Yao 等[52]
$\left(\frac{1}{2}\right)130$	$\bar{3}10$	—	Yao 等[52] Yamaguchi 等[43] Yamaguchi 等[53]
$\left(\frac{1}{2}\right)132$	$\bar{3}10$	—	Yao 等[52]
100	001	—	Yao 等[52] Mahadik 等[55]
010	001	螺型	Yao 等[51]
201	$10\bar{2}$	刃型	Yao 等[51]
001	100	刃型	Yao 等[51]

4.2.3　位错对器件性能的影响

为了更深层次地理解位错对器件性能的影响，有必要开展位错与器件性能关系研究。基于$(0\bar{1}0)$面氧化镓衬底晶片，构建肖特基二极管(SBDs)器件。通过对晶片背面(010)面进行 Si 离子注入，在 950℃下退火 30 min 及蒸镀 Ti (厚度为 100 nm)/Au (厚度为 100 nm)电极处理，完成欧姆接触的制作；然后，通过在晶片正面$(0\bar{1}0)$面蒸镀直径为 350 μm 的圆形 Ni (厚度为 10 nm)/Au(厚度为 30 nm)电极的方式，完成肖特基接触的制作。

图 4-23 所示为 SBD 中位错数量与正向泄漏电流、反向泄漏电流的分布关系[56]。在偏压为−15 V 时的反向泄漏电流用不同颜色的圆形表示。黑色、黄色和红色圆形分别表示低、中、高反向泄漏电流。沿[100]方向从上中心到中右边缘延伸的富位错带区域，反向泄漏电流较大，如图中红色圆形所

示。这证明了位错的数目与反向泄漏电流之间存在很强的关系。晶片中的位错从正面($0\bar{1}0$)至背面(010)形成了贯穿整个晶片的缺陷。位错及其周围区域形成漏电通道，在反向偏压的情况下会产生剧烈的漏电情况[56]。所以，这种贯穿性位错会严重影响器件的耐压性能。

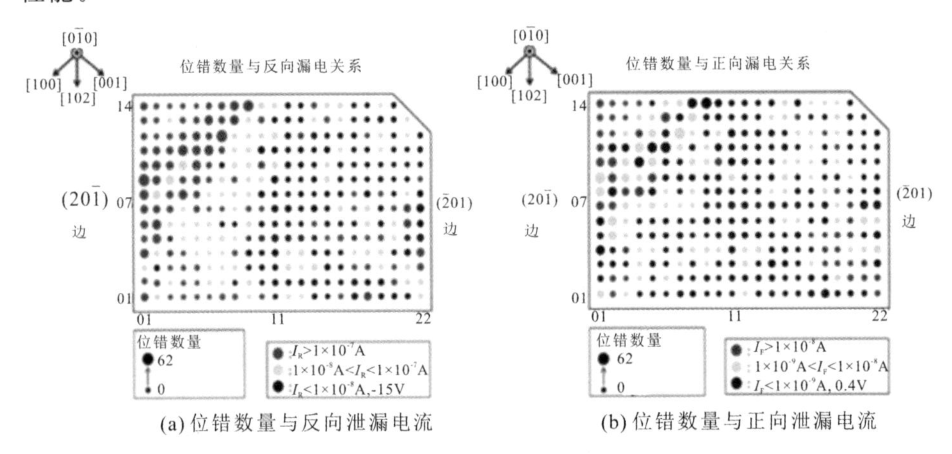

(a) 位错数量与反向泄漏电流　　(b) 位错数量与正向泄漏电流

图 4-23　SBD 中位错数量与正向泄漏电流、反向泄漏电流的分布关系

4.2.4　位错形成机理

氧化镓单晶中关于位错形成的机理报道较少，目前只是通过实验手段观察到了位错线，并对螺型位错形成的原因进行了假设。根据已有晶体中位错形成机理并结合氧化镓位错相关报道[57-60]，位错主要来源可以总结如下：

(1) 籽晶缺陷的延伸。为了提高晶体质量，在晶体生长过程中需引入与原料物质相同或与所生长晶体的晶格结构相似的晶体作为籽晶，通过下种、收颈、放肩、等径等一系列过程完成晶体生长。如果籽晶质量不高，或者在籽晶制作过程中引入位错，那么在晶体生长过程中籽晶中的位错极易延伸到晶体中，从而降低晶体的整体质量。针对该现象，可采用缩颈工艺使位错在颈部露头并终止，防止位错延伸到晶体内部，以提高晶体质量。此外，在下籽晶时因为与坩埚中或者模具上表面熔体接触，会在形成固-液界面的同时形成热冲击导致位错产生。因此，形成固-液界面后不要急于生长，需将籽晶回熔一段以降低热冲击形成的位错。

(2) 杂质或者掺杂原子分布不均。由于熔体中杂质原子分布不均，先后凝固部分所含杂质原子量不同，导致晶格点阵存在差异，因此需通过位错的形式

释放应力。

(3) 温度梯度、浓度梯度、机械振动等因素，导致晶体偏转或者弯曲引起相邻晶块之间的位相差，形成位错。

(4) 晶体生长过程中，相邻晶粒发生碰撞或者熔体对流冲击，以及冷却体积变化的热应力，都会使晶体表面产生台阶或受力变形而形成位错。

(5) 晶体生长结束后冷却速度较快，晶体内存在大量过饱和空位，空位聚集也会形成位错。

(6) 晶体中存在某些界面(孪晶、堆垛层错等)或者微裂纹，由于热应力和组织应力的作用促使局部区域产生滑移，进一步产生位错。

4.3　氧化镓晶体中的面缺陷

4.3.1　孪晶

孪晶是典型的晶体面缺陷，通常发生在硅、砷化镓和其他化合物半导体晶体生长的初期[61-62]。由于孪晶在生长过程中被认为是由晶体中的应力释放产生的，因此可以通过调节生长条件来抑制孪晶的生长[63]。根据已有的有关氧化镓晶体孪晶的报道，我们详细总结了晶体生长过程中引入及人为引入两种途径所导致的孪晶缺陷，并对其所在晶面及镜面对称性进行了系统表征。

图 4-24(a)所示为经热 H_3PO_4 化学刻蚀后的典型氧化镓$(0\bar{1}0)$晶面 SEM 图片。由于层片纳米管蚀坑(见体缺陷)相对于虚线呈现镜面对称结构，因此该

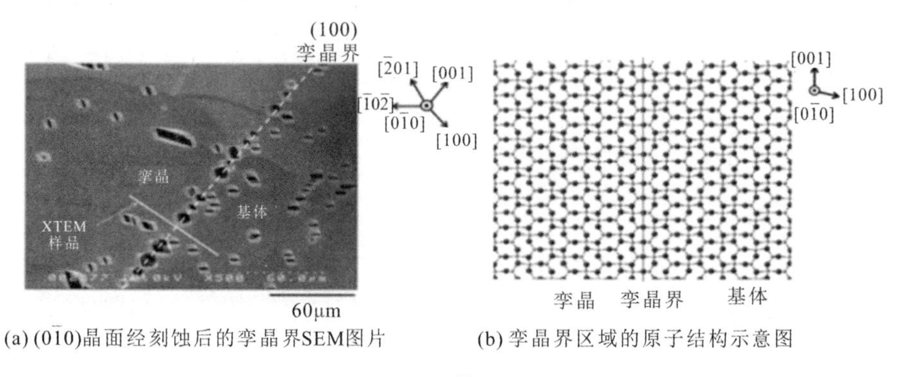

(a) $(0\bar{1}0)$晶面经刻蚀后的孪晶界SEM图片　(b) 孪晶界区域的原子结构示意图

图 4-24　氧化镓$(0\bar{1}0)$晶面的孪晶界

虚线所在面为孪晶界[3]，根据晶体位相结构可确定孪晶界为(100)面。图 4 - 24(b)给出了孪晶界的原子结构示意图。

图 4 - 25(a)展示了单边孪晶界区域的明场 XTEM 图像，图 4 - 25(b)所示为其对应的电子衍射图样。孪晶界由 $X-X'$标出。在白色方框区域中，可以清晰地观察到对称的应力轮廓，这是由孪晶界的对称应力场造成的。图 4 - 25(c)和(d)分别对应于基体区和孪晶区的电子衍射图样。通过标定衍射点，可以分别确定(0$\bar{1}\bar{1}$)和(011)的衍射晶面。因此图 4 - 25(a)中基体与孪晶界区域的衍射点呈现镜像对称分布。

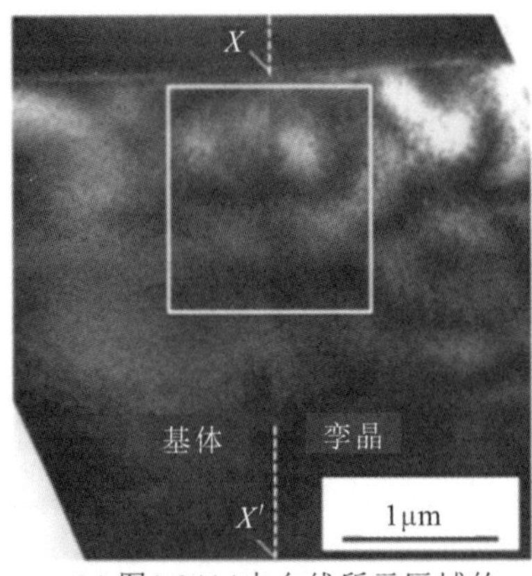

(a) 图4-24(a)中白线所示区域的明场XTEM图像

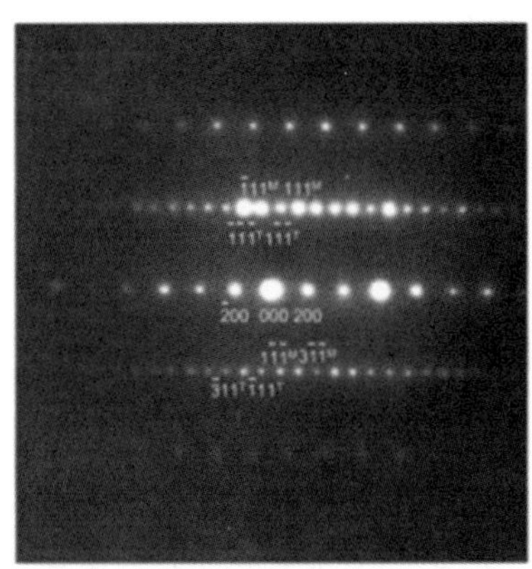

(b) 从基体和孪晶界区获得的电子衍射图样

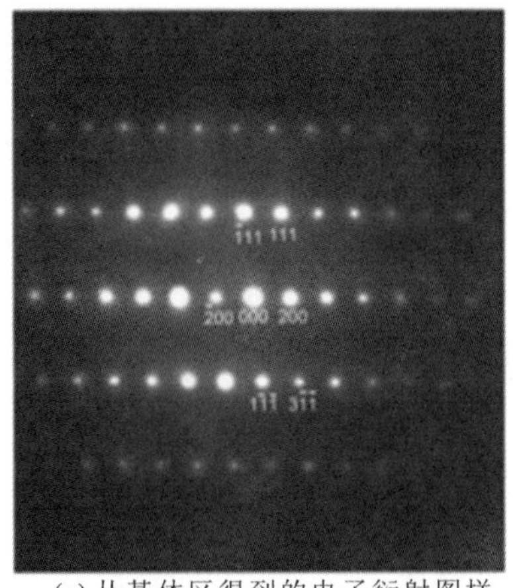

(c) 从基体区得到的电子衍射图样

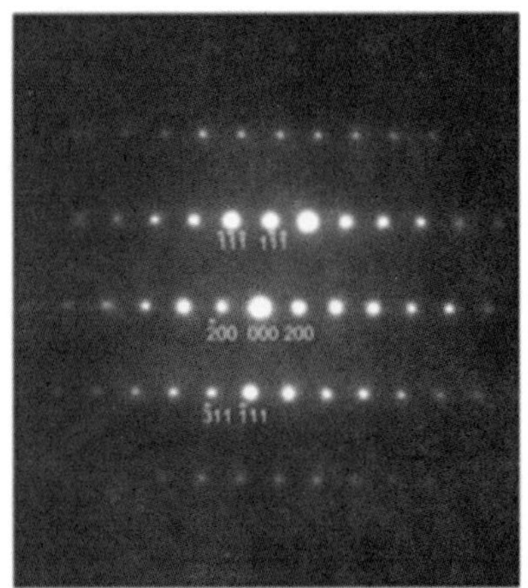

(d) 从孪晶区获得的电子衍射图样

图 4 - 25　图 4 - 24(a)中白线所示区域的明场 XTEM 图像以及基体和孪晶界区的电子衍射图样

图 4－26(a)展示了从[010]方向观察到的($\bar{2}01$)晶面蚀坑下平行于(100)晶面延伸的带状缺陷，由 AD 标出。图 4－26(b)展示了蚀坑下的高倍 TEM 图像，由图 4－26(b)可以清晰地观察到带状缺陷存在一定的厚度，约为 60 nm。图 4－26(c)展示了图 4－26(b)中白色四方框缺陷区域所对应的电子衍射图样，额外的衍射点由箭头标出。缺陷区域还可通过高分辨 TEM 来观察，如图 4－27(a)所示。由图 4－27(a)可清晰地观测到基体区与缺陷区之间的两条界面，该界面属于(100)晶面。图 4－27(b)中上方的两张图分别为基体区和缺陷区的傅里叶变换图，二者相叠加便是下方的图。因此，该缺陷称之为具有一定厚度的孪晶层[3]。

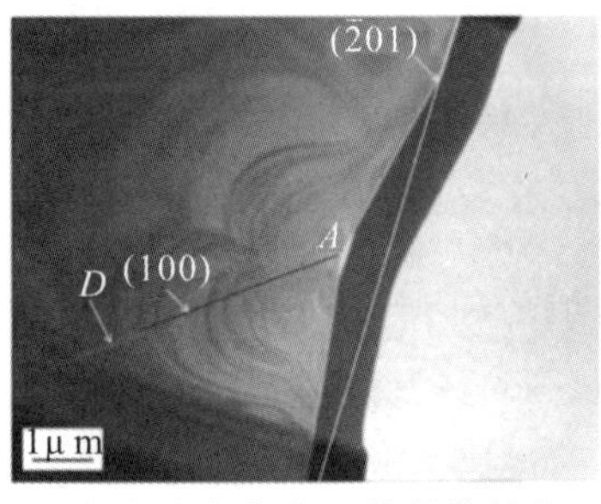

(a) 在多光束条件下获得的低倍缺陷区域TEM图像

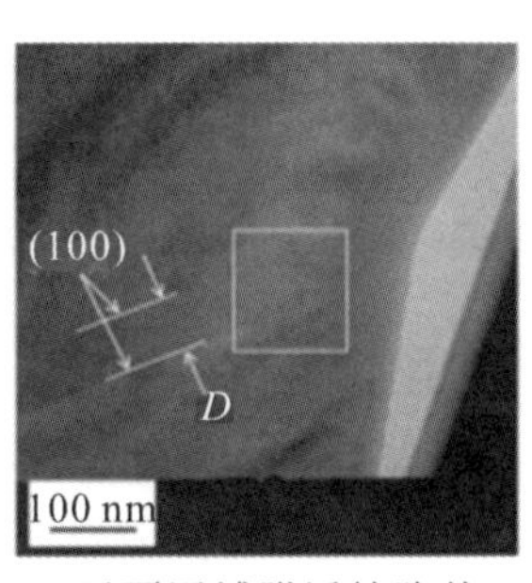

(b) 平面区域附近缺陷的高倍TEM图像

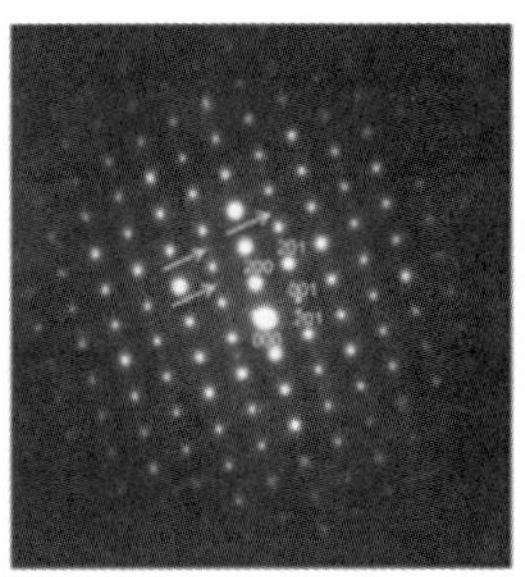

(c) 白色方框区域所包含缺陷的电子衍射图样

图 4－26　从[010]方向观察到的($\bar{2}01$)晶面蚀坑下平行于(100)晶面延伸的带状缺陷

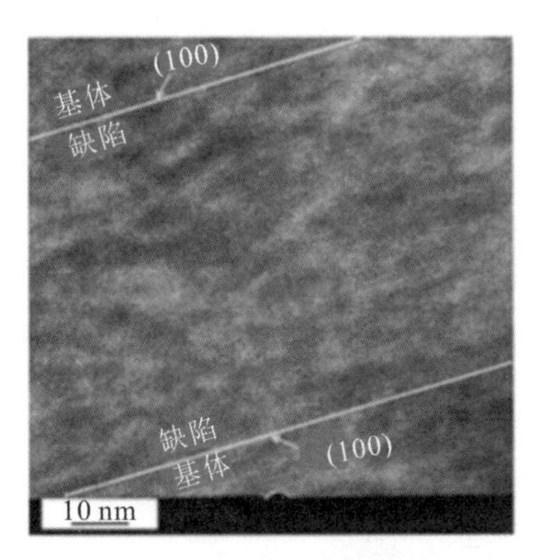

(a) 缺陷区域的高分辨率透射电子显微镜图像

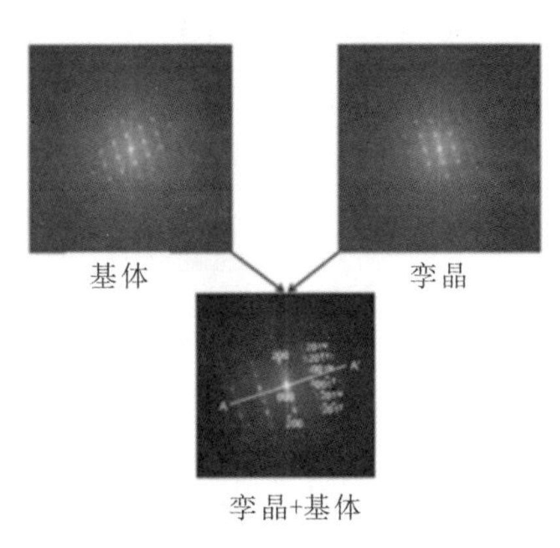

(b) 基体和缺陷区域的傅里叶变换图(上)和叠加图(下)

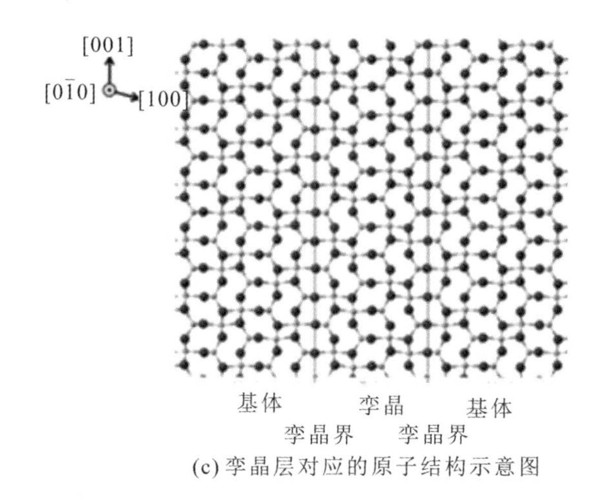

(c) 孪晶层对应的原子结构示意图

图 4-27　带状缺陷区域的高分辨 TEM 图和傅里叶变换图案以及孪晶层的原子结构示意图

用热 H_3PO_4 对等离子体辅助分子束外延制备的($\bar{2}$01)β-Ga_2O_3 外延层进行刻蚀[64]。图 4-28 所示为内部是孪晶缺陷的棒状蚀坑图片，图 4-29 所示为($\bar{2}$01)β-Ga_2O_3 外延层中孪晶与基体的 HRTEM 图像以及两者形成的原子排列模型，该模型最终阐明了孪晶与基体晶体的取向关系以及孪晶的形成机理。孪晶发生在($\bar{4}$02)平面的共格孪晶界上，并沿[102]方向滑移 1/4 矢量长度后反映出来。这种滑移后反映出来形成的孪晶在金属有机气相外延法生长的(100)β-Ga_2O_3 外延层中也有类似的情况[65]，孪晶发生在孪晶面为(100)的共格孪晶界上，并沿[001]方向滑移 $c/2$ 长度后反映出来。

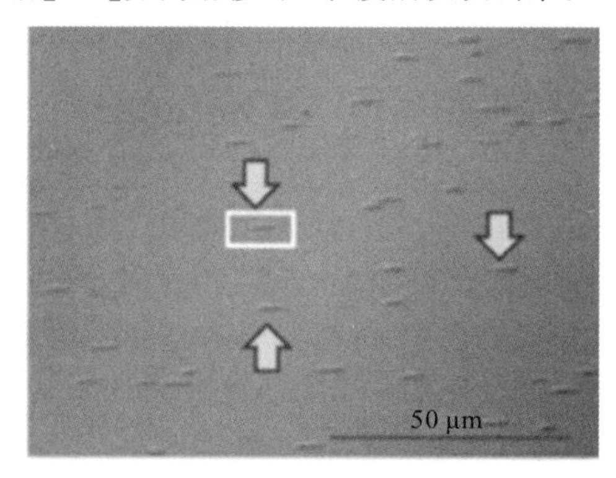

图 4-28　内部是孪晶缺陷的棒状蚀坑图片

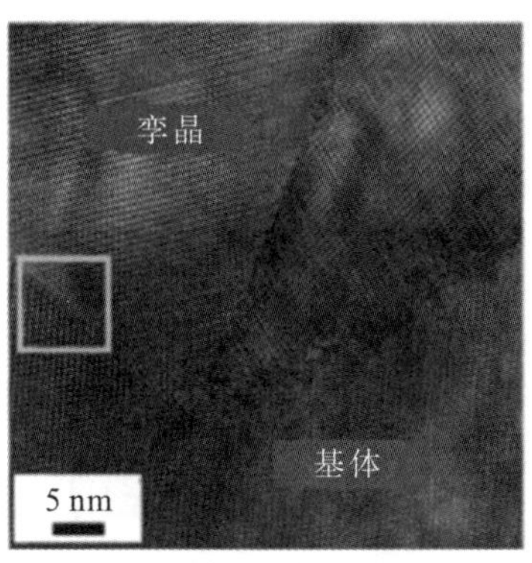

(a) 沿[010]方向观察到的β-Ga_2O_3外延层横断面HRTEM图，该区域包括孪晶和基体晶体

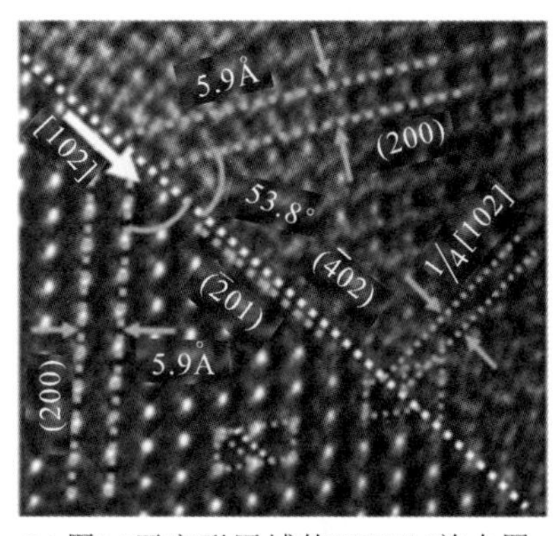

(b) 图(a)正方形区域的HRTEM放大图

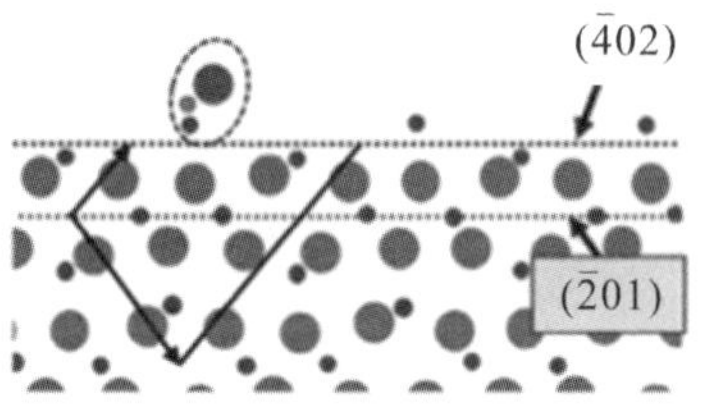

(c) 基体的同质外延层原子的沉积

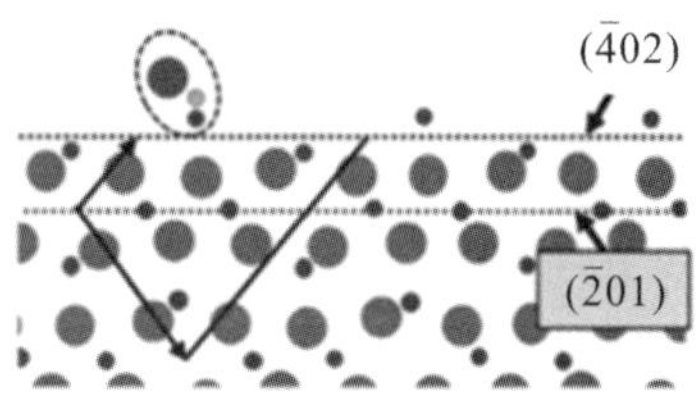

(d) 孪晶的同质外延层原子的沉积

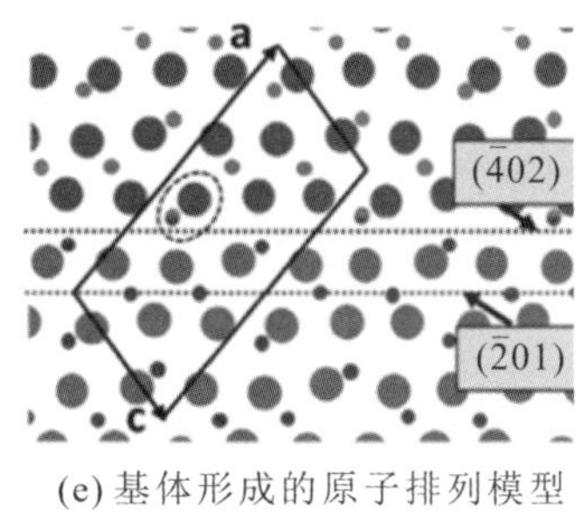

(e) 基体形成的原子排列模型

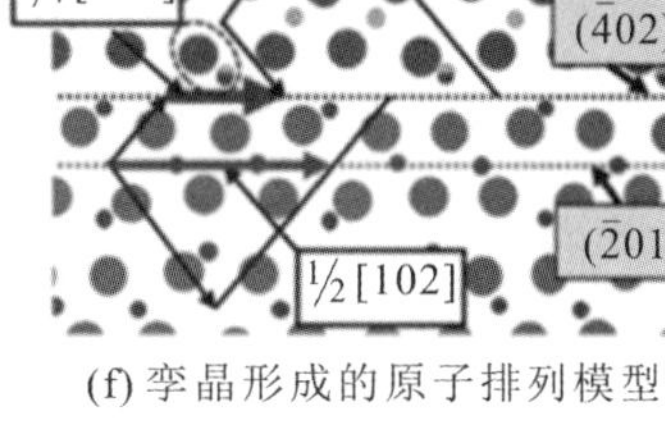

(f) 孪晶形成的原子排列模型

氧原子　　镓原子

图 4－29　($\bar{2}01$)β－Ga_2O_3 外延层中孪晶与基体的 HRTEM 放大图以及两者形成的原子排列模型

除了以上生长过程中引入的孪晶，衬底加工以及纳米压痕操作，也会引入孪晶缺陷。图 4－30(a)和(b)所示分别为纳米压痕[50]以及抛光[46]过程中引入的孪晶缺陷，二者展现惊人的相似度。如图 4－30 所示，孪晶所在晶面为($\bar{2}01$)面，孪晶两侧晶格呈现镜像对称分布。从其所对应的选区电子衍射图样中也可观察到典型的孪晶结构，衍射点沿着($\bar{2}01$)面呈现镜像对称分布。

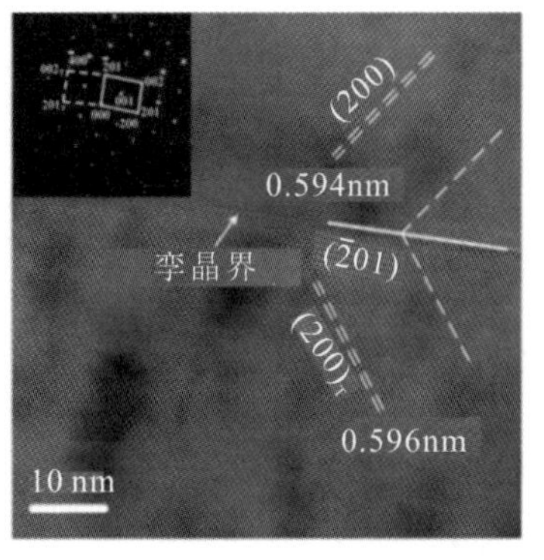

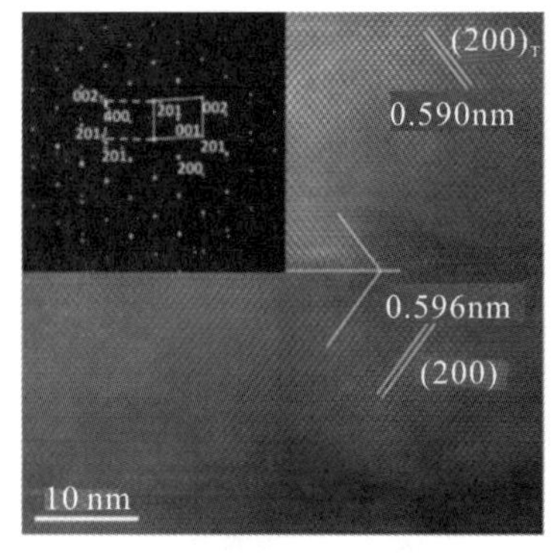

(a) 纳米压痕引入的孪晶缺陷　　　　(b) 抛光引入的孪晶缺陷

图 4-30　纳米压痕和抛光引入的孪晶缺陷

氧化镓单晶中孪晶缺陷的形成至今没有得到统一的结论，但有学者推测孪晶层是在晶体生长的初期“放肩”阶段引入的[3]。孪晶层形成后，其宽度随着晶体生长过程中累积应力的释放而增大。然而，孪晶层的起源目前仍不清楚，需要进行进一步的研究。Chung 总结出提拉法生长晶体过程中形成孪晶的三个条件[66]：

(1) TPB(固-液-气三相共存点)[67]处有小平面晶面出现在晶体表面。

(2) 晶体生长的外表面具有特定的取向，使得外表面形成孪晶并延续生长，同时生长表面与半月面的接触角恰好在三相点达到张力平衡。

(3) 外表面存在足够大的过冷度。

该理论已成功应用于立方金刚石或闪锌矿结构晶体生长中。

4.3.2　堆垛层错

堆垛层错就是指正常堆垛顺序中引入不正常顺序堆垛的原子面而产生的一类面缺陷，主要出现在用外延法生长的薄膜晶体中[68-69]。目前，关于体块氧化镓单晶生长中引入堆垛层错的报道较少，主要以人为引入研究为主。

图 4-31 所示为典型的氧化镓中堆垛层错高分辨透射电子显微镜及选区电子衍射图样[50]，堆垛层错平行于(200)晶面排布。形成堆垛层错时晶体几乎不产生点阵畸变，但堆垛层错会破坏晶体的完整性和周期性，使晶体能量增加，该部分能量称为堆垛层错能。图 4-31 右下方插图为典型的堆垛层错选区电子衍射图样，从图中可以清晰地观察到衍射斑点并不是清晰独立的，而是沿着(200)晶面拉长并有连成一条线的趋势，这也与高分辨 TEM 图片中观察到堆垛层错平行于(200)晶面相对应。

图4-31 氧化镓中堆垛层错高分辨透射电子显微镜及选区电子衍射图样

除了磨抛加工会引入堆垛层错，纳米压痕也会使该缺陷显露。以商用的($\bar{2}$01)晶面、尺寸为10 mm×10 mm×1 mm的氧化镓衬底为实验对象，纳米压痕实验在室温下由顶端半径为1 μm的圆锥形的钻石压头进行。将0.2 mN到10 mN压力施加到氧化镓衬底上用以探究压力对晶片的影响。图4-32(a)所示为1 mN压力下经FIB沿[010]方向切割获得的明场TEM图片，图片中位错及孪晶在前面已重点介绍过，在此主要描述堆垛层错缺陷。如图4-32(b)所示，压痕下方存在大量的平行堆垛层错[46]，且与磨、抛引入的堆垛层错相类似，皆平行于(200)晶面。同样，在图4-32(b)中可以清晰地观察到SAED中衍射点在(200)方向连接成线。随着压力进一步增大至10 mN时，裂缝在高密度堆垛层错区域产生，表明(200)晶面在重压下会先于其他晶面产生开裂。同时，堆垛层错平行于(200)晶面，加速了(200)晶面在机械压力下的开裂。

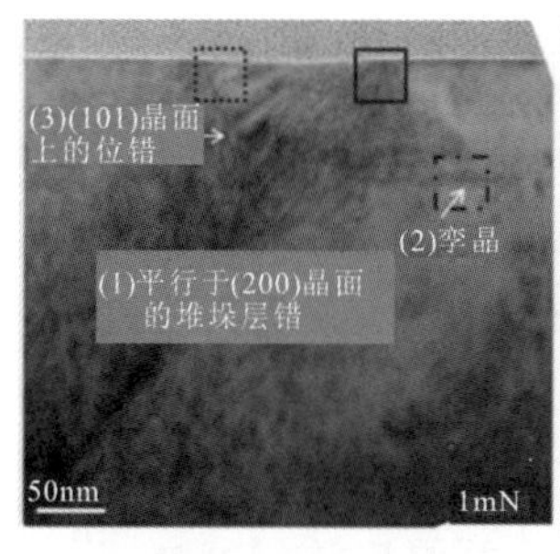

(a) 1 mN压力下形变表面下的明场TEM图片

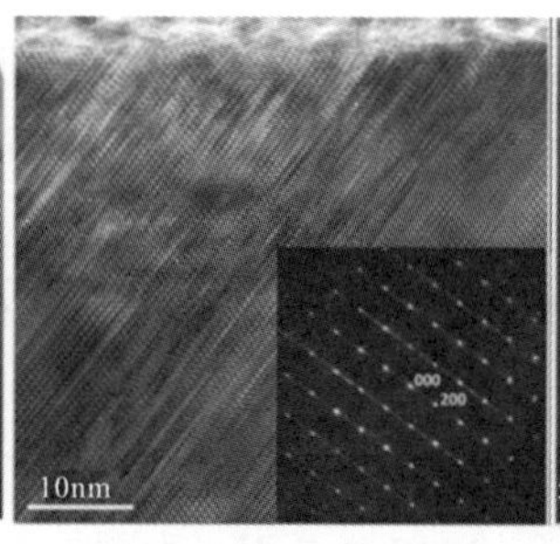

(b) 堆垛层错高倍TEM图片及插入的SAED图片

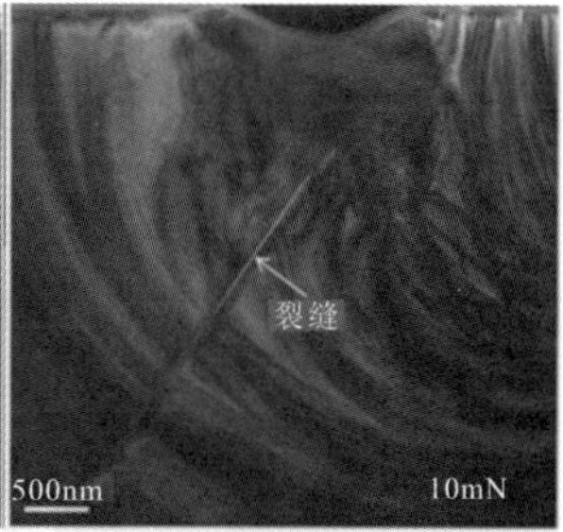

(c) 10 mN压力下形变表面下的明场TEM图片

图4-32 氧化镓衬底上施加压力后引入堆垛层错

与传统的 Ti：Al_2O_3 相比，Ti：Ga_2O_3 具有更高的荧光寿命，是潜在的激光介质材料[70]。然而，其实验中激光损伤阈值要远低于理论计算结果，严重影响其实际应用。针对该问题，陶绪堂课题组结合聚焦离子束、透射电子显微镜及选区电子衍射技术，首次对氧化镓单晶的激光损伤机理进行了系统研究。如图 4－33 所示，氧化镓单晶经 1064 nm 激光辐照后，晶片表面存在明显的分层现象，原因是氧化镓易挥发分解，经激光辐照时产生挥发，生成空位，空位沿着堆垛层错层、纳米晶层及非晶层扩散到晶体表面并形成气泡层。随着激光的辐照，旧的气泡层不断消失，同时新的气泡层不断产生，层层深入。该课题组还首次发现了氧化镓单晶经电子束长时间辐照，高密度堆垛层错的弛豫现象。

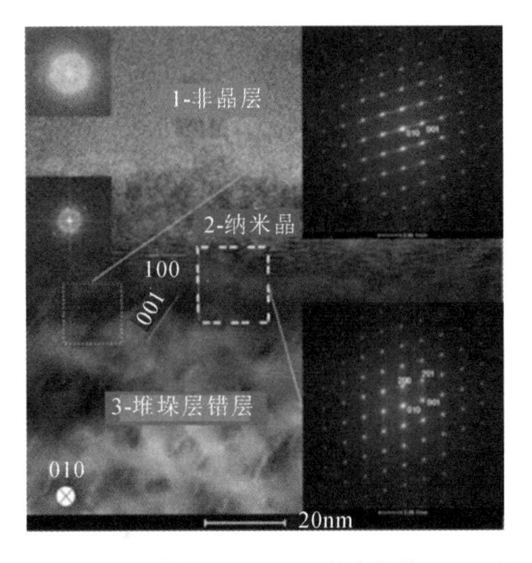

图 4－33　氧化镓(100)晶面激光损伤 TEM 图

结合以上相关的堆垛层错缺陷报道，可以总结出其产生的机理及影响。通过磨抛、纳米压痕这两种人为引入缺陷的方法，人们都会观察到在(200)晶面存在高密度的堆垛层错，这表明在外力作用下其相对应的堆垛层错形成能是较低的，该现象与氧化镓晶体结构特性有直接关系。众所周知，氧化镓存在两个易解理面，分别为(100)及(001)晶面[71-73]，且硬度大，各向异性强，因此给切、磨、抛工艺带来了巨大挑战。但是，我们利用其易解理特性，巧妙地通过机械剥离方法获得了原子级光滑的(100)晶面，为(100)晶面的广泛研究奠定了基础[47]。同时，也有文献报道(100)面间的原子结合力介于离子键与范德华力之间[74]，相对于其他晶面更易解理，这也解释了堆垛层错缺陷为什么会首先在

解理面(200)中产生。此外，人们并未观察到另一个解理面(002)中存在任何堆垛层错缺陷，该现象与氧化镓晶格结构中强烈的各向异性有关。(200)和(002)晶面不是对称等价的，因此需要不同的应力水平在不同晶面簇中来引入晶格变形[75]。目前，在外力作用下堆垛层错最直接的影响便是导致氧化镓晶体开裂。

4.4 氧化镓晶体中的体缺陷

体缺陷指的是在三维尺寸上的一种晶体缺陷[76]，如镶嵌块、沉淀相、空洞、气泡等。由于体缺陷在三维空间尺寸上较大，对晶体性能影响显著，因此探究其产生机制及作用机理是非常必要的。根据目前已有氧化镓体缺陷的相关报道，其大致可以分为两类：(1) 空洞；(2) 非晶和纳米晶。

4.4.1 空洞

1. 中空纳米管

中空纳米管的刻蚀方法与刃型位错相同，图 4 - 34(a)所示为采用 FIB 技术沿[$\bar{1}0\bar{2}$]方向切割获得的(010)晶面蚀坑下缺陷 TEM 图片。从图中可以清晰地观察到蚀坑下类棒状的缺陷，该缺陷平行于[010]方向延伸至晶片底部，宽度约为 0.1 μm。由于缺陷的底端不在 TEM 样品中，因此无法从 TEM 图像中确定缺陷的确切长度，深度至少达 15 μm。该缺陷衬度较为明亮，形状规则笔直，与传统的位错有所不同，因此推测该缺陷可能为中空状态。为了证明该设想，EDS(能谱仪)及 SAED 分别被引入到实验中。如图 4 - 34(b)所示，分别取缺陷的 A 点及晶片基体的 B 点为测试点进行 EDS 和 SAED 测试。如图 4 - 34(c)所示，A、B 点两处的 EDS 结果显示二者所含元素相同，无其他杂质元素，Cu 元素的峰来自 TEM 的样品台；同时，两处的 SAED 衍射图案相同，皆对应氧化镓。因此，可以断定该类棒状缺陷为中空纳米管[44]。

中空纳米管的产生机理完全不同于常见的 SiC 微米管。中空的微米管直径约为 2～3 μm[77]，当伯格斯矢量大于 1.0 nm 量级的临界值时，螺型位错会在其核心处产生一根空心管，以降低位错周围的应变能[78]。因此，微米管的应力区可通过 X 射线形貌观察到。然而，中空纳米管周围不存在应力区，所以其形成机理不同于微米管[46]。

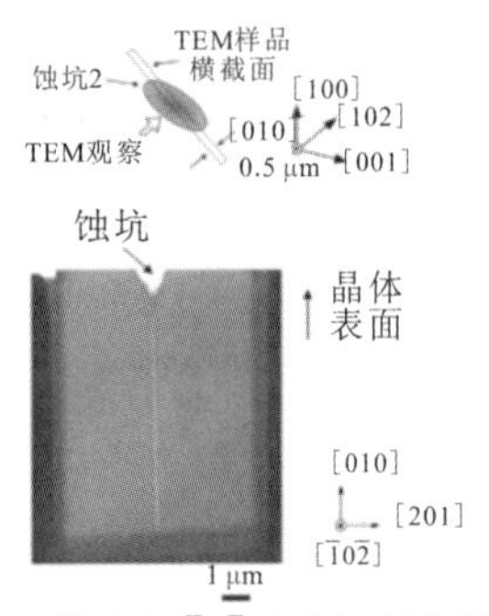

(a) 采用FIB技术沿[$\bar{1}0\bar{2}$]方向切割获得的(010)晶面蚀坑下缺陷TEM图片

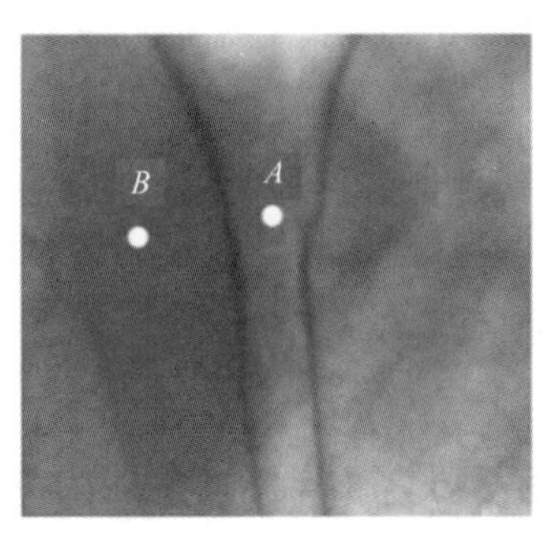

(b) 缺陷的A点及晶片基体的B点的位置

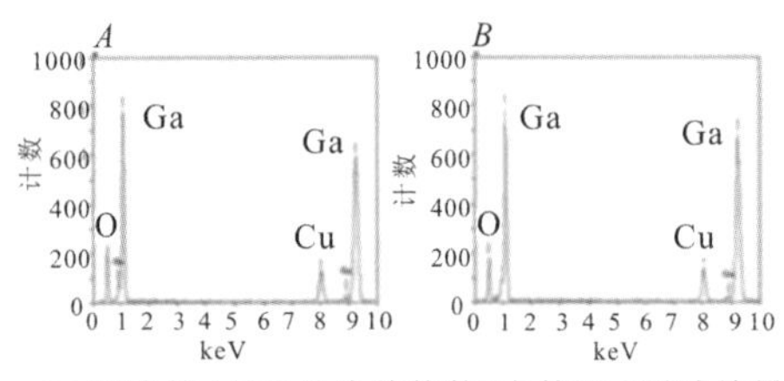

(c) 缺陷的A点及晶片基体的B点的EDS测试结果

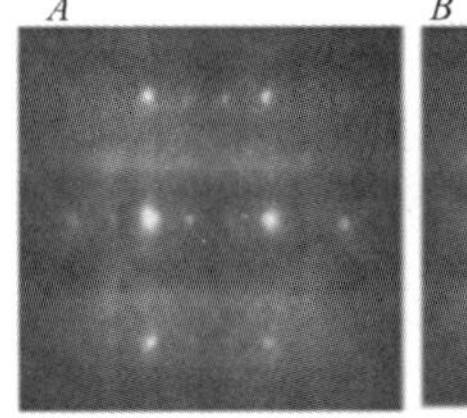
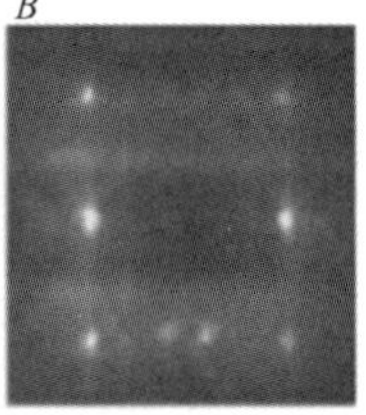

(d) 缺陷的A点及晶片基体的B点的SAED测试结果

图 4－34 中空纳米管 TEM 图，缺陷与基体的 EDS、SEAD 测试结果

2. 层片状纳米管

图 4－35(a)展示了(010)晶面上的蚀坑，蚀坑沿着(100)面排列且呈现平行四边形，刻蚀方法为将晶体放在 130℃ 的 H_3PO_4 中煮沸 120 min。蚀坑下的缺陷如图 4－35(b)所示。缺陷表面用 W 标记的物质为钨膜，该钨膜在 FIB 处理前沉积到蚀坑表面，用以保护蚀坑下的缺陷在制样过程中不被二次伤害。VG 区域是一个 V 型凹槽，A 标记的区域是缺陷本身的组成部分，该缺陷是一个狭长的凹槽并深入到了晶体内部，因此被称为层片状纳米管(PNP)[3]。图4－36(a)显示，凹槽有两条侧壁，晶面分别为($41\bar{2}$)和($\bar{4}12$)，且 PNP 随着逐渐深入而变得狭窄(宽度从 $W1$ 到 $W2$)。在 PNP 的起始区域宽度范围为 80～150 nm。针对该现象，作者认为这是由刻蚀过程中 H_3PO_4 的点蚀造成的，与金属铁中的点蚀相类似。图 4－36(b)和(c)分别对应图 4－36(a)中 L 和 R 区域的电子衍射图，衍射图中没有发现任何异样特征，只是基本的衍射点。在靠近 PNP 的明场区域中，人们也未观察到位错、位错环等缺陷结构。由于该曲线太长，至少达15 μm，因此不能观察到缺陷的底部情况，也就不能确定 PNP 缺陷是否为中空状态。

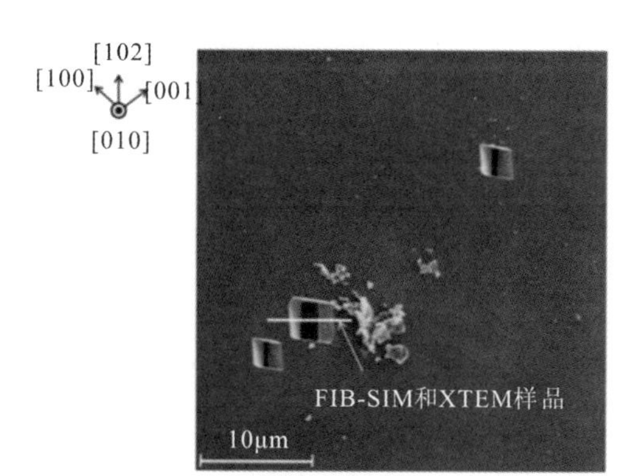

(a) 刻蚀后(010)晶面上沿着(100)面排列且呈现平行四边形的蚀坑

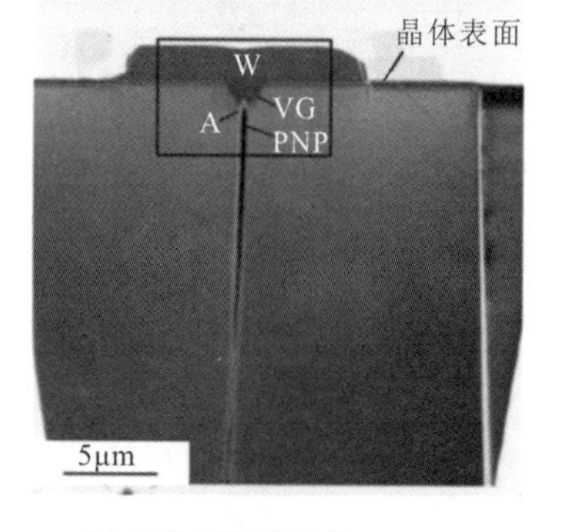

(b) 蚀坑下缺陷形状

图 4-35　对应层片状纳米管缺陷的蚀坑形状以及蚀坑下的情况

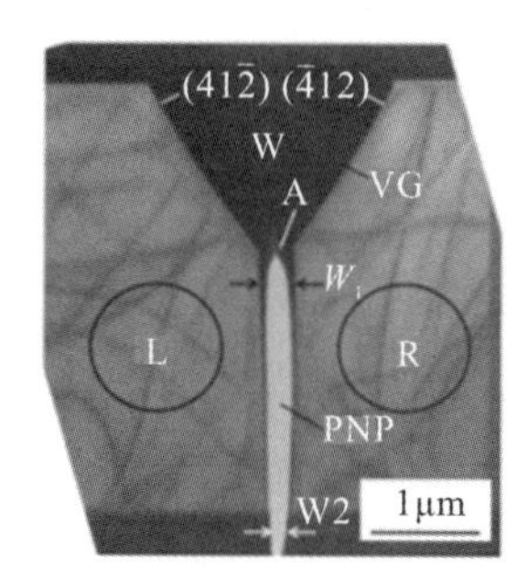

(a) 层片状纳米管XTEM

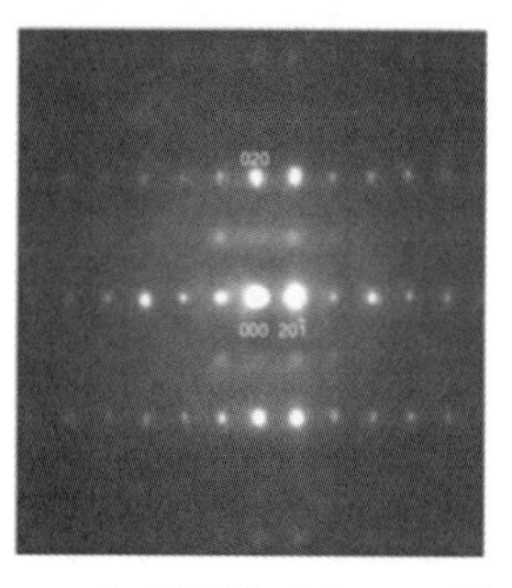

(b) (a)中L区域的对应SAED图

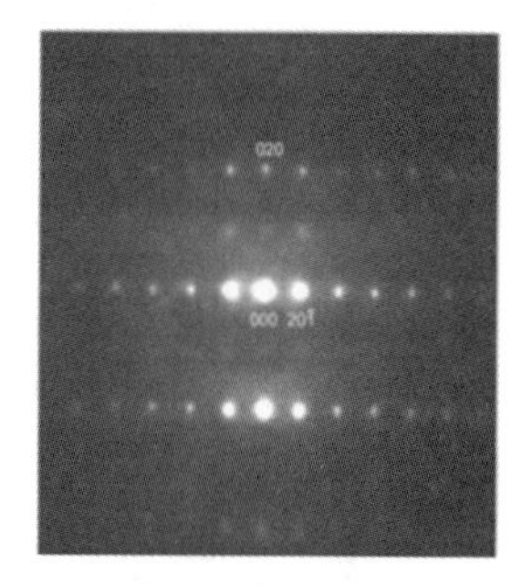

(c) (a)中R区域的对应SAED图

图 4-36　层片状纳米管 XTEM 图以及 L 和 R 区域的对应 SAED 图

3. 纳米尺寸凹槽

此外，文献[79]还报道了一种与 PNP 相类似的空洞缺陷。如图 4-37(a)所示，已抛光的(010)氧化镓晶面经刻蚀后，可以观察到长轴平行于[001]方向的凹槽，因此该缺陷被称为纳米尺寸凹槽(NSGs)[79]。NSGs 的[001]方向长度范围为 50～1200 nm，[100]方向的宽度约为 40 nm。然而，NSGs 在仅仅刻蚀 2 min 的情况下会神奇般地消失，因此作者推测该缺陷深度约为 30 nm。为了进一步证实该猜想，采用 FIB 技术对蚀坑下的缺陷进行了横截面切割观察，结果如图 4-37(b)所示。从图中可以观察到 NSGs 缺陷终止于晶体内部，长度约为 7.5 μm，这表明 NSGs 缺陷是中空的。结合 PNP 的表征结果，可以确定 NSGs 以及 PNP 皆是中空的纳米管缺陷，尽管它们的缺陷结构、分布有所不同。

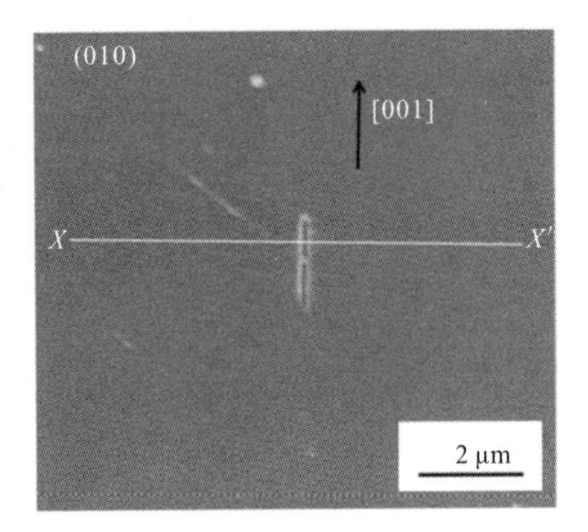

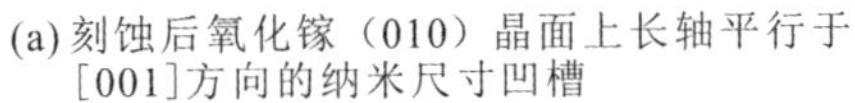
(a) 刻蚀后氧化镓（010）晶面上长轴平行于[001]方向的纳米尺寸凹槽

(b) 蚀坑下的横截面缺陷形状

图 4-37 纳米尺寸凹槽缺陷的蚀坑形状以及蚀坑下的情况

4. 线性尺寸凹槽

(001)晶面的氧化镓晶体表面经刻蚀后出现大量大体积的线性尺寸凹槽，如图 4-38 所示[80]。图 4-38(a)及(b)展示了晶体表面分别刻蚀 5 min 和 25 min 后的差示干涉显微镜术(DICM)图片，从图中人们发现薄的刻蚀凹槽沿着[010]方向延伸，宽度平行于[100]方向，而且该线性缺陷不仅存在于刻蚀表面，也存在于晶体内部。因此，这些缺陷有一定体积，可以作为空洞在 EFG 生长过程中引入。晶体表面刻蚀 5 min 后，可以观察到 625 个刻蚀凹槽，缺陷密度约为3×10^{2} cm^{-2}，[010]方向的凹槽长度变化范围为 10～400 μm。该线性凹槽与上述纳米尺寸凹槽存在一定的对应关系。

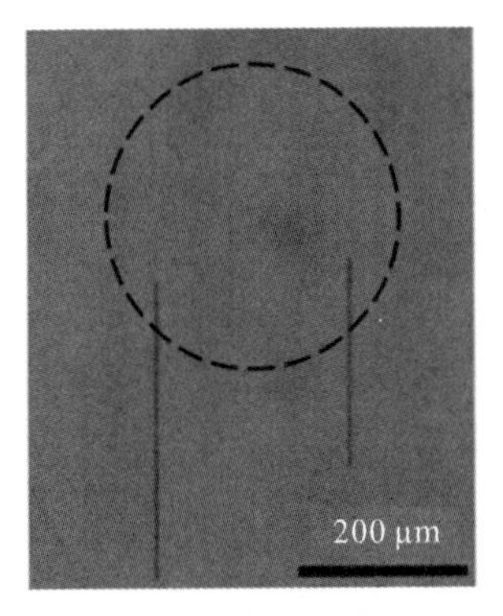

(a) 刻蚀5 min后

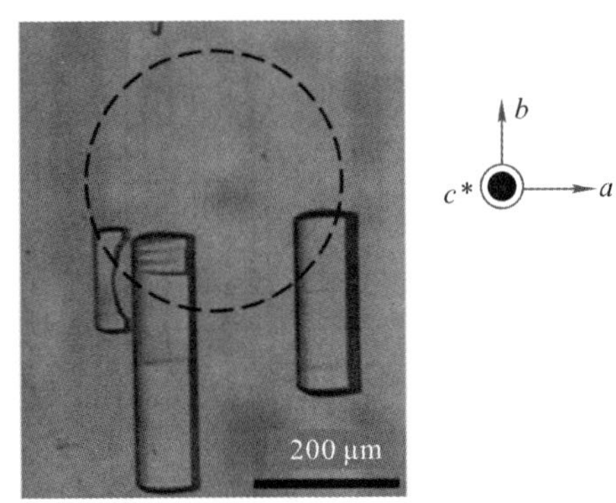

(b) 刻蚀25 min后

图 4-38 (001)晶体表面分别刻蚀 5 min 和 25 min 后的差示干涉显微镜术图片

5. 空洞形成及作用机理

中空纳米管、层片状纳米管、纳米尺寸凹槽以及线性尺寸凹槽的根本来源是空洞，纳米管虽然是中空的，但是其周围不存在应力区，所以不能用 SiC 微米管形成的机理来解释。综合目前已有的对该缺陷的认识，空洞产生的机理应该从以下几个方面来考虑[3]：

（1）氧化镓由于氧分压较低，在高温中极易产生挥发分解，给生长过程带来巨大挑战的同时，也严重影响了其光、电性能。生长过程中形成的大量空位极易聚集到某一晶面进行有序堆叠，最终形成空洞。

（2）在提拉法晶体生长过程中，固-液界面的稳定是获得高质量单晶的先决条件。晶体生长时，提拉速度过快、温场不对称等原因会导致固-液界面失稳，小气泡便会在固-液界面处形成并沿着晶界等其他缺陷聚集形成空洞。该原因所导致的气泡常见于晶体光纤的制备过程中[81-82]。

（3）空洞也可能由晶体生长过程中螺型位错处局部回熔造成。此外，与金属中的点蚀相类似[83]，刻蚀过程中刻蚀液的点蚀作用也会产生一定数量的空洞缺陷，如层片状纳米管。

以上总结只是针对目前已有文献的相对推测，具体机制还要通过详细的表征手段来获得。

空洞对氧化镓基器件电学性能的影响也较复杂，并不是所有的空洞都会对器件产生漏电影响[56]。图 4－39 所示为 SBD 中空洞数量与反向泄漏电流、正向泄漏电流的分布关系。在偏压为 15 V 时的反向泄漏电流用不同颜色的圆形表示。黑色、黄色和红色圆形分别表示低、中、高反向泄漏电流。在图 4－39(a)中，器件左下区域(靠近($\bar{2}$01)侧面以及[102]方向末端)存在大量的空洞缺陷，同时反向漏电严重，证明了空洞的数目与反向泄漏电流之间存在很强的关系。另外，在图 4－39(a)右侧区域存在高密度空洞缺陷，但却表现出较低的反向泄漏电流。图 4－39(b)所示为 SBD 中空洞数量与正向泄漏电流之间的关系，正向泄漏电流与反向泄漏电流分布相似。

位错只在晶体表面或晶界处终止，位错一旦形成，就很容易贯穿整个衬底晶片，随后位错及其周围区域将作为 SBD 漏电流在单晶中的通路。然而，与位错的形成及作用机理不同，空洞是否对器件性能产生影响不仅取决于缺陷的扩展方向与晶面的取向关系，还取决于晶体的长度[56]。在(001)和($\bar{2}$01)晶面上观察到的线性尺寸凹槽并没有改变电学性能，因为它们很少出现在晶体表面[80]，而是沿着[010]方向延伸，并且与衬底晶面平行，并未在垂直方向形成贯穿性缺陷；另一方面，在$(0\bar{1}0)$上观察到的一些空洞造成了漏电，因为它们足够长，可以穿过整个晶体板，并从上到下形成泄漏电流路径。所以，空洞对氧化镓器件电学性能的影响，不能仅从密度的角度衡量，还要具体研究其所在晶面、延伸方向及结构等因素。

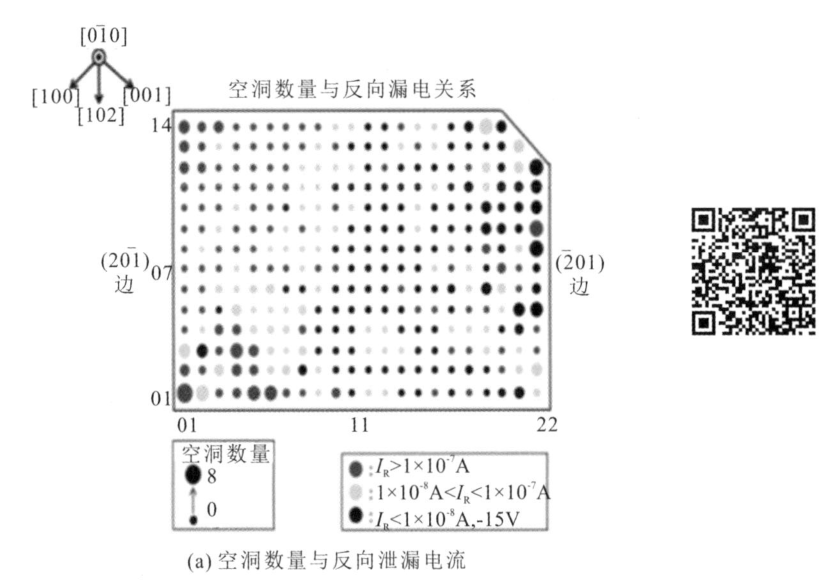

(a) 空洞数量与反向泄漏电流

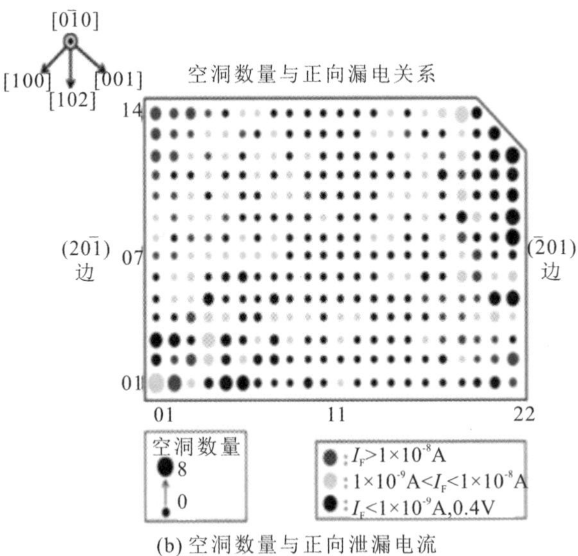

(b) 空洞数量与正向泄漏电流

图 4-39 SBD 中空洞数量与反向泄漏电流、正向泄漏电流的分布关系

4.4.2　非晶及纳米晶

非晶及纳米晶缺陷是由机械加工引入的[46, 50]。图 4-40 所示为非晶和纳米晶的明场高分辨 TEM 及所对应区域的 SAED 图。在贴近抛光晶体的表层，由于受外力作用最大，造成的晶格损伤也最为明显，因此最先形成了厚度约为 20 nm 的非晶层，如图 4-40(a)所示。从图 4-40(a)中可以看到非晶层中不存在任何晶格条纹，其所对应的选区电子衍射图呈现多晶衍射环形式，与高分辨图片相对应，这进一步证明了非晶层的存在。此外，在非晶层的下方还存在约 10 nm 左右的纳米晶层。对该区域进一步放大，见图 4-40(b)，可以观察到尺寸范围为 5～20 nm、不同晶向的纳米晶。纳米晶层所对应的选区电子衍射图与非晶层有所不同，不再是衍射环，而是出现了多个独立的衍射点，这也证明了纳米晶的存在。

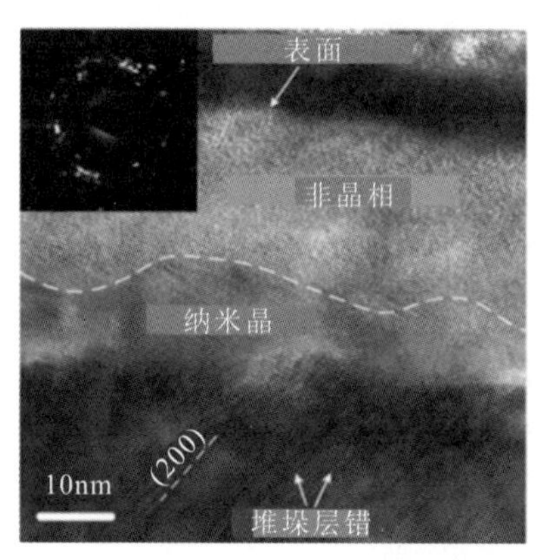

(a) 非晶的明场高分辨TEM及所对应区域的SAED图

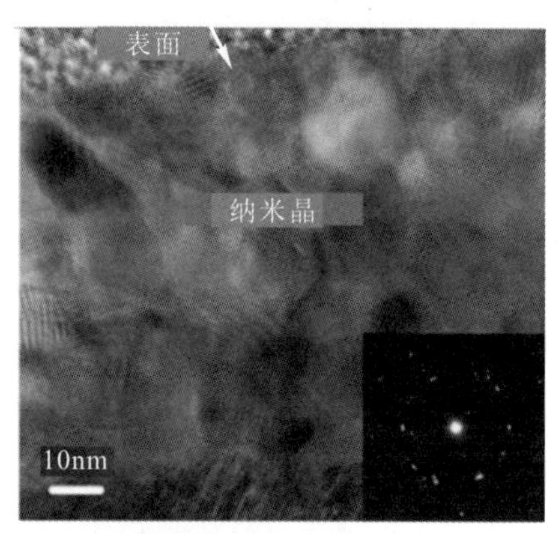

(b) 纳米晶的明场高分辨TEM及所对应区域的SAED图

图 4-40　非晶和纳米晶的明场高分辨 TEM 及所对应区域的 SAED 图

4.5　氧化镓晶体中的蚀坑

氧化镓晶体中除已报道的典型点、线、面以及体缺陷外，还有以不同形状存在的蚀坑缺陷[80, 84]。该类缺陷目前还未通过 FIB、TEM 等手段表征其所对应的缺陷类型，但已有大量文献研究了其蚀坑形貌特点、对器件的电学性能影响以及刻蚀变化规律，这些对于初步判定蚀坑缺陷类型具有重要的指导意义。

4.5.1 箭头型蚀坑

图 4-41(a)展示了在($\bar{2}01$)表面发现的箭头型蚀坑[84]，箭头指向[102]方向，蚀坑存在核心，沿着[010]晶向有序排列。图 4-41(b)展示了其 AFM 图片，其侧壁在[$\bar{1}0\bar{2}$]方向与表面存在 5.4°的夹角，因此可确定蚀坑侧壁晶面为($\bar{5}03$)。蚀坑深度约为 600 nm，平均密度为 7×10^4 cm^{-2}。由于箭头型蚀坑缺陷带有核心，因此推测该缺陷由位错造成。

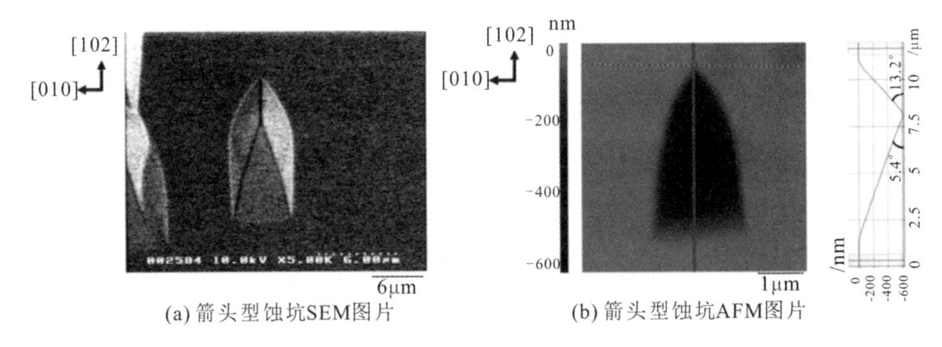

(a) 箭头型蚀坑SEM图片　　(b) 箭头型蚀坑AFM图片

图 4-41　($\bar{2}01$)表面发现的箭头型蚀坑 SEM 和 AFM 图片

4.5.2 葫芦型蚀坑

图 4-42 所示为葫芦型蚀坑的 AFM 图片[84]，葫芦头指向[102]方向，蚀坑平均密度为 9×10^4 cm^{-2}。从蚀坑的横截面可以观察到，侧壁角度很小，仅为

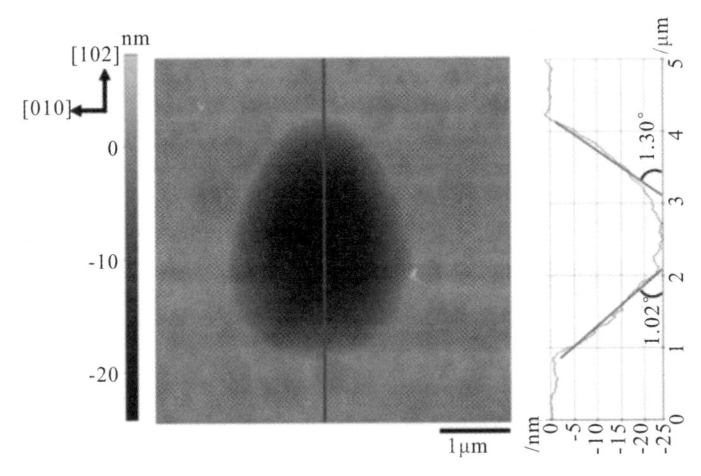

图 4-42　葫芦型蚀坑的 AFM 图片

1.0°～1.3°，蚀坑深度约为 25 nm。葫芦型蚀坑的侧壁角度及深度都要小于箭头型蚀坑相关指标，因此葫芦型蚀坑相对位置较浅，更加靠近刻蚀表面。此外，一些葫芦型蚀坑与箭头型蚀坑相类似，沿着[010]方向有序排列，因此认为葫芦型蚀坑缺陷也来源于位错。

4.5.3　蚀坑作用及形成机理

Kasu 等研究了两种缺陷对 SBD 中漏电性能的影响[84]，如图 4－43 所示。横坐标为蚀坑数量，纵坐标为在－15 V 偏压下的漏电流。但是，图中均未发现两种蚀坑密度与反向漏电流间的明显线性关系。至于箭头型及葫芦型蚀坑缺陷，作者认为是由化学机械抛光过程中引入的损伤层造成的。

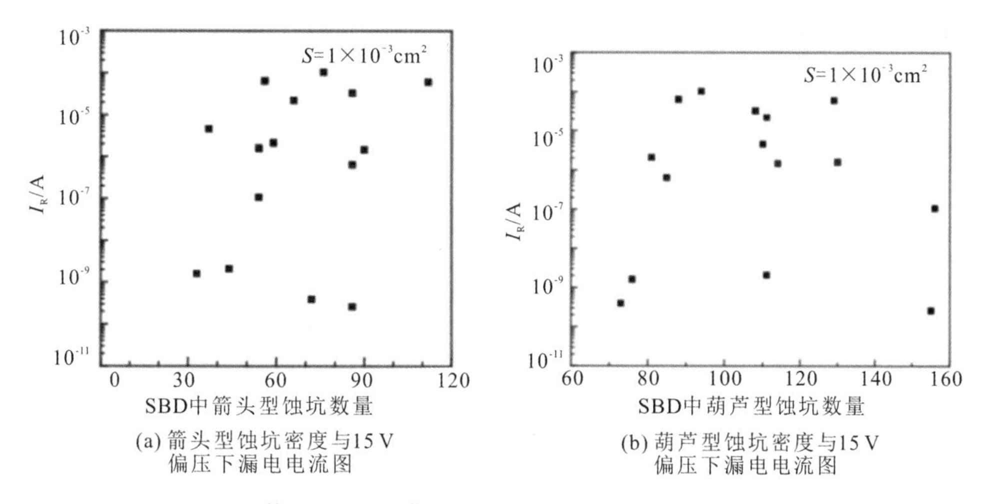

(a) 箭头型蚀坑密度与15 V 偏压下漏电电流图　(b) 葫芦型蚀坑密度与15 V 偏压下漏电电流图

图 4－43　箭头型蚀坑及葫芦型蚀坑密度与 15 V 偏压下漏电电流图

4.5.4　蚀坑类型变化及关系

通过化学刻蚀的方法，Hanada 等探究了不同形状蚀坑随着刻蚀时间延长的变化关系[85]。氧化镓单晶通过 EFG 方法生长获得，主面为($\bar{2}01$)面，生长方向平行于[010]晶向。在该体块单晶上切割获得(010)晶面，经化学机械抛光后其厚度为 580 μm。经 X 射线摇摆曲线测试，衬底晶面与(010)晶面存在 2.05°的夹角。通过以 H_3PO_4 为刻蚀液，在 140℃下刻蚀不同时间，他们发现了 6 种不同形状的蚀坑缺陷，此外还有 1 种未经刻蚀便显露的蚀坑，共 7 种缺陷，如图4－44所示。

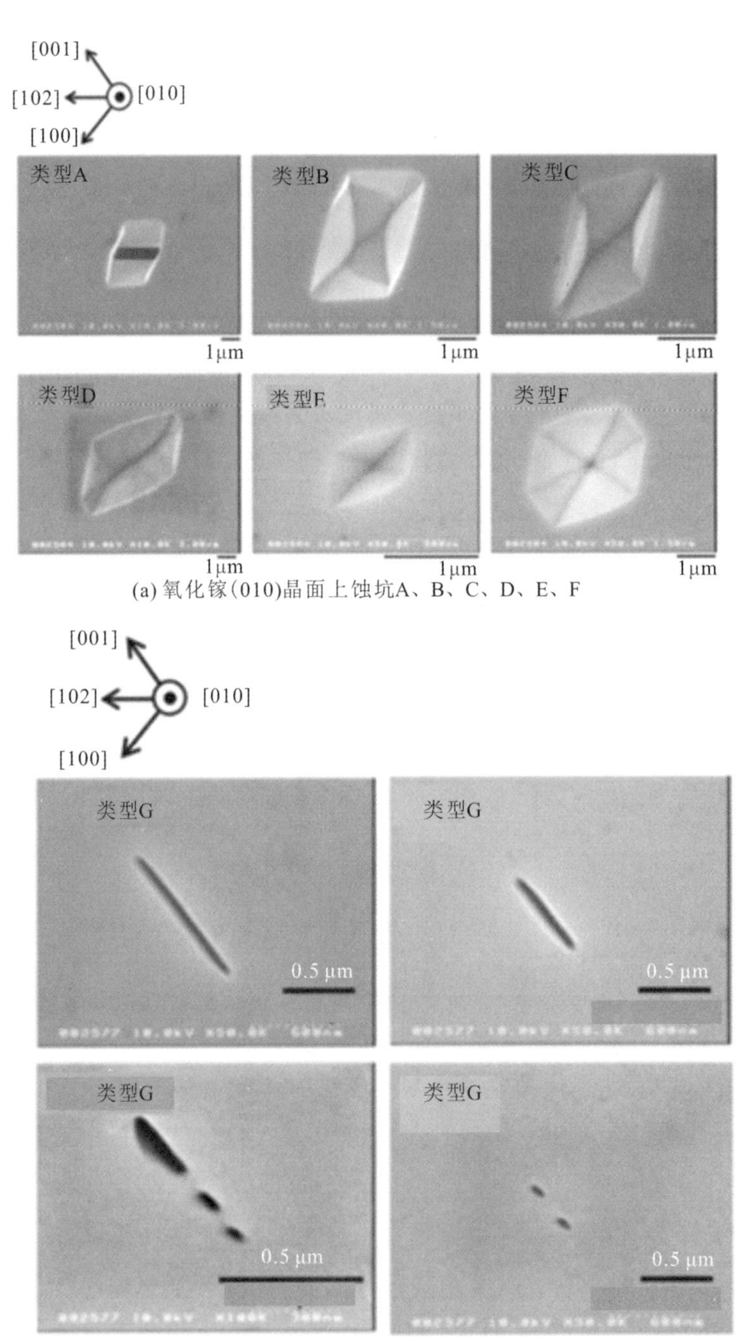

(a) 氧化镓(010)晶面上蚀坑A、B、C、D、E、F

(b) 氧化镓(010)晶面上蚀坑G

图 4-44　氧化镓(010)晶面上 7 种蚀坑缺陷

在蚀坑 A 的放大图中，我们可以清晰地观察到在[010]方向存在高低两种位置。较低的位置是蚀坑位置，具有二次棱镜结构，以(010)面为底面，$(\bar{2}01)$及$(20\bar{1})$为侧面，其他两个侧面垂直于(010)、$(\bar{2}01)$及$(20\bar{1})$面。推测这种在较低位置存在二次棱镜结构的蚀坑应该来源于空洞缺陷。同时，在较高位置处蚀坑侧壁相较于(010)晶面分别呈现 56.8°和 54.4°，根据氧化镓单晶的位相结构，最终可以确定两侧壁方向分别为$(41\bar{2})$和$(\bar{4}12)$晶面，因此，可以获得蚀坑 A 横截面原子结构示意图，如图 4-45(b)所示。

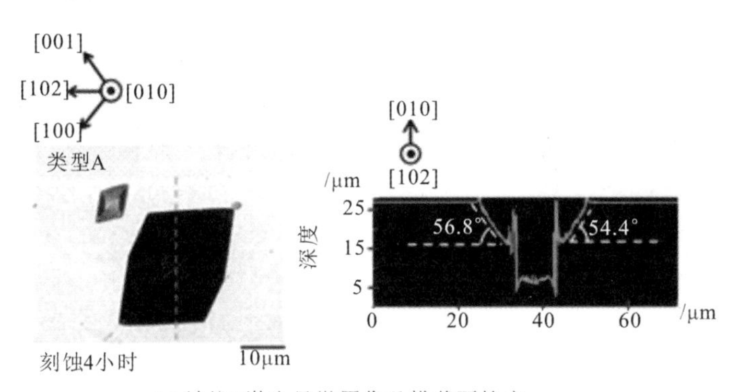

(a) 蚀坑A激光显微图像及横截面轮廓

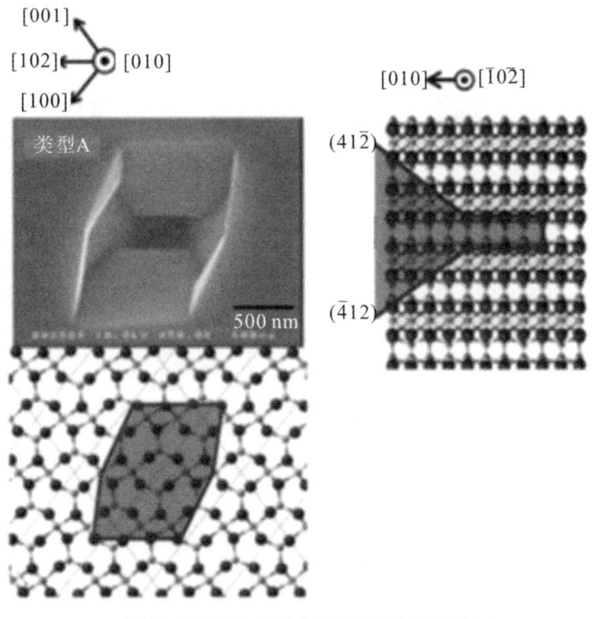

(b) 蚀坑A可能的表面和横截面原子结构图

图 4-45　蚀坑 A 激光显微图像及横截面轮廓，蚀坑 A 可能的表面和横截面原子结构图

蚀坑 B 是扭曲的，由四个主面构成，如图 4-46 所示。与蚀坑 A 相类似，通过两侧壁与(010)晶面的夹角，可确定其侧壁分别为$(21\bar{1})$和$(\bar{2}11)$晶面，由此可以给出其横截面原子结构示意图。

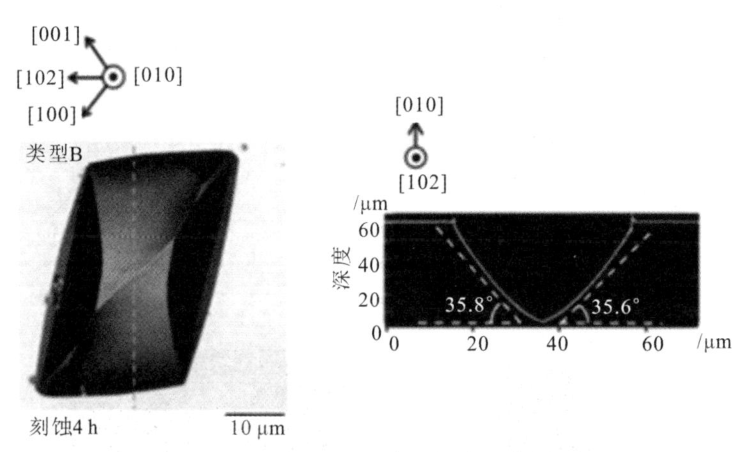

(a) 蚀坑B激光显微图像及横截面轮廓

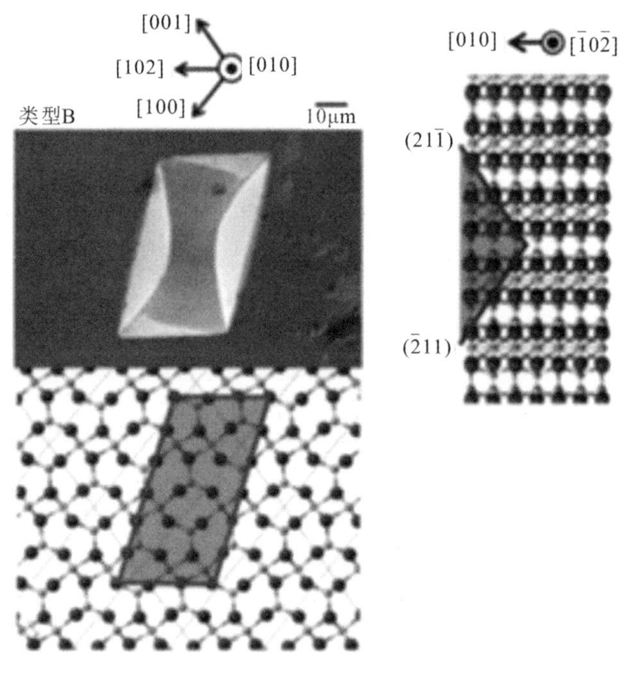

(b) 蚀坑B可能的表面和横截面原子结构图

图 4-46　蚀坑 B 激光显微图像及横截面轮廓，蚀坑 B 可能的表面和横截面原子结构图

为了探究蚀坑形状随刻蚀时间的变化关系，将(010)晶面衬底分别刻蚀 10 min、20 min、30 min，结果如图 4－47 所示。衬底刻蚀 10 min 后蚀坑 A 首先出现，在该位置分别刻蚀 20 min 和 30 min 后，蚀坑 B 及蚀坑 C 相继出现。表明在蚀坑 A 的基础上，多刻蚀 10 min 蚀坑 A 会转变成蚀坑 B，再多刻蚀 10 min 蚀坑 B 会转变成蚀坑 C。此外，在同一位置再多刻蚀 20 min 后，蚀坑 C 会转变成蚀坑 D，如图 4－48 所示。因此，(010)晶面上的蚀坑缺陷随着刻蚀时间的延长会沿着以下轨迹变化：蚀坑 A→B→C→D[85]。

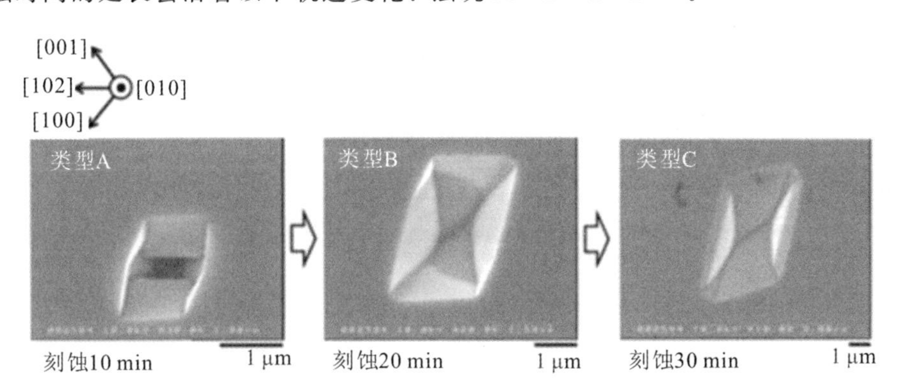

图 4－47　相同的蚀坑位置分别刻蚀 10 min、20 min **和** 30 min **后的** SEM **图像**

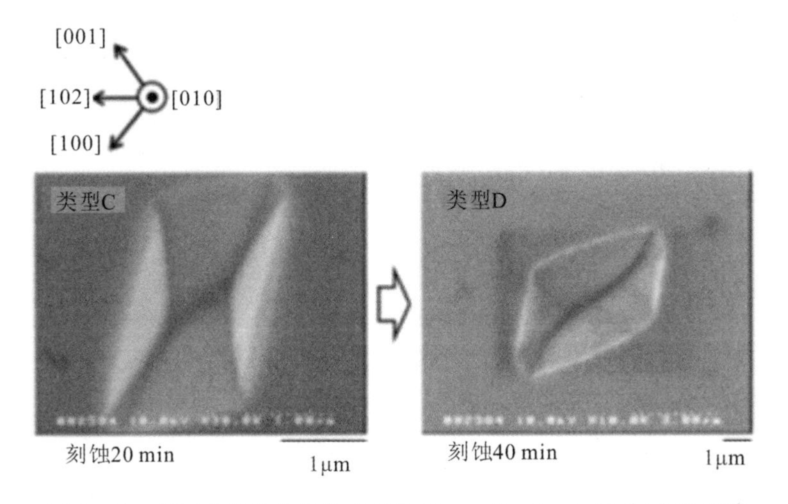

图 4－48　相同的蚀坑位置分别刻蚀 20 min **和** 40 min **后的** SEM **图像**

(010)晶面上未经刻蚀便出现的蚀坑 G，沿着[001]晶向延伸，其侧壁为热稳定晶面(100)。该凹槽在[001]和[100]方向的长宽尺寸分别为 50～1200 nm

和 40 nm，形状狭长，深度约为 30～100 nm。蚀坑 G 属于空洞型缺陷，在晶体中三维空间有分布。人们推测该蚀坑是由固-液界面处气泡移动到(100)及(001)晶界后，随着材料的冷凝而形成。图 4－49 展示了(010)晶面同一位置刻蚀不同时间后的蚀坑形状变化情况，在未刻蚀的情况下，蚀坑 G 已出现。分别刻蚀2 min和 4 min 后，蚀坑逐渐变为矩形。刻蚀 10 min 后，蚀坑已转变为蚀坑 A 的形状。这表明随着刻蚀时间的延长，蚀坑 G 类空洞缺陷会逐渐变为矩形，最后成为蚀坑 A。因此，可以确定蚀坑 A 缺陷确实来源于空洞，且随着刻蚀时间的延长存在以下变化关系：蚀坑 G→A→B→C→D[85]。

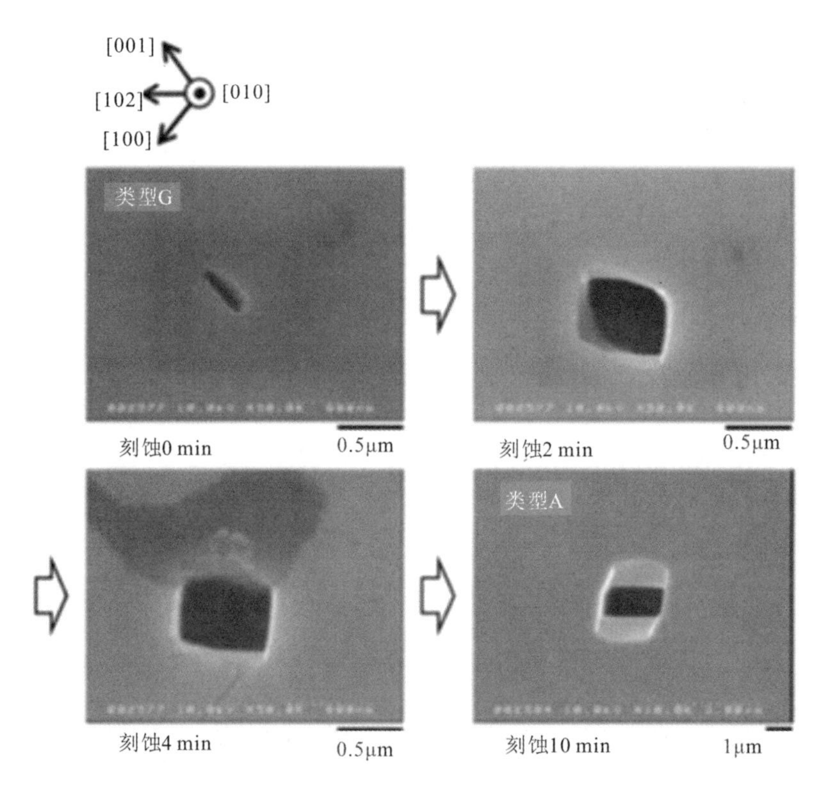

图 4－49　分别为对蚀坑 G 刻蚀 2 min、4 min 和 10 min 后的 SEM 图像

关于蚀坑 E 及蚀坑 F，虽然二者形状分别为平行四边形和六边形，但二者都含有核心，如图 4－50 和 4－51 所示。且同一位置经过长时间的刻蚀后，只是蚀坑尺寸的单纯变大，不存在蚀坑内形貌发生变化的情况。因此可以断定两种蚀坑皆来源于位错缺陷[85]，且沿着[010]方向延伸，这与空洞类缺陷区别明显。

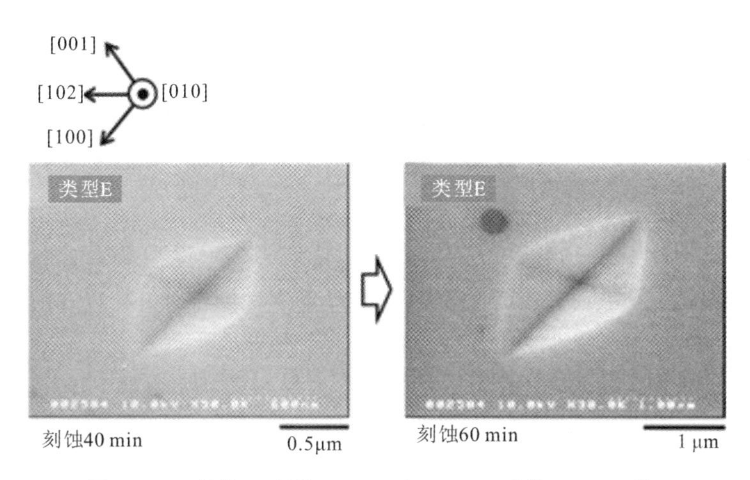

图 4－50　蚀坑 E 刻蚀 40 min 和 60 min 后的 SEM 图片

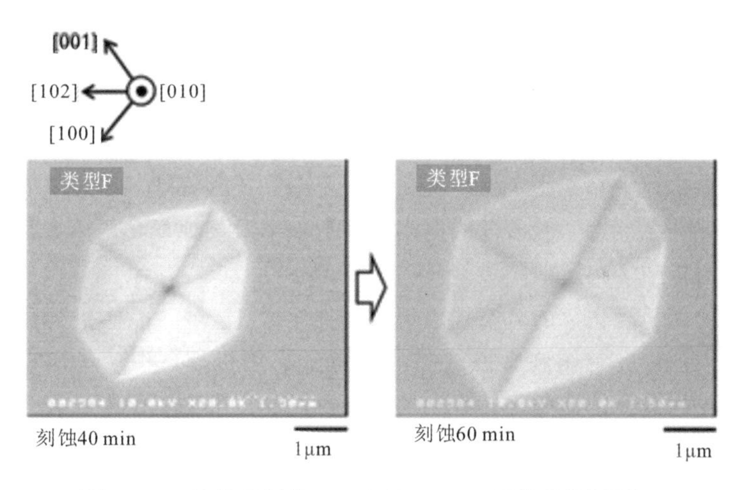

图 4－51　蚀坑 F 刻蚀 40 min 和 60 min 后的 SEM 图片

4.6　总结与展望

本章节总结了目前氧化镓单晶中缺陷的研究进展，首先，探究了缺陷及其形貌观察和机理研究的表征方法；然后，以缺陷的三维空间延伸为分类基准，归纳了氧化镓中已观察到的点、线、面及体缺陷的形成及作用机制；最后，论述了蚀坑缺陷的变化规律及其对器件电学性能的影响。结论如下：

(1) 利用缺陷的延伸及其周围存在高能畸变区的特性，可采用化学刻蚀使其在晶体表面露头。从形貌观察及机理研究两个角度，列举了常用的缺陷表征手段。

（2）氧化镓中点缺陷可分为两类，即本征点缺陷和非本征点缺陷。采用光谱、辐照和第一性原理计算方法，对点缺陷的能级深度、浓度及电学表现等性质进行了详细论述。

（3）氧化镓中线缺陷以位错为代表，目前刃型、螺型及混合位错均已发现。研究表明，位错及其周围畸变区会形成贯穿性漏电通道，严重降低氧化镓功率器件的耐压特性。此外，归纳了位错运动及形成机理。

（4）氧化镓中主要的面缺陷为孪晶及堆垛层错。孪晶往往在放肩阶段形成，堆垛层错可通过纳米压痕、抛光及辐照等过程引入，且发现了堆垛层错在电子束辐照下的弛豫现象。

（5）氧化镓中体缺陷主要为空洞、非晶和纳米晶。空洞主要包括中空纳米管、层片纳米管、线性尺寸凹槽及纳米尺寸凹槽。其中，空洞不一定会导致器件漏电，器件是否漏电取决于空洞是否会像位错形成贯穿性缺陷。空洞形成机理主要与空位的有序排列、气泡、螺型位错处局部回熔和刻蚀液的点蚀有关。

（6）氧化镓中除了点、线、面及体缺陷外，还存在不同类型的蚀坑缺陷。本章对蚀坑形貌特点、对器件的电学性能影响以及刻蚀变化规律进行了归纳和总结，这对于初步判定缺陷类型具有重要的指导意义。

目前，关于氧化镓的缺陷报道仍然在逐年增加，随着晶体生长和器件研究的深入，人们已经意识到掌握缺陷的形成及作用机理，并探究有效的抑制途径，是氧化镓最终走向应用，实现产业化的关键技术之一。本章节已经对氧化镓晶体中缺陷进行了详尽的归纳总结，但进一步深入研究仍必不可少。我们提出如下展望：

（1）许多典型的晶体缺陷虽已被成功观察并报道，但其形成机理仍以推测为主，并没有确凿的实验依据。未来，应将晶体生长与缺陷研究紧密结合起来，从具体的生长工艺角度解释缺陷产生、延伸和形成机制。

（2）目前，缺陷对器件性能的影响有待更为深入地研究，可采用计算和实验相结合的手段，探究多种缺陷形式对器件性能的影响。

（3）在体块单晶生长过程中，孪晶是影响氧化镓晶体质量的重要缺陷之一，其往往会在放肩过程中产生，并伴随之后的晶体生长，严重降低晶体质量，且相关研究较少。因此，探究孪晶的形成及消除机制对氧化镓体块单晶生长有十分重要的意义。

参考文献

[1] FU B, JIA Z, MU W, et al. A review of $\beta-Ga_2O_3$ single crystal defects, their effects on device performance and their formation mechanism. Journal of Semiconductors,2019, 40(1): 011804.

[2] JOHNSON J M, KRISHNAMOORTHY S, RAJAN S, et al. Point and Extended Defects in Ultra Wide Band Gap $\beta-Ga_2O_3$ Interfaces. Microscopy and Microanalysis 2017, 23(S1): 1454-1455.

[3] UEDA O, IKENAGA N, KOSHI K, et al. Structural evaluation of defects in $\beta-Ga_2O_3$ single crystals grown by edge-defined film-fed growth process. Japanese Journal of Applied Physics 2016, 55(12): 1202BD.

[4] YAMAGUCHI H, KURAMATA A. Stacking faults in $\beta-Ga_2O_3$ crystals observed by X-ray topography. Journal of applied crystallography, 2018, 51(5): 1372-1377.

[5] DEÁK P, HO Q D, SEEMANN F, et al. Choosing the correct hybrid for defect calculations: A case study on intrinsic carrier trapping in $\beta-Ga_2O_3$. Physical Review B, 2017, 95(7): 075208

[6] VARLEY J B, WEBER J R, JANOTTI A, et al. Oxygen vacancies and donor impurities in $\beta-Ga_2O_3$[J]. Applied Physics Letters, 2010, 97: 142106.

[7] KYRTSOS A, MATSUBARA M, BELLOTTI E. Migration mechanisms and diffusion barriers of vacancies in Ga_2O_3. Physical Review B, 2017, 95(24): 245202.

[8] VARLEY J B, PEELAERS H, JANOTTI A, et al. Hydrogenated cation vacancies in semiconducting oxides. Journal of Physics: Condensed Matter, 2011, 23(33): 334212.

[9] JOHNSON J M, CHEN Z, VARLEY J B, et al. Unusual Formation of Point-Defect Complexes in the Ultrawide-Band-Gap Semiconductor $\beta-Ga_2O_3$. Physical Review X, 2019, 9(4): 041027.

[10] KANANEN B E, HALLIBURTON L E, STEVENS K T, et al. Gallium vacancies in $\beta-Ga_2O_3$ crystals. Applied Physics Letters, 2017, 110(20): 202104.

[11] TUOMISTO F, MAKKONEN I. Defect identification in semiconductors: Experiment and theory of positron annihilation. Reviews of Modern Physics, 2013, 85(4): 1583-1631.

[12] KORHONEN E, TUOMISTO F, GOGOVA D, et al. Electrical compensation by Ga vacancies in Ga_2O_3 thin films. Applied Physics Letters, 2015, 106(24): 242103.

[13] WEISER P, STAVOLA M FOWLER W B, et al. Structure and vibrational properties of the dominant OH center in $\beta-Ga_2O_3$. Applied Physics Letters 2018, 112(23): 232104.

[14] NICKEL N, LANG F, VILLORA E, et al. Thermal properties of the dominant O - H complex in $\beta - Ga_2O_3$. AIP Advances, 2019, 9(10): 105026.

[15] FIEDLER A, SCHEWSKI R, GALAZKA Z et al. Static Dielectric Constant of $\beta - Ga_2O_3$ Perpendicular to the Principal Planes(100),(010), and(001). ECS Journal of Solid State Science and Technology, 2019, 8(7): Q3083 - Q3085.

[16] MCCLUSKEY M D. Point defects in Ga_2O_3. Journal of Applied Physics, 2020, 127(10): 101101.

[17] PEARTON S, REN F, MASTRO M. Gallium Oxide: Technology, Devices and Applications. Elsevier, 2018.

[18] SON N, GOTO K, NOMURA K, et al. Electronic properties of the residual donor in unintentionally doped $\beta - Ga_2O_3$. Journal of Applied Physics, 2016, 120(23): 235703.

[19] VÍLLORA E G, SHIMAMURA K, YOSHIKAWA Y, et al. Electrical conductivity and carrier concentration control in $\beta - Ga_2O_3$ by Si doping. Applied Physics Letters, 2008, 92(20): 202120.

[20] MÜLLER S, VON WENCKSTERN H, SPLITH D, et al. Control of the conductivity of Si-doped $\beta - Ga_2O_3$ thin films via growth temperature and pressure. physica status solidi, 2014, 211(1): 34 - 39.

[21] SASAKI K, HIGASHIWAKI M, KURAMATA A, et al. Si-ion implantation doping in $\beta - Ga_2O_3$ and its application to fabrication of low-resistance ohmic contacts. Applied Physics Express, 2013, 6(8): 086502.

[22] HAN S H, MAUZE A, AHMADI E, et al. n-type dopants in (001) $\beta - Ga_2O_3$ grown on (001) $\beta - Ga_2O_3$ substrates by plasma-assisted molecular beam epitaxy. Semiconductor Science and Technology, 2018, 33(4): 045001.

[23] POLYAKOV A, SMIRNOV N, SHCHEMEROV I, et al. Compensation and persistent photocapacitance in homoepitaxial Sn-doped $\beta - Ga_2O_3$. Journal of Applied Physics, 2018, 123(11): 115702.

[24] SALEH M, BHATTACHARYYA A, VARLEY J B, et al. Electrical and optical properties of Zr doped $\beta - Ga_2O_3$ single crystals. Applied Physics Express, 2019, 12(8): 085502.

[25] QIN Y, STAVOLA M, FOWLER W B, et al. Hydrogen centers in $\beta - Ga_2O_3$: Infrared spectroscopy and density functional theory. ECS Journal of Solid State Science and Technology, 2019, 8(7): Q3103.

[26] GALAZKA Z, IRMSCHER K, UECKER R, et al. On the bulk $\beta - Ga_2O_3$ single crystals grown by the Czochralski method. Journal of Crystal Growth, 2014, 404: 184 - 191.

[27] WONG M H, LIN C H, KURAMATA A, et al. Acceptor doping of $\beta - Ga_2O_3$ by Mg and N ion implantations. Applied Physics Letters, 2018, 113(10): 102103.

[28] LYONS J L. A survey of acceptor dopants for $\beta-Ga_2O_3$. Semiconductor Science and Technology, 2018, 33(5): 05LT02.

[29] RITTER J R, HUSO J, DICKENS P T, et al. Compensation and hydrogen passivation of magnesium acceptors in $\beta-Ga_2O_3$. Applied Physics Letters, 2018, 113(5): 052101.

[30] KANANEN B, HALLIBURTON L, SCHERRER E, et al. Electron paramagnetic resonance study of neutral Mg acceptors in $\beta-Ga_2O_3$ crystals. Applied Physics Letters, 2017, 111(7): 072102.

[31] KYRTSOS A, MATSUBARA M, BELLOTTI E. On the feasibility of p-type Ga_2O_3. Applied Physics Letters, 2018, 112(3): 032108.

[32] RITTER J R, LYNN K G, MCCLUSKEY M. D. In Hydrogen passivation of calcium and magnesium doped [beta]-Ga_2O_3: Oxide-based Materials and Devices X. International Society for Optics and Photonics, 2019: 109190Z.

[33] INGEBRIGTSEN M E, VARLEY J B, KUZNETSOV A Y, et al. Iron and intrinsic deep level states in Ga_2O_3. Applied Physics Letters, 2018, 112(4): 042104.

[34] BHANDARI S, ZVANUT M, VARLEY J. Optical absorption of Fe in doped Ga_2O_3. Journal of Applied Physics, 2019, 126(16): 165703.

[35] LENYK C, GILES N, SCHERRER E, et al. Ir^{4+} ions in $\beta-Ga_2O_3$ crystals: An unintentional deep donor. Journal of Applied Physics, 2019, 125(4): 045703.

[36] RITTER J R, LYNN K G, MCCLUSKEY M D. Iridium-related complexes in Czochralski-grown $\beta-Ga_2O_3$. Journal of Applied Physics, 2019, 126(22): 225705.

[37] KIM J, PEARTON S J, FARES C, et al. Radiation damage effects in Ga_2O_3 materials and devices. Journal of Materials Chemistry C, 2019, 7(1): 10-24.

[38] FARZANA E, CHAIKEN M F, BLUE T E, et al. Impact of deep level defects induced by high energy neutron radiation in $\beta-Ga_2O_3$. APL Materials, 2019, 7(2): 022502.

[39] YANG J, REN F, PEARTON S J, et al. 1.5 MeV electron irradiation damage in $\beta-Ga_2O_3$ vertical rectifiers. Journal of Vacuum Science & Technology B, 2017, 35(3): 031208.

[40] INGEBRIGTSEN M, KUZNETSOV A Y, SVENSSON B, et al. Impact of proton irradiation on conductivity and deep level defects in $\beta-Ga_2O_3$. APL Materials, 2019, 7(2): 022510.

[41] VON BARDELEBEN H J, ZHOU S, GERSTMANN U, et al. Proton irradiation induced defects in $\beta-Ga_2O_3$: A combined EPR and theory study. APL Materials, 2019, 7(2): 022521.

[42] CRIMP M, SIMKIN B, NG B. Demonstration of the $g \cdot b \times u = 0$ edge dislocation invisibility criterion for electron channelling contrast imaging. Philosophical magazine letters, 2001, 81(12): 833-837.

[43] YAMAGUCHI H, KURAMATA A, MASUI T. Slip system analysis and X-ray topographic study on $\beta-Ga_2O_3$. Superlattices and Microstructures, 2016, 99: 99-103.

[44] NAKAI K, NAGAI T, NOAMI K, et al. Characterization of defects in $\beta-Ga_2O_3$ single crystals. Japanese Journal of Applied Physics, 2015, 54(5): 051103.

[45] READ W T. Dislocations in crystals. McGraw-Hill, 1953.

[46] WU Y Q, GAO S, HUANG H. The deformation pattern of single crystal $\beta-Ga_2O_3$ under nanoindentation. Materials Science in Semiconductor Processing, 2017, 71: 321-325.

[47] MU W, JIA Z, YIN Y, et al. One-step exfoliation of ultra-smooth $\beta-Ga_2O_3$ wafers from bulk crystal for photodetectors. CrystEngComm, 2017, 19(34): 5122-5127.

[48] 穆文祥. $\beta-Ga_2O_3$ 单晶的生长，加工及性能研究[D]. 济南：山东大学，2018.

[49] HUANG C, ZHOU H, ZHU Y, et al. Effect of chemical action on the chemical mechanical polishing of $\beta-Ga_2O_3$(100) substrate. Precision Engineering, 2019, 56: 184-190.

[50] GAO S, WU Y, KANG R, et al. Nanogrinding induced surface and deformation mechanism of single crystal $\beta-Ga_2O_3$. Materials Science in Semiconductor Processing, 2018, 79: 165-170.

[51] YAO Y, ISHIKAWA Y, SUGAWARA Y. Slip planes in monoclinic $\beta-Ga_2O_3$ revealed from its {010} face via synchrotron X-ray diffraction and X-ray topography. Japanese Journal of Applied Physics, 2020, 59(12): 125501.

[52] YAO Y, SUGAWARA Y, ISHIKAWA Y. Identification of Burgers vectors of dislocations in monoclinic $\beta-Ga_2O_3$ via synchrotron X-ray topography. Journal of Applied Physics, 2020, 127(20): 205110.

[53] YAMAGUCHI H, KURAMATA A, MASUI T. Corrigendum to "Slip system analysis and X-ray topographic study on $\beta-Ga_2O_3$"[Superlattice. Microst. 99 (2016) 99-103]. Superlattices and Microstructures, 2019, 130: 232-232.

[54] MASUYA S, SASAKI K, KURAMATA A, et al. Characterization of crystalline defects in $\beta-Ga_2O_3$ single crystals grown by edge-defined film-fed growth and halide vapor-phase epitaxy using synchrotron X-ray topography. Japanese Journal of Applied Physics, 2019, 58(5): 055501.

[55] MAHADIK N A, TADJER M J, BONANNO P L, et al. High-resolution dislocation imaging and micro-structural analysis of HVPE $\beta-Ga_2O_3$ films using monochromatic synchrotron topography. APL Materials, 2019, 7(2): 022513.

[56] KASU M, HANADA K, MORIBAYASHI T, et al. Relationship between crystal defects and leakage current in $\beta-Ga_2O_3$ Schottky barrier diodes. Japanese Journal of Applied Physics, 2016, 55(12): 1202BB.

[57] READ W T, SHOCKLEY W. Dislocation models of crystal grain boundaries. Physical

Review, 1950, 78(3): 275.

[58] ARSENLIS A, PARKS D M. Modeling the evolution of crystallographic dislocation density in crystal plasticity. Journal of the Mechanics and Physics of Solids, 2002, 50(9): 1979 - 2009.

[59] SAMILSON R, PRIETO V. Dislocation arthropathy of the shoulder. The Journal of bone and joint surgery. American volume, 1983, 65(4): 456 - 460.

[60] KELCHNER C L, PLIMPTON S, HAMILTON J. Dislocation nucleation and defect structure during surface indentation. Physical review B, 1998, 58(17): 11085.

[61] DIVINCENZO D, ALERHAND O, SCHLÜTER M, et al. Electronic and structural properties of a twin boundary in Si. Physical review letters, 1986, 56(18): 1925.

[62] WU X, LI F, HASHIMOTO H. TEM study on overlapped twins in GaAs crystal. Philosophical Magazine B, 1991, 63(4): 931 - 939.

[63] CAO L, LEE T, RENNER F, et al. Strain release and twin structure in $GdBa_2Cu_3O_{7-\delta}$ films on (001) $SrTiO_3$ and $NdGaO_3$. Physical Review B, 2002, 65(11): 113402.

[64] NGO T S, LE D D, LEE J, et al. Investigation of defect structure in homoepitaxial $(\bar{2}01)$ $\beta-Ga_2O_3$ layers prepared by plasma-assisted molecular beam epitaxy. Journal of Alloys and Compounds, 2020, 834: 155027.

[65] WAGNER G, BALDINI M, GOGOVA D, et al. Homoepitaxial growth of $\beta-Ga_2O_3$ layers by metal-organic vapor phase epitaxy. physica status solidi (a), 2014, 211(1): 27 - 33.

[66] CHUNG H, DUDLEY M, LARSON JR D, et al. The mechanism of growth-twin formation in zincblende crystals: new insights from a study of magnetic liquid encapsulated Czochralski-grown InP single crystals. Journal of crystal growth, 1998, 187(1): 9 - 17.

[67] NEUBERT M, KWASNIEWSKI A, FORNARI R. Analysis of twin formation in sphalerite-type compound semiconductors: A model study on bulk InP using statistical methods. Journal of Crystal Growth, 2008, 310(24): 5270 - 5277.

[68] GOGOVA D, WAGNER G, BALDINI M, et al. Structural properties of Si-doped $\beta-Ga_2O_3$ layers grown by MOVPE. Journal of Crystal Growth, 2014, 401: 665 - 669.

[69] WAGNER G, BALDINI M, GOGOVA D, et al. Homoepitaxial growth of $\beta-Ga_2O_3$ layers by metal - organic vapor phase epitaxy. physica status solidi, 2014, 211(1): 27 - 33.

[70] MU W, JIA Z, CITTADINO G, et al. Ti-Doped $\beta-Ga_2O_3$: A Promising Material for Ultrafast and Tunable Lasers. Crystal Growth & Design, 2018, 18(5): 3037 - 3043.

[71] TOMM Y, REICHE P, KLIMM D, et al. Czochralski grown Ga_2O_3 crystals. Journal of crystal growth, 2000, 220(4): 510 - 514.

[72] GALAZKA Z, IRMSCHER K, SCHEWSKI R, et al. Czochralski-grown bulk

$\beta-Ga_2O_3$ single crystals doped with mono-, di-, tri-, and tetravalent ions. Journal of Crystal Growth, 2020, 529: 125297.

[73] BERMUDEZ V. The structure of low-index surfaces of $\beta-Ga_2O_3$. Chemical Physics, 2006, 323 (2-3): 193-203.

[74] BARMAN S K, HUDA M N. Mechanism Behind the Easy Exfoliation of Ga_2O_3 Ultra-Thin Film Along (100) Surface. physica status solidi-Rapid Research Letters, 2019, 13(5): 1800554.

[75] KITAHARA H, MAYAMA T, OKUMURA K T et al. Anisotropic deformation induced by spherical indentation of pure Mg single crystals. Acta Materialia, 2014, 78: 290-300.

[76] GILLAN M. The volume of formation of defects in ionic crystals. Philosophical Magazine A, 1981, 43(2): 301-312.

[77] TAKAHASHI J, KANAYA M, FUJIWARA Y. Sublimation growth of SiC single crystalline ingots on faces perpendicular to the (0001) basal plane. Journal of crystal growth, 1994, 135(1-2): 61-70.

[78] FRANK F. Capillary equilibria of dislocated crystals. Acta Crystallographica, 1951, 4(6): 497-501.

[79] HANADA K, MORIBAYASHI T, UEMATSU T, et al. Observation of nanometer-sized crystalline grooves in as-grown $\beta-Ga_2O_3$ single crystals. Japanese Journal of Applied Physics, 2016, 55(3): 030303.

[80] OSHIMAT, HASHIGUCHI A, MORIBAYASHI T, et al. Electrical properties of Schottky barrier diodes fabricated on (001) $\beta-Ga_2O_3$ substrates with crystal defects. Japanese Journal of Applied Physics, 2017, 56(8): 086501.

[81] GHEZAL E, NEHARI A, LEBBOU K, et al. Observation of gas bubble incorporation during micropulling-down growth of sapphire. Crystal Growth & Design, 2012, 12(11): 5715-5719.

[82] LIU S, YANG K, WANG Y, et al. High-sensitivity strain sensor based on in-fiber rectangular air bubble. Scientific reports, 2015, 5: 7624.

[83] NILSSON J O, KARLSSON L, ANDERSSON J O. Secondary austenite for mation and its relation to pitting corrosion in duplex stainless steel weld metal. Materials Science and Technology, 1995, 11(3): 276-283.

[84] KASU M, OSHIMA T, HANADA K, et al. Crystal defects observed by the etch-pit method and their effects on Schottky-barrier-diode characteristics on $(\bar{2}01)$ $\beta-Ga_2O_3$. Japanese Journal of Applied Physics, 2017, 56(9): 091101.

[85] HANADA K, MORIBAYASHI T, KOSHI K, et al. Origins of etch pits in $\beta-Ga_2O_3$ (010) single crystals. Japanese Journal of Applied Physics, 2016, 55(12): 1202BG.

第 5 章

氧化镓薄膜外延

宽禁带 Ga_2O_3 半导体在电力电子器件、多功能光电器件领域具有潜在的应用[1]。Ga_2O_3 器件性能的快速发展得益于高质量单晶衬底以及高质量外延层的成功开发。为了充分发挥 Ga_2O_3 在器件应用领域的潜能，外延生长出掺杂可控、表面平整的高质量的单晶薄膜是先决条件。作为一种氧化物半导体材料，Ga_2O_3 分子间由于较强的电子相互作用而表现出了更为丰富且独特的物理特性。此外，由于 Ga_2O_3 具有 α、β、γ、δ 和 ε（或 κ）等结构不同的同分异构体，物理化学性质更加丰富，因此，实现 Ga_2O_3 的物相调控需充分利用这些物理化学性质，这有利于推进基于 Ga_2O_3 的新型光电信息器件的发展。相比于其他宽禁带半导体，如 GaN、AlN 和金刚石而言，$\beta-Ga_2O_3$ 可以利用同质衬底实现同质外延，这是异质外延不能比拟的。同质外延有利于研究材料的生长机制，因为生长机制提供了有关成核、生长模式演化、岛形成和各向异性生长特性的各种信息，有利于实现高质量的薄膜。$\alpha-Ga_2O_3$ 的晶体结构和 $\alpha-Al_2O_3$ 的晶体结构相同，为刚玉结构。且 $\alpha-Ga_2O_3$ 相对 $\beta-Ga_2O_3$ 而言，具有更宽的禁带宽度[2]，从而表现出更高的击穿场强。如果可以解决 $\alpha-Ga_2O_3$ 在 $\alpha-Al_2O_3$ 上外延过程中由于晶格失配带来的缺陷和位错，那么 $\alpha-Ga_2O_3$ 可以借助廉价的蓝宝石衬底实现更低成本、更高性能的功率器件和光电器件。此外，借助于 $\alpha-Ga_2O_3$ 和 $\alpha-Al_2O_3$ 晶体结构相同这一优势，可以发展全组分无分相的 $\alpha-(Al_xGa_{1-x})_2O_3$ 合金[3-5]，从而进一步提高材料临界击穿电场，并将响应波长拓展至真空紫外波段。$\varepsilon-Ga_2O_3$ 由于晶格具有中心反演不对称性，表现出比 ZnO 更大的自发极化强度，并且具有独特的铁电特性[6]，因此可用于制备负电容 MOSFET，降低器件的亚阈值摆幅[7]，甚至可通过界面控制工程增加光电信息功能器件的设计和研制维度。

Ga_2O_3 的高质量外延生长、物相调控和合金工程是与其研究发展过程相随相伴的，只有实现了低位错密度、掺杂可控、表面平整的 Ga_2O_3 外延膜，才能进一步探求其物理极限；此外，只有实现了物相调控和合金工程，才能进一步拓展 Ga_2O_3 的应用。因此，本章将详细介绍 Ga_2O_3 薄膜外延，主要包括：外延生长动力学原理，氧化镓外延方法，氧化镓外延进展，氧化镓基异质结结构外延及界面控制。希望读者能从中获得一些启发。

5.1 外延生长动力学原理

气相沉积技术适用于薄膜外延，特别是半导体薄膜外延。由气相沉积技术外

延生长的薄膜具有硬度高、耐磨性好、光滑、抗氧化能力强等优点。根据气相源到衬底上沉积之前不同的状态，气相沉积可分为物理气相沉积(Physical Vapor Deposition，PVD)和化学气相沉积(Chemical Vapor Deposition，CVD)。PVD 的特性在于，用于薄膜生长的原材料先从固相变为气相，而后在衬底表面凝结为固相。最常见的 PVD 工艺是溅射和蒸发，目前常用于 Ga_2O_3 外延生长的是分子束外延和脉冲激光沉积。区别于 PVD，典型的 CVD 技术是将衬底暴露于一种或多种不同的前驱体下，在一定的温度和压强下，在衬底表面发生化学分解和(或)化学反应来沉积所需的薄膜。反应过程中通常会伴随着产生多种不同的副产物，但这些副产物大多会被气流带走，而不会留在反应腔体内。目前，常用于 Ga_2O_3 外延生长的 CVD 法包括金属有机物化学气相沉积(Metal-Organic Chemical Vapor Deposition，MOCVD)法、氢化物气相外延(Hydride Vapor Phase Epitaxy，HVPE)法、低压化学气相沉积(Low Pressure Chemical Vapor Deposition，LPCVD)法、超声辅助雾相输运化学气相沉积(Mist Chemical-Vapor Deposition，Mist-CVD)法等。外延生长动力学的研究对于理解材料的生长模式、优化材料的外延生长具有重要意义。此外，由于 PVD 和 CVD 在外延生长过程中动力学过程区别很大，因此将在本节中分别讲述。

5.1.1　物理气相沉积法及其动力学原理

氧化镓薄膜的物理气相沉积法主要有三种：射频磁控溅射、脉冲激光沉积(Pulsed Laser Deposition，PLD)和分子束外延。无论是采用外加电场，产生高能粒子轰击靶材，使靶材溅射到衬底表面，进而沉积成膜；或是将高功率脉冲激光直接打在靶材上，使其产生等离子体羽辉，在与衬底作用时成核，进而沉积成膜；还是直接将成膜物质各种组分以原子流或者分子流的形式直接喷射到衬底表面进行成膜，其根本原理都是通过物理方法间接或直接在衬底表面成膜，因而统称为物理气相沉积。有多篇文献综述了氧化镓薄膜沉积方法原理以及在单晶生长、薄膜外延、光电子器件、功率器件等方面的进展[1，5，7-9]。

1. 射频磁控溅射

射频磁控溅射是诸多磁控溅射方法中的一种，类似的还有直流磁控溅射等。其主要原理：首先通过机械泵和分子泵将腔体抽到一定的真空度(小于3×10^{-3} Pa)，充入惰性气体 Ar 作为起辉气体；然后在外加电场的作用下使其发生电离($Ar \longrightarrow Ar^{+} + e^{-}$)，$Ar^{+}$ 通过电场的加速作用向靶材所在的阴极高速移动，e^-则向衬底所在的阳极移动，e^-在向阳极移动的过程中会与Ar原子产生碰撞，使更多的Ar发生电离($Ar+e^- \longrightarrow Ar^+ +2e^-$)，从而导致$Ar^+$的倍增效应；接着，经过电场加速、粒子倍增后的高能粒子Ar^+会持续轰击靶材表面，使得靶材表面原子吸收大量能量后挣脱表面的原子束缚力而溅射出来，并在电场作用下射向衬底；最后随着溅射过程的持续，溅射出来的靶材原子会在衬底上沉积成膜。

对于金属材料，一般采用直流磁控溅射镀膜。针对氧化镓这类高电阻率的半导体材料，也包括一些绝缘的材料，射频磁控溅射是最为合理的溅射方式，因为射频磁控溅射是通过阻抗耦合的方式产生高频电场，无需考虑靶材的电阻率。若采用直流磁控溅射，在靶材电阻率较低的情况下，则需要额外提高外加电压，从而避免由于电流过低导致的无法起辉问题。这会显著增加功耗，而且高压会对电极造成不可逆的损伤。另外，射频磁控溅射过程中，在高频电场与磁场的作用下，Ar电离所产生的e^-自由程更高，来回振动的范围更大，能与更多的Ar发生碰撞电离，在维持Ar电离稳定的同时也意味着单位时间内，有更多的高能粒子Ar^+轰击靶材表面，显著提高了溅射效率。

2. 脉冲激光沉积

脉冲激光沉积(PLD)是一种利用高能激光作用于靶材表面，使靶材汽化为等离子体羽辉，而后在衬底上成膜的物理气相沉积技术。其主要原理：首先，通过外部光路，将激光光斑聚焦到靶材上；然后，通过合适能量密度和脉冲宽度的激光与靶材表面相互作用，靶材表面物质吸收了激光的高能光子能量后，表面原子发生汽化，成为混合相的中性等离子体羽辉，其中包含有大量的电子、离子以及未电离的分子和原子，随着激光作用的时间积累，靠近靶材的区域先变为熔融态，而后在向外扩散的过程中逐渐转化为液态以及气态等离子体；最后，由于所吸收的光子能量部分转换为等离子体的动能，这些等离子体羽辉开始沿靶材的法线方向向衬底扩散，最外层的气态等离子体接触衬底后即迅速冷却沉积成核，随着生长过程的继续，核便会呈现岛状积累，最终沉积成膜。

在利用PLD制备薄膜的过程中，腔室需要保持较高的真空度(约10^{-5} Pa)，另外，需要通过观察腔室内的气压传感器来调节通入气体的压强大小。在制备氧化镓薄膜的过程中，需要不断调节通入氧气的压强，避免由此影响等离子体羽辉向衬底的扩散过程，因为羽辉中等离子体的扩散动能(一部分来源于吸收激光光子的能量，一部分来源于衬底的热能辐射)会受到腔内气体压

强的影响，如若动能过大，可能会在衬底上发生接触反弹，进而会引入大量点缺陷，影响成膜质量，反之则会在衬底上冷却成核、积累扩散成膜。因此，气体压强是影响成膜速度以及质量的重要因素。除此之外，衬底的温度、靶材到衬底间的距离、激光的能量密度、激光到靶材的距离等都会影响最终成膜的质量。

3. 分子束外延

分子束外延(MBE)[10]是在超高真空条件下($10^{-6}\sim10^{-10}$ Pa)，利用蒸发设备将固态源升华形成分子束，并与其他所需的气体分子束，以合适的速率喷射到衬底表面沉积成膜的物理气相沉积技术。MBE 的一大特点是能够长时间保持薄膜沉积腔室的超高真空条件，能最大限度地保证分子束喷射到衬底表面的过程中不受污染，使得沉积薄膜质量得以保证。这一技术的主要原理：首先对腔室抽真空，其中使用离子泵使腔室达到更低的真空度，当然也会更耗时；然后利用蒸发设备(坩埚或是电子束蒸发)将固态源升华为分子(原子)态，并与其他所需要的气态源分子一同以合适的速率喷射到衬底表面，在这一过程中，薄膜沉积腔室可集成多种设备，对沉积过程中薄膜的表面形态进行监测，例如反射高能电子衍射枪(Reflection High-Energy Electron Diffraction，RHEED)、石英晶振等；最后就是在加热至一定温度的衬底上进行沉积成膜的过程。在成膜过程中，可通过调节分子束喷射速率，达到对薄膜原子层级的精细调控，以调控薄膜的生长厚度，因而薄膜生长速率极低(小于 0.3 $\mu m\cdot h^{-1}$)，但保证了薄膜原子层级的平整。

在氧化镓薄膜制备中，MBE 由于可以通过调整分子束喷射速率实现薄膜原子层级的二维层状生长，因而 MBE 得到的单晶薄膜质量显著高于 PLD 和磁控溅射所得到的。而在 PLD 和磁控溅射中，无论是通过激光束照射靶材，还是高能粒子轰击靶材，所生成的等离子体向衬底表面运动的过程是不均匀的，这导致在衬底表面的沉积过程难以像 MBE 一样经过在衬底表面扩散后进行二维层状生长，更多情况下是层状、岛状结合生长，或者是三维岛状生长，这种不均匀的成膜过程会导致薄膜表面粗糙度上升。另外，MBE 的成膜速率极低，导致其难以大面积、快速制备薄膜，PLD 中由于激光光斑只作用于靶材的某一部分面积导致生成的等离子体羽辉携带少部分成膜物质源，也难以制备大面积薄膜，而在磁控溅射中，由于诸多高能粒子无定点轰击靶材，使其能够快速、大面积成膜，这是磁控溅射成膜的一大优势。PLD 的优势在于衬底温度较低，而且真空腔室内有多个靶材托，可以通过旋转靶材托，实现多组分成膜，例如多元合金薄膜等。另外，可以通过调整脉冲激光频率，使成膜过程梯度进行，从而降低薄膜表面粗糙度。但其劣势也比较明显，高能等离子体会引入大量点缺陷，会对成膜质量造成不可逆的损伤，例如低迁移率等。

5.1.2 化学气相沉积法及其动力学原理

1. 化学气相沉积法

化学气相沉积法是最早应用于半导体领域的一种较为成熟的外延生长方法[14]。该方法主要是利用一种或几种气相化合物或单质，在衬底表面上进行化学反应并于衬底表面生成薄膜，其化学反应主要包括化合物在衬底表面的热分解或化学反应。高温衬底的热能提供打破化学键，提供化学反应和晶化的能量。这种方法能形成多种金属、非金属和化合物薄膜，薄膜组分易于控制，较易获得理想化学计量比，得到的薄膜纯度高；该方法成膜速率快、工效高(沉积速率远大于 PVD 的，单炉处理批量大)；沉积温度高、薄膜致密、结晶完整、表面光滑、内部残余应力低；沉积绕射性好，可在复杂不规则表面(深孔、大台阶)沉积。但同时 CVD 法也有很多不足之处，由于其沉积温度高，热影响显著，有时甚至具有破坏性；存在衬底-气氛、设备-气氛间反应，影响衬底及设备性能寿命；有的 CVD 设备复杂，工艺控制难度较大。CVD 法在半导体工业领域如半导体、介电薄膜的制备以及表面处理等方面都是不可或缺的技术。

1) 金属有机物化学气相沉积

金属有机物化学气相沉积(MOCVD)或金属有机物气相外延(Metal-Organic Vapor Phase Epitaxy，MOVPE)是一种用金属有机前驱体以热分解反应方式在衬底上进行气相外延的工艺，主要以Ⅲ族、Ⅱ族元素的有机物和Ⅴ族、Ⅵ族元素的氢化物等为晶体生长的原材料。

2) 氢化物气相外延

氢化物气相外延(HVPE)是一种利用氢化物气体反应的常压化学气相沉积方法，它是将反应气体(氢化物)与金属单质反应，得到中间产物，并将中间产物与生长区域的气体进行反应得到目标薄膜。

3) 低压气相沉积

低压气相沉积(LPCVD)是指在 1.0 Pa～4×10^4 Pa 的反应压强下进行的化学沉积。它是利用气态或蒸气态的物质在气相或气固界面上发生化学反应生

成固态沉积物的过程。该方法以外延室为低压为特点，载气流速增大，反应在表面的扩散系数增大，这可减少反应物之间的寄生反应，以及外延生长对反应室的记忆效应，增大纵向均匀性。在低压下，原材料的蒸气压很低时，常压下不易进行的化学反应，在低压下变得容易进行。

4) 超声辅助雾相输运化学气相沉积

超声辅助雾相输运化学气相沉积(Mist chemical-vapor deposition，Mist-CVD)属于化学气相沉积法。它是将原料溶液经超声雾化器雾化为微米液滴，由载气运输到反应腔室，经过热分解使其反应的过程。

2. 化学气相沉积动力学原理

通常，在化学气相沉积过程中主要存在两种反应类型：一是气相反应，即反应物分子在输运气流和边界层中发生分解和化合反应；二是表面反应，即反应先驱物通过边界层扩散到衬底表面发生反应。气相反应中，通常会存在先驱物的中间反应，生成中间产物。在薄膜生长过程中，寄生反应的存在不仅会降低薄膜的外延速率，同时生成的微粒会影响薄膜的沉积质量。动力学(Kinetics)与热力学（Thermodynamics)是化学气相沉积反应的主要影响因素。动力学决定了化学气相沉积反应的传输过程、反应机制和反应速率；而热力学则可知其反应驱动力与反应方式。通常改变实验参数如反应原料、反应温度、反应压强和反应过程中载气流量或流速等，可以调控薄膜样品结构、形貌和沉积量。

图5-1展示了整个化学气相沉积反应中的基本物理化学过程及步骤，其外延过程可分为如下：

(1) 反应物气体混合物及前驱体的蒸发由主气流以一定流速输运到反应器；

(2) 反应气体经反应装置上游通入，发生气相中间反应生成部分膜先驱物和副产物；

(3) 反应物在衬底表面的质量输运，通过温度等获得动能，吸附在衬底表面，进一步扩散至衬底生长区域；

(4) 先驱物在生长层表面发生表面化学反应，生成外延薄膜分子和副产物，向生长点进行表面扩散，一起形成临界核；

(5) 外延膜分子的临界核在生长层表面扩散迁移，并结合形成晶格点阵；

(6) 副产物分子从衬底表面解吸，通过边界层向外扩散进入主气流，被带走排出沉积区。

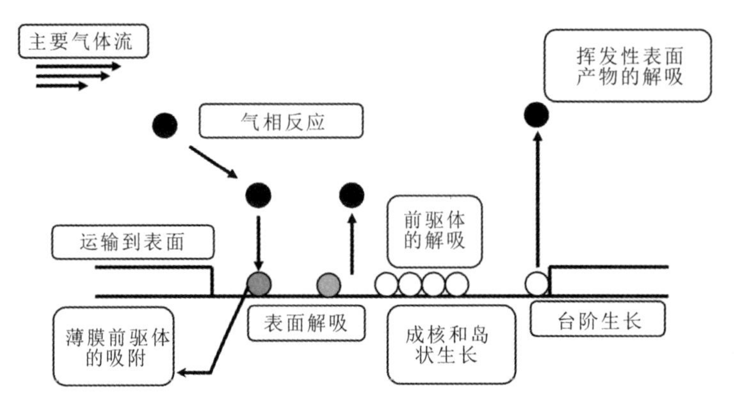

图 5-1 CVD **中的前驱体输运和反应过程**[12]

以上步骤依次发生，并相互制约。生长速率主要取决于其中最慢的步骤，该步骤称为“速率控制步骤”。步骤(3)、(4)为物质输运步骤，表示气体分子在主气流和生长表面间的扩散，由这些步骤控制着生长速率，称之为“质量输运”和“质量转移控制”；若由固体表面发生的吸附反应或解吸反应控制着生长速率，则称之为“表面反应控制”。

A. S. Grove 模型是目前较为广泛采用的生长动力学模型[13]。该模型认为在 CVD 生长过程中，外延层生长速率(GR)可表达为(以 Ga_2O_3 为例)

$$GR=\frac{d\chi_e}{dt}=\frac{k_s h_g}{k_s+h_g}\frac{N_T}{N_{Ga_2O_3}}Y \tag{5-1}$$

式中，χ_e为外延层厚度，k_s为表面反应速率常数，h_g为质量转移系数，N_T为单位体积分子总数，$N_{Ga_2O_3}$为单位体积 Ga_2O_3 分子总数，Y 为反应试剂摩尔分数。此时，外延层表面处反应试剂浓度 N_s为

$$N_s=\frac{Y}{1+k_s/h_g}N_T \tag{5-2}$$

由式(5-2)可以看出：(1) 外延生长速率与输入气流中的反应剂摩尔分数 Y 成正比；(2) 当 Y 一定，$h_g \ll k_s$，即表面反应速率远大于质量输运速率时，反应表现为质量转移控制，生长速率可表现为

$$GR=h_g\left(\frac{N_T\times Y}{N_{Ga_2O_3}}\right),\ N_s=0 \tag{5-3}$$

(3) 当 Y 一定，$k_s \ll h_g$，质量输运速率远大于表面反应速率时，反应表现为表面反应控制，生长速率可表现为

$$GR=k_s\left(\frac{N_T\times Y}{N_{Ga_2O_3}}\right),\ N_s=N_T Y \tag{5-4}$$

质量输运控制和表面反应控制这两种机制强烈依赖于各种反应参数。在低温情形下，外延生长主要表现为表面反应控制，生长速率随温度呈指数形式增加；在高温情形下，外延生长主要由质量转移控制，生长表面形成反应剂的耗尽，由于扩散系数和温度的 3/2 次方成正比，因此 h_g 随温度也有一些变化，但比较平缓。

CVD 中，化学反应的热力学和动力学性质影响着化学反应沉积过程，其中薄膜的生长速率受衬底温度、反应室压强、反应气分压、分解效率、气相的组成和化学性质、材料输运流量以及反应基团的动力学能量等因素影响。

反应室的压强也是一个关键因素。对于气相反应，反应室的压强很重要，在沉积过程中，对质量输运和表面反应都起着重要作用。随着压强的降低，气相反应变得不那么重要，特别是在压强低于 1 Torr 时，层的生长通常由表面反应控制。在非常低的压强下(如 10^{-4} Torr)，完全没有输运，层的生长主要由气体和衬底温度以及生长表面前驱体碎片和衬底元素的解吸控制。

5.2　氧化镓外延方法

高质量的外延薄膜对于各种类型的光电器件的设计和制造是必不可少的。提高外延薄膜质量可通过避免不需要的杂质和晶体结构缺陷，如位错、堆垛层错和点缺陷等实现。从这个角度来看，在同质衬底上的外延生长是最理想的情况。然而，为利用不同晶相 Ga_2O_3 的材料优势，如更高禁带宽度和击穿场强的 $\alpha-Ga_2O_3$，具有铁电特性的 $\varepsilon-Ga_2O_3$ 等，需要利用先进的外延技术实现高质量的异质外延薄膜。目前，用于 Ga_2O_3 生长的薄膜沉积技术包括 MOCVD(或 MOVPE)、HVPE、LPCVD、Mist-CVD、MBE、PLD 和磁控溅射。由于 Ga_2O_3 是一种新兴的半导体材料，其外延生长技术都是目前科研领域活跃的技术。在快速发展的外延生长技术下，Ga_2O_3 的外延薄膜质量得到了不断提高。在 Ga_2O_3 发展的早期，Ga_2O_3 的生长主要是通过 PVD 方法，例如 MBE 和 PLD[14-20]。随后，HVPE 展示了在良好可控电导率的情况下的高质量、高速同质外延生长[21-22]。此外，HVPE 还可用于 $\alpha-Ga_2O_3$ 和 $\varepsilon-Ga_2O_3$ 的异质外延生长，并且实现了高质量的 $\alpha-Ga_2O_3$ 横向外延生长。MOCVD 是各种化合物半导体外延(GaAs，GaN)中最受欢迎的薄膜生长技术之一，原因在于它可以生长高质量的薄膜，并经常用于大批量生产。因此，Ga_2O_3 也有相似的技术应用

前景，并且目前在外延生长动力学研究和可控掺杂等方面已经取得了重大进展[23-26]。Mist-CVD 是一种使用含有雾状粒子前驱体的气相沉积过程，是一种主要为氧化物半导体薄膜材料外延开发的简单而经济的技术，目前主要应用于 Ga_2O_3 异质外延生长，特别是 $\alpha-Ga_2O_3$ 的外延[27-29]。这些外延生长方法的技术特点及目前 Ga_2O_3 的发展状况都将在本节中叙述。

5.2.1 金属有机物气相外延(MOVPE)

金属有机气相外延(MOVPE)或金属有机物化学气相沉积(MOCVD)是氧化镓诸多外延方法中的一种，其本质上是一种化学气相外延(VPE 或 CVD)法，这种化学气相外延法无需像 PLD 或者 MBE 那种物理气相外延法一样需要超高真空度，同时它具有媲美于氢化物气相外延(HVPE)的生长速率；而且相比于其他外延方法所得到的外延薄膜，该方法得到的氧化镓薄膜面积相对较大且质量相对较高；除此之外，得益于 MOVPE 设备调控的精密性，该方法可以通过精确控制通入不同金属有机物源(MO 源)的流量来实现氧化镓的 n 型掺杂或者合金。因此，在氧化镓诸多外延方法中，MOVPE 优势明显，前景明朗。

在 MOVPE 系统的反应腔室中，衬底被放置在匀速旋转的衬底托盘上的卡槽中，MO 源与其他气体源通过喷淋头(Showerhead)均匀喷洒至高温反应腔室内，MO 源与其他气体源接触高温衬底，裂解并发生化学反应后，均匀沉积在衬底上而形成膜。图 5-2 显示了垂直反应腔室的 MOVPE 系统示意图，

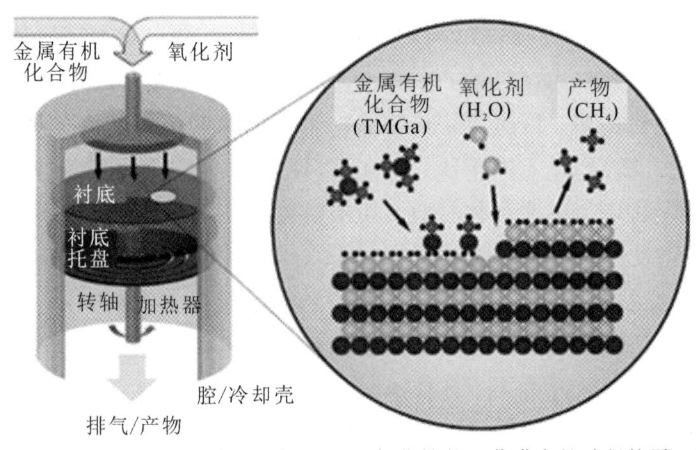

(a) 垂直反应腔室的MOVPE系统示意图　(b) 氧化镓外延薄膜生长过程的原理图

图 5-2　垂直反应腔室的 MOVPE 系统示意图及氧化镓外延薄膜生长过程原理图

以及利用三甲基镓(TMGa)作为镓源、水(H_2O)作为氧源进行的氧化镓外延薄膜生长过程的原理图。

利用MOVPE系统能否实现高质量、快速、大面积生长氧化镓外延薄膜取决于很多因素，如生长温度、输入Ⅵ/Ⅲ比、腔室压强等，但最重要是选择合适的反应前驱体，即MO源、氧源。在氧化镓薄膜外延生长中，除了利用图5-2所示的TMGa作为镓源，也有报道利用三乙基镓(TEGa)[30-32]或三二戊基甲烷酸基镓($Ga(DPM)_3$)[32]作为镓源。在室温下，TMGa与TEGa是液态的，通常使用不锈钢瓶起泡器(Bubblers)进行传输，通过控制载气流量、起泡器压强和水浴温度，将MO源以设定的流量传送至反应腔内[11]。与TMGa和TEGa不同，$Ga(DPM)_3$是一种固态MO源，需要加热至大约155°C升华为镓蒸气，再通过管道输送进反应腔室内与氧源进行反应。由于此MO源温度高，因此在生长过程中，要保持MO源进出阀门、输送管道、喷淋头均需要在升华温度以上，防止其凝结造成堵塞，这是利用$Ga(DPM)_3$作为镓源外延生长氧化镓薄膜的主要挑战。另外，一般选择氧气(O_2)、臭氧(O_3)、水蒸气(H_2O)或者笑气(N_2O)作为氧化镓薄膜外延生长过程中的氧源。

长期以来，极低的生长速率(小于0.5 $\mu m \cdot h^{-1}$[30])一直是MOVPE系统进行氧化镓薄膜外延生长的障碍之一，从生长动力学的角度解释，这主要是因为过早的气相成核作用，即前驱体在到达衬底表面之前就通过反应消耗殆尽了，有效的解决办法是尽量减少MO源与氧源在到达衬底前进行预反应，如将MO源和氧源分开注入至反应腔室内。最近，有报道采用封闭式喷淋头(Close Injection Showerhead)的MOVPE系统在高温衬底附近分别注入MO源和氧源，防止了MO源过早氧化，从而实现了高生长速率[32]。在MOVPE系统中，MO源与氧源在衬底表面的反应对氧化镓外延薄膜生长速率和质量起决定性作用，而且纯氧前驱体(如O_2)与MO源的反应非常强，预反应过程是不可避免的，但可以通过控制其他生长条件来降低预反应过程对外延生长过程的影响。有文献报道降低氧流量及反应腔压强可以降低预反应从而提高薄膜质量及生长速率。为了显著降低由于预反应引起的前驱体损耗，除了将MO源和氧源分别注入衬底附近之外，选择与气态MO源反应较少的氧源也是至关重要的，如水蒸气、叔丁醇、异丙醇或笑气。

目前氧化镓外延生长研究大部分聚焦于稳定相$\beta-Ga_2O_3$，在异质外延中，对亚稳相$\varepsilon-Ga_2O_3$和$\alpha-Ga_2O_3$也有报道，表5-1总结了利用MOCVD法异质外延氧化镓薄膜的进展，由表可以观察到，在生长温度低于800℃的时候，外延薄膜倾向于亚稳相$\varepsilon-Ga_2O_3$、$\alpha-Ga_2O_3$生长。

表 5-1 MOCVD 异质外延生长氧化镓薄膜总结

衬底	腔室压强/Torr	衬底温度/(℃)	镓源	氧源	生长速率/($\mu m \cdot h^{-1}$)	外延薄膜情况
(100)p 型硅	—	500～600	TMGa(Ar 作为载气)	O_2	—	有小晶体的非晶[33]
a，c，m，r-面蓝宝石	—	600～850	TEGa(N_2 作为载气)	N_2O	0.7	$(\bar{2}01)\beta-Ga_2O_3 \parallel (0001)Al_2O_3$，$(\bar{2}01)\beta-Ga_2O_3 \parallel (11\bar{2}0)Al_2O_3$ 和 $(11\bar{2}0)\alpha-Ga_2O_3 \parallel (11\bar{2}0)Al_2O_3$，$(10\bar{1}0)\alpha-Ga_2O_3 \parallel (10\bar{1}0)Al_2O_3$，$(10\bar{1}2)\alpha-Ga_2O_3 \parallel (10\bar{1}2)Al_2O_3$[34]
GaAs	大气压	600～850	TEGa(N_2 作为载气)	H_2O	0.7	$\beta-Ga_2O_3 \parallel (\bar{1}11)GaAs$[34]
c-面蓝宝石	—	800～850	TMGa(Ar 作为载气)	O_2	—	纯相 $(\bar{2}01)\beta-Ga_2O_3 \parallel (0001)Al_2O_3$[35]
c-面蓝宝石	—	500～600	$Ga(DPM)_3$，TEGa，TMGa(Ar 作为载气)	O_2	>10	纯相 $(\bar{2}01)\beta-Ga_2O_3 \parallel (0001)Al_2O_3$[32]
c-面蓝宝石	3.75～37.5	800	TMGa	H_2O	—	$(0001)\alpha-Ga_2O_3 \parallel (0001)Al_2O_3$ $(\bar{2}01)\beta-Ga_2O_3 \parallel (0001)\alpha-Ga_2O_3$[36]
c-面蓝宝石	—	650	TMGa	H_2O	约 1.2	$\varepsilon-Ga_2O_3$ 以及一些衬底界面处的 $\gamma-Ga_2O_3$[37-39]
c-面蓝宝石	45	600	TEGa(Ar 作为载气)	O_2	0.1～1	ε-，α-，$\beta-Ga_2O_3$[40]
6H-SiC	26	500	TEGa	O_2	0.8	纯相 $\varepsilon-Ga_2O_3$[41]
c-面蓝宝石	9.1	450～570	TEGa(Ar 作为载气)	O_2	—	$(0001)\varepsilon-Ga_2O_3 \parallel (0001)Al_2O_3$ $(\bar{2}01)\beta-Ga_2O_3 \parallel (0001)Al_2O_3$[42]

最近，在稳定相氧化镓同质外延研究中，Feng 等人[25]报道了通过优化生长过程中的压强(20～100 Torr)，可以显著降低背景掺杂和补偿浓度，在(010)Fe 掺杂的稳定相氧化镓衬底上，通过 MOVPE 同质外延出了 1.25 μm 厚，Si 掺杂的 $\beta-Ga_2O_3$ 外延膜，并且实现了硅掺杂的可调性，最低掺杂浓度能达到 10^{16} cm^{-3}；在腔室压强为 60 Torr 时，生长速率为 0.71 $\mu m \cdot h^{-1}$，掺杂浓度为 2.5×10^{16} cm^{-3}时，室温下迁移率达到了创纪录的 184 $cm^2 \cdot V^{-1} \cdot s^{-1}$，这已经十分接近理论计算所能得到的最大迁移率(220 $cm^2 \cdot V^{-1} \cdot s^{-1}$)[43]；另外，在温度为 45 K 时，迁移率能达到 4984 $cm^2 \cdot V^{-1} \cdot s^{-1}$。在 $\beta-Ga_2O_3$ 同质外延的调控掺杂方面，Baldni 等人[44]报道了利用 Si 和 Sn 作为 n 型掺杂剂，在(010)衬底上同质外延 $\beta-Ga_2O_3$ 薄膜，可以实现 1×10^{17} cm^{-3}至 8×10^{19} cm^{-3}范围内的掺杂调控，迁移率也会随着掺杂浓度的提高而从约 130 $cm^2 \cdot V^{-1} \cdot s^{-1}$降至约 50 $cm^2 \cdot V^{-1} \cdot s^{-1}$。综上，通过 MOVPE 同质外延技术可以达到低的背景浓度，实现掺杂浓度的调控，从而得到高迁移率的外延薄膜，毫无疑问这会让氧化镓基高性能电力电子器件的制备以及商业化迎来新的曙光。此外，在氧化镓基合金及异质结制备中，由于 MOVPE 技术拥有比 MBE 技术更高的生长温度，并且生长的外延薄膜更加光滑，因此利用 MOVPE 可以生长具有突变异质结和更高 Al 含量($x>0.4$)的 $\beta-(Al_xGa_{1-x})_2O_3/\beta-Ga_2O_3$ 异质结或者超晶格[45]，并且利用 MOVPE 生长该异质结可以达到很快的生长速率，其值大约为 0.8 $\mu m \cdot h^{-1}$，这远大于 MBE 的常见生长速率(0.2 $\mu m \cdot h^{-1}$)，因此利用 MOVPE 外延方法，大规模生产 $\beta-(Al_xGa_{1-x})_2O_3/\beta-Ga_2O_3$ 调制掺杂场效应晶体管(MODFETs)是非常有希望的。

总体来说，在成熟的氮化镓基半导体生长方面，MOVPE 是一种技术迭代良好、商业化的生长技术，目前可以做到在 8 英寸硅晶圆上高速率外延生长 GaN 基外延薄膜[46]。MOVPE 系统在氮化镓基半导体产业商业化运用的例子说明了 MOVPE 是大规模、高质量生长外延材料的主要手段，这也意味着氧化镓基材料与器件若能商业化，利用 MOVPE 系统进行外延生长是必不可少的环节。

5.2.2　氢化物气相外延(HVPE)

目前，2 英寸 $\beta-Ga_2O_3$ 衬底的批量生产主要是由导模法制备的。为了制备高性能的功率器件，如垂直肖特基势垒二极管和场效应晶体管，一种快速生长电导率可控的同质外延层(漂移层)的生长方法是必不可少的。目前为止，已有报道分子束外延(MBE)[14,17,47]、超声辅助相输运化学气相沉积(Mist-CVD)[48]、金属有机物化学气相沉积(MOCVD)[30]以及氢化物气相外延(HVPE)[21-22,49-51]进行的 $\beta-Ga_2O_3$ 同质外延生长。在这些生长方法中，HVPE 最适合用于高纯层的快速生长，以及通过掺杂来控制电导率。

近来，部分研究者对以 GaCl 和 O_2 为前驱体，采用 HVPE 法生长 $\beta-Ga_2O_3$ 进行热力学分析和探究[49]。研究者试图利用 HVPE 法快速外延同质的高纯度非故意掺杂(UID)$\beta-Ga_2O_3$ 层，其有效施主浓度(N_d-N_a)小于 10^{13} cm^{-3}[21, 51]。此外，在采用 HVPE 法制备 Si 掺杂的 $\beta-Ga_2O_3$ 外延层中，$SiCl_4$ 被作为掺杂源，n 型载流子浓度范围为 $10^{15}\sim10^{18}$ cm^{-3}。

本节主要以 $\beta-Ga_2O_3$ 为例，介绍 HVPE 生长系统的热力学分析以及 $\beta-Ga_2O_3$ 的 UID 层制备和硅的故意掺杂。

1. HVPE 生长 Ga_2O_3 的热力学分析

HVPE 生长系统主要采用金属元素的卤化物和 O_2 或 H_2O 反应生成 Ga_2O_3，一氯化镓(GaCl)或三氯化镓($GaCl_3$)常作为 Ga 的前驱体，O_2 或 H_2O 作为氧的前驱体。因此，在 HVPE 生长过程中发生的化学反应如下：

$$2GaCl(g)+\left(\frac{3}{2}\right)O_2(g)=\!=\!=\beta-Ga_2O_3(s)+Cl_2(g) \tag{5-5}$$

$$2GaCl(g)+3H_2O(g)=\!=\!=\beta-Ga_2O_3(s)+2HCl(g)+2H_2(g) \tag{5-6}$$

$$2GaCl_3(g)+\left(\frac{3}{2}\right)O_2(g)=\!=\!=\beta-Ga_2O_3(s)+3Cl_2(g) \tag{5-7}$$

$$2GaCl_3(g)+3H_2O(g)=\!=\!=\beta-Ga_2O_3(s)+6HCl(g) \tag{5-8}$$

通过热化学数据计算可以得到如图 5-3 所示的 Ga_2O_3 生长反应式(5-5)～

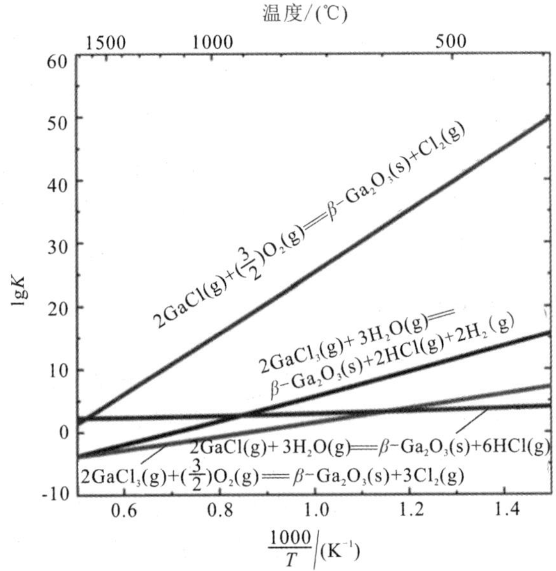

图 5-3　$\beta-Ga_2O_3$ 生长反应计算的平衡常数(K)与生长温度倒数的关系

(5－8)的平衡常数(K)相对于生长温度倒数的关系图。其中生长反应式(5－5)的平衡常数最大，表明HVPE采用GaCl和O_2作为前驱体有利于β－Ga_2O_3的生长。

其次，需计算反应时β－Ga_2O_3底物上的平衡分压。采用惰性气体(如N_2、He或Ar)和H_2的混合气体作为载气。此时，将有以下17种气体共存：GaCl、$GaCl_2$、$GaCl_3$、$(GaCl_3)_2$、GaO、Ga_2O、Ga、GaH、GaH_2、GaH_3、GaOH、Cl_2、O_2、H_2、HCl、H_2O和IG气体，除了反应式(5－5)～(5－8)，还伴随以下12种化学反应：

$$GaCl(g)+\frac{1}{2}Cl_2(g)=GaCl_2(g) \tag{5-9}$$

$$GaCl(g)+Cl_2(g)=GaCl_2(g) \tag{5-10}$$

$$2GaCl_3(g)=(GaCl_3)_2(g) \tag{5-11}$$

$$GaCl(g)+\frac{1}{2}O_2(g)=GaO(g)+\frac{1}{2}Cl_2(g) \tag{5-12}$$

$$2GaCl(g)+\left(\frac{1}{2}\right)O_2(g)=Ga_2O(g)+Cl_2(g) \tag{5-13}$$

$$GaCl(g)=Ga(g)+\left(\frac{1}{2}\right)Cl_2(g) \tag{5-14}$$

$$H_2(g)+Cl_2(g)=2HCl(g) \tag{5-15}$$

$$H_2(g)+\left(\frac{1}{2}\right)O_2(g)=H_2O(g) \tag{5-16}$$

$$Ga(g)+\left(\frac{1}{2}\right)H_2(g)=GaH(g) \tag{5-17}$$

$$Ga(g)+H_2(g)=GaH_2(g) \tag{5-18}$$

$$Ga(g)+\left(\frac{3}{2}\right)H_2(g)=GaH_3(g) \tag{5-19}$$

$$Ga(g)+H_2O(g)=GaOH(g)+\left(\frac{1}{2}\right)H_2(g) \tag{5-20}$$

化学反应式(5－5)和式(5－9)～(5－20)的平衡方程表示为

$$K_5(T)=\frac{P_{Cl_2}}{P_{GaCl}^2 P_{O_2}^{3/2}} \tag{5-21}$$

$$K_9(T)=\frac{P_{GaCl_2}}{P_{GaCl} P_{Cl_2}^{1/2}} \tag{5-23}$$

$$K_{10}(T)=\frac{P_{GaCl_3}}{P_{GaCl}P_{Cl_2}} \tag{5-23}$$

$$K_{11}(T)=\frac{P_{(GaCl_3)_2}}{P_{GaCl_3}^2} \tag{5-24}$$

$$K_{12}(T)=\frac{P_{GaO}P_{Cl_2}^{1/2}}{P_{GaCl}P_{O_2}^{1/2}} \tag{5-25}$$

$$K_{13}(T)=\frac{P_{Ga_2O}P_{Cl_2}}{P_{GaCl}^2P_{O_2}^{1/2}} \tag{5-26}$$

$$K_{14}(T)=\frac{P_{Ga}P_{Cl_2}^{1/2}}{P_{GaCl}} \tag{5-27}$$

$$K_{15}(T)=\frac{P_{HCl}^2}{P_{H_2}P_{Cl_2}} \tag{5-28}$$

$$K_{16}(T)=\frac{P_{H_2O}}{P_{H_2}P_{O_2}^{1/2}} \tag{5-29}$$

$$K_{17}(T)=\frac{P_{GaH}}{P_{Ga}P_{H_2}^{1/2}} \tag{5-30}$$

$$K_{18}(T)=\frac{P_{GaH_2}}{P_{Ga}P_{H_2}} \tag{5-31}$$

$$K_{19}(T)=\frac{P_{GaH_3}}{P_{Ga}P_{H_2}^{3/2}} \tag{5-32}$$

$$K_{20}(T)=\frac{P_{GaOH}P_{H_2}^{1/2}}{P_{Ga}P_{H_2O}} \tag{5-33}$$

其中，P_i是气体平衡分压，$K_i(T)$是与温度有关的平衡常数。$K_i(T)$可由热化学数据计算得到[52]，拟合公式为

$$\lg[K_i(T)]=a+\frac{b}{T}+c\lg(T) \tag{5-34}$$

其中，T 为绝对温度。各化学反应的拟合参数 a、b、c 见表 5-2。由于生长反应器(P_{tot})总压恒定，得

$$\begin{aligned}P_{tot}=&P_{GaCl}+P_{GaCl_2}+P_{GaCl_3}+P_{(GaCl_3)_2}+P_{GaO}+P_{Ga_2O}+P_{Ga}+P_{GaH}+P_{GaH_2}+\\&P_{GaH_3}+P_{GaOH}+P_{Cl_2}+P_{O_2}+P_{H_2}+P_{HCl}+P_{H_2O}+P_{IG}\end{aligned} \tag{5-35}$$

将输入分压记为 P_i°，由生成 Ga_2O_3 的化学计量关系得到：

$$\begin{aligned}&\frac{1}{2}[P_{GaCl}^\circ-(P_{GaCl}+P_{GaCl_2}+P_{GaCl_3}+P_{(GaCl_3)_2}+\\&P_{GaO}+P_{Ga_2O}+P_{Ga}+P_{GaH}+P_{GaH_2}+P_{GaH_3}+P_{GaOH})]\\&=\frac{1}{3}[2P_{O_2}^\circ-(P_{GaO}+P_{Ga_2O}+P_{GaOH}+2P_{O_2}+P_{H_2O})]\end{aligned} \tag{5-36}$$

表 5-2 化学反应随温度变化的平衡常数拟合参数

反 应	a	b	c
$2GaCl(g)+\frac{3}{2}O_2(g)=\!=\!=\beta-Ga_2O_3(s)+Cl_2(g)$	-3.72×10^{1}	5.03×10^{4}	4.05×10^{0}
$GaCl(g)+\frac{1}{2}Cl_2(g)=\!=\!=GaCl_2(g)$	-3.00×10^{0}	7.91×10^{3}	1.71×10^{-1}
$GaCl(g)+Cl_2(g)=\!=\!=GaCl_3(g)$	-9.67×10^{0}	1.91×10^{4}	8.50×10^{-1}
$2GaCl_3(g)=\!=\!=(GaCl_3)_2(g)$	-1.40×10^{1}	5.34×10^{3}	2.00×10^{0}
$GaCl(g)+\frac{1}{2}O_2(g)=\!=\!=GaO(g)+\frac{1}{2}Cl_2(g)$	-1.30×10^{0}	-1.12×10^{4}	4.05×10^{-1}
$2GaCl(g)+\frac{1}{2}O_2(g)=\!=\!=Ga_2O(g)+Cl_2(g)$	-4.33×10^{0}	-2.05×10^{3}	1.08×10^{-1}
$GaCl(g)=\!=\!=Ga(g)+\frac{1}{2}Cl_2(g)$	1.55×10^{-1}	-1.78×10^{4}	6.93×10^{-1}
$H_2+Cl_2(g)=\!=\!=2HCl(g)$	2.70×10^{0}	9.58×10^{3}	-5.82×10^{-1}
$H_2(g)+\frac{1}{2}O_2(g)=\!=\!=H_2O(g)$	2.28×10^{-2}	1.26×10^{4}	-8.37×10^{-1}
$Ga(g)+\frac{1}{2}H_2(g)=\!=\!=GaH(g)$	8.60×10^{-2}	2.97×10^{3}	-7.01×10^{-1}
$Ga(g)+H_2(g)=\!=\!=GaH_2(g)$	-1.55×10^{0}	5.60×10^{3}	-9.08×10^{-1}
$Ga(g)+\frac{3}{2}H_2(g)=\!=\!=GaH_3(g)$	9.45×10^{0}	7.72×10^{3}	-5.78×10^{0}
$Ga(g)+H_2O(g)=\!=\!=GaOH(g)+\frac{1}{2}H_2(g)$	-4.36×10^{0}	9.15×10^{3}	4.50×10^{-1}

由于固相中没有氯和氢，因此可得到以下两个约束条件：

$$\frac{P^{\circ}_{GaCl}}{2P^{\circ}_{H_2}+2P^{\circ}_{IG}}=\frac{P_{GaCl}+2P_{GaCl_2}+3P_{GaCl_3}+6P_{(GaCl_3)_2}+2P_{Cl_2}+P_{HCl}}{P_{GaH}+2P_{GaH_2}+3P_{GaH_3}+P_{GaOH}+2P_{H_2}+P_{HCl}+2P_{H_2O}+2P_{IG}} \tag{5-37}$$

$$\frac{P^{\circ}_{H_2}}{P^{\circ}_{H_2}+P^{\circ}_{IG}}=\frac{P_{GaH}+2P_{GaH_2}+3P_{GaH_3}+P_{GaOH}+2P_{H_2}+P_{HCl}+2P_{H_2O}}{P_{GaH}+2P_{GaH_2}+3P_{GaH_3}+P_{GaOH}+2P_{H_2}+P_{HCl}+2P_{H_2O}+2P_{IG}} \tag{5-38}$$

式(5-37)和式(5-38)分别表示氯化镓和氢分子数与氢和IG分子数的比值。

在该生长温度下，通过求解式(5-21)～(5-33)和式(5-35)～(5-38)的方程组，得到了气体的平衡分压 P_{tot} 和 P°_{GaCl}、输入Ⅵ/Ⅲ比($2P^{\circ}_{O_2}/P^{\circ}_{GaCl}$)和载气中$H_2$的摩尔分数[$F^{\circ}=P^{\circ}_{H_2}/(P^{\circ}_{H_2}+P^{\circ}_{IG})$]。在得到气体的平衡分压后，从 P°_{GaCl} 和含Ga气体物质的分压 P_i 之和的压强差中估算 $\beta-Ga_2O_3$ 的生长驱动力：

$$\Delta P_{Ga_2O_3}=\frac{1}{2}[P^{\circ}_{GaCl}-(P_{GaCl}+P_{GaCl_2}+P_{GaCl_3}+2P_{(GaCl_3)_2}+P_{GaO}+2P_{Ga_2O}+P_{Ga}+P_{GaH}+P_{GaH_2}+P_{GaH_3}+P_{GaOH})] \tag{5-39}$$

当生长受到质量传输限制时，生长速率(GR)为

$$GR=K_g\cdot\Delta P_{Ga_2O_3} \tag{5-40}$$

式中，K_g是质量传输系数。图5-4给出了生长温度为1000℃，惰性气体摩尔分数为$F^{\circ}=0$时，$\beta-Ga_2O_3$上方的各个气态物质的平衡分压(P_i)和$\beta-Ga_2O_3$的生长驱动力($\Delta P_{Ga_2O_3}$)随输入Ⅵ/Ⅲ比变化的函数关系图。总压P_{tot}为1.0 atm，分压P_{GaCl}为1×10^{-3} atm。从图中可看出，当输入Ⅵ/Ⅲ比值约为1时，除$GaCl_3$、$(GaCl_3)_2$、IG外，各气态组分的平衡分压均发生了显著变化。若生长系统仅受表面反应式(5-5)控制，则输入Ⅵ/Ⅲ比为1.5时气体种类发生显著变化。因此，上述计算结果表明，部分GaCl被反应以外的其他反应(见式(5-5))消耗了。当输入Ⅵ/Ⅲ比小于1时，$\Delta P_{Ga_2O_3}$随着输入Ⅵ/Ⅲ比的增大而增大，而当输入Ⅵ/Ⅲ比大于1时，$\Delta P_{Ga_2O_3}$几乎饱和。因此，为了保持增长的均匀性，宜采用大于1的输入Ⅵ/Ⅲ比。

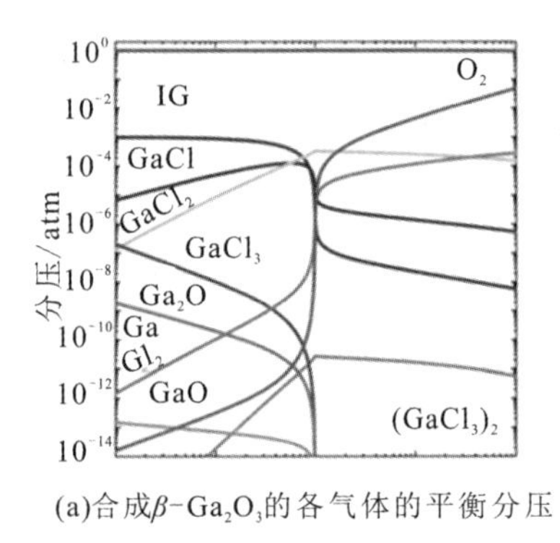

(a)合成β-Ga_2O_3的各气体的平衡分压

(b) β-Ga_2O_3的生长驱动力($\Delta P_{Ga_2O_3}$)随输入Ⅵ/Ⅲ比变化的函数

图5-4 合成$\beta-Ga_2O_3$的各气体的平衡分压和$\beta-Ga_2O_3$的生长驱动力($\Delta P_{Ga_2O_3}$)随输入Ⅵ/Ⅲ比变化的函数

图5-5给出了$\beta-Ga_2O_3$上方的气态物质的平衡分压(P_i)和$\beta-Ga_2O_3$的生长驱动力($\Delta P_{Ga_2O_3}$)随温度变化的函数图。P_{tot}为1.0 atm，P_{GaCl}为1×10^{-3} atm，输入Ⅵ/Ⅲ比为10，IG为载气($F^{\circ}=0$)。温度在1000℃左右可得到足够大的$\Delta P_{Ga_2O_3}$。但是，$\Delta P_{Ga_2O_3}$随着生长温度的升高而降低，当温度超过1600℃时出现刻蚀现象。因此，$\beta-Ga_2O_3$的生长温度在1000℃附近。在1000℃左右的生长温度下，除了IG和O_2，$GaCl_3$的平衡分压最高，这表明供应的GaCl不仅与

O_2反应，还与Cl_2反应生成$GaCl_3$。

图5－6显示了H_2在载气中的摩尔分数对该生长温度下生长驱动力($\Delta P_{Ga_2O_3}$)的影响。若使用GaCl作为$\beta-Ga_2O_3$的全部生长源，生长驱动力($\Delta P_{Ga_2O_3}$)为P°_{GaCl}的一半。如图5－6所示，当温度低于500℃时，$\Delta P_{Ga_2O_3}$的数值约为P°_{GaCl}的一半。$\Delta P_{Ga_2O_3}$的数值随着生长温度的升高而降低，随着惰性气体的增加而减小得更快。对于1000℃左右时$\beta-Ga_2O_3$的高速生长，惰性气体的比例应低于2%($F^{\circ}<0.02$)。

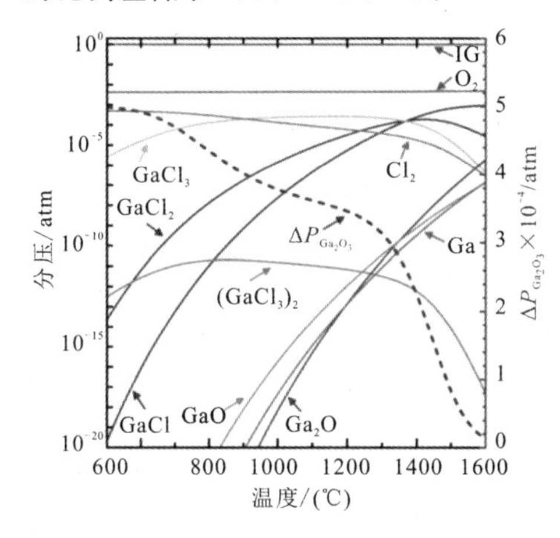

图5－5　合成$\beta-Ga_2O_3$的各气体的平衡分压和$\beta-Ga_2O_3$的生长驱动力($\Delta P_{Ga_2O_3}$)随温度变化的函数

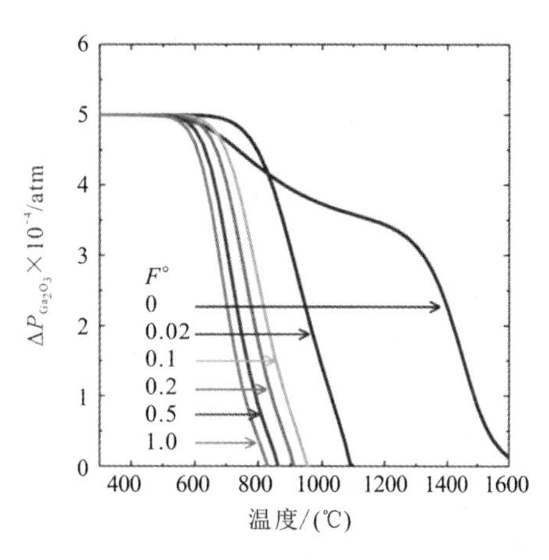

图5－6　$\beta-Ga_2O_3$的生长驱动力($\Delta P_{Ga_2O_3}$)随温度的变化

2. HVPE法同质外延$\beta-Ga_2O_3$

1) UID $\beta-Ga_2O_3$外延层

根据热力学分析结果，建立如图5－7所示的HVPE系统。以N_2为载气($F^{\circ}=0$)，通过高纯度的Ga金属(6N级，即纯度为99.9999%)与Cl_2反应生成GaCl。在850℃时，由于引入的Cl_2与金属Ga几乎完全反应，优先生成GaCl，因此可认为GaCl的输入分压是Cl_2输入分压的两倍。以O_2作为氧源，将GaCl和O_2分别引入下游区域(生长区)，在由EFG法制备的Sn掺杂n型($N_d-N_a=2.5\times10^{18}\ cm^{-3}$)或Fe掺杂半绝缘的(001)$\beta-Ga_2O_3$衬底上生长UID的$\beta-Ga_2O_3$外延层。对于Si掺杂的生长层，$SiCl_4$可以单独引入到生长区中。

放入衬底后，提供与生长条件下分压相同的O_2，生长温度范围为950～1050℃，导入GaCl进行同质外延生长，输入Ⅵ/Ⅲ比为10。

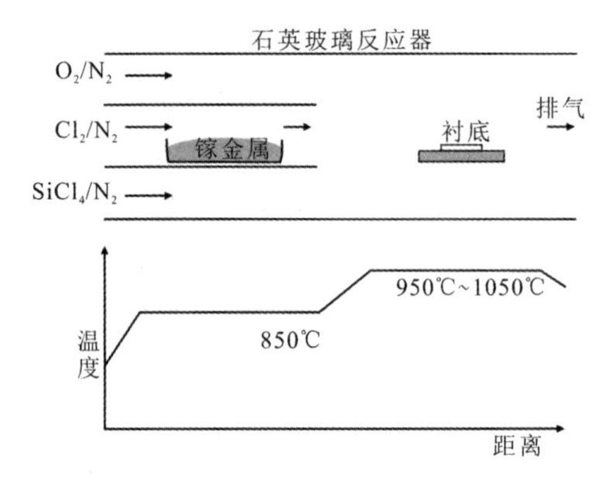

图 5-7　常压 HVPE 系统生长 β-Ga_2O_3 的原理图和温度分布

图 5-8 所示为在 1000℃时 β-Ga_2O_3 的生长速率随 P^o_{GaCl} 变化的函数，其中实线为在热力学分析中计算出的生长速率($K_g=2.3\times10^4$ μm/(h·atm))。热力学分析的结果能较好地拟合实验的生长速率曲线，且随 P^o_{GaCl} 的增大成线性增长。通过对 28 μm·h^{-1} 生长的同质外延层的晶体质量进行表征，其对称面(002)和斜对称面(400)的高分辨率 X 射线衍射摇摆曲线的半峰宽几乎和衬底相同。因此，采用 HVPE 法在 1000℃时，对 GaCl 和 O_2 进行热力学调控，有望实现高质量晶体的快速生长。在 950～1050℃范围内的同质外延生长速率对温度的依赖性，如图 5-9 所示，实验过程中，P^o_{GaCl} 和输入Ⅵ/Ⅲ比分别为

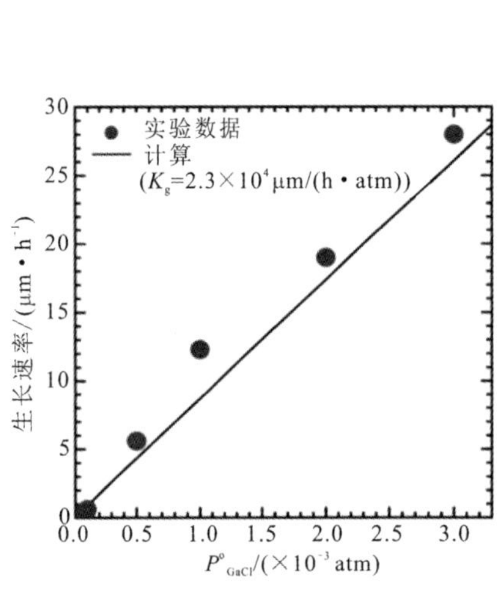

图 5-8　在 1000℃时 β-Ga_2O_3 的生长速率随 P^o_{GaCl} 变化的函数

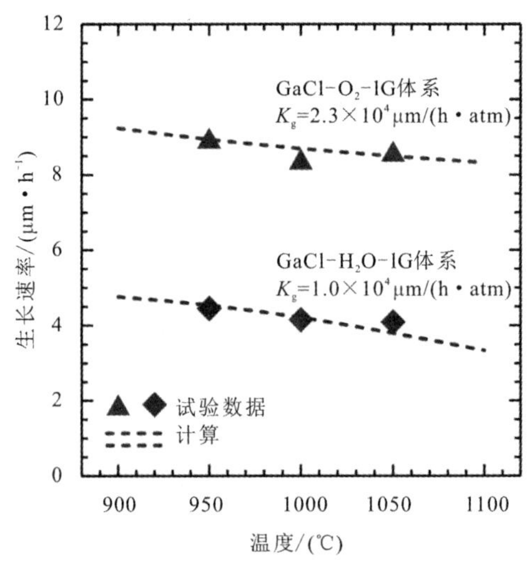

图 5-9　β-Ga_2O_3 在 $P^o_{GaCl}=1\times10^{-3}$ atm 下的实验和计算(虚线)生长速率与生长温度的关系

1.0×10^{-3} atm 和 10。由此，实验得到的生长速率在所研究生长温度范围内几乎恒定，用热力学分析的 $\Delta P_{Ga_2O_3}$ 值乘以图 5-8 中的 K_g 值的结果能够和实验结果很好地吻合。

图 5-10 展示了使用共聚焦激光三维剖面显微镜观察在不同温度下生长 1 h 的外延层表面图，生长条件与图 5-9 的相同。所有样品表面均观察到平行于[010]方向的沟槽，这主要是因为(100)面为解理面，[100]方向上的生长速度较慢[17]。虽然沟槽密度随着生长温度的升高而降低，但很难完全抑制表面沟槽的形成。由于沟槽的深度比同质外延的厚度浅，目前主要采用化学机械抛光法对同质外延层[53]表面进行外延衬底的制备。

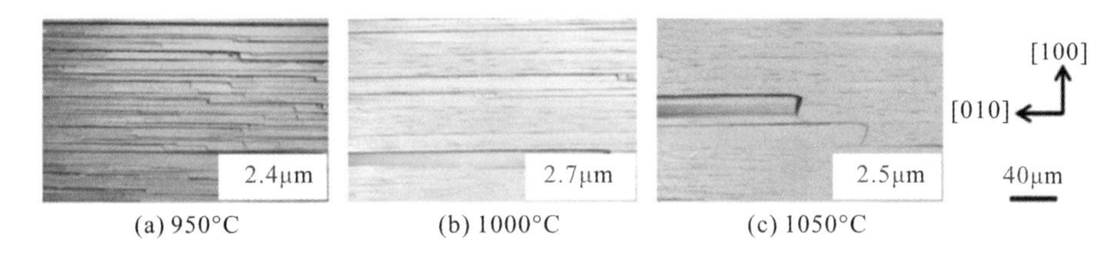

图 5-10　在不同温度下生长 1 h 的同质外延层表面的共聚焦激光三维剖面显微镜图

在 Sn 掺杂的 n 型(001)β-Ga_2O_3 衬底上生长 16 μm 厚的同质外延层后，用 CMP 法去除表面的沟槽，得到 12.5 μm 厚的平滑薄膜。图 5-11 展示了该薄膜的二次离子质谱(Secondary Ion Mass Spectroscopy，SIMS)测量的杂质深

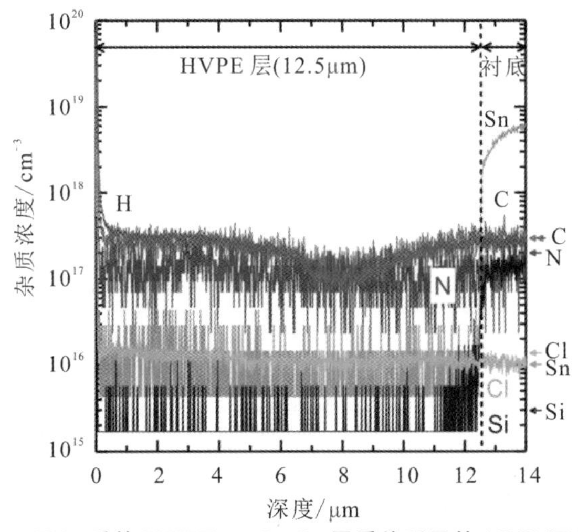

图 5-11　CMP 后的 HVPE β-Ga_2O_3 同质外延层的 SIMS 深度轮廓图
(箭头表示各元素在 SIMS 中的背景浓度)

度分布图，表明 HVPE 生长的 UID 同质外延层中所有杂质浓度均低于衬底水平，这进一步说明 HVPE 法可以生长高纯度的 UID 层。此外，本书作者利用该 UID 外延层制备了 SBDs，并检测了同质外延层中的有效施主浓度(N_d-N_a)，所制备的 SBD 的电容-电压($C-V$)特性和截面示意图如图 5-12 所示。在衬底背面蒸上 Ti(20 nm)/Au(230 nm)形成欧姆电极后，采用光刻技术在薄膜表面制备 Pt(15 nm)/Ti(5 nm)/Au(250 nm)的肖特基正极(直径为 200 μm)。SBD 在施加的电压范围内(−200～+200 V)表现出恒定的电容特性，这表明 12.5 μm 厚的同质外延层已经完全耗尽，停在衬底和同质外延层之间的界面处。$\beta-Ga_2O_3$的相对介电常数为 10[54]，内置偏压为 1.0 eV[55]，估算出 N_d-N_a小于 10^{13} cm^{-3}。因此，HVPE 生长的 UID 同质外延层纯度较高且有效施主浓度 N_d-N_a小于 10^{13} cm^{-3}。

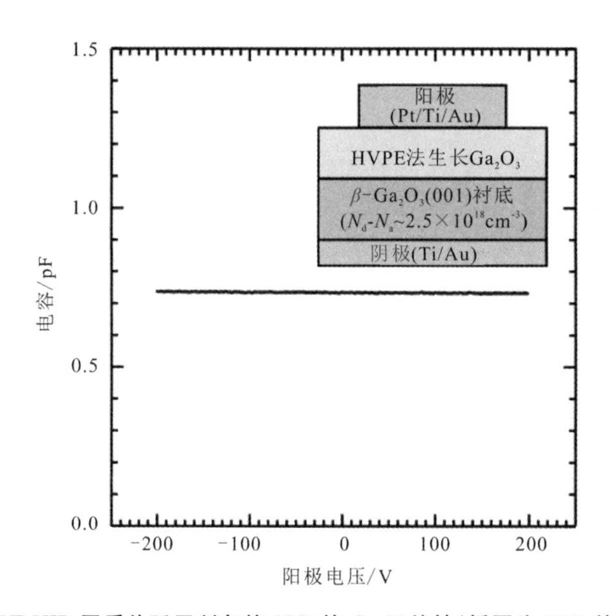

图 5-12　HVPE UID 同质外延层制备的 SBD 的 $C-V$ 特性(插图为 SBD 的横截面示意图)

2) Si 掺杂的 $\beta-Ga_2O_3$ 外延层

在 1000℃温度条件下，先在 Fe 掺杂的(001)$\beta-Ga_2O_3$ 衬底上同质外延出厚度约 1 μm 的 UID 层，这主要是防止 Fe 从衬底扩散到掺 Si 的外延层中[79]。然后在 1000℃条件下，进一步生长 6～8 μm 厚的 Si 掺杂外延层。P^o_{GaCl}和输入Ⅵ/Ⅲ比分别为 1.0×10^{-3} atm 和 10，掺杂浓度通过输入的 $SiCl_4$和 GaCl 的分压比控制(控制参数 $R_{Si}=P^o_{SiCl_4}/(P^o_{GaCl}+P^o_{SiCl_4})$)，生长速率为 10 $\mu m\cdot h^{-1}$。接着将 Si

掺杂的样品置于 1150℃氮气气氛下退火 60 min。最后，采用 CMP 法抛光得到 2 μm 光滑的样品。由 SIMS 检测含 Si 浓度为 5×10^{15} cm^{-1}。

表 5-3 总结了不同 R_{Si} 生长的掺 Si 外延层的杂质浓度、n 型载流子浓度(n)、迁移率(μ)和室温电阻率。除 Si 以外的杂质浓度都低于 SIMS 测试的检测浓度。图 5-13 给出了不同掺 Si 浓度下的外延层中 Si 浓度以及载流子浓度之间的关系，结果表明硅浓度可随 Si 掺杂控制参数 R_{Si} 比例进行调控。Si 浓度数值约等于 $\beta-Ga_2O_3$ 单晶中 Ga 位点密度(3.8×10^{22} cm^{-3})与R_{Si}相乘。这表明 Si 的掺入比接近于 1，载流子浓度几乎等于 Si 浓度。以上结果表明，Si 掺杂剂的活化率接近 1。通过改变 R_{Si}，n 型载流子浓度可以线性控制在 10^{15}～10^{18} cm^{-3}范围内。

由表 5-3 和图 5-13 所示的样品(1)到(4)，得到载流子浓度对温度的依赖关系，其结果如图 5-14 所示的用电荷中性方程拟合的结果。

表 5-3　不同 R_{Si} 生长的 Si 掺杂同外延层 $\beta-Ga_2O_3$ 的 Si 浓度和电学性质

样品	R_{Si}	SIMS[Si] /cm^{-3}	n/cm^{-3}	$\mu/cm^2\cdot V^{-1}\cdot s^{-1}$	$\rho/(\Omega\cdot cm)$	E_a/meV
(1)	2.5×10^{-8}	B. G.	3.18×10^{15}	149	13.2	44.7
(2)	1.9×10^{-7}	9.37×10^{15}	9.62×10^{15}	145	4.48	45.6
(3)	3.1×10^{-6}	1.65×10^{17}	1.85×10^{17}	111	0.30	31.2
(4)	3.1×10^{-5}	1.15×10^{18}	1.18×10^{18}	88	0.06	16.7

说明：电学性质测试在室温(298 K)下；B. G. 表示背景浓度以下。

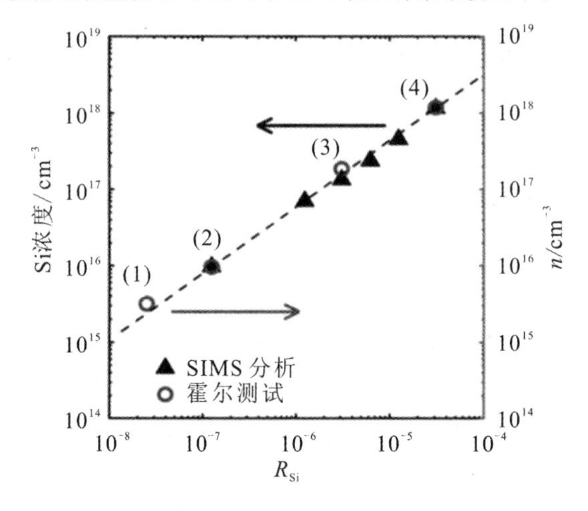

图 5-13　不同 R_{Si} 生长的 Si 掺杂同外延层 $\beta-Ga_2O_3$ 的 Si 浓度和载流子浓度关系

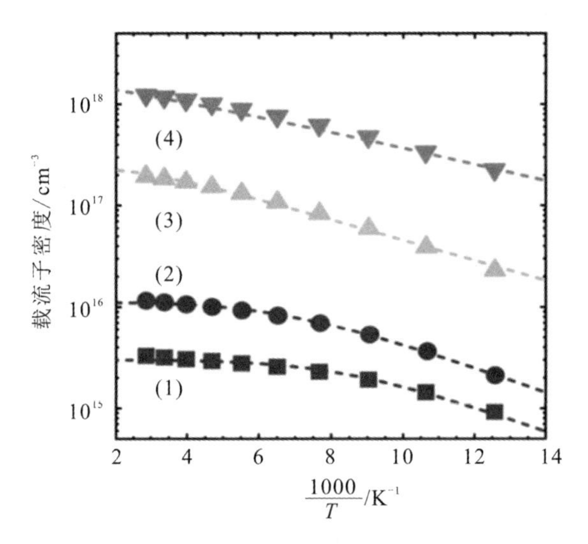

图 5-14　表 5-3 中样品(1)～(4)的载流子浓度对温度的函数
(虚线是用电荷中性方程拟合的结果)

电荷中性方程为

$$\frac{n(n+N_a)}{N_d-N_a-n}=\frac{N_C}{2}\exp(-\frac{E_a}{k_B T}) \tag{5-41}$$

其中，k_B为玻尔兹曼常数，N_C为导带有效态密度：

$$N_C=2\left(\frac{m_e k_B T}{2\pi\hbar^2}\right)^{3/2} \tag{5-42}$$

这里 m_e为电子的有效质量，β-Ga_2O_3 取 $0.28m_0$[57]。拟合参数为施主杂质密度(N_d)、受主杂质密度(N_a)和供体活化能(E_a)。如表 5-3 所示，得到的 E_a随着 Si 浓度的增加而降低，这与目前报道的值大致相等[58-59]，所得 N_a值均小于 10^{14} cm^{-3}。以表5-3 所示的载流子迁移率为重点，载流子迁移率随着载流子浓度的减小而增加，在样品(1)的最低载流子浓度下，迁移率达到 149 $cm^2 \cdot V^{-1} \cdot s^{-1}$，该值与报道的高质量块状 β-Ga_2O_3 晶体的值保持一致[58,60]，表明 HVPE 生长的掺硅 β-Ga_2O_3 层的结晶质量也非常好。为阐明载流子的散射机理，可根据图 5-15 对表 5-3 进行分析，观察样品(1)到(4)的载流子迁移率随温度的变化。在载流子浓度最高的样品(4)中，随着温度的降低，迁移率增加至饱和。这主要是由于杂质散射与 $T^{3/2}$ 成比例。由此猜测在比图 5-15 中温度范围更低的温度下会观察到迁移率下降的现象。另一方面，对于低载流子浓度的样品(1)和(2)，迁移率与 $T^{-5/2}$ 成正比，说明光声子散射占主导地位。样品(1)迁移

率在80 K时超过 5000 $cm^2 \cdot V^{-1} \cdot s^{-1}$，该值与理论计算的预测值非常接近[43]。结果表明，掺硅的 $\beta-Ga_2O_3$ 外延层适用于制备功率器件。

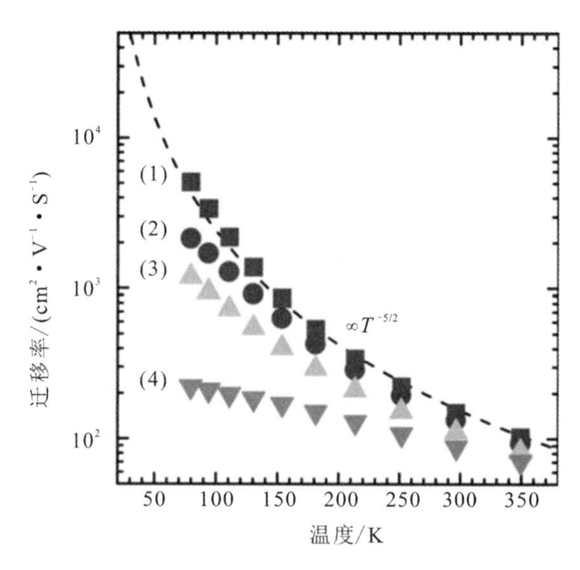

图 5-15　表 5-3 中样品(1)～(4)的载流子迁移率对温度的函数(虚线是根据 $\mu \propto T^{-5/2}$ 拟合得到的曲线，表示光学声子散射的行为)

3. HVPE 法异质外延 $\alpha-Ga_2O_3$

1）研究背景

作为宽禁带半导体材料，氧化镓亚稳相刚玉结构的 $\alpha-Ga_2O_3$ 和 $\varepsilon-Ga_2O_3$ 受到了广泛的关注。这些材料具有比 $\beta-Ga_2O_3$ 更大的带隙、更容易生长 $(Al_xIn_yGa_{1-x-y})_2O_3$ 固溶体以及自发极化等优越的性能，在功率器件领域具有广阔的应用前景。

为了制备 $\alpha-Ga_2O_3$ 的器件，必须发展薄膜生长技术。由于 $\alpha-Ga_2O_3$ 和 $\varepsilon-Ga_2O_3$ 不能采用熔体法生长。因此，这些材料必须以异质外延的方式生长。然而，这种异质外延生长技术的发展仍处于起步阶段。为获得电学性能可控的高质量的纯相薄膜，我们必须克服许多技术挑战，如选择合适的生长方法和衬底、控制成核、控制缺陷和控制掺杂。此外，一种快速外延厚膜的生长技术将有助于在功率器件中生长漂移层或制作体块的 $\alpha-Ga_2O_3$ 和 $\varepsilon-Ga_2O_3$ 衬底。

生长不同晶相的关键因素是生长温度和衬底。例如，低温下在蓝宝石上生长出 $\alpha-Ga_2O_3$，而在同一衬底同一气体条件下高温下生长出 $\beta-Ga_2O_3$。在与

$\alpha-Ga_2O_3$相同的生长条件下，若用 GaN 代替蓝宝石作为衬底，则可以生长 $\varepsilon-Ga_2O_3$。但是这种趋势可能不是普遍的，可能取决于生长方法，这需要进一步的研究来阐明晶相选择的基本因素。下文将描述 HVPE 法制备 $\alpha-Ga_2O_3$ 的性能。

2）生长设备和生长条件

Oshima 等人自制水平石英管设备，常压下以 GaCl 和 O_2 为前驱体，在(0001)面蓝宝石衬底(蓝宝石衬底未经过处理)上，生长出 $\alpha-Ga_2O_3$ 的外延层。图 5-16 所示为 HVPE 法制备 Ga_2O_3 反应器的示意图。在反应器上游，金属镓(纯度>99.99999%)与 HCl 气体(纯度>99.999%)反应合成 GaCl，反应温度为 570℃，GaCl 经 N_2 载气输运，并注入反应器下游的衬底上。GaCl 和 O_2 的分压分别为 $4\times10^{-2}\sim7.5\times10^{-1}$ kPa 和 0.5～6.0 kPa。

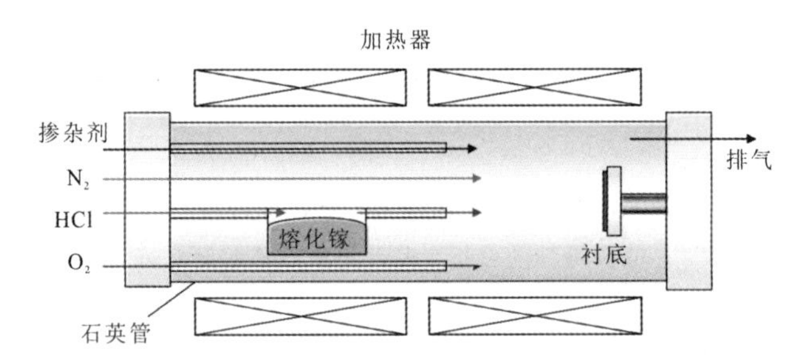

图 5-16　HVPE 法制备 Ga_2O_3 的反应器示意图

3）$\alpha-Ga_2O_3$ 的生长特性

图 5-17 所示为在一定前驱体的供应下，$\alpha-Ga_2O_3$ 的相对生长速率与生长

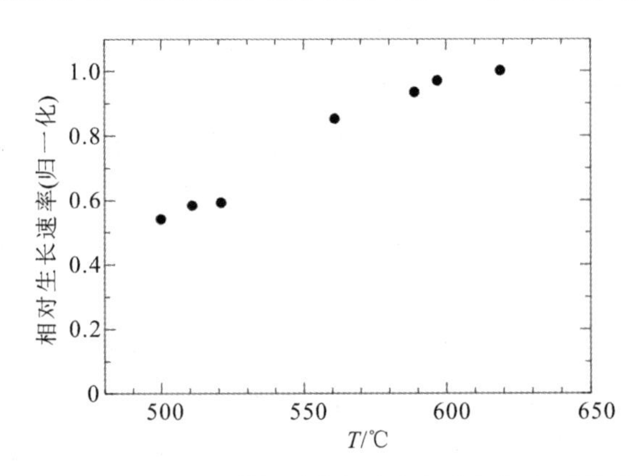

图 5-17　$\alpha-Ga_2O_3$ 的相对生长速率与生长温度 T 的关系

温度 T 的关系。随着温度的升高，$\alpha-Ga_2O_3$ 生长速率增大，表明在 HVPE 中 $\alpha-Ga_2O_3$ 的生长速率处于化学反应受限状态。通过增加前驱体的供应，有可能实现快生长速率。图 5-18 展示了 550℃时前驱体的供应分压与生长速率的关系图。生长速率随前驱体供应量的增加而增加，达到 100 μm・h^{-1} 以上。

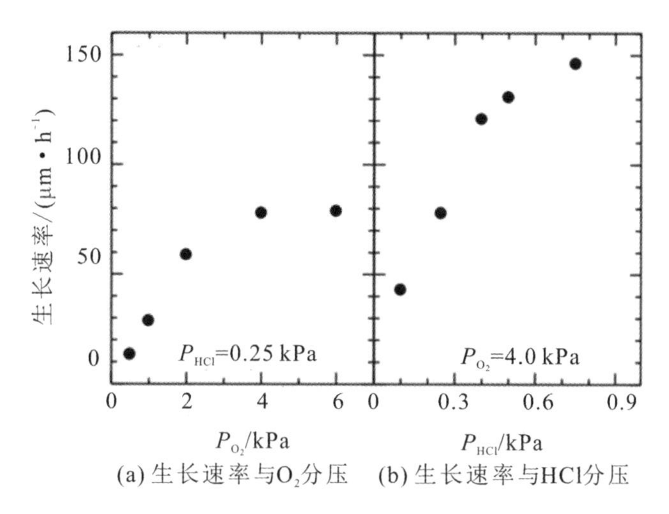

(a) 生长速率与O_2分压　(b) 生长速率与HCl分压

图 5-18　$\alpha-Ga_2O_3$ 的生长速率与 O_2、HCl 分压之间的关系[23]

4）$\alpha-Ga_2O_3$ 的性能

图 5-19 展示了在相同的前驱体供应的条件下，不同温度下生长的 Ga_2O_3 薄膜的照片。当 T=650℃时，薄膜是半透明的(见图 5-19(a))。镜面部分的比例随着 T 的减小而增大，当 T 小于 575℃时，整个薄膜呈镜面状(见图 5-19(d))。

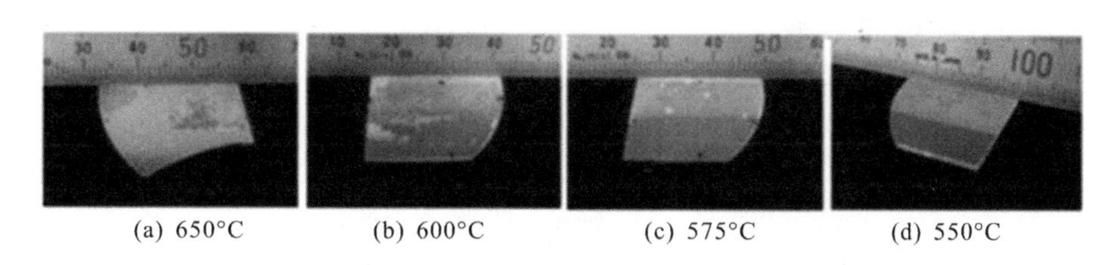
(a) 650°C　(b) 600°C　(c) 575°C　(d) 550°C

图 5-19　不同温度下生长的 $\alpha-Ga_2O_3$ 薄膜的照片

图 5-20 所示为 550℃下生长的 $\alpha-Ga_2O_3$ 薄膜的 XRD $2\theta-\omega$ 扫描图。除了衬底的衍射峰外，仅有 $\alpha-Ga_2O_3$ 的衍射峰出现。与此相反，当 T=650℃时，$\beta-Ga_2O_3$ 的衍射峰位占主导地位(图中未显示)。因此，纯的 $\alpha-Ga_2O_3$ 可在适当的低温下生长。

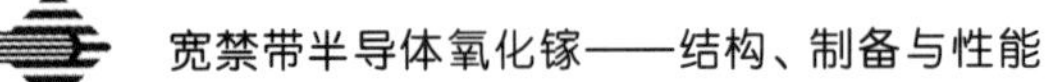

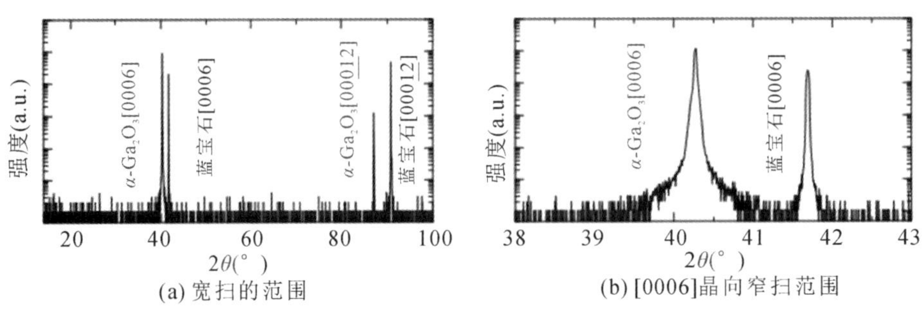

(a) 宽扫的范围
(b) [0006]晶向窄扫范围

图 5-20 $\alpha-Ga_2O_3$ **薄膜的** XRD $2\theta-\omega$ **扫描图**[61]

图 5-21(a)、(b)所示分别为 550℃下生长的 $\alpha-Ga_2O_3$ 薄膜的表面和剖面扫描电镜图像，薄膜表面很光滑，生长 7 min 后其厚度为 3.6 μm，生长速率约为 30 $\mu m \cdot h^{-1}$。

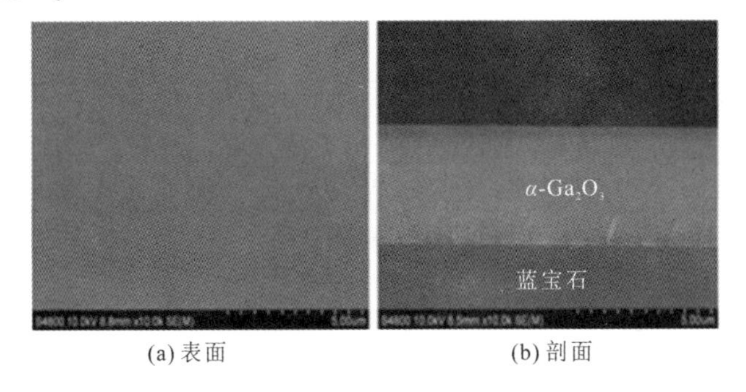

(a) 表面
(b) 剖面

图 5-21 $\alpha-Ga_2O_3$ **薄膜的** SEM **图**[61]

图 5-22(a)、(b)所示分别为 $\alpha-Ga_2O_3$ 薄膜和蓝宝石衬底的$(10\bar{1}2)$面 XRD

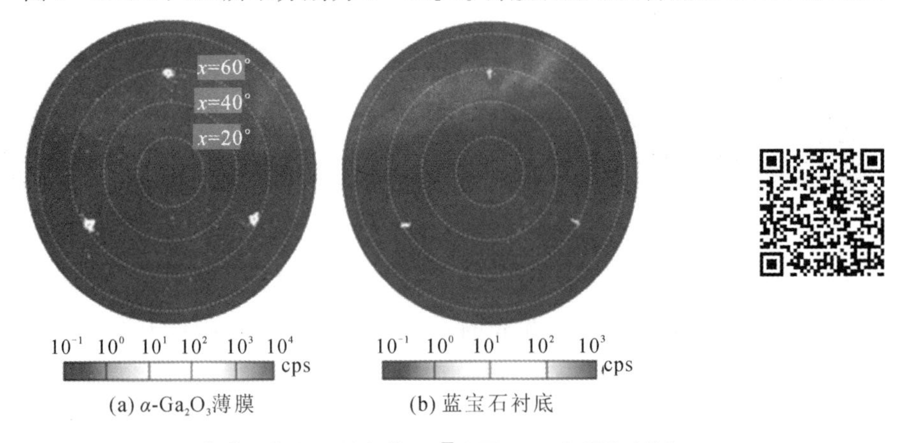

(a) $\alpha-Ga_2O_3$薄膜
(b) 蓝宝石衬底

图 5-22 $\alpha-Ga_2O_3$ **薄膜和蓝宝石衬底的**$(10\bar{1}2)$**面** XRD **极图(对数)**

极图。在极图中只观察到三个衍射点，这表明单晶是刚玉结构。其外延关系为$[10\bar{1}0]\alpha-Ga_2O_3 \parallel [10\bar{1}0]\alpha-Al_2O_3$和$[0001]\alpha-Ga_2O_3 \parallel [0001]\alpha-Al_2O_3$。

由于$\alpha-Ga_2O_3$与蓝宝石衬底存在晶格失配($\Delta a/a=4.5\%$，$\Delta c/c=3.3\%$)，在蓝宝石上生长的$\alpha-Ga_2O_3$薄膜呈现出较大的马赛克度。马赛克度是用对称面(0006)面和非对称面$(10\bar{1}2)$面的X射线摇摆曲线(XRC)的半峰宽(FWHM)的大小来评估的，如图5-23所示。在大多数情况下，倾斜角和扭转角都是宽的，而倾斜角有时非常窄(小于100弧秒)，在这种情况下，扭转角往往很宽，倾斜和扭转角度似乎有一种权衡关系。因此，必须同时测量倾斜角和扭转角来估测$\alpha-Ga_2O_3$层的晶体质量。由于$\alpha-Ga_2O_3$与蓝宝石衬底存在晶格失配，$\alpha-Ga_2O_3$薄膜中往往存在大量位错，图5-24所示的$\alpha-Ga_2O_3$薄膜位错密度高达10^{10} cm^{-2}[20]。

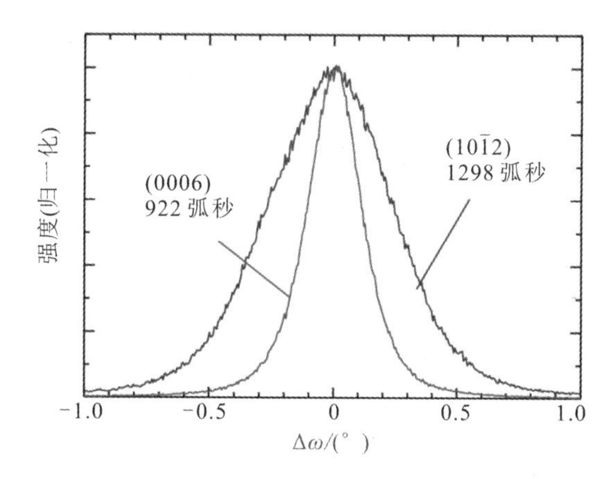

图5-23　HVPE法生长$\alpha-Ga_2O_3$的XRC[62]

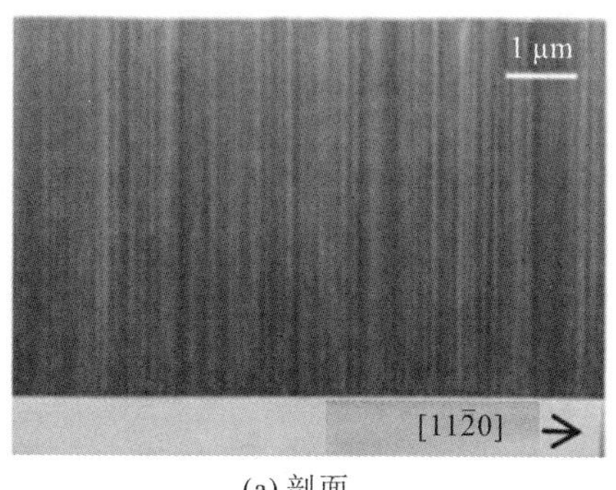

(a) 剖面

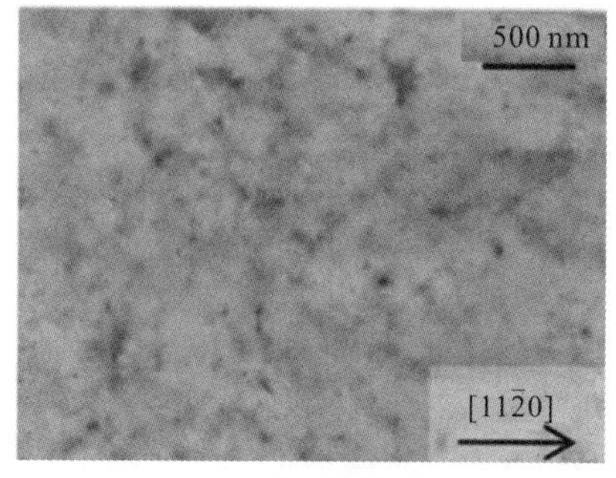

(b) 表面

图5-24　$\alpha-Ga_2O_3$薄膜的剖面和表面透射电子显微镜(TEM)图像[62]

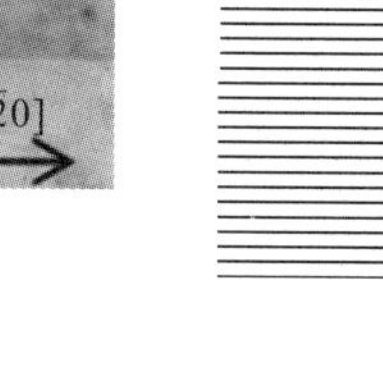

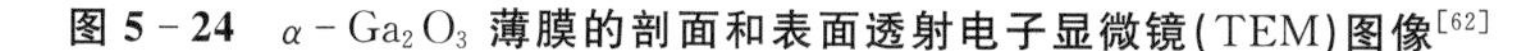

表 5-4 总结了对未掺杂 $\alpha-Ga_2O_3$ 薄膜进行二次离子质谱(SIMS)杂质分析的结果。除 Cl 元素外，其余元素的浓度均低于检测范围，其中氯杂质来源于 GaCl，这可能是低的生长温度导致了 Ga—Cl 键的不完全分解。

表 5-4　$\alpha-Ga_2O_3$ 薄膜的二次离子质谱(SIMS)杂质分析

元素	浓度/cm^{-3}	元素	浓度/cm^{-3}
H	$<6\times10^{16}$	Al	$<6\times10^{16}$
C	$<6\times10^{16}$	Cr	$<1\times10^{14}$
Si	$<3\times10^{15}$	Fe	$<4\times10^{14}$
Cl	1×10^{16}	Ni	$<3\times10^{14}$
S	$<3\times10^{15}$	Mo	$<1\times10^{15}$

图 5-25 所示为 $\alpha-Ga_2O_3$ 薄膜的光学透射谱。尽管 $\alpha-Ga_2O_3$ 的带隙跃迁类型仍在讨论中，但假设跃迁类型为直接带隙时拟合结果更好，如图 5-25 的插图所示。光学带隙 E_g 为 5.15 eV，接近于所报道的 Mist-CVD 生长材料的数值。

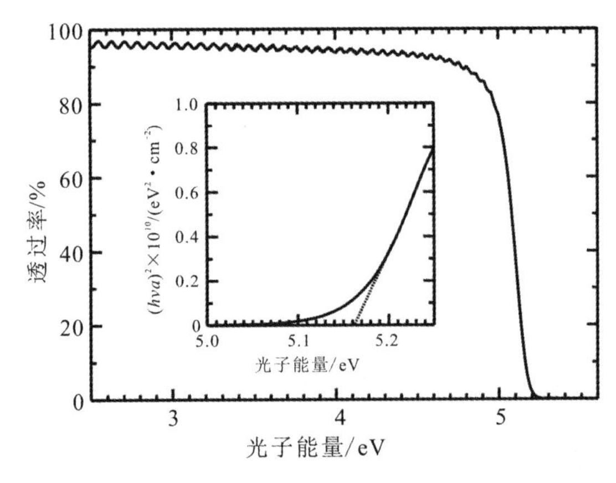

图 5-25　$\alpha-Ga_2O_3$ 薄膜的光学透射谱(插图为吸收系数$(h\nu\alpha)^2$与 $h\nu$ 的函数)[17]

对 HVPE 法生长的 $\alpha-Ga_2O_3$ 薄膜进行高温 X 射线衍射测试，以表征该薄膜的热稳定性。从室温(RT)逐步升高温度，每次在恒温 30 分钟后进行 $2\theta-\omega$ 扫描，并保持温度稳定，如图 5-26 所示。从 RT 升到 500℃，除了 Pt 样品和蓝宝石衬底的衍射峰外，只有 $\alpha-Ga_2O_3$ 的(0006)峰。当温度达到 525℃时，出现 $\beta-Ga_2O_3$ (401)峰，随着温度的升高，(401)峰强度增大，而 $\alpha-Ga_2O_3$ 的(0006)峰强度减小。这一结果表明，$\alpha-Ga_2O_3$ 在 500℃左右是热稳定的。但是这个温度阈值将取决于晶体质量和应变，并且温度阈值可能会更高。据报道，在特殊条件下

使用 Mist-CVD 生长的 $\alpha-Ga_2O_3$ 在 800℃时是稳定的。

从图 5-26 中的峰位移动可计算出热膨胀系数(TEC)，沿[0001]方向的 $\alpha-Ga_2O_3$ 和蓝宝石的热膨胀系数分别为 1.1×10^{-5} K^{-1} 和 8.6×10^{-6} K^{-1}，$\alpha-Ga_2O_3$ 的热膨胀系数与粉体材料的热膨胀系数基本一致(1.1×10^{-5} K^{-1})[63]。所报道的蓝宝石热膨胀系数范围为 $7.7\times10^{-6}\sim9.06\times10^{-6}$ K^{-1}[64]。由于 $\alpha-Ga_2O_3$ 和蓝宝石之间的 TEC 差异导致热应力的存在，因此从外延薄膜计算得到的热膨胀系数值可能与体块材料的值不完全相同。

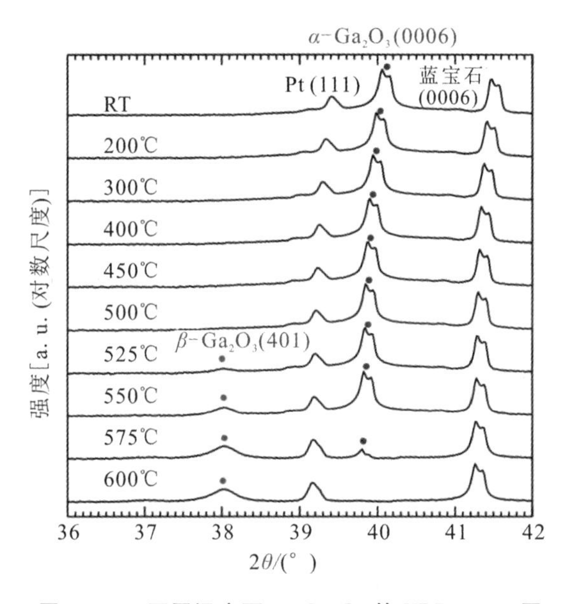

图 5-26 不同温度下 $\alpha-Ga_2O_3$ 的 XRD $2\theta-\omega$ 图

4. HVPE 法制备 $\varepsilon-Ga_2O_3$

1) $\varepsilon-Ga_2O_3$ 的特点及应用前景

$\varepsilon-Ga_2O_3$ 和 $\alpha-Ga_2O_3$ 都是 Ga_2O_3 的亚稳相。Roy 等人首次制备出了 $\varepsilon-Ga_2O_3$[65]，他们通过将 $Ga(NO_3)_3$ 退火得到了 $\varepsilon-Ga_2O_3$ 和 $\beta-Ga_2O_3$ 的混合粉末。Playford 等人通过中子衍射对其粉末材料进行了结构分析，得出 $\varepsilon-Ga_2O_3$ 是六方晶体结构且其空间群为 $P6_3mc$[66]。另一方面，Cora 等人研究了 $\varepsilon-Ga_2O_3$ 微观结构，并在(0001)蓝宝石上用 MOCVD 法生长了伪六方"$\varepsilon-Ga_2O_3$"薄膜，该薄膜由正交 Ga_2O_3 的三面内旋转纳米晶畴组成，空间群为 $Pna2_1$，称为 $\kappa-Ga_2O_3$[39]。Cora 等对(0001)GaN、(0001)AlN 和($\bar{2}$01) $\beta-Ga_2O_3$ 衬底上生

长的 $\varepsilon-Ga_2O_3$ 进行 TEM 表征，进一步确认该晶体结构为正交结构。

采用 HVPE 法首次制备的纯相 $\varepsilon-Ga_2O_3$ 的光学带隙为 4.9 eV[67]。$\varepsilon-Ga_2O_3$ 的晶体结构沿轴方向不具有反转对称性。人们预测 $\varepsilon-Ga_2O_3$ 会有自发极化[68]和铁电行为[38]，极化会导致高浓度的二维电子气体[68]。因此，$\varepsilon-Ga_2O_3$ 也是一种很有前途的动力器件材料。

2) $\varepsilon-Ga_2O_3$ 的生长方法和条件

本研究中生长条件与 5.2.2 节中 HVPE 法异质外延 $\alpha-Ga_2O_3$ 所述相似，生长温度为 550℃，GaCl 分压为0.25 kPa，O_2 分压为 1.0 kPa，(0001)GaN 和 (0001)AlN 分别作为衬底。表 5－5 总结了 $\varepsilon-Ga_2O_3$ 与这些衬底之间的面内晶格失配（$\varepsilon-Ga_2O_3$ 的晶体结构近似为伪六边形）。

表 5－5　$\varepsilon-Ga_2O_3$ 与其衬底的晶格失配

材　料	晶格常数/nm	晶格失配/%
(0001)$\varepsilon-Ga_2O_3$	a=0.2904	—
(0001)GaN	a=0.3189	8.8
(0001)AlN	a=0.3112	6.6

3) HVPE 生长 $\varepsilon-Ga_2O_3$ 的性能

图 5－27 展示了两种衬底上用 HVPE 法分别生长的 $\varepsilon-Ga_2O_3$ 薄膜的 XRD $2\theta-\omega$ 图。图中，除了衬底的衍射峰外，只观察到 $\varepsilon-Ga_2O_3$ 的 c 面衍射峰。

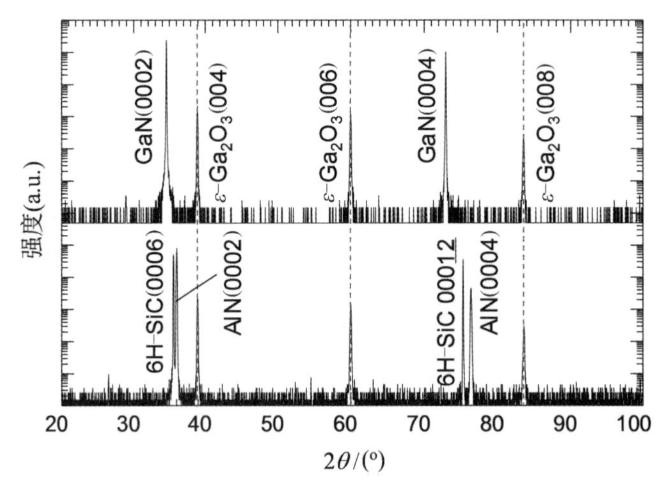

图 5－27　在(0001)GaN 和(0001)AlN 衬底上分别生长的 $\varepsilon-Ga_2O_3$ 薄膜的 XRD $2\theta-\omega$ 图

图5-28展示了$\varepsilon-Ga_2O_3$薄膜的SEM平面图。样品表面具有镜面效果，且晶粒尺寸均匀。随着生长时间的增加，晶粒密度没有发生变化，但晶粒尺寸增大。这表明，晶粒在生长过程中有一定的成核时间。图5-29(a)、(b)分别展示了在(0001)GaN衬底上生长2 min和7 min的$\varepsilon-Ga_2O_3$薄膜的SEM剖面图。根据图中厚度可计算出$\varepsilon-Ga_2O_3$的生长速率约为20 $\mu m\cdot h^{-1}$。从图5-29(b)中可看出晶粒在薄膜与衬底的边界处。因此，$\varepsilon-Ga_2O_3$的生长需要在生长初期进行生长优化，以抑制晶核的形成。

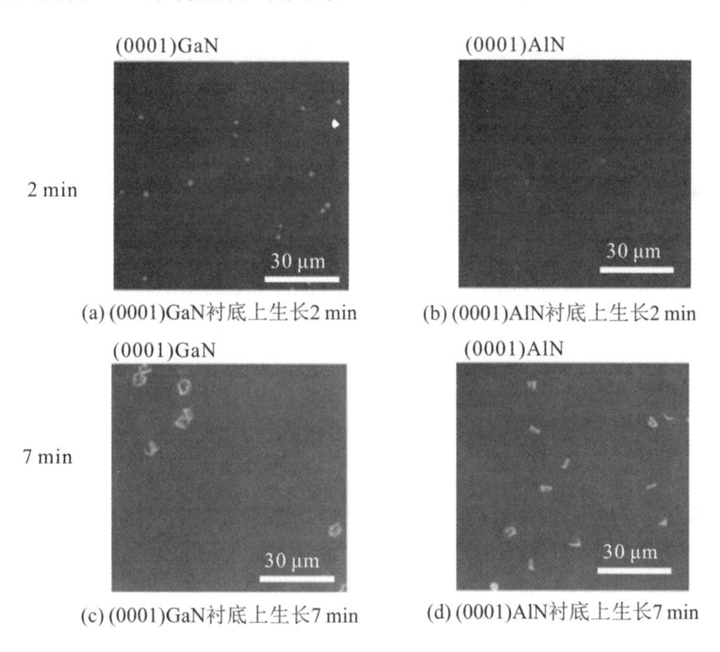

图5-28　$\varepsilon-Ga_2O_3$分别在(0001)GaN和(0001)AlN衬底上生长2 min、7 min的SEM平面图[67]

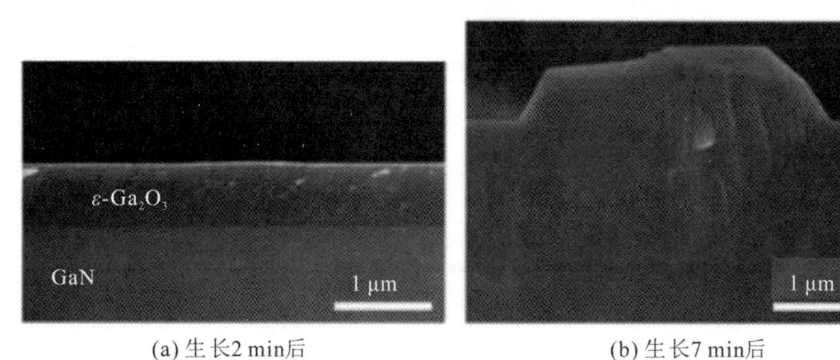

图5-29　$\varepsilon-Ga_2O_3$在(0001)GaN衬底上生长2 min和7 min的SEM剖面图[67]

图 5-30(a)、(b)分别展示了 ε-Ga_2O_3 和 GaN 衬底的 XRD 极图。ε-Ga_2O_3 和 GaN 的极图呈现六倍对称性。在(0001)AlN 衬底上生长的 ε-Ga_2O_3 的结果也是相似的(未显示)。

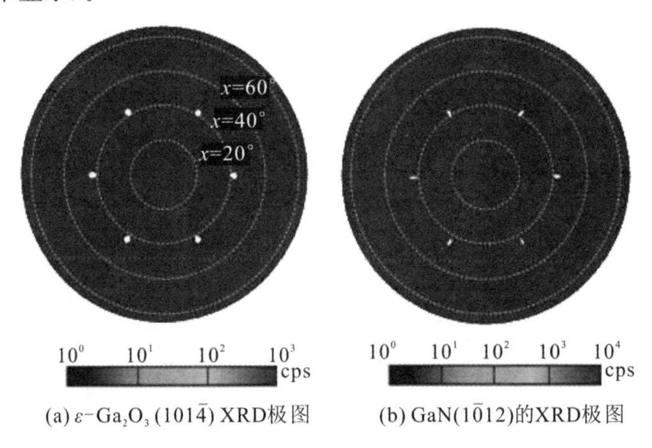

(a) ε-Ga_2O_3 $(10\bar{1}4)$ XRD极图 (b) GaN$(10\bar{1}2)$的XRD极图

图 5-30 ε-$Ga_2O_3$$(10\bar{1}4)$ 和 GaN$(10\bar{1}2)$ 的 XRD 极图[18]

通过对 ε-Ga_2O_3 的对称面(004)和斜对称面$(10\bar{1}1)$ 进行 XRC 测量，从而表征 HVPE 法生长的 ε-Ga_2O_3 薄膜的马赛克度。图 5-31 所示为分别在(0001)GaN

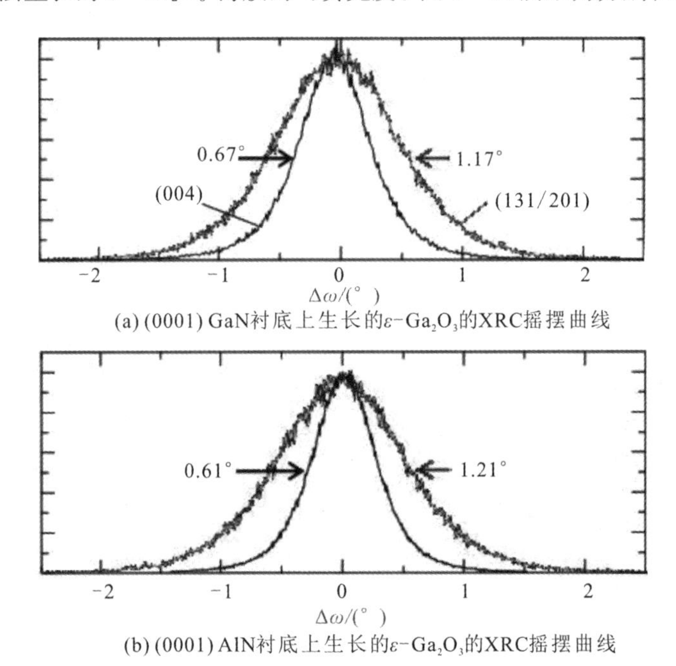

(a) (0001) GaN衬底上生长的ε-Ga_2O_3的XRC摇摆曲线

(b) (0001) AlN衬底上生长的ε-Ga_2O_3的XRC摇摆曲线

图 5-31 分别在(0001)GaN 和(0001)AlN 衬底上生长的 ε-Ga_2O_3 的 XRC 摇摆曲线[67]

和(0001)AlN衬底上生长的$\varepsilon - Ga_2O_3$薄膜的XRC摇摆曲线。结合表5-5可知，当面内晶格失配较小时，FWHM较窄。但是，对于这两种情况，马赛克度都非常大。因此，应通过优化生长条件、引入缓冲层和利用ELO(横向外延过生长)技术来提高晶体质量。

表5-6总结了HVPE法生长的$\varepsilon - Ga_2O_3$薄膜杂质浓度的SIMS检测结果。虽然$\varepsilon - Ga_2O_3$与$\alpha - Ga_2O_3$的生长条件相似，但H和Cl的浓度要比$\alpha - Ga_2O_3$高得多。引起这一差异的原因需要进一步研究，可能是不同晶相引起的表面结构不同造成的。

表5-6　$\varepsilon - Ga_2O_3$薄膜杂质浓度的SIMS检测结果

元素	浓度/cm^{-3}
H	1×10^{18}
C	$<6\times10^{16}$
N	$<5\times10^{16}$
Si	$<1\times10^{16}$
Cl	2×10^{18}
Al	$<3\times10^{15}$
Cr	$<4\times10^{14}$
Fe	$<8\times10^{14}$
Ni	$<3\times10^{15}$

图5-32展示了HVPE法在(0001)AlN衬底上生长的$\varepsilon - Ga_2O_3$的光学透射谱图。虽然$\varepsilon - Ga_2O_3$的光学跃迁类型仍在讨论中，但当假设为直接跃迁时，拟合效果更好(见图5-32的插图)。计算的光学带隙为4.9 eV，与$\beta - Ga_2O_3$的值接近。

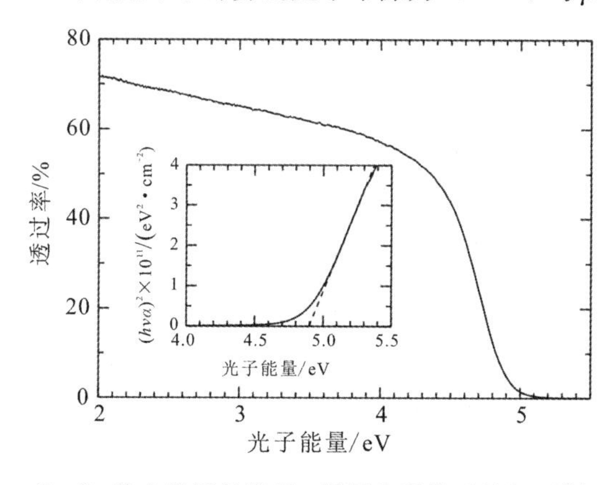

图5-32　$\varepsilon - Ga_2O_3$的光学透射谱图，插图为吸收系数$(h\nu\alpha)^2$与$h\nu$的函数[67]

$\varepsilon-Ga_2O_3$ 为亚稳相，在一定温度阈值以上相变为 $\beta-Ga_2O_3$。图 5－33 展示了在(0001)GaN 衬底上生长的 $\varepsilon-Ga_2O_3$ 的 XRD 图。从室温升至 700℃时，除了 Pt 样品和 GaN 衬底的衍射峰外，XRD 图只有 $\varepsilon-Ga_2O_3$(004)衍射峰。当温度达到 725℃时，XRD 图出现 $\beta-Ga_2O_3$(401)衍射峰，其衍射峰强度随温度升高而增大，而 $\varepsilon-Ga_2O_3$ 的(004)衍射峰的强度减小。这表明，$\varepsilon-Ga_2O_3$ 在 700℃左右是热稳定的。

通过图 5－33 中峰值的位移，计算出在(0001)GaN 衬底上生长的 $\varepsilon-Ga_2O_3$ 沿[001]向的 TEC 为 1.1×10^{-5} K^{-1}。这与体块材料的值有所差别，主要是由 $\varepsilon-Ga_2O_3$ 与衬底之间的温差导致的热应力所致。

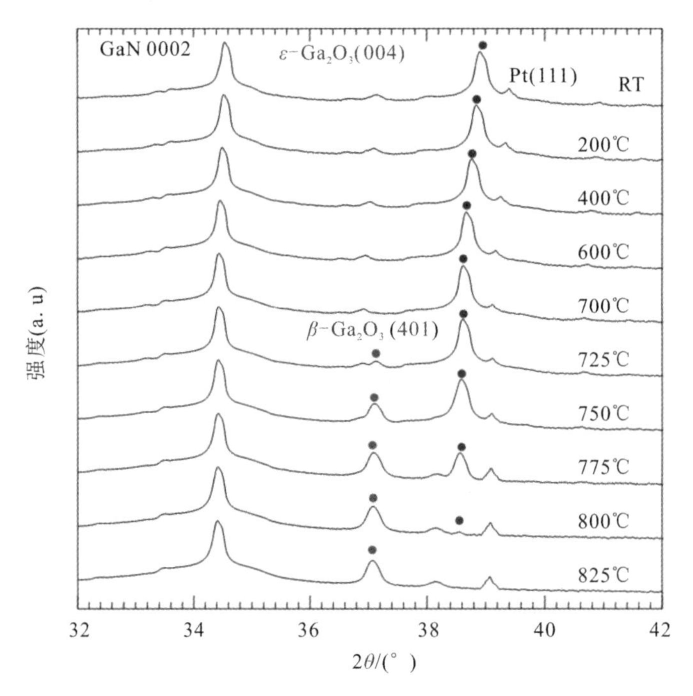

图 5－33　在室温和变温下得到的 $\varepsilon-Ga_2O_3$ 的 XRD $2\theta-\omega$ 图[67]

HVPE 技术通过 ELO 可有效地提高了晶体质量，对于需要在大量晶格失配的衬底上生长的亚稳态 $\alpha-Ga_2O_3$ 和 $\varepsilon-Ga_2O_3$ 意义相当大。利用 HVPE 实现体块 $\alpha-Ga_2O_3$ 晶片也是可以预期的，就像在 GaN 工业中一样。虽然需要开发用于商业用途的大型反应炉，但反应炉的设计有很大的灵活性。由于亚稳态 $\alpha-Ga_2O_3$ 和 $\varepsilon-Ga_2O_3$ 的生长温度相对较低，可以建立低成本的高通量系统。

5.2.3　低压化学气相沉积(LPCVD)

低压化学气相沉积是指将化学沉积反应时的压强降低到约 133 Pa 以下的 CVD 法。当引入真空环境后，精准控制反应气体，可使反应氛围更加洁净，大幅度减小湍流现象，增大分子自由程从而有利于薄膜的均匀性生长，以及加快反应速率等。LPCVD 具有较好的阶梯覆盖能力，组成成分和结构可控，沉积速率快以及输出量大等优势。此外，LPCVD 过程不需要载气，这大大减少了颗粒污染源，因此，该方法被广泛应用于半导体薄膜沉积。

图 5-34 所示为 LPCVD 的结构示意图，包括控制系统(气体控制、程序控制、温度控制等)、真空系统(真空泵、阀、压强计等)和生长腔室。

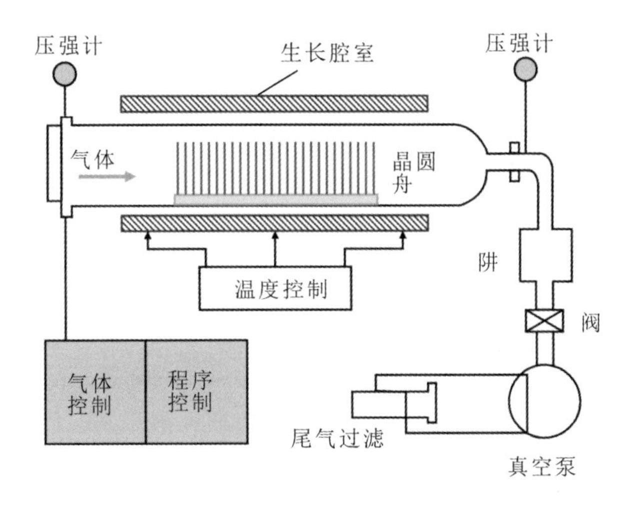

图 5-34　LPCVD **结构示意图**

当 LPCVD 生长系统的压强降到 133 Pa 以下时，化学反应中的分子自由程和气体的扩散系数会增大，从而导致化学沉积过程中的质量传输速率加快，进而导致薄膜的生长速率加快，即当平行或垂直放置的衬底之间的距离减小到 5～10 mm，仍不影响衬底表面的反应速率，这为密排装片创造了条件，大大地提高了装片量。

对于 $\beta-Ga_2O_3$ 薄膜的 LPCVD 法生长系统，以高纯镓(99.99999%)和纯氧为前驱体，氩气(Ar)作为载气，Ga 源置于多温区的上游，通过控制温度和压强，用载气携带 Ga 蒸气移到下游的衬底[69]。其中，生长温度、生长压强、氧气流量、衬底表面处理等关键生长参数对 $\beta-Ga_2O_3$ 薄膜的生长起着重要作用。当进行 Si

有效掺杂时，可采用稀释的 $SiCl_4$ 作为 $\beta-Ga_2O_3$ 的 n 型 Si 掺杂的前驱体[70]。

目前，对 $\beta-Ga_2O_3$ 的制备和认识基本处于起步阶段，氧化镓中三个不同的氧位和两个不同的镓位，对薄膜中形成的天然缺陷，如空位、间隙、反位、杂质或有意掺杂的影响比较复杂，因此，需要对 $\beta-Ga_2O_3$ 开展进一步的探究。目前，制备薄膜的方法有分子束外延[71]、金属有机物气相外延[30]和氢化物气相外延等[21]。近来，部分研究者采用 LPCVD 法制备 $\beta-Ga_2O_3$ 薄膜，采用低压代替大气压。其原因有以下几点：(1) 低压生长能显著抑制预反应，有助于加快 Ga_2O_3 的生长速率；(2) 低压生长可以在较低的生长温度下减少生长表面的杂质吸附；(3) 低压生长可以使薄膜生长更加均匀；(4) 低压系统具有气源速度快的特点，有望在异质结处提供更多的突变界面。

近年来，有研究者采用 LPCVD 法在离轴角 c 面蓝宝石衬底上制备了 Si 掺杂的 $\beta-Ga_2O_3$ 薄膜，该薄膜在室温下的迁移率为 110 $cm^2 \cdot V^{-1} \cdot s^{-1}$左右。而在(010)$\beta-Ga_2O_3$ 衬底上制备的 Si 掺杂的 $\beta-Ga_2O_3$ 同质外延薄膜，其迁移率为 120 $cm^2 \cdot V^{-1} \cdot s^{-1}$左右。通过有效控制生长条件，$\beta-Ga_2O_3$ 同质外延薄膜的生长速率可以达到 35 $\mu m \cdot h^{-1}$。

1. 离轴角蓝宝石异质外延 $\beta-Ga_2O_3$

由于小角度离轴角衬底可以促进外延膜的台阶流生长和控制畴结构，因此常被用来提高外延薄膜的结晶度[72]。离轴角的衬底表面的原子台阶是附着原子的优先结合位点，这会促进台阶流生长。有研究者采用 LPCVD 法在偏离$[11\bar{2}0]$轴向上不同离轴角的蓝宝石衬底上外延出 n 型 Si 掺杂的 $\beta-Ga_2O_3$ 薄膜[73]。该结果表明，薄膜的结晶质量、表面形貌和电导率对离轴角度非常敏感。对于在 0°离轴角衬底上的薄膜，衬底表面没有 Ga 原子附着的优先位点。当采用有离轴角衬底时，这抑制了衬底表面上的随机成核，使晶体沿切向发生台阶流生长。但是 Ga 原子的表面扩散长度取决于生长条件，为了保持稳定的台阶形态，其扩散长度需要与台阶的宽度相当。由于使用离轴角衬底，Ga_2O_3 和蓝宝石之间晶格失配也会影响附着原子的表面迁移率。

通过 XRD 摇摆曲线发现，Ga_2O_3 的$(\bar{4}02)$面摇摆曲线的半峰宽分别为 1.633°(离轴角 $\Delta_a=0°$)，0.485°($\Delta_a=3.5°$)和 0.47°($\Delta_a=6°$)。随着离轴角的增大，半峰宽显著减小，说明离轴角越大，$\beta-Ga_2O_3$ 薄膜的晶体质量越好。但是，随着离轴角进一步增大到 8°和 10°时，薄膜的 XRD 衍射峰半峰宽变大。这种展宽是阶跃聚束引起的，表明当离轴角大于 6°时，薄膜的质量下降。

由 X 射线 Φ 扫描来确定是不是由于衬底对称性而引起的面内晶畴旋转。对于生长在 0°离轴角衬底上的薄膜，有 6 个强度相近的强衍射峰(见图 5－35(a))。两个峰之间相隔 60°。这 6 个峰的形成是由于单斜 $\beta-Ga_2O_3$ 的二倍体对称性和衬底上 Ga_2O_3 晶体的三种等效面内取向所致。随着离轴角衬底的引入，晶畴结构发生了很大的变化。

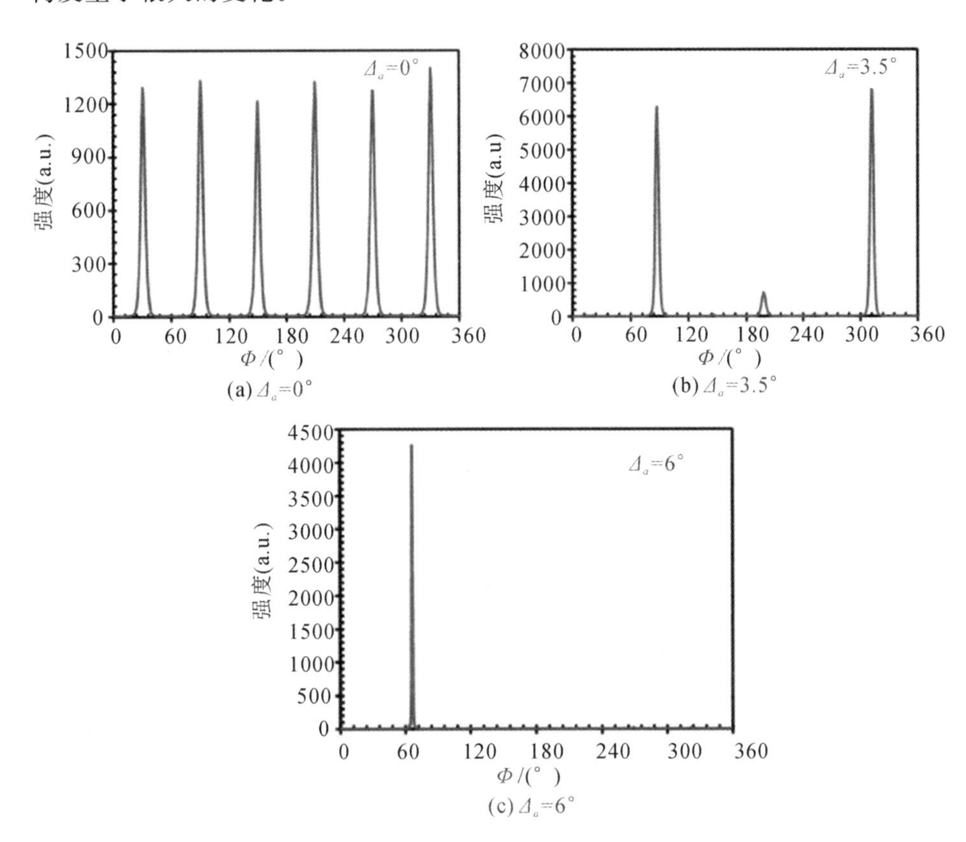

图 5－35　在不同离轴角(偏离[11$\bar{2}$0]方向)c 面蓝宝石衬底在上生长($\bar{4}$02)面的 $\beta-Ga_2O_3$ 薄膜沿着($\bar{4}$01)面的 Φ 扫描(薄膜厚度为 6 μm)[91]

从图 5－35(b)中可看出，3.5°离轴角衬底促进了三个方向，抑制了其他三个方向。当切向角由 3.5°增加到 6°时，择优取向进一步增强。对于生长在 6°离轴角衬底上的薄膜，在 Φ 扫描中只出现一个峰(见图 5－35(c))。这种晶畴结构的变化是由于沿着指定方向引入台阶，打破了衬底表面的等效性。

从 TEM 剖面图来看，生长在 0°离轴角衬底上的薄膜具有高密度的缺陷，缺陷沿生长方向从界面向薄膜顶部延伸。随着离轴角的增大，缺陷逐渐减少。这可能是由于面内旋转域的减少(见图 5-35)所导致的，该现象已经在采用 MBE 法在蓝宝石衬底上制备的氮化镓薄膜中观察到[74]。因此，在异质外延 $\beta-Ga_2O_3$ 薄膜中，采用可控的离轴角衬底是降低缺陷密度的有效方法。

电子输运的研究进一步证实了在离轴角 c 面蓝宝石衬底上生长 $\beta-Ga_2O_3$ 薄膜的结晶质量有所改善。通过保持生长条件(温度、压强、Ar 和 O_2 流速)相同，改变掺杂源流速 0.005～0.4 sccm，载流子浓度可在低于 10^{17} cm^{-3} 和低于 10^{20} cm^{-3} 范围内调节。图 5-36 给出了在不同离轴角的 c 面蓝宝石衬底上，生长 Si 掺杂的 $\beta-Ga_2O_3$ 薄膜在不同 n 型载流子浓度下的霍尔迁移率。采用离轴角衬底后，薄膜的电学性能得到了改善，在含氧量为 4.8% 的条件下，在 6°离轴角蓝宝石上生长的薄膜具有最佳的电学性能。室温下霍尔迁移率为 106.6 $cm^2 \cdot V^{-1} \cdot s^{-1}$，此时 n 型载流子浓度为 4.83×10^{17} cm^{-3}。在相同的生长条件下，测得的 3.5°和 0°离轴角蓝宝石薄膜的室温下霍尔迁移率分别为 64.45 $cm^2 \cdot V^{-1} \cdot s^{-1}$ 和 12.26 $cm^2 \cdot V^{-1} \cdot s^{-1}$，这些异质外延生长的 $\beta-Ga_2O_3$ 薄膜在离轴角蓝宝石衬底上的电学性能是所有报道中最好的。

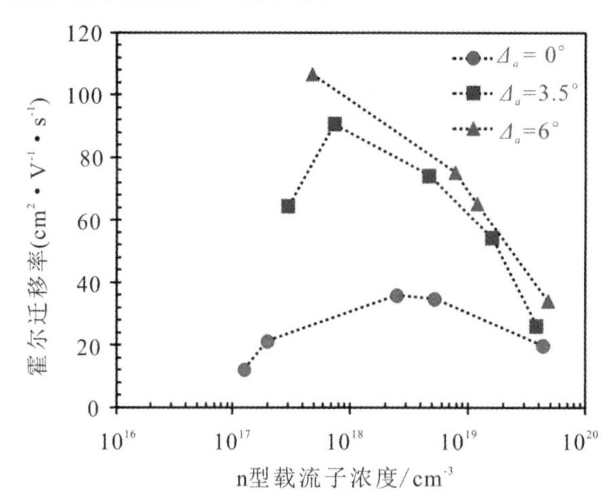

图 5-36 在不同离轴角(偏离[11$\bar{2}$0]方向)的 c 面蓝宝石衬底生长($\bar{4}$02)面 Si 掺杂的 $\beta-Ga_2O_3$ 薄膜的霍尔迁移率与 n 型载流子浓度的函数(薄膜厚度为 6 μm)[73]

在 c 面蓝宝石衬底上生长的 $\beta-Ga_2O_3$ 薄膜除了具有优越的电学性能外，这些薄膜最近被证明出具有迄今为止所测量到的任何导电材料中最高的光学损伤寿命[75]。所报道的 $\beta-Ga_2O_3$ 激光寿命阈值比衬底 GaN 高 10 倍，这对其作为高功率激光系统的有源元件有直接的影响，并可能为其在高功率开关应用

中提供一种新的思路。

2. $\beta-Ga_2O_3$ 同质外延

在 Ga_2O_3 衬底上的外延研究对横向和垂直器件都具有重要的技术意义，而 LPCVD 已被证明是一种可制备高质量和可控 n 型掺杂的同质外延薄膜的生长方法。

采用 LPCVD 法在(010)Ga_2O_3 衬底上同质外延 $\beta-Ga_2O_3$ 的研究表明，生长温度对生长薄膜的表面形貌有显著影响[76]。对不同生长温度(780～950℃)的薄膜进行 AFM 扫描，结果如图 5－37 所示。从总体趋势上看，随着生长温度的升高，外延层变得更加均匀。图中的外延层都由类似台阶形态多步排列组成，随着生长温度的升高，特征尺寸逐渐变小。950℃的生长温度制备的外延层均方根值(Root Mean Square，RMS)粗糙度为 7.02 nm，在所有温度生长的薄膜中粗糙度最低。这可能是由于在较高温度下，过量的 Ga 与 Ga_2O_3 表面氧化物反应形成 Ga_2O，而 Ga_2O 形成和解吸导致薄膜生长速率随着生长温度的升高而降低[77]。

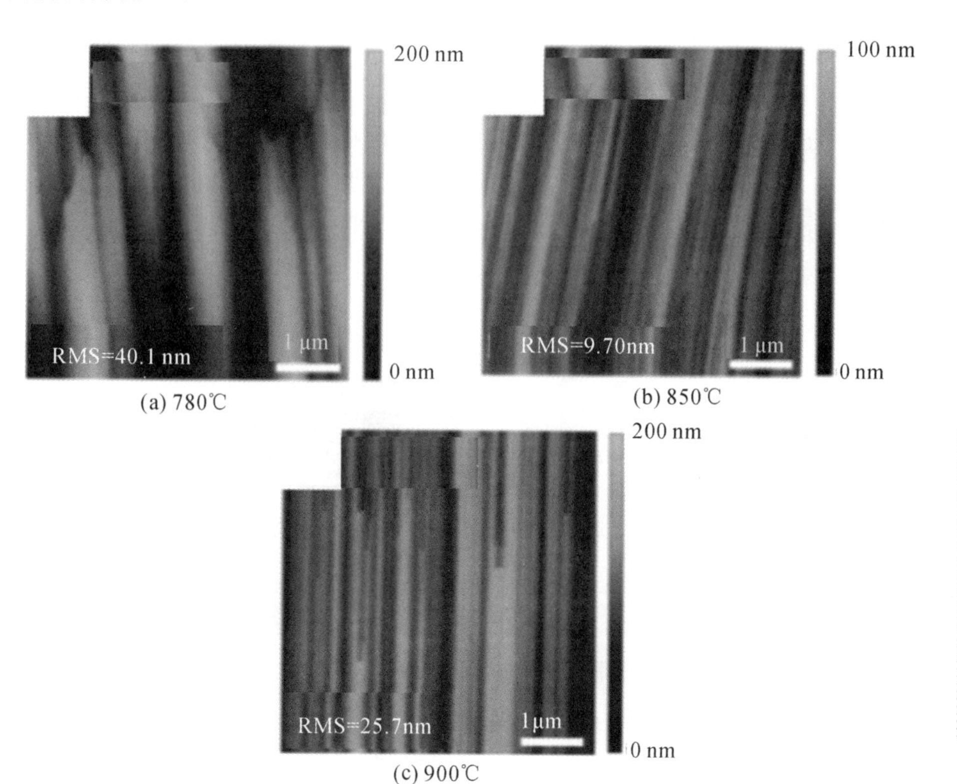

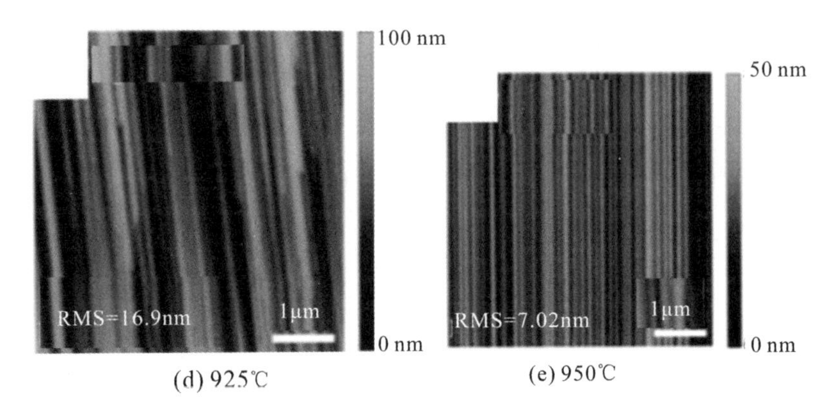

图 5-37　不同生长温度下 β-Ga_2O_3 同质外延薄膜的表面 AFM 图(5 μm×5 μm)[70]

与(100)等其他晶面相比，MBE 法在(010)晶面上制备的 β-Ga_2O_3 薄膜，其生长速率快得多，因此 β-Ga_2O_3 更倾向于(010)面生长。(100)晶面较低的黏附能导致附着原子再蒸发，这反过来又降低了生长速率[17]。采用 LPCVD 法制备的 β-Ga_2O_3 对晶体取向的敏感性较低。有人利用 LPCVD 法在 Fe 掺杂的半绝缘(010)和(001)β-Ga_2O_3 衬底上进行了 Si 掺杂的 n 型 β-Ga_2O_3同质外延[78]。在生长之前，样品在 O_2氛围下 900℃原位退火 30 min。结果表明，在 900℃生长温度时，在(010)和(001)衬底上制备的 β-Ga_2O_3 的生长速率都大于1 $\mu m \cdot h^{-1}$。由 AFM 图像显示(见图 5-38)，薄膜表面呈阶梯状，由多级阵列组成。(001)和(010)β-Ga_2O_3衬底的同质外延薄膜表面的粗糙度分别约为 3 nm 和 4 nm，由此可知，薄膜表面的粗糙度与 Si 掺杂水平没有明显的依赖关系。

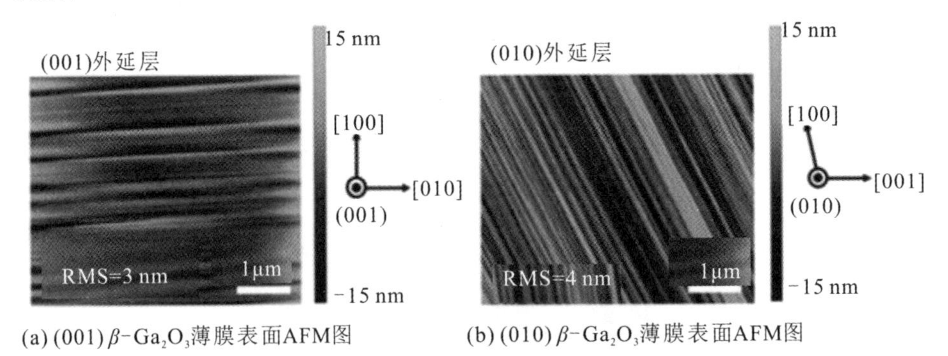

图 5-38　900℃**下**(001)**和**(010)β-Ga_2O_3 **同质外延薄膜表面** AFM **图**(5 μm×5 μm)[78]

通过 XRD 摇摆曲线和高倍放大 HAADF－STEM 图像发现，LPCVD 法制备的 $\beta-Ga_2O_3$ 同质外延薄膜的晶体质量非常好，(001)$\beta-Ga_2O_3$ 衬底的非对称(400)衍射峰的半峰宽为 27 弧秒，LPCVD 法制备的 Si 掺杂 $\beta-Ga_2O_3$ 外延薄膜的半峰宽为 47 弧秒。(010)$\beta-Ga_2O_3$ 衬底和外延薄膜的($\bar{4}2\bar{2}$)衍射峰的半峰宽分别为 77 弧秒和 83 弧秒。两种情况下，薄膜相对于衬底的 XRD 衍射峰并无移动，表明外延薄膜无应力存在。通过高分辨 HAADF－STEM 图像(见图5－39)可知，沿着[010]方向，Ga 原子之间的间距最大，约为 3.3 Å[79-80]，沿着[001]方向，列之间的距离较短(见图 5－39(b))。两种薄膜的 STEM 图像视场均未发现扩展的面缺陷或位错。但是，两种薄膜可能存在点缺陷，从而导致载流子迁移率低于理论值。一般来说，$\beta-Ga_2O_3$ 薄膜的空位和间隙等天然点缺陷是复杂的。根据密度泛函理论计算，氧和镓的空位分别为深给体和浅受体[57]。

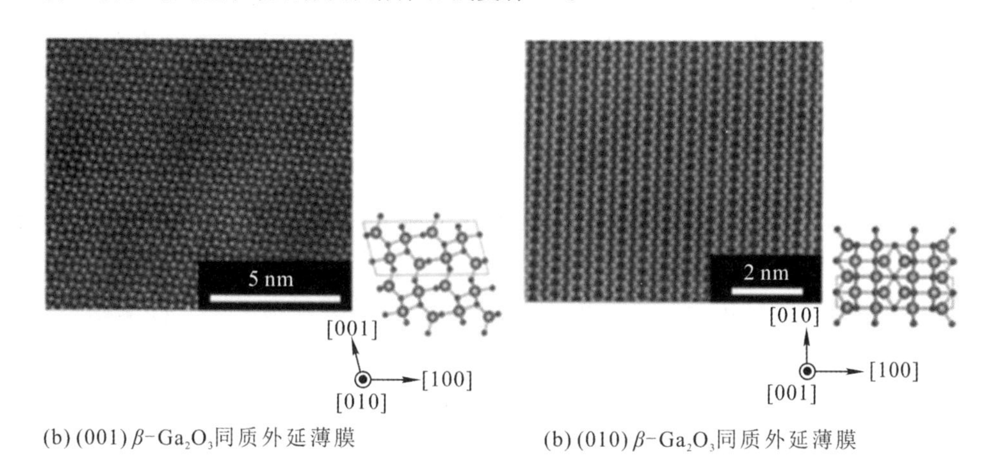

(b) (001)$\beta-Ga_2O_3$同质外延薄膜　　(b) (010)$\beta-Ga_2O_3$同质外延薄膜

图 5－39　(001)和(010)$\beta-Ga_2O_3$ 同质外延薄膜高倍 HAADF-STEM 图像

(蓝色球代表 Ga 原子，红色球代表氧原子)[78]

SIMS 深度分布(见图 5－40)用来检测在 900℃生长温度时(001)和(010)$\beta-Ga_2O_3$衬底上同质外延 Si 掺杂 $\beta-Ga_2O_3$ 薄膜的杂质浓度。两种薄膜的 Si 掺杂剖面大部分平坦，表明在整个生长过程中掺杂剂的加入是恒定的。在两个薄膜的外延层和衬底之间的界面处都可看到 Si 剖面的峰值，通过 SIMS 得到(001)和(010)$\beta-Ga_2O_3$衬底上外延薄膜中的 Si 浓度分别为 $9.6\times10^{17}\ cm^{-3}$和 $2.4\times10^{18}\ cm^{-1}$。

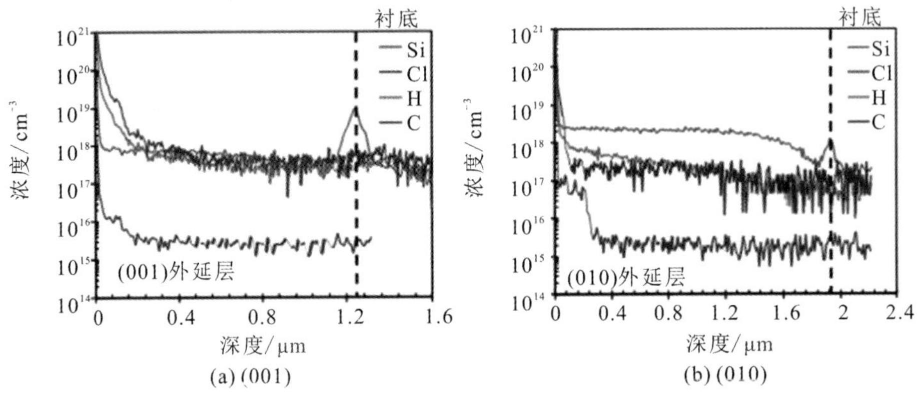

图 5-40 (001)和(010)$\beta-Ga_2O_3$ 同质外延 Si 掺杂 $\beta-Ga_2O_3$ 薄膜的 SIMS 深度分布图[78]

通过改变掺杂源流速，以研究(001)和(010)$\beta-Ga_2O_3$ 外延薄膜的 n 型掺杂控制效果，载流子浓度在 $10^{17}\sim10^{19}$ cm^{-3}范围可调。经霍尔测量得到两种薄膜的自由载流子浓度与 SIMS 检测的 Si 浓度相似，表明掺杂元素在电活性位点的掺入有效，其补偿作用可忽略。在生长条件一致的情况下，两种薄膜载流子浓度的差异是由于 $\beta-Ga_2O_3$ 在不同取向上 Si 掺入率不同所致。由温度对载流子浓度依赖性(见图 5-41)可知，Si 的活化能 E_a 分别约为 20.3 meV 和 17.6 meV($n\sim e^{-E_a/kT}$)，这与之前报道的值相似。在(010)和(001)$\beta-Ga_2O_3$Si 掺杂的外延薄膜中，Si 掺杂浓度分别约为 1.2×10^{18} cm^{-3}和 9.5×10^{17} cm^{-3}，室温下霍尔迁移率分别约为 72 $cm^2\cdot V^{-1}\cdot s^{-1}$和 42 $cm^2\cdot V^{-1}\cdot s^{-1}$。

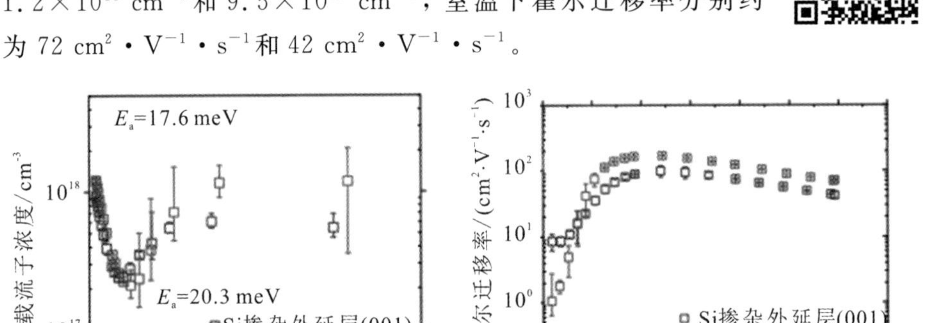
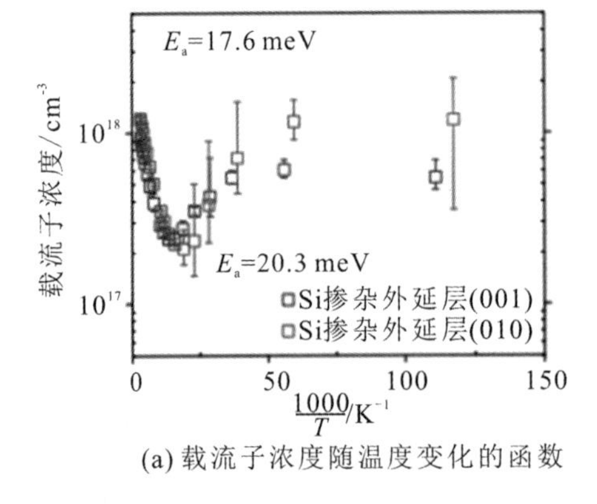
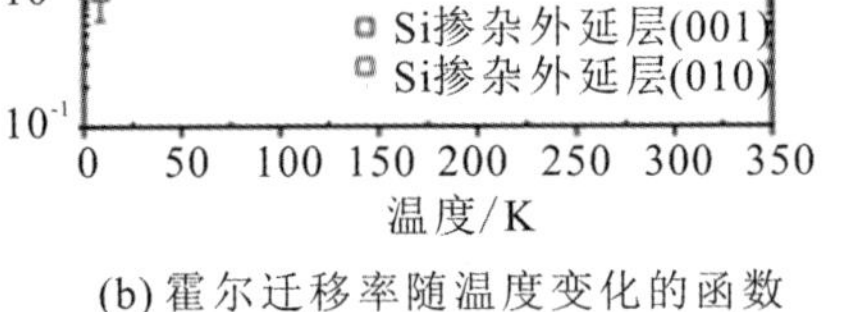

(a) 载流子浓度随温度变化的函数　(b) 霍尔迁移率随温度变化的函数

图 5-41 (001)和(010)$\beta-Ga_2O_3$ 同质外延 Si 掺杂 $\beta-Ga_2O_3$ 薄膜的载流子浓度和霍尔迁移率随温度变化的函数[78]

LPCVD 法可制备高质量的 $\beta-Ga_2O_3$ 薄膜，并且掺杂可控，生长速率大范围可调节。LPCVD 法在离轴角 c 面蓝宝石衬底上生长的高质量 $\beta-Ga_2O_3$ 薄膜已被证明其具有优越的电荷传输性能。LPCVD 法还在(010)和(001)$\beta-Ga_2O_3$ 衬底上同质外延出无位错的 $\beta-Ga_2O_3$ 薄膜。LPCVD 法制备的 $\beta-Ga_2O_3$ 用于制备的垂直肖特基势垒二极管表现出高的击穿电场。

LPCVD 的生长参数如生长温度、生长压强、前驱体流速、衬底表面制备等不仅会影响薄膜的生长速率，而且会显著影响薄膜的结构、电学和光学性能。目前，生长机理、杂质的掺入和自然缺陷的产生还没有被完全理解。第一性原理理论计算、高质量外延、先进的材料表征和器件制造是促进该领域进一步发展的重要组成部分。

5.2.4　超声辅助雾相输运化学气相外延(Mist-CVD)

作为 MOCVD 的一种变体，Mist-CVD 系统在氧化镓同质及异质外延中应用广泛。与其他生长技术相比，Mist-CVD 使用方便、经济且不需要真空系统，在氧化物外延生长方面具有巨大应用潜力。在(010)面 $\beta-Ga_2O_3$ 单晶衬底上同质外延，通过 Sn 掺杂，载流子浓度可控范围为 $1\times10^{18}\sim5\times10^{20}$ cm^{-3}，对应的迁移率为 45～15 $cm^2\cdot V^{-1}\cdot s^{-1}$。然而，低电子浓度掺杂及抑制 Sn 元素的记忆效应仍然存在挑战。

单晶氧化物半导体薄膜生长的横式 Mist-CVD 系统示意图如图 5－42 所示，以乙酰丙酮镓 $[Ga(C_5H_8O_2)_3]$水溶液为反应源，用超声辅助雾化器对水溶液进行超声雾化生成含有 Ga 元素的雾颗粒(约为 3 μm)，再由载气(O_2或 N_2)输运到反应区域，发生化学反应生成 Ga_2O_3。用 Mist-CVD 法在蓝宝石衬底上生长 Ga_2O_3 的过程中，在 470℃的温度下，可生长出高度有序的刚玉结构 $\alpha-Ga_2O_3$ 而非稳定相 $\beta-Ga_2O_3$。由表 5－7 可知，早期的 $\alpha-Ga_2O_3$ 都是通过 Mist-CVD 法生长的，并且在一定掺杂浓度范围内($10^{17}\sim10^{20}$ cm^{-3})实现了掺杂可控。这是因为 $\alpha-Ga_2O_3$ 与蓝宝石($\alpha-Al_2O_3$)衬底同为刚玉结构，且 $\alpha-Ga_2O_3$ 在 c 轴和 a 轴上与蓝宝石衬底的晶格失配分别仅为 3.5%和 4.8%。由于 Mist-CVD 系统比 MOCVD 系统简单得多，生长的薄膜可能无意中吸收了大量杂质，其迁移率比 $\beta-Ga_2O_3$ 的低。在已有的报道中，可以使用无碳镓源，如氯化镓($GaCl_3$)，以避免有机物带来的碳元素污染。当 $\alpha-Ga_2O_3$ 外延层厚度为 300～2500 nm 时，蓝宝石上的 $\alpha-Ga_2O_3$ 外延层在 XRC 扫描中对称面(0006)面的半峰宽小至 30～60 弧秒，而非对称面$(10\bar{1}4)$面的半峰宽约高达 2000 弧秒。此

外，$\beta-Ga_2O_3$ 和 $\kappa-Ga_2O_3$ 外延层的生长与研究也备受关注。

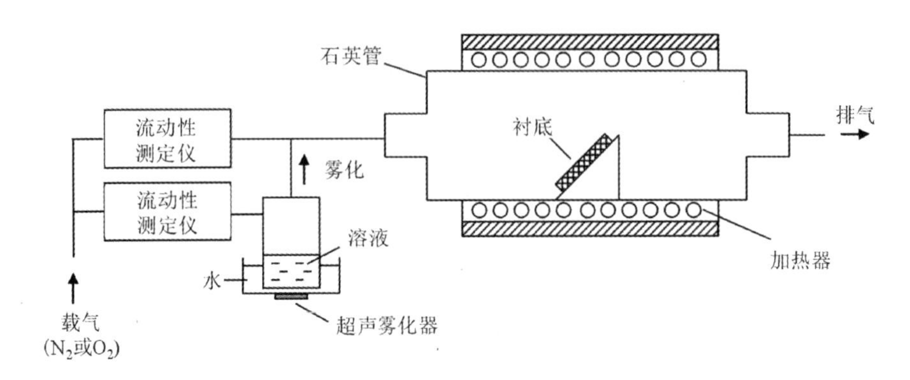

图 5－42　横式 Mist-CVD 系统示意图

表 5－7　不同生长系统中氧化镓外延层的生长及掺杂

生长方法	晶相	掺杂剂	电子浓度 /cm^{-3}	迁移率 /cm^{-1}·V^{-1}·s^{-1}	XRD 摇摆曲线半峰宽/弧秒 (0006)	XRD 摇摆曲线半峰宽/弧秒 $(10\bar{1}4)$	参考文献
Mist-CVD	α	Sn^{4+}	$10^{19}\sim10^{20}$	2.8	40	—	[27]
Mist-CVD	α	Sn^{4+}	7×10^{18}	0.23	71	—	[81]
Mist-CVD	α	Sn^{4+}	$10^{18}\sim10^{20}$	3.2	—	—	[82]
Mist-CVD	α	Sn^{4+}	$10^{18}\sim10^{19}$	24	30	1000	[83]
Mist-CVD	α	Si^{4+}	$10^{18}\sim10^{19}$	31.5	52	2000	[84]
Mist-CVD	α	Si^{4+}	$10^{17}\sim10^{20}$	61.3	31	676	[29]
Mist-CVD	α	Sn^{4+}	$10^{17}\sim10^{20}$	65	1350	1450	[85]
HVPE	α	Sn^{4+}	$10^{17}\sim10^{19}$	—	1200	—	[86]
HVPE	α	UID	—	—	612	1296	[61]
HVPE	α	UID	—	—	410	757	[87]
MOCVD	α,ε,β	UID	—	—	—	—	[40]
ALD	α	UID	—	—	—	—	[88]
ALD	α,ε,β	UID	—	—	—	—	[89]

5.2.5　分子束外延(MBE)

在诸多 Ga_2O_3 薄膜的沉积技术中，分子束外延能获得高质量、可控制的薄膜，因而人们对分子束外延的研究最为广泛。其中，等离子体辅助分子束外延(PAMBE)能够获得各种掺杂和异质结结构的 $\beta-Ga_2O_3$。

MBE 是一种超高真空沉积技术，它依赖于气体、蒸发(或升华)源在衬底上的缓慢沉积。MBE 的生长温度允许组成原子进行表面扩散而移动到衬底晶格位置，但 MBE 因为限制了体扩散而无法形成突变膜。当衬底与高真空、高纯度原材料结合在一起时，可进行掺杂，并将杂质浓度降至最低，获得突变界面。过去，其他材料系统(如氮化物)也使用 PAMBE 来生长高质量的薄膜和器件[90]，类似的基本原理可应用于氧化物的生长。

常用 PAMBE 系统[91] 如图 5-43 所示。金属源从源中被蒸发，射频(Radio Frequency，RF)源(功率常为 200～300 W)控制分子氧的流速。反射高能电子衍射进行原位监测，反射光子轰击样品表面，可提供薄膜的表面结晶度、形貌及取向关系。仅当薄膜为逐层的层状生长时出现反射式高能电子衍射(Reflection High-Energy Election Diffraction，RHEED)振荡。

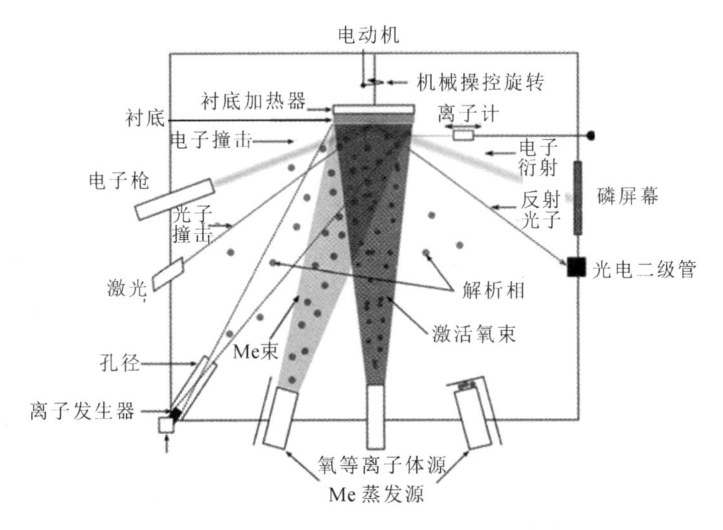

图 5-43　PAMBE 生长腔体示意图[108]

氧化物 MBE 使用高纯度 O_2 源，可以通过射频等离子体源产生原子氧。现代射频等离子体源几乎将所有的离子限制在等离子体内，并产生活性原子氧(O)和更惰性的分子氧(O_2)。原子氧与其他蒸发源(如 Ga)在衬底表面反应，生成 $\beta-Ga_2O_3$ 及其合金。在 PAMBE 中，薄膜生长速率通常受到等离子体源提供活性通量(原子氧)的能力的限制，$\beta-Ga_2O_3$ 的生长速率通常约为 1～5 nm/min[16, 92-93]。对这些射频等离子体的成分进行详细研究发现，原子氧为主要的活性氧种类[94]。本文讨论的典型的射频等离子体源中，只有约 1%～2%的氧气是活性原子氧。此外，由于 PAMBE 使用 O_2 而不是臭氧，通常比臭氧 MBE 更安全。

$\beta-Ga_2O_3$ 的另一个必要来源是 Ga 源，Ga 源通常被加热熔化到可以缓慢蒸发的程度。根据电离规以束当量压力(BEP)测得的数据，在衬底位置的典型 Ga 分压约为 10^{-7} Torr，而典型的腔室压强为 10^{-5} Torr，这是因为来自射频等离子体源的氧通量比较高。对于 $\beta-Ga_2O_3$ 的生长来说，活性氧是必需的，因为纯 O_2 助熔剂不会产生任何生长。腔室中的高本底氧气压强可能会导致反应源的氧化，比如使 Al 源或掺杂剂氧化。在 PAMBE 中，当考虑 Ga 通量和活性氧通量时，通常，薄膜生长以接近化学计量的方式进行。诸如 In、Al 的固体源元素常用于异质结结构的生长，而 Si、Sn 和 Ge 源常用于 n 型掺杂。Ga 和 In 源在氧气环境中是相对稳定的，而 Al 源暴露于氧气中后会被氧化。

对 $\beta-Ga_2O_3$ 作为透明导电氧化物的兴趣引起了人们对其材料系统及 PAMBE 生长的早期研究。最初研究是在 *c* 面蓝宝石衬底上尝试$(\bar{2}01)$面的 $\beta-Ga_2O_3$ 异质外延，以及在(100)$\beta-Ga_2O_3$ 衬底上进行同质外延[16, 95]。由于蓝宝石和 $\beta-Ga_2O_3$ 的$(\bar{2}01)$面中的氧排列相似，蓝宝石衬底上的$(\bar{2}01)$面生长很常见。这种异质外延，存在晶格失配问题，且可能存在三重旋转晶畴[16]。

1. MBE 同质外延氧化镓

Villora 等人[95]比较了$(\bar{2}01)$和(100)面的异质外延以及在(100)衬底上的同质外延，发现(100)衬底同质外延获得的薄膜表面更光滑，并且生长速率相对较快。此外，Tsai 等人[16]通过 X 射线摇摆曲线，证明了$(\bar{2}01)$面生长的 Ga_2O_3 具有约 1°半高宽的晶体镶嵌，而(100)衬底同质外延生长的样品仅有 0.02°的晶体镶嵌，与衬底的相似，这表明(100)衬底上的同质外延薄膜的质量更高。高质量块状衬底和更高质量的同质外延材料的获得成为当前 $\beta-Ga_2O_3$ 分子束外延生长研究的焦点。

Tsai 等人[16]使用 Veeco 620 氧化物 PAMBE 系统，在$(\bar{2}01)$和(100) $\beta-Ga_2O_3$ 衬底上外延了以这些方向生长的纯相 $\beta-Ga_2O_3$，确定了这些取向的 $\beta-Ga_2O_3$ 的最佳生长温度(通过高温测定法测定)为 700℃。对于(100)衬底上的同质外延，在较低温度下显示出沿[010]方向拉长的岛状结构，而当温度高

于 700℃(即最佳生长温度，粗糙度为 0.67 nm 的最佳生长温度)时，其表面较为粗糙。对于这种富 O 生长，$\beta-Ga_2O_3$ 未观察到 Ga 液滴或中间层。使用 RHEED 监测了同质外延的生长模式和速率，每次振荡对应于 $\beta-Ga_2O_3$ 的单层或一半的晶胞。在最佳生长条件下，典型的生长速率为 46 nm·h^{-1}。整个生长过程中的 RHEED 图像显示为条纹状，表明 $\beta-Ga_2O_3$ 同质外延是二维生长，具有单层成核和逐层生长的聚结特征。迄今为止，仅在(100)Ga_2O_3 的生长中观察到了 RHEED 振荡。

另外，对生长速率与 Ga 通量、亚氧化物解吸附的关系的研究发现，在固定的氧气通量和生长温度下，富 O 状态下的生长速率将随着 Ga 通量的增加而增加，而对于非常高的 Ga 通量，生长速率将减慢，因为此时是富镓生长，如图 5-44 所示。在 SnO_2 的生长中人们也观察到了相似的生长速率的依赖性，即在较高的 Sn 通量下，挥发性的亚氧化物会解吸附[96]。QMS 研究表明，在富镓条件下 Ga_2O_3 发生解吸附。Ga_2O 是发生解吸附的主要亚氧化物[16, 47, 97]。发生的反应如下：

$$Ga_2O_3 + 3Ga \longrightarrow 4Ga_2O \tag{5-43}$$

有限的最大生长速率是 Ga_2O_3 的形成(生长)和 Ga_2O 过氧化物的形成(富金属生长的蚀刻反应)竞争的结果[16]

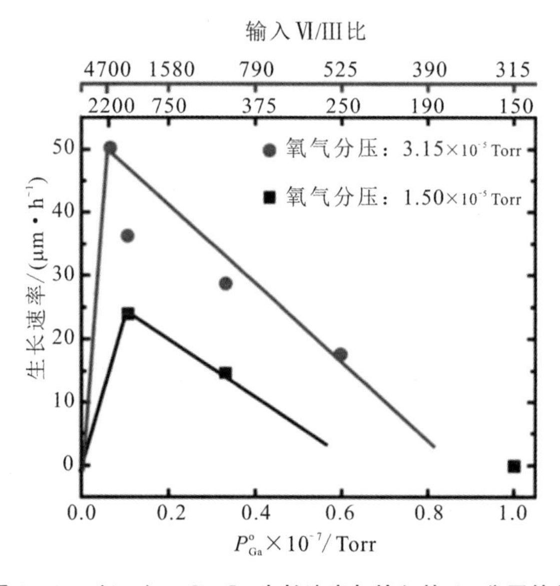

图 5-44　(100)$\beta-Ga_2O_3$ **生长速率与输入的 Ga 分压的关系**

Tsai 等人还研究了表面形貌对 Ga 通量的依赖性。这些研究表明，较低的 Ga 通量会使 Ga_2O_3 产生三维柱状生长，而在较高的 Ga 通量下人们会观察到阶梯状台阶结构。Oshima 等[14]也观察到了这种阶梯状台阶结构。对于非常高 Ga 通量的富镓环境，没有 $\beta-Ga_2O_3$ 的生长，其表面形态呈现出与衬底类似的阶梯状的台阶结构。对 PAMBE 生长的(100)$\beta-Ga_2O_3$ 的进一步研究还发现了孪晶畴的存在[98]。最近在金属有机物化学气相沉积(MOCVD)获得的(100)$\beta-Ga_2O_3$ 薄膜中也观察到了孪晶畴[23]。

在认识到 $\beta-Ga_2O_3$ 是一种潜在的可用于功率器件的宽禁带半导体[99]之后，人们对 Ga_2O_3 材料及其异质结结构的分子束外延开展了大量研究。尽管目前我们对 $\beta-Ga_2O_3$ 的生长机制、晶体取向以及其用于高品质电子产品仍处于早期的探索阶段，但至少已经证明，将外延获得的 $\beta-Ga_2O_3$ 用于电子器件具有很大的潜力。

Sasaki 等人[17]使用臭氧 MBE 外延了 $\beta-Ga_2O_3$，制备的器件实现了超过 100 $cm^2 \cdot V^{-1} \cdot s^{-1}$的室温迁移率，与其他薄膜沉积技术相当。他们研究了不同的衬底取向与薄膜生长速率的关系，发现生长速率强烈依赖于衬底取向。具体来说，在(100)解理面上，亚氧化物的高度解吸附使得在该方向上的生长速率大大降低，而(010)面的生长速率最高[99]。衬底取向对生长速率的这种影响激发了人们在(010) Ga_2O_3 衬底上进行 PAMBE 生长的研究。现在，这是 PAMBE 生长研究的主要方向，因为在该方向上实现了最高质量的材料、器件以及最高的生长速率。

Okumura 等人[47]发现，在(010)同质衬底上，$\beta-Ga_2O_3$ 的生长速率为 2.2 $nm \cdot min^{-1}$，是(100)衬底上 $\beta-Ga_2O_3$ 的生长速率的两倍多。尽管是同质外延，但薄膜相对于衬底的轻微的刚体位移使得能够观察到薄膜的厚度条纹。Lebeau 等人[100]在其他氧化物材料系统中首次证明过这一点。使用相同氧源的情况下，在亚氧化物的解吸附对生长速率产生限制之前，更高的 Ga 通量提高了 $\beta-Ga_2O_3$ 生长速率。这进一步证明了亚氧化物的解吸附以及生长速率对衬底取向的强烈依赖性。通常，由于在($\bar{2}$01)、(100)和(001)等解理面上，亚氧化物解吸附更高，因此在这些面上的外延表现出比(010)面上更低的生长速率。Okumura 等人还比较了在各种温度下的生长，研究了(010)面生长的 Ga 通量和 O 通量条件。在不使用离子体的情况下，他们没有观察到 $\beta-Ga_2O_3$ 的生长，这表明参与生长的活性氧是原子氧而不是分子氧[47]。

Ahmadi 等人[92]研究了在(010)衬底上，Ga_2O_3 的生长速率与 Ga 通量的关

系，并证明在其他方向的衬底上也是相似的趋势。在富O状态下，生长速率与Ga通量成正比，在Ga通量较高时存在一个平台期，即生长速率保持恒定，不随Ga通量的变化而改变。Ahmadi等人没有研究Ga通量非常高的情况，因此在这项研究中未观察到在富Ga的条件下生长速率降低的情况。在平台期，对于恒定的Ga和O通量，更高的生长温度导致生长速率降低，这可能是因为此时亚氧化物的解吸附增加。图5-45展示了在500～700℃的生长温度下外延薄膜的AFM图像。在很高的温度下，$\beta-Ga_2O_3$几乎没有生长。他们发现最佳的生长温度是600～750℃，在此温度区间生长的薄膜，表面形态良好且生长速率高。另外，由于这些(010)衬底的切割角，沿[100]方向具有一些拉长的特征，可以实现平滑生长。即使没有切割角，(010)衬底上的同质外延中的这些特征也很常见[47]。

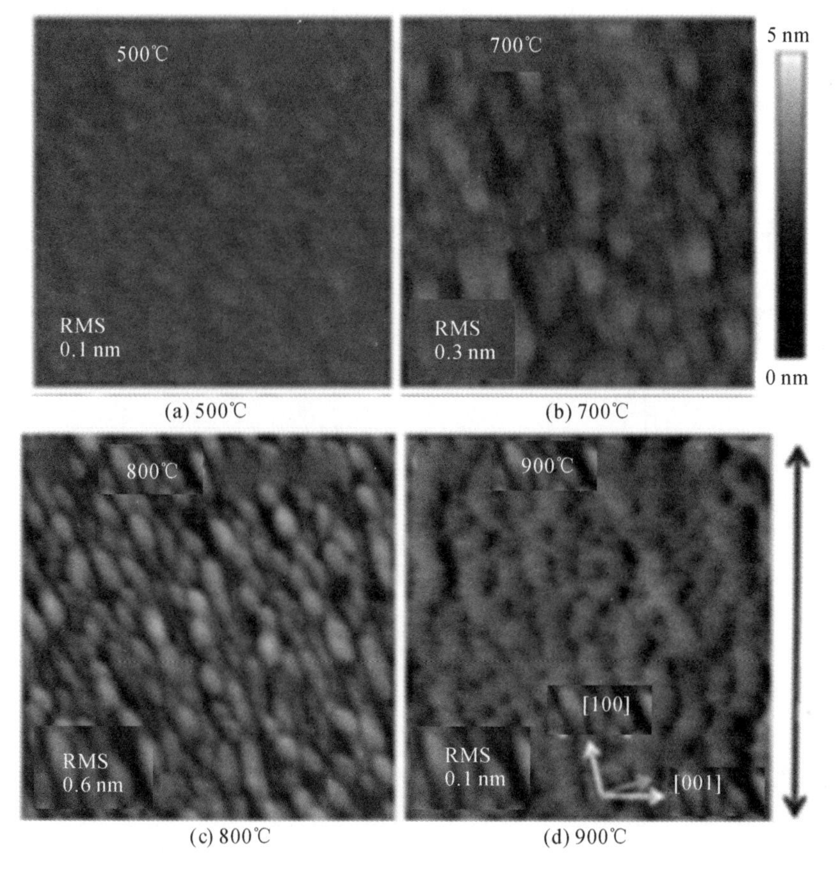

(a) 500℃　(b) 700℃　(c) 800℃　(d) 900℃

图5-45　在不同温度下生长的(010)$\beta-Ga_2O_3$的表面形貌AFM图像

进一步的研究表明，对于略富 Ga 的生长，用等离子体氧[101]和 Ga 通量[102]进行表面处理可以进一步改善表面形貌，粗糙度可小于 0.3 nm。而在非常富 O 的条件下，人们观察到点蚀和更粗糙的表面[92]。

除了(010)$\beta-Ga_2O_3$，有人在其他取向的衬底上也进行了 PAMBE 同质外延研究。其中，$\beta-Ga_2O_3$(001)面表现出了一定的前景，因为它具有边缘限定薄膜进料生长(EFG)方法的可扩展性，Oshima 等[93]已经进行了此方向上的 PAMBE 生长。(001)面的生长速率被限制在约 1 nm • min^{-1}，而使用同样的氧源条件下，(010)面的生长速率为 3.3 nm • min^{-1}。这归因于在(001)解理面上存在更高的亚氧化物分解，该结果与 Sasaki 等人[17]的臭氧 MBE 研究和 Tsai 等人[29]在其他方向的衬底上的低生长速率的研究结果一致。这项研究表明，$\beta-Ga_2O_3$ 的 PAMBE 生长有三种典型的生长方式，在富 O 条件下，生长速率最初随着 Ga 通量的增加而增加，然后在平台期趋于稳定，最后在非常富 Ga 的条件下降低。另外，在没有等离子体氧的情况下，PAMBE 生长表现出了对(001)$\beta-Ga_2O_3$ 的蚀刻，这进一步表明了 Ga_2O 的解吸附。蚀刻并没有显著增加(001)$\beta-Ga_2O_3$ 的表面粗糙度。图 5-46 显示了生长速率与不同晶面的 $\beta-Ga_2O_3$ 的比较。(001)$\beta-Ga_2O_3$ 的生长速率还表现出对温度的依赖性，温度高于 750℃时，随着生长温度的升高，生长速率逐渐减慢[93]。

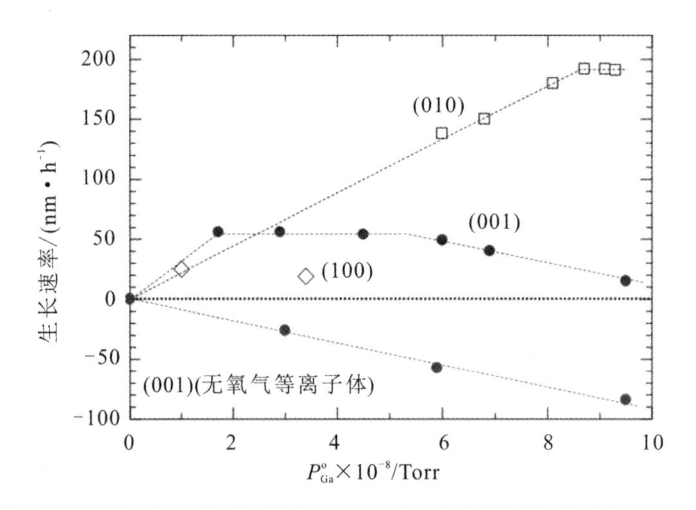

图 5-46　不同输入的 Ga 分压和不同晶面的 $\beta-Ga_2O_3$ 的生长速率

Han 等人[103]对 PAMBE 生长的(001)$\beta-Ga_2O_3$ 进行了进一步的研究。他们发现，对比 675℃的生长温度，在 750℃附近的较高生长温度下，$\beta-Ga_2O_3$

可获得更光滑的表面，最佳条件下典型的粗糙度为2.0 nm。尽管在较高温度下的生长有益于表面形态，但也带来了掺杂方面的限制。

5.2.6 激光脉冲沉积(PLD)

前面的章节中讨论了多种气相沉积技术在同质衬底上外延 $\beta-Ga_2O_3$ 薄膜，通过MBE、MOCVD、HVPE、LPCVD法，已实现了从本征、非故意掺杂到完全掺杂的 $\beta-Ga_2O_3$ 薄膜的外延。$\beta-Ga_2O_3$ 外延生长的另一种技术是脉冲激光沉积(PLD)。脉冲激光沉积是一种通用的沉积技术，由于其沉积温度相对较低，在掺杂和异质结结构研究中很有价值。与其他真空沉积技术相比，PLD的沉积气压范围大，背景气体多样，具有独特的沉积能力。此外，PLD通过烧蚀靶材物质控制了薄膜的成分，激光源所产生的活性氧也使得PLD比其他真空沉积技术具有更适中的生长温度。对PLD多个变量的研究也有助于对薄膜的结构、电学性能的深刻了解。

PLD生长中发生的基本过程如图5-47所示，简短地描述为(1)小部分靶材吸收激光辐射；(2)激光与靶材相互作用，形成与靶材具有相同化学计量的激光诱导等离子体；(3)在真空、低压环境下的等离子体定向局域膨胀；(4)等离子体中的成分在衬底上沉积，形成薄膜。另外，来自背景气体或来自另一等离子体源的原子/分子的掺入可有助于薄膜生长。通常，每一激光脉冲会沉积一层亚单层，不断重复该过程直到获得期望的薄膜厚度。此外，使用多个靶材可以获得异质结结构和超晶格。

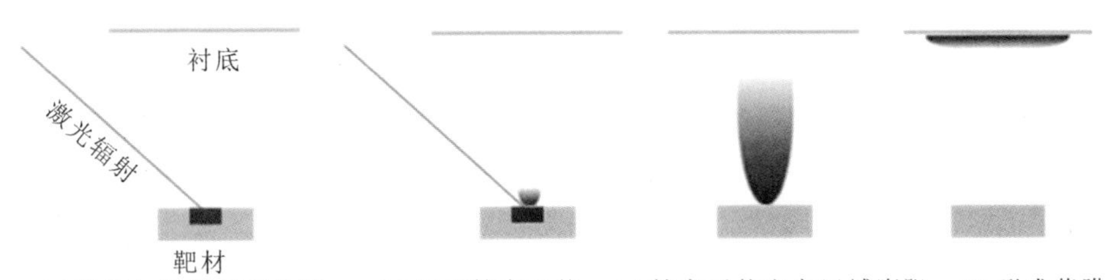

图5-47 脉冲激光沉积的基本过程

对于固态靶材，PLD过程更为详细的描述如下：(1)靶材吸收激光辐射的平面通常不在聚焦的焦平面内，以致靶材表面的特定区域被辐射而不是某一点被辐射；(2)激光辐射首先导致靶材熔化，熔化前靶材不断移动使靶材烧蚀，并在几纳秒后发生汽化；(3) 激光辐射与蒸气(蒸气与靶材的化学计量相同之间)的相互作用形成等离子体，产生等离子体羽辉；(4) 等离子体沿垂直于靶材表面的方向膨胀到真空、低压环境中，膨胀的等离子体是高度前向的，方向取决于背景压强(较高的压强导致等离子体羽辉变宽)，且其成分(通常是分子、原子、离子和电子)可能与背景气体的成分相互作用；(5) 粒子到达其衬底实现沉积。根据生长条件的不同，再蒸发可能会影响薄膜的化学计量。

1. 脉冲激光沉积同质外延氧化镓

高质量 $\beta-Ga_2O_3$ 衬底使得通过 PLD 在各种生长条件下可生长 $\beta-Ga_2O_3$ 单晶薄膜，并对非故意掺杂和杂质掺杂的薄膜进行系列沉积，参数优化，以及结构、电、化学表征。衬底的不同晶面对薄膜的性能有影响。极少有报道通过 PLD 意外掺杂同质外延 $\beta-Ga_2O_3$ 薄膜，多数报道分析重点在于结构表征等。PLD 经常用于产生 Ga_2O_3 的掺杂层并将其作为 n 型透明导电层。常使用的掺杂剂是 Sn 和 Si，薄膜主要在蓝宝石衬底上进行沉积，电导率在 1～10 $S\cdot cm^{-1}$ 的范围内。PLD 生长的 Ga_2O_3 中存在大的氧空位导致其具有绝缘体到金属转变的纳米复合材料性质。这种混合体系由结晶 $\beta-Ga_2O_3$ 和非晶态镓的低值氧化物 $Ga_2O_{2.4-\alpha}$ 组成。Nagarajan 等人[104]也发现，氧分压和沉积温度是决定所沉积薄膜性能的关键参数。在 400℃的沉积温度和低氧分压下，该薄膜由嵌入化学计量 Ga_2O_3 基质中的 Ga 金属簇组成，这是由于缺氧亚稳态 Ga_2O_x($x=2.3$)相分离成稳定相(Ga 和 Ga_2O_3)导致的[19]。

Wakabayashi[105]在(010) $\beta-Ga_2O_3$ 衬底上借助氧自由基辅助的 PLD 同质外延了 $\beta-Ga_2O_3$。与在氧气环境中的传统 PLD 相比，如图 5-48 所示，添加氧自由基可以提高沉积速率，这归因于 Ga 亚氧化物的更充分氧化，以及在高沉积温度下 Ga 的升华显著降低。使用氧自由基还可以改善薄膜的表面粗糙度。在 800℃、9.3×10^{-3} Pa 下，借助氧自由基生长的 $\beta-Ga_2O_3$ 薄膜，表面粗糙度为 1.1 nm，而在无氧自由基的情况下，当氧气压强为 13.3 Pa 时，薄膜的粗糙度为 7.6 nm。Li 等证明了在(100)衬底上同质外延生长的 $\beta-Ga_2O_3$ 生长速率是氧气压强的函数。尽管没有指出明确的氧气压强，但随着氧气压强的增加，$\beta-Ga_2O_3$(400)峰的摇摆曲线半峰宽从 198 弧秒增加到了 360 弧秒。XRD 倒易空间图还表明，较高的氧气压强导致较高的缺陷密度。在这种情况下，随着氧气压强的降低，薄膜的表面粗糙度从 0.44 nm 增加到 2.12 nm。

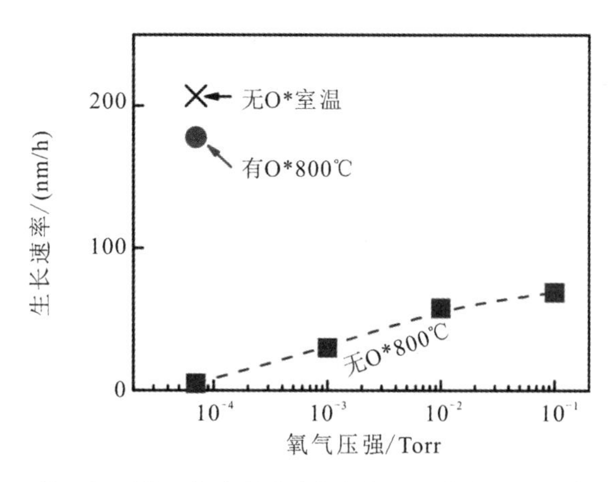

图 5-48　800℃下同质外延的生长速率与氧气压强的关系(O* 表示 O 自由基)

美国空军实验室通过 PLD，使用 99.99%纯度的 Ga_2O_3 靶材，在(010)β-Ga_2O_3 衬底上同质外延了 β-Ga_2O_3 薄膜。在 550℃、27 Pa 的氧气压强下，以 5.3 nm/min 的生长速率沉积了厚度为 440 nm 的薄膜。如图 5-49 所示，对(020)β-Ga_2O_3 的 XRD 摇摆曲线分析显示，在薄膜和下面的晶体反射之间出现了一个单峰，没有轮廓。测量的半峰宽为 19 弧秒，等于衬底的半峰宽，即 19 弧秒。图 5-49 中的插图是 1 μm×1 μm 的 β-Ga_2O_3 的 AFM 图像，显示其 RMS 表面粗糙度为 4.9 nm，表面为颗粒结构。较低的氧气压强导致薄膜在邻近衬底反射处出现 XRD(020)峰，表明存在晶格应变，但表面糙度更低，为

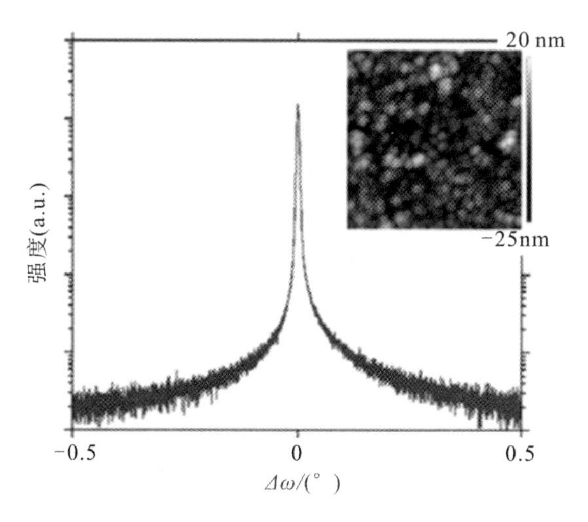

图 5-49　(020)β-Ga_2O_3 的 XRD 摇摆曲线，插图为 1 μm×1 μm 的 β-Ga_2O_3 的 AFM 图像

0.14 nm。在高压 PLD 生长中，观察到的表面粗糙度增加，这与其他研究一致[105]。美国空军实验室还通过霍尔效应测量了未掺杂的$\beta-Ga_2O_3$薄膜的薄层电阻，在吉欧姆量级，属于非故意掺杂。

An 等[106]通过 PLD，分别在(100)$\beta-Ga_2O_3$和(0001)Al_2O_3衬底上同质和异质外延了$\beta-Ga_2O_3$。对生长参数如温度、氧气压强的优化表明，最佳的生长温度在 650～700℃，氧气压强为 0.5 Pa。对于在 650～750℃下同质外延获得的$\beta-Ga_2O_3$薄膜，(400)峰的摇摆曲线半峰宽在 0.155°到 0.193°的范围内。在类似温度下，通过对蓝宝石衬底进行湿法刻蚀以获得原子台阶，这大大提高了异质外延的质量，将 XRD 摇摆曲线的半峰宽从 1.8°降低到 1.1°。他们指出，无论是通过同质外延还是异质外延生长，都可以制备出高质量的Ga_2O_3薄膜。通过等离子体辅助脉冲激光沉积，Hu 等[107]在 500℃的温度下，在(0001)Al_2O_3衬底上异质外延获得$\beta-Ga_2O_3$薄膜，他们发现等离子体辅助将沉积速率提高了 2.7 倍，同时增加了薄膜的粗糙度。但随着等离子体射频源的功率的升高，薄膜的粗糙度下降。Zhang 等[108]研究了通过 PLD 在(0001)Al_2O_3衬底上异质外延获得的$\beta-Ga_2O_3$薄膜的结构和光学性质。他们发现($\bar{2}$01)$\beta-Ga_2O_3$能在 500℃下获得，薄膜表面光滑，透光率超过 80%。他们指出，PLD 是一种很有前途的，能在低温下获得高质量Ga_2O_3薄膜的生长技术。

2. 脉冲激光沉积异质外延氧化镓

氧化镓异质外延常用的衬底是(0001)蓝宝石衬底，氧化镓及蓝宝石衬底的晶体结构参数总结在表 5-8 中。在(0001)GaN、(100)MgO，(100)$MgAl_6O_{10}$衬底上的异质外延氧化镓的外延关系以及出现的晶畴旋转现象总结在表 5-9 中。

表 5-8　氧化镓及蓝宝石衬底的晶体结构参数　(单位：nm)

参数	Ga_2O_3	Al_2O_3
a	0.49825	0.4759
c	1.3433	1.2991
$C11$	3.815	4.97
$C12$	1.736	1.63
$C13$	1.260	1.16
$C33$	3.458	5.01
$C14$	0.173	0.22
$C44$	0.797	1.47

表 5-9　常见异质外延氧化镓的外延关系以及出现的晶畴旋转现象

衬底	生长方向	外延关系	晶畴旋转	参考文献
$(0001)Al_2O_3$	$[\bar{2}01]$	$[010]Ga_2O_3 \parallel (10.0)Al_2O_3$	6RD	文献[109]
(0001)GaN	$[\bar{2}01]$	$[010]Ga_2O_3 \parallel (10.0)GaN$	6RD	文献[18]
(100)MgO	[100]	$[001]Ga_2O_3 \parallel (011)MgO$	4RD	文献[109]
$(100)MgAl_6O_{10}$	[100]	$[001]Ga_2O_3 \parallel (011)MgAl_6O_{10}$	4RD	文献[109]

对于 PLD 进行氧化镓的异质外延，温度要求高于 380℃。Orita 等报道激光的重复频率对外延膜质量的影响。他们在 c 面蓝宝石上进行异质外延，生长压强为 5×10^{-8} mbar，生长温度为 380℃，激光频率为 1 Hz，当激光频率增加至 10 Hz 时，得到非晶薄膜[110]。氧气分压也会影响进行氧化镓异质外延的最低温度要求。Zhang 等在 1×10^{-3} mbar 生长压强下进行异质外延，发现仅当温度高于 500℃时才能获得结晶薄膜，他们使用的衬底-靶材间距 d_{s-t} 为 30 mm，与 Orita 等使用的 25 mm 近似。更多的氧化镓异质外延的典型参数均总结在表 5-10 中。

表 5-10　氧化镓异质外延的典型参数

作者	d_{t-s}/mm	T/℃	P_{O_2}/mbar	f_r/Hz	et/(J·cm^{-2})	参考文献
Orita 等	25	325～490	5×10^{-8}	1	3.5	文献[110]
Ou 等	50	400～1000	6.66	10	2.4	文献[20]
Müller 等	100	400～650	5×10^{-8}～0.024	15	2	文献[111]
Zhang 等	30	200～600	1×10^{-3}	1	—	文献[108]
Yu 等	50	400～1000	2.66	10	2.4	文献[112]
Zhang 等	40	RT	1×10^{-3}	1	—	文献[113]
Zhang 等	40	290～500	—	—	—	文献[114]

Müller 等[111]研究了在多个生长温度下，生长压强对氧化镓晶体质量的影响。在一定生长温度下，提高氧气分压会降低外延薄膜的晶体质量。例如，在 650℃下，当生长压强大于等于 2×10^{-3} mbar 时，获得的氧化镓为多晶薄膜，而在低于此压强的条件下获得的氧化镓为($\bar{2}01$)的薄膜。总的来说，氧化镓异质外延薄膜的最好晶体质量在低氧压和高温下获得，这与下面指出的生长条件相矛盾。

氧化镓的生长速率及化学计量强烈取决于生长参数。2006 年，Matsuzaki 等[115]报道，当压强低于 1×10^{-6} mbar 时，不论采用何种生长温度，获得的氧化镓都是缺氧的 Ga_2O_3 薄膜，并且，这些样品是导电的，呈黑色。当生长温度大于 450℃，且氧气压强大于等于 1×10^{-6} mbar 时，获得的氧化镓为透明的晶体薄膜。当压强小于等于 1×10^{-4} mbar 且生长温度超过 600℃时，薄膜不发生沉积。在图 5-50(a)中，Zhang 等[108]总结了在 c 面蓝宝石衬底上氧化镓的生长速率与生长温度的关系，生长压强固定为 $P_{O_2}=1\times10^{-3}$ mbar。正如上面所说过的，对于更高的生长压强，所要求的最低生长温度升高，且仅当温度大于等于 500℃时获得的氧化镓为结晶薄膜。生长速率根据薄膜厚度及激光脉冲次数计算。当 $T=300$℃时，生长速率最高。生长温度的升高导致生长速率反比例地降低。生长速率与氧气压强的关系总结在图 5-50(b)中，此时生长温度固定为 650℃[111]。当氧气压强较低时，生长速率最低。当氧气压强大于 1×10^{-3} mbar 时，生长速率上升。这两种现象可以解释为 Ga 的氧化不足，导致易挥发的镓亚氧化物的解吸附。PLD 的氧化镓生长，对于每一种生长压强，存在着一个相应的最高生长温度，在此温度下，Ga 被完全加入薄膜生长中。更

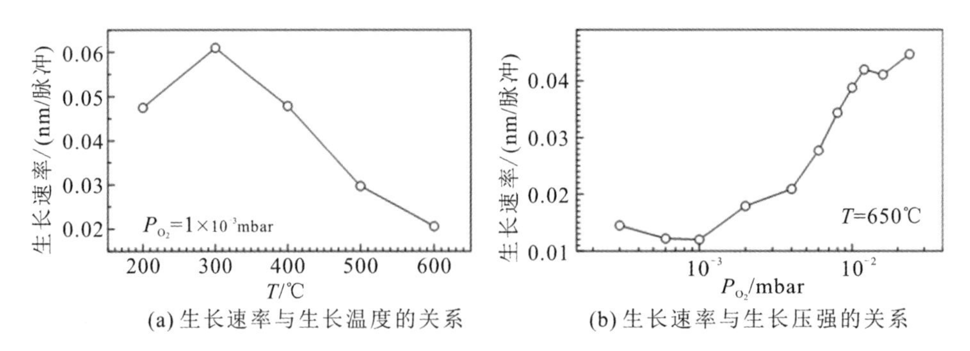

(a) 生长速率与生长温度的关系　(b) 生长速率与生长压强的关系

图 5-50　c 面蓝宝石衬底上氧化镓的生长速率与生长温度、生长压强的关系

高的温度会导致因亚氧化物解吸附而降低的生长速率。反之亦如此，对于每一种生长温度，存在着一个最小的生长压强，在此压强下，Ga 被完全加入薄膜生长中，而更低的压强导致生长速率降低。

Ou 等研究了在 6.66 mbar 的生长压强下，c 面蓝宝石上 PLD 异质外延氧化镓的表面粗糙度、晶粒尺寸与生长温度的关系。如图 5-51(a)所示，当生长温度升高时，晶粒尺寸增加，且表面均方根粗糙度增加。当生长温度小于最低外延温度时，二元 Ga_2O_3 薄膜[115]和三元$(Al, Ga)_2O_3$薄膜[116]的粗糙度分别从约 6 nm 和 3.5 nm 逐步降低到 1 nm 以下。表面粗糙度还取决于生长过程中的氧气压强，如图 5-51(b)所示，其中，生长温度固定为 650℃。对于低氧气压强，薄膜具有$(\bar{2}01)$取向，且粗糙度最小。随着 P_{O_2} 的增加，晶粒尺寸增加，并且出现了其他的晶体取向，这导致氧气压强为 6×10^{-3} mbar 时的粗糙度增大到了约 12 nm[111]。P_{O_2} 的进一步增加会导致晶粒从圆形变为更细长的形状，这与粗糙度的减小有关。

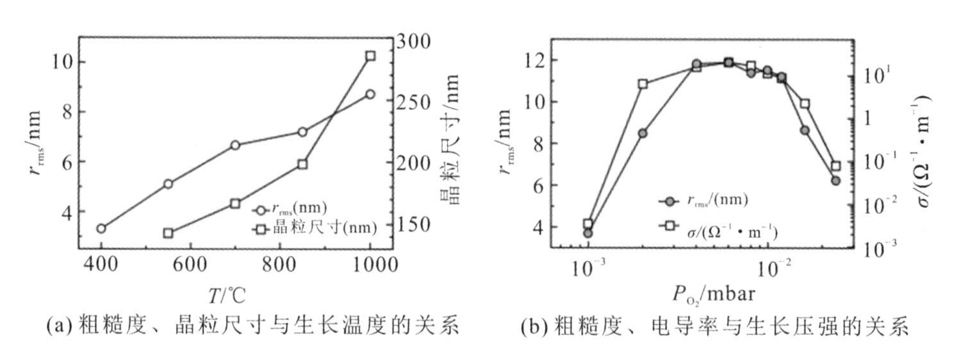

(a) 粗糙度、晶粒尺寸与生长温度的关系　　(b) 粗糙度、电导率与生长压强的关系

图 5-51　粗糙度、晶粒尺寸与生长温度的关系(生长压强固定在 6.66 mbar)；粗糙度、电导率与生长压强的关系(生长温度固定在 650℃)

总的来说，脉冲激光沉积是一种非常适合于氧化镓同质和异质外延的生长技术。上文指出了生长参数和生长速率的基本关系及生长参数对外延膜的影响，如对晶体质量、表面形貌以及导电性的影响。如果能够抑制镓亚氧化物的解吸附，就能获得更高的生长速率。低生长温度、高氧气压强对氧化镓异质外延是有利的，而且氧气等离子体的使用能扩展生长窗口。总体来说，使用较低的激光频率和低氧气压强时，所需的结晶温度最低。异质外延膜的表面粗糙度随着生长温度的升高而升高，因为更高的温度导致更大的晶粒。

5.3 氧化镓外延进展

得益于大尺寸单晶$\beta-Ga_2O_3$衬底技术的发展，目前高质量$\beta-Ga_2O_3$的外延主要是基于同质衬底进行的。不过关于$\beta-Ga_2O_3$早期的研究主要是异质外延，如通常使用蓝宝石衬底进行异质外延。由于c面蓝宝石和$\beta-Ga_2O_3$晶体结构相差很大，因此在c面蓝宝石上生长的$\beta-Ga_2O_3$主要表现为$(\bar{2}01)$晶面[117-118]，又由于晶格失配和面内晶畴旋转导致其薄膜表现为明显的多晶特征。由于晶界的存在，高缺陷密度严重限制了薄膜的载流子迁移率和载流子浓度。目前外延$\beta-Ga_2O_3$比较成熟的技术主要是分子束外延、金属有机物化学气相沉积和氢化物气相外延等。

外延生长掺杂可控、表面平整的高质量的单晶是充分激发Ga_2O_3在器件应用领域的潜能的先决条件。

外延薄膜的晶体质量可从多个方面评估，如微观晶体结构、电学特性、表面形貌等。其中，电学特性表征是一种简单有效地分析外延薄膜晶体质量的方法，可以间接反映外延膜中晶格缺陷、位错的水平，特别是对不同散射机制的研究，有利于加深Ga_2O_3载流子输运机制的理解，为高质量的可控掺杂提供理论基础。同时，受限于Ga_2O_3的光学声子散射，Ga_2O_3的室温电子迁移率($<300\ cm^2 \cdot V^{-1} \cdot s^{-1}$)远低于Si、GaAs、GaN等半导体材料。这限制了Ga_2O_3在高频高功率领域的应用。利用调制掺杂和能带剪裁实现$(Al_xGa_{1-x})_2O_3/Ga_2O_3$界面二维电子气(2DEG)以提高其载流子迁移率是拓展Ga_2O_3应用领域的重要途径。因此，研究Ga_2O_3中载流子的散射机制及输运特性对2DEG的实现具有重要意义。

5.3.1 同质外延进展

高质量$\beta-Ga_2O_3$的外延主要基于同质衬底进行。由于$\beta-Ga_2O_3$的晶体结构属于单斜结构，因此$\beta-Ga_2O_3$具有明显的各向异性。不同晶面的$\beta-Ga_2O_3$单晶衬底在外延时也表现出明显的区别，如生长速率、表面形貌和晶体质量等均有所差异。目前利用$\beta-Ga_2O_3$衬底进行同质外延比较成熟的技术主要是MBE、MOVPE和HVPE等。其中，MBE技术由于其具有超高真空、超纯束

流源、高可控性等优点，率先在 $\beta-Ga_2O_3$ 衬底上实现了高质量、掺杂可控的 $\beta-Ga_2O_3$ 外延膜，并被成功用于制备高性能 MOSFET 器件。此外，利用 MBE 技术还可以在 $\beta-Ga_2O_3$ 衬底上制备 $\beta-(Al_xGa_{1-x})_2O_3$ 合金，并在此基础上利用调制掺杂和能带剪裁实现 $(Al_xGa_{1-x})_2O_3/Ga_2O_3$ 界面二维电子气。MOVPE 是用于外延生长氮化物、Ⅲ-Ⅴ族化合物、氧化物基功率电子器件、光电二极管、激光二极管等器件的标准设备。产业界量产多年积累的对 MOVPE 设备硬件及控制系统的认识使其可以快速用于外延器件应用级别的 $\beta-Ga_2O_3$ 外延膜生长，特别是在 Agnitron 技术公司与加州大学圣塔芭芭拉分校的研究人员合作进行 $\beta-Ga_2O_3$ 同质外延研究之后，MOVPE 在 $\beta-Ga_2O_3$ 同质外延上的优势得到了充分体现，在保持较高生长速率的条件下，可实现低背景散射 $\beta-Ga_2O_3$ 薄膜外延。HVPE 是一种利用无机物外延半导体薄膜的方法，其主要特征在于生长速率高、晶体质量高且掺杂浓度可控[50,119-120]。由于 HVPE 外延生长速率较快，目前最快已经可以接近 200 $\mu m \cdot h^{-1}$[1]，同时，利用 HVPE 技术可实现低背景载流子浓度的 $\beta-Ga_2O_3$ 薄膜外延。因此，目前 HVPE 主要用于外延生长功率器件中用到的低掺杂漂移层，该漂移层已被成功用于制备高性能垂直型 SDB 和 MOSFET 功率器件。目前商业上已经可以获得 4 英寸(001)面的高导衬底上外延厚度为 10 μm 左右的漂移层的晶圆。

为制备高性能 $\beta-Ga_2O_3$ 器件，在确保衬底晶体质量的前提下，还应提高外延膜的质量。对于功率器件而言，$\beta-Ga_2O_3$ 外延膜主要作为功率器件漂移层使用。这些漂移层的厚度大约在 10 μm 左右，这就要求外延膜的生长速率超过 1 $\mu m \cdot h^{-1}$。此外，外延膜的掺杂浓度必须在 $10^{-15} \sim 10^{-17}$ cm^{-3} 范围内严格可控。为达到这些需求，需优化生长温度、生长速率及投料比例等外延相关的参数。此外，如上所述，$\beta-Ga_2O_3$ 的晶面对外延生长也有很大的影响。由于 $\beta-Ga_2O_3$ 特殊的单斜结构，外延 Si（立方金刚石结构）、GaN(六方纤锌矿结构)、GaAs(立方闪锌矿结构)等积累的关于晶面对外延生长影响的经验并不能直接应用于 $\beta-Ga_2O_3$。因此，研究不同晶面对 $\beta-Ga_2O_3$ 外延层晶体质量的影响一直是 $\beta-Ga_2O_3$ 同质外延的重要话题。

目前，尺寸达 2 英寸且具有高晶体质量的 $\beta-Ga_2O_3$ 单晶主要是利用提拉法和导模法生长获得的，这使得获取不同晶面 $\beta-Ga_2O_3$ 衬底成为可能。为研究晶面沿着 b 轴和 c 轴旋转对外延膜的影响，规定衬底表面的晶面用衬底表面与(100)面形成的夹角表示，如图 5-52 所示，其中短虚线表示衬底表面。利用臭氧增强 MBE 技术外延 $\beta-Ga_2O_3$ 薄膜，生长温度为 750℃，Ga 束流为 2.1×

10^{-4} Pa，臭氧的流速为 5.0 sccm，生长时间为 30 min。需要注意的是，实验中并没有使用表面沿着 b 轴旋转 160°～170°的衬底，因为(100)面会产生解理，很难得到光滑的抛光表面。实验中，用电化学电容-电压法(ECV)或二次离子质谱法(SIMS)测定了薄膜的厚度，采用 X 射线衍射(XRD)分析了晶体质量，用原子力显微镜(AFM)分析了薄膜表面形貌。

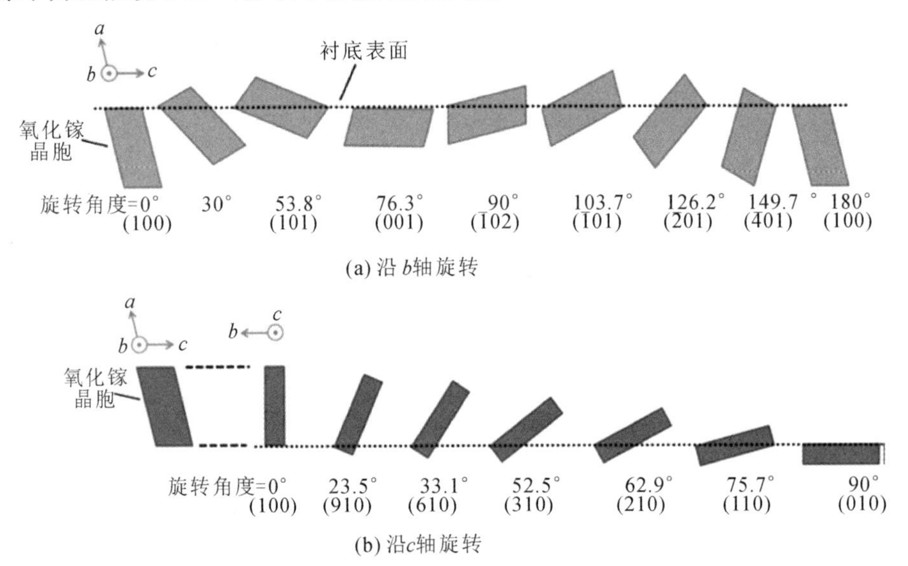

图 5-52　衬底表面的晶面与(100)面旋转角度的关系

图 5-53(a)、(b)分别显示了生长速率和衬底表面的晶面与(100)面相对 b 轴或 c 轴的旋转角度的关系。(100)面的生长速率非常小，小于 0.01 $\mu m \cdot h^{-1}$。这个值比其他晶面的值小一个或多个数量级。生长速率随旋转角度的增大而增大，主要在距(100)晶面 10°或 10°以上达到饱和。(001)面的生长速率相对略小。这主要是由于(100)和(001)面为解理面，其表面能小于其他面[121-122]。因此，这两个面的悬挂键密度和(或)结合能很小，供给这两个面的原料再蒸发可能很大。沿 b 轴旋转的衬底表面的外延薄膜平均生长速率约为 0.4～0.5 $\mu m \cdot h^{-1}$。而沿 c 轴旋转的衬底表面的外延薄膜平均生长速率约 0.7 $\mu m \cdot h^{-1}$。这可能与表面的悬挂键密度和(或)结合能有关。

从以上结果看，沿(100)晶面旋转 10°或 10°以上的衬底表面更适用于外延 $\beta-Ga_2O_3$。而且沿 c 轴旋转的衬底表面比沿 b 轴旋转的衬底表面的外延薄膜生长速率要高 40%左右。因此，我们认为(010)晶面是最适合用 MBE 技术进行 $\beta-Ga_2O_3$ 外延生长的晶面。

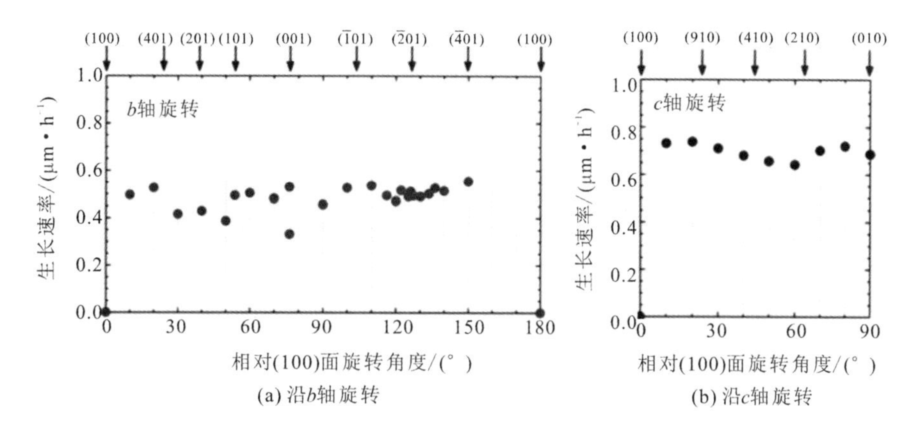

图 5-53 MBE 生长的 $\beta-Ga_2O_3$ 同质外延薄膜的生长速率和衬底表面的晶面与(100)面的旋转角度的关系

从 AFM 图像估计的表面粗糙度如图 5-54 所示。如图 5-54(a)所示，在沿 b 轴旋转的晶面上，用相对(100)面夹角为 30°、76.3°～110°、150°晶面的衬底可以生长出表面光滑的薄膜。而生长在沿 c 轴旋转的晶面上的薄膜表面均为光滑表面，如图 5-54(b)所示。和生长速率与旋转角度关系类似，从表面粗糙度较低的观点来看，沿 c 轴旋转的晶面也更适于用 MBE 技术进行 $\beta-Ga_2O_3$ 的外延生长。

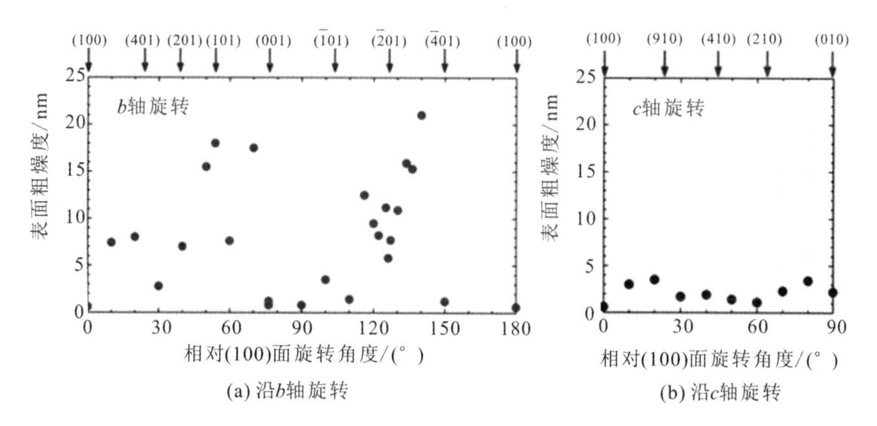

图 5-54 MBE 生长的 $\beta-Ga_2O_3$ 同质外延薄膜表面粗糙度和衬底表面的晶面与(100)面的旋转角度的关系

图 5-55 显示了在晶面沿 b 轴旋转衬底上生长的薄膜的表面 AFM 图像。从图 5-54(a)中所示的粗糙度小的外延膜表面可以看到清晰的原子台阶结构。然而，许多大岛状结构出现在 60°，70°，120°，126.2°表面上。这是由于岛状晶

核的形状是不规则的，有可能产生晶格缺陷而非原子台阶的聚簇。

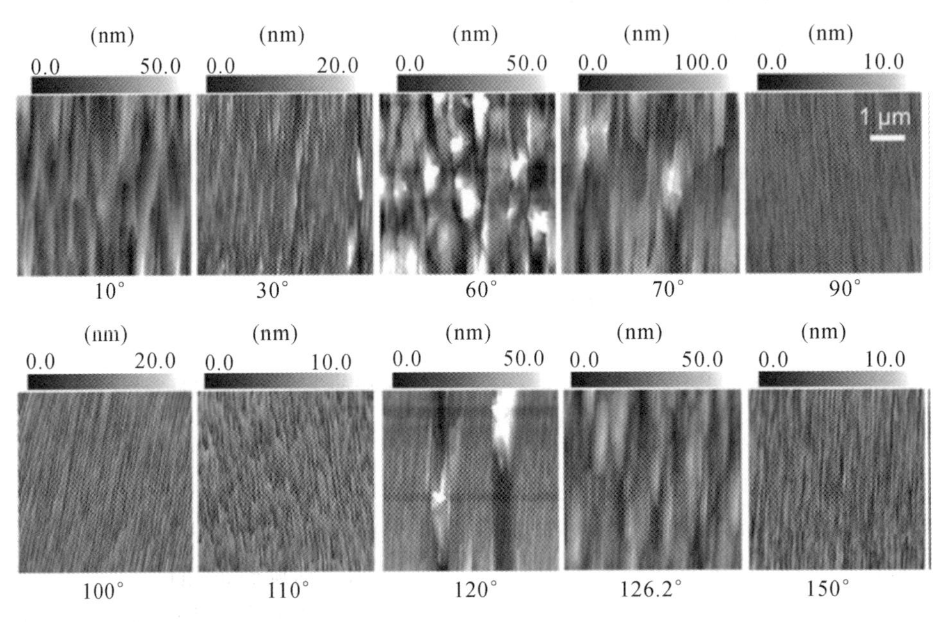

图 5-55　晶面沿 b 轴旋转衬底上生长的薄膜的表面 AFM 图像

为了揭示表面粗糙度增加的原因，可以对沿 b 轴旋转不同角度的晶面上所生长的外延薄膜进行 $2\theta-\omega$ XRD 测试，如图 5-56 所示，右轴显示外延膜的晶面。实验中 X 射线入射方向平行于 b 轴。旋转 50°～70°晶面的光谱包含了晶格缺陷在 2θ 约为 30.5°处产生的衍射，表示($\bar{4}01$)晶面的晶格缺陷平行于衬底的(001)面。而旋转 120°～140°晶面的光谱包含了晶格缺陷在 2θ 约为 30.0°处产生的衍射，表示(400)晶面的晶格缺陷平行于衬底的(001)面。这些旋转角度对应于所显示出粗糙表面的晶面角度。因此，表面粗糙度增大的原因是晶格缺陷。在旋转 120°～140°晶面处的低指数面为($\bar{2}01$)面，而在旋转 50°～70°晶面处的低指数面为(101)面，这些晶面是产生晶格缺陷的原因。与($\bar{2}01$)面和(101)面相关的晶格缺陷产生机理将在下一节讨论。

图 5-57 显示了由 XRD 测量得到的晶格缺陷与衬底晶面的关系。图 5-57(a)显示了 $\beta-Ga_2O_3$ 衬底正常的晶体结构，其中($\bar{2}01$)面是水平的。图 5-57(b)显示了存在于正常晶体中的晶格缺陷的结构。由图 5-57 可以看出，衬底与晶格缺陷的($\bar{2}01$)面是平行的，然而每个晶畴在($\bar{2}01$)面上旋转了 180°。换言之，($\bar{2}01$)面的晶格缺陷是($\bar{2}01$)面的孪晶。

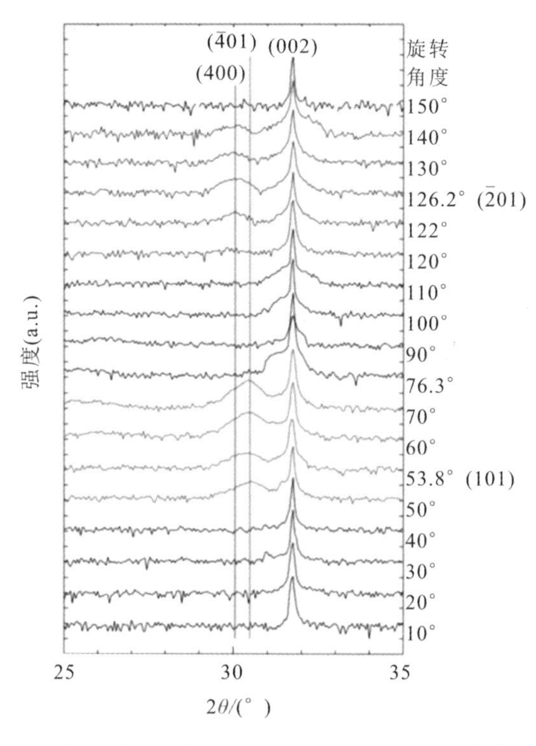

图 5-56　沿 b 轴旋转不同角度的晶面上所生长的外延薄膜在(001)面的非对称 $2\theta-\omega$ XRD 图谱

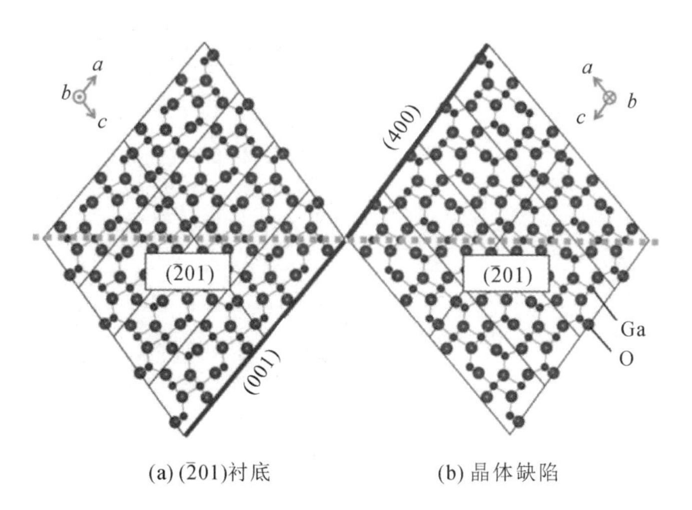

(a) (2̄01)衬底　　(b) 晶体缺陷

图 5-57　(2̄01)晶面 $\beta-Ga_2O_3$ 的晶体结构及沿 b 轴旋转 120°～140°晶面上的晶格缺陷示意图

可用透射电子显微镜(TEM)观察$\beta-Ga_2O_3$外延膜中原子的排列，从而确定外延膜的晶面。图5-58显示了$(\bar{2}01)$面外延膜的低倍率和高倍率TEM剖面图，图5-58(c)显示了样品的选区电子衍射图样。需要注意的是，电子束光斑直径约为80 nm，因此衍射图样包括了正常晶体和缺陷晶体的信息。密勒指数是根据衍射图样之间的距离估计的。由图5-58(a)可以看出，外延薄膜中包含了具有不同衬度的区域。图5-58(b)的高分辨率图像表明，该区域的晶体晶面与衬底晶面不同，该晶格缺陷为$(\bar{2}01)$面镜像旋转得到。图5-58(c)中正常区域和缺陷区域的衍射图案大多重叠，这意味着正常晶体和晶格缺陷的$(\bar{2}01)$面几乎是平行的。TEM结果还表明，晶体缺陷为$(\bar{2}01)$面的孪晶。O原子在$(\bar{2}01)$面上的排列几乎为六边形最密堆积。因此，O层具有很高的面内对称性。相反，Ga原子在O层上的排列不是最紧密的。因此，有理由认为，在高度对称的O层上，Ga原子很容易发生错位，从而产生$(\bar{2}01)$面的孪晶。

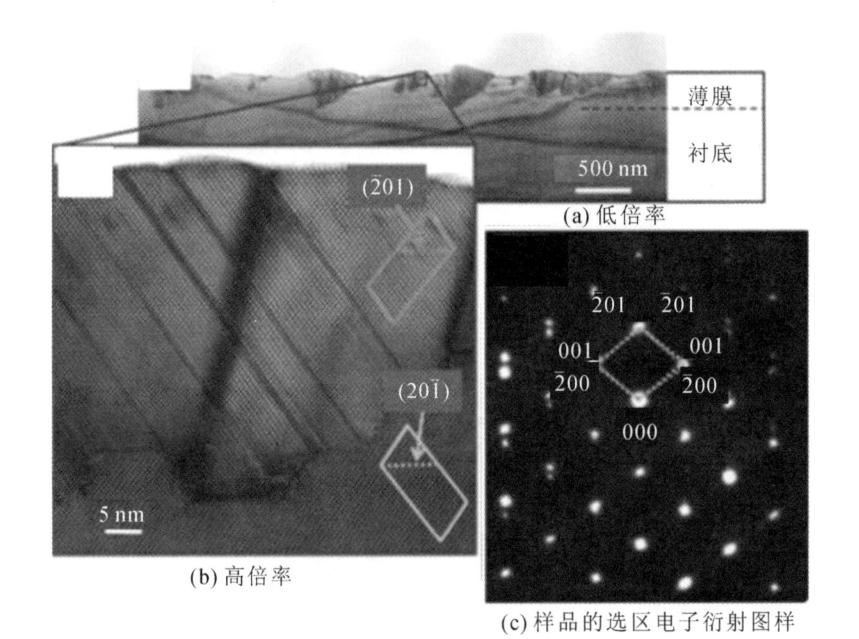

图5-58　$(\bar{2}01)$面外延膜的低倍率和高倍率TEM剖面图

类似地，上述方法也可用于分析沿b轴旋转50°～70°在(101)面附近产生的晶格缺陷的原因。图5-59显示了由XRD测量得到的晶格缺陷与衬底之间

的晶面关系。图 5－59(a)显示了 $\beta-Ga_2O_3$ 衬底正常的晶体结构，其中(101)面是水平的。图 5－59(b)显示了存在于正常晶体中的晶格缺陷的结构。从图中可以看出，衬底的(101)面与晶体缺陷的($\bar{2}$01)面是平行的。图 5－60 显示了在沿 b 轴旋转 60°的衬底上生长的外延薄膜的低倍率和高倍率的 TEM 剖面图。这些薄膜的衬度与衬底的衬度不同。这意味着几乎所有的薄膜都是由晶体缺陷组成的。利用晶格缺陷与衬底界面的高分辨率图像，可以估算密勒指数。在这种情况下，衬底的(101)面和缺陷的($\bar{2}$01)面几乎是平行的。

如图 5－60(a)所示，晶格缺陷与衬底的界面几乎平行于(101)面。因此，晶格缺陷可能是在(101)面上生长的。(101)面的 O 原子是六方最密堆积的，因此它具有高度的面内对称性，而 (101)面上的 Ga 原子不是六方最密堆积的。这一特性与($\bar{2}$01)面相似。此外，(101)面一半位置的 Ga 原子与($\bar{2}$01)面上几乎相同。这些特征表明 Ga 原子在面内对称的 O 层上很容易发生偏移，(101)面变为($\bar{2}$01)面，由此产生的晶格缺陷一般为堆垛层错。堆垛层错通常会对器件性能产生显著的影响。此外，如前文所述，由于($\bar{2}$01)面外延 $\beta-Ga_2O_3$ 容易产生孪晶，又由于这些缺陷很难避免，因此，($\bar{2}$01)面和(101)面周围的区域不适合用于$\beta-Ga_2O_3$外延生长。

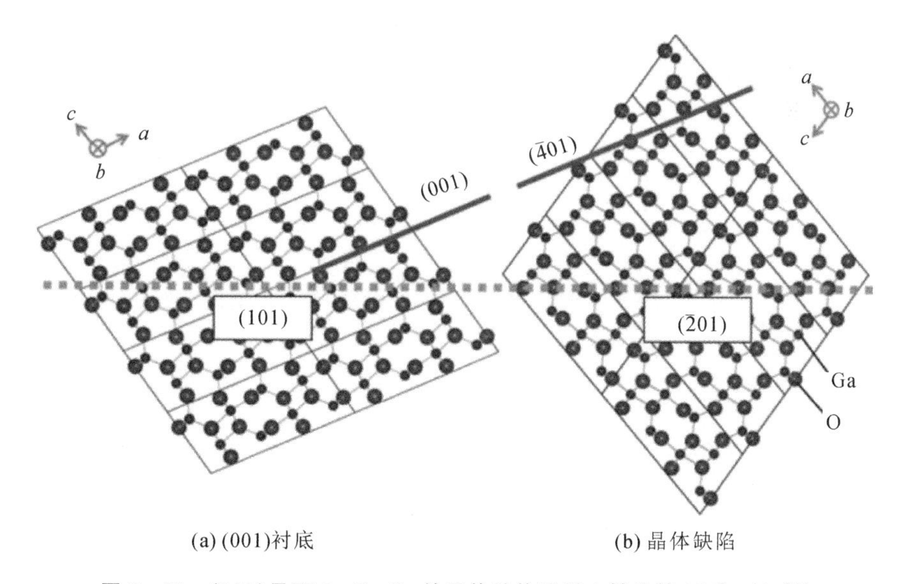

图 5－59　(101)晶面 $\beta-Ga_2O_3$ 的晶体结构及沿 b 轴旋转 120°～140°的晶面上的晶格缺陷示意图

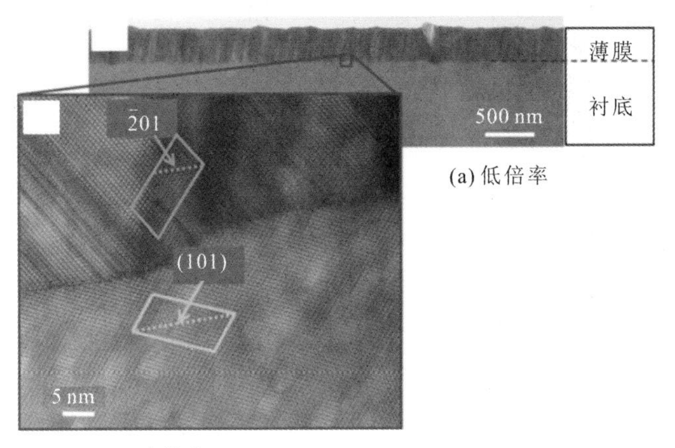

(a) 低倍率

(b) 高倍率

图 5-60　沿 b 轴旋转 60°衬底上生长的外延膜的低倍率和高倍率 TEM 剖面图

除($\bar{2}01$)面和(101)面外，对于(100)面生长的外延层，虽然在优化的生长条件下生长，但外延薄膜中仍然存在很多堆垛层错和晶界。由于这些堆垛层错和晶界的存在，虽然 Si 掺杂的 $\beta-Ga_2O_3$ 的表面粗糙度在 0.4～0.8 nm 范围内，但非故意掺杂和低掺杂的 $\beta-Ga_2O_3$ 都表现出高阻的电学特性[30]。Schewski 等人[23]建立了一种定量模型，研究了在(100)面上利用 MOVPE 法生长 $\beta-Ga_2O_3$ 过程中面缺陷的演化规律。根据这一模型，在独立的二维岛状生长时，二维岛将在两个不同的(100)面位置合并，因此晶界不连续。这些二维岛状成核主要是由于生长的原子在生长界面处的扩散长度有限所导致。对于 Ga 而言，在生长温度为 850℃时，其扩散系数很低，仅为 $7\times10^{-9}\ cm^2\cdot s^{-1}$[23]。因此，Ga 的扩散长度小于台阶宽度，导致二维岛状成核。为减小面缺陷，人们必须提供层流生长条件而非二维岛状生长条件，这可以通过减小衬底的台阶宽度来实现。当(100)面的台阶宽度减小，即切割角增大时(沿着[001]方向)，$\beta-Ga_2O_3$ 的外延从二维岛状生长过渡到二维的层流生长，如图 5-61 所示。而此时，$\beta-Ga_2O_3$ 中的孪晶的密度也随着切割角(约从 0°到 6°)的增加而从 $10^{17}\ cm^{-3}$ 减小到接近 0 cm^{-3}，如图 5-62 所示。(100)面上外延 $\beta-Ga_2O_3$ 产生面缺陷的原因与($\bar{2}01$)面衬底外延相似，在(100)面上，$\beta-Ga_2O_3$ 的半个 c 轴晶胞沿着[001]镜面旋转而导致孪晶的产生。此外，由于(100)面生长速率极小，尽管(100)面 $\beta-Ga_2O_3$ 衬底最先被制备出来，但它没有成功外延出适合制备高性能电子器件的薄膜。

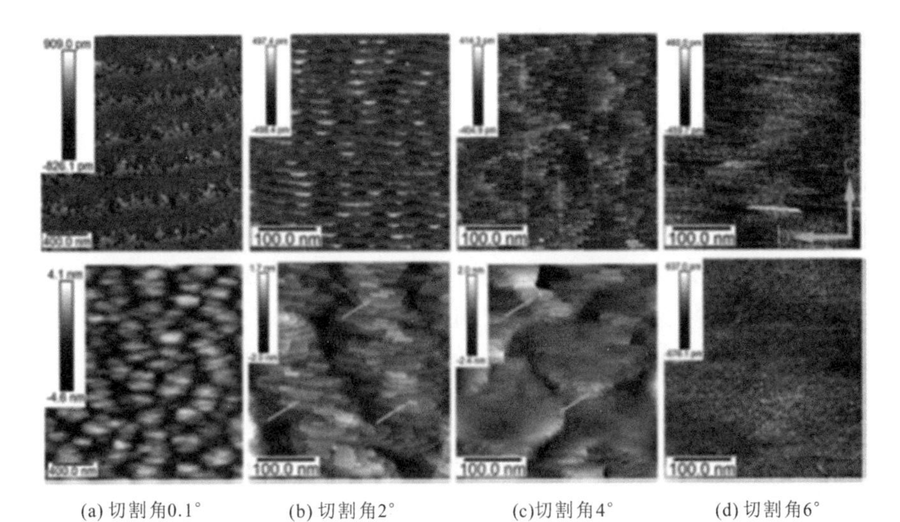

(a) 切割角0.1°　(b) 切割角2°　(c)切割角4°　(d) 切割角6°

图 5-61　不同切割角(0.1°、2°、4°和 6°)的(100) $\beta-Ga_2O_3$ 衬底及 MOVPE 外延膜的 AFM 形貌图[23]

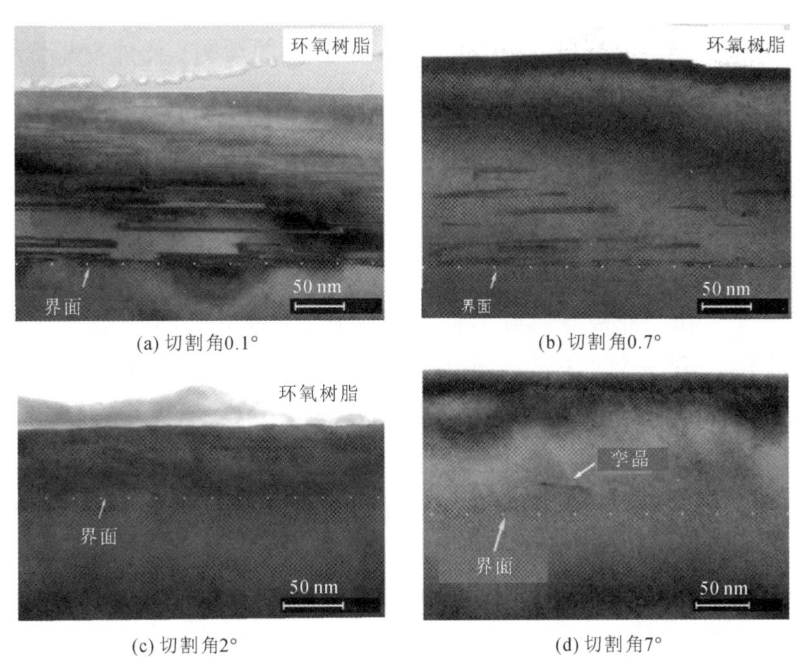

(a) 切割角0.1°　(b) 切割角0.7°

(c) 切割角2°　(d) 切割角7°

图 5-62　不同切割角(0.1°、0.7°、2°和 4°)(100) $\beta-Ga_2O_3$ MOVPE 外延膜的 TEM 明场图像[23]

关于不同晶面的 $\beta-Ga_2O_3$ 衬底对外延薄膜生长的影响已经有很多不同的叙述。由于(100)面是 $\beta-Ga_2O_3$ 的天然解理面，并且受 $\beta-Ga_2O_3$ 单晶生长技术发展及抛光技术的限制，初期的 $\beta-Ga_2O_3$ 同质外延基本在(100)面上进行。尽管研究表明当(100)面切割角较小的时候，同质外延可以获得原子级平整的表面[14,16,30]，但受限于上文述及的外延生长速率及晶格缺陷，高质量、掺杂可控的(100)面 $\beta-Ga_2O_3$ 同质外延在很长一段时间内未取得显著成果。随着 $\beta-Ga_2O_3$ 单晶衬底生长技术及其抛光技术的发展，2012 年，日本的研究人员率先在利用 FZ 法生长的(010) $\beta-Ga_2O_3$ 衬底上实现了掺杂可控的(浓度范围为 $10^{-16}\sim10^{-19}$ cm^{-3})、器件应用级的高质量同质外延[37]。利用这些器件应用级的 $\beta-Ga_2O_3$ 外延膜，他们于 2013 年分别实现了首个基于 $\beta-Ga_2O_3$ 外延膜的 MESFET[126] 和 MOSFET 器件，这引发了人们对 $\beta-Ga_2O_3$ 研究的热潮。目前，绝大多数高性能水平型 MOSFET 都是基于 MBE 生长的(010)面 $\beta-Ga_2O_3$ 外延薄膜实现的。通常，这些外延膜和半绝缘衬底之间需要生长一层约 500 nm 厚的非故意掺杂 $\beta-Ga_2O_3$ 缓冲层[127]，用以屏蔽衬底中的补偿掺杂元素(如 Mg、Fe)等的扩散对外延膜掺杂的影响。此外，由于人们没有遇到 Ga_2O_3 由两个相对稳定的方向(180°旋转)而产生的位错和面缺陷问题，因此利用 MOVPE 法在(010)面上外延生长 $\beta-Ga_2O_3$ 薄膜也没有明显的技术困难。在优化的生长条件下，人们可以在(010)面上外延出高质量、平整的薄膜，且几乎没有缺陷。目前，美国的加州大学圣塔芭芭拉分校与 Agnitron 技术公司合作，利用 N_2O 作为反应气体，用 MOVPE 法在(010)面的衬底上生长出了非故意掺杂的低背景载流子浓度(约 10^{14} cm^{-3})、高迁移率(大于 150 $cm^2\cdot V^{-1}\cdot s^{-1}$)的 $\beta-Ga_2O_3$ 外延膜[128]。此外，室温[25]和低温[24]迁移率最高的 $\beta-Ga_2O_3$ 外延薄膜均是利用 MOVPE 法在(010)面上实现的。其中，室温迁移率为 184 $cm^2\cdot V^{-1}\cdot s^{-1}$，接近室温下 $\beta-Ga_2O_3$ 迁移率的理论值；而低温迁移率在 46 K 时已经超过 10^4 $cm^2\cdot V^{-1}\cdot s^{-1}$。受限于 $\beta-Ga_2O_3$ 的光学声子散射，$\beta-Ga_2O_3$ 的室温迁移率相对 Si、GaAs、GaN 等半导体材料较低，这限制了 Ga_2O_3 在高频高功率领域的应用，因此目前亟待发展调制掺杂技术，利用界面工程和载流子限域实现高迁移率 2DEG。这就要求高质量的 $\beta-Ga_2O_3/(Al_xGa_{1-x})_2O_3$ 合金外延技术及界面控制，而 $\beta-(Al_xGa_{1-x})_2O_3$ 的外延研究几乎与 $\beta-Ga_2O_3$ 外延的研究同步，具体的研究内容将在 5.4 节中详述。目前，$\beta-Ga_2O_3/\beta-(Al_xGa_{1-x})_2O_3$ 的调制掺杂及界面 2DEG 均采用 MBE 技术在

(010)面上实现[129]，而 MOVPE 的 β-$(Al_xGa_{1-x})_2O_3$生长目前还处于进一步的研究中。

早期，在(100)面 β-Ga_2O_3 衬底上生长外延膜遇到了较大的困难，其原因如上文所述。直到德国 IKZ 的研究人员将(100)面的 β-Ga_2O_3 衬底切割角增加到 4°以上后，(100)面 β-Ga_2O_3 的高质量外延才得以实现。其主要的机理是将衬底表面的台阶宽度降低到一定程度后，Ga 的迁移足以实现层流生长而非岛状生长后，可避免 Ga_2O_3 分子的镜面旋转而防止晶格缺陷的产生[23]。最近的研究表明，当切割角沿着[001]或[00$\bar{1}$]方向时，生长出的薄膜晶体质量还呈现出明显的区别，沿着[00$\bar{1}$]方向生长出来的薄膜质量更好[123]。在解决了由于 β-Ga_2O_3 分子的镜面旋转而形成面缺陷和孪晶的问题后，β-Ga_2O_3 的掺杂问题也迎刃而解，如在(100)衬底切割角达到 6°时，可实现与体材料、(010)面 β-Ga_2O_3 外延膜的迁移率相当的外延膜[131-133]，如图 5-63 所示。这些(100)面上外延得到的薄膜也被成功用于制备高性能 MOSFET[134-136]，特别是高截止频率的开关器件[136]。尽管就目前的研究情况看，(100)面的 β-Ga_2O_3 外延薄膜生长相对(010)面并没有优势，但是研究(100)面的 β-Ga_2O_3 外延对研究 β-Ga_2O_3 的生长机理及物理特性具有重要意义。如上文所述，($\bar{2}$01)面的 β-Ga_2O_3 外延面临与(100)面外延相似的问题，但是目前并没有很好的解决方法。尽管有一些研究人员在尝试提高($\bar{2}$01)面 β-Ga_2O_3 外延膜的晶体质量[125]，但是并没有取得明显效果。

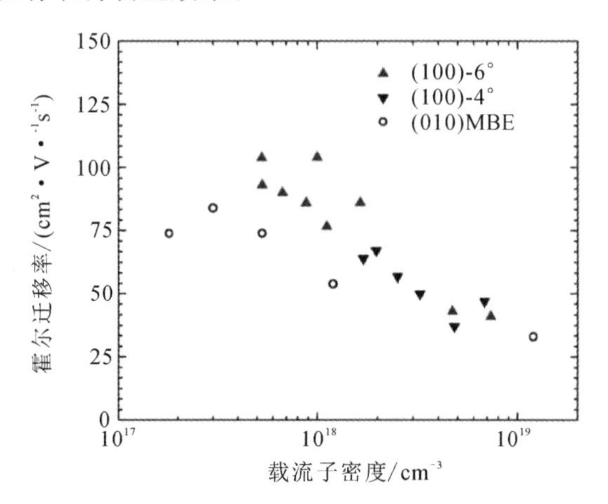

图 5-63　在 4°和 6°切割角的(100)衬底上生长的外延膜的霍尔迁移率与 MBE 生长的(010)外延膜的参考值的比较[131]

尽管采用 MOVPE 相对采用 MBE，$\beta-Ga_2O_3$ 外延生长速率增加到约 10 $\mu m \cdot h^{-1}$[32]，但相对采用 HVPE 法的生长速率仍处于劣势[1]，并且目前没有关于 MOVPE 生长高质量且用于功率器件漂移层厚膜的报道，因此 HVPE 在高质量 $\beta-Ga_2O_3$ 厚膜的外延中起着决定性作用。目前 HVPE 外延主要利用(001)面 $\beta-Ga_2O_3$ 衬底进行，生长速率可达几十微米每小时，该方法可以实现背景载流子浓度低至约 3×10^{15} cm^{-3} 的高质量外延膜。采用(010)面$\beta-Ga_2O_3$ 衬底进行 HVPE 外延厚膜的主要原因在于成本和生长速率之间的权衡，即相对(010)面 $\beta-Ga_2O_3$ 衬底而言，(001)面 $\beta-Ga_2O_3$ 衬底更容易制备，且晶圆面积大(可超过 4 英寸)，制备成本较低，而不太牺牲生长速率和晶体质量。由于 HVPE 生长 $\beta-Ga_2O_3$ 的初始目标就在于制备低掺杂浓度的、器件应用水平的 $\beta-Ga_2O_3$漂移层厚膜，因此其生长主要在高导电的 Sn 掺杂的(001)面 $\beta-Ga_2O_3$ 上生长。在未掺杂外延实现后[21]，低掺杂的 $\beta-Ga_2O_3$ 外延膜很快在高导电的(001)$\beta-Ga_2O_3$ 衬底上实现了[55]，并且很快将 $\beta-Ga_2O_3$ 肖特基二极管的击穿电压提高到了 1000 V 以上[137]。目前绝大多数高性能垂直型 $\beta-Ga_2O_3$ 功率整流器件[138]和开关器件[139]均是基于 HVPE 生长的 $\beta-Ga_2O_3$ 漂移层制备的。关于 HVPE 外延生长$\beta-Ga_2O_3$的具体研究情况可参见考 5.2.2 节氢化物气相外延(HVPE)，当前 HVPE 同质外延的目标在于进一步降低 $\beta-Ga_2O_3$ 外延层中的缺陷密度，以便进一步提高垂直型 $\beta-Ga_2O_3$ 基功率器件的开态电流(驱动电流)及击穿场强，使器件的性能更趋近于 $\beta-Ga_2O_3$ 的理论极限。

Mist－CVD、LPCVD 和 PLD 等外延技术均可用来进行 $\beta-Ga_2O_3$ 的同质外延，但是相对上述三种方法(MBE，MOVPE 和 HVPE)而言，外延膜晶体质量相对较差，具体研究内容可参见 5.2 节中关于不同外延方法的介绍。

目前的重要研究进展是垂直型 MOSFET 器件[139]，水平 MOSFET 器件在成本和性能上不具优势。横向的 MOSFET 器件的研究重点会逐渐向由调制掺杂形成的高迁移率 2DEG 作为沟道层 HEMT 发展，从而促使 $\beta-Ga_2O_3$ 在高频高功率领域的应用。在这一过程中，人们会加速对 $\beta-(Al_xGa_{1-x})_2O_3$合金工程和能带剪裁的研究，加深对 $\beta-Ga_2O_3$ 中缺陷行为、界面控制等的物理机制理解。然而，受限于界面粗糙度散射，$\beta-(Al_xGa_{1-x})_2O_3/\beta-Ga_2O_3$ 界面 2DEG 的电子迁移率并没有得到进一步提高。同时，由于杂质散射导致的迁移率限制，即使界面散射减弱，2DEG 的低温迁移率也将维持在 10^4 $cm^2 \cdot V^{-1} \cdot s^{-1}$以下。因此，在研究材料的散射机制、外延模式的基础上提高材料的外延水平，降低

β-$(Al_xGa_{1-x})_2O_3$/β-Ga_2O_3界面粗糙度以及离化杂质浓度是获得更高迁移率2DEG的关键，也是未来β-Ga_2O_3外延研究的重点方向。此外，由于β-Ga_2O_3及其合金没有自发极化特征，2DEG主要通过调制掺杂实现，因此其浓度没有AlGaN/GaN中极化诱导产生的2DEG浓度高（$>10^{13}$ cm^{-2}）[140]。引入优化晶体质量后的κ-Ga_2O_3可能提供一种提高κ-$(Al_xGa_{1-x})_2O_3$/κ-Ga_2O_3界面2DEG浓度和沟道导电性能的途径。另外，因为高质量β-$(Al_xGa_{1-x})_2O_3$中的Al含量仅为20%左右，β-$(Al_xGa_{1-x})_2O_3$和β-Ga_2O_3的导带偏移只有0.4 eV左右，所以无法实现界面强局域化，2DEG面密度也难以提高。而α-$(Al_xGa_{1-x})_2O_3$可以制备全组分无相变的合金[4, 141-143]，发展α-$(Al_xGa_{1-x})_2O_3$/α-Ga_2O_3异质结构可进一步使得2DEG限域性更好，面密度可进一步得到提高。为实现这一目的，低位错密度的α-Ga_2O_3的外延层或自支撑衬底的发展具有极大的吸引力，随着HVPE技术及ELO技术的发展，有望在得到低位错密度α-Ga_2O_3衬底上，实现α-Ga_2O_3的同质外延，这可以进一步增加Ga_2O_3器件的物理极限，并拓展其应用领域。因此，高质量的Ga_2O_3异质外延也是目前研究的热点，同时也是实现弯道超车的重要方向。

5.3.2　异质外延进展

前文述及，Ga_2O_3具有五种同分异构体，不同晶相的Ga_2O_3表现出丰富的物理化学性质。除了热稳定性最好的β-Ga_2O_3之外，α相和$\varepsilon(\kappa)$相Ga_2O_3由于其特殊的物理化学性质，也得到了广泛研究。由于大尺寸高质量单晶β-Ga_2O_3衬底技术的发展，目前β-Ga_2O_3的外延主要是基于同质衬底进行的。早期β-Ga_2O_3单晶衬底制备不成熟时，β-Ga_2O_3外延的研究主要集中在异质外延，如通常使用α-Al_2O_3衬底。由于α-Al_2O_3是刚玉结构，其晶体结构和β-Ga_2O_3相差很大，因此在α-Al_2O_3上生长的β-Ga_2O_3主要表现为$(\bar{2}01)$面[117-118]。同时，由于较大的晶格失配和面内晶畴旋转导致其薄膜表现出明显的多晶特征；又由于高密度的晶界和缺陷的存在，严重限制薄膜的迁移率和载流子浓度。本节将简要介绍β-Ga_2O_3异质外延的进展，而不做过多的阐述。α-Ga_2O_3属于三角晶系，和α-Al_2O_3相似，属于刚玉结构，空间群为$R\bar{3}c$[144]。α-Ga_2O_3的光学带隙通过Tauc等人[145]提出的公式$(\alpha h\nu)^{1/n}=A^2(h\nu-E_g)$（其中，$\alpha$为吸收系数，$h\nu$为光子能量）计算时，因$n$取2或1/2而有一定的区别，故在5.1～5.3 eV范围内[2,5,27]。α-Ga_2O_3的禁带宽度相比于β-Ga_2O_3更大，因此其击穿场强比

$\beta-Ga_2O_3$更大，理论预测为9.5 MV·cm^{-1}[146]。Fujita等人[2]报道了通过应变工程在生长温度低于500℃、生长压强为常压条件下于蓝宝石衬底上生长出了高质量$\alpha-Ga_2O_3$薄膜。在引入$\alpha-(Al_xGa_{1-x})_2O_3$合金之后，$\alpha-Ga_2O_3$薄膜的相变温度可以提高到800℃左右[141]。目前，利用ELO技术，可使$\alpha-Ga_2O_3$位错密度大幅降低，因此，$\alpha-Ga_2O_3$可以借助廉价的蓝宝石衬底实现更低成本、更高性能的功率器件和光电器件。之前的研究显示，纯相的$\varepsilon-Ga_2O_3$属于$P6_3mc$[38,66,147]的空间群，与六方纤锌矿型的ZnO、GaN类似，具有中心反演不对称性，并具有更大的自发极化系数[38,148]。然而，最近实验结果以及理论计算表明，$\varepsilon-Ga_2O_3$实际上属于正交晶系$Pna2_1$[39,144,149]，也就是之前预言的，属于更有序的$P6_3mc$的子空间群，记为$\kappa-Ga_2O_3$[39]。因此，之前报道的$\varepsilon-Ga_2O_3$严格来说都应称为$\kappa-Ga_2O_3$，不过在下文中，如不特殊说明，仍用$\varepsilon-Ga_2O_3$统称正交晶系$\kappa-Ga_2O_3$和六方晶系$\varepsilon-Ga_2O_3$。纯相的$\varepsilon-Ga_2O_3$可以在Al_2O_3[38,150]、SiC[147]、GaN[151]、AlN[147]、YSZ (111)[150]、MgO(111)[150]和STO(111)[150-151]等衬底上获得。然而这些薄膜的晶体质量仍有较大提升空间，主要受限于晶格失配和晶畴旋转等因素。$\gamma-Ga_2O_3$和$\delta-Ga_2O_3$目前研究得比较少，且还没有报道特殊的物理化学性质，对其在本节中不具体展开。

目前最具有吸引力的Ga_2O_3异质外延当属$\alpha-Ga_2O_3$异质外延，一方面，由于$\alpha-Ga_2O_3$具有比$\beta-Ga_2O_3$更高的击穿场强，可用于制备具有更高Baliga品质因数的功率器件；另一方面，成熟、低成本的$\alpha-Ga_2O_3$衬底及全组分无相变$\alpha-(Al_xGa_{1-x})_2O_3$合金有助于$Ga_2O_3$的进一步发展，为$Ga_2O_3$基高频大功率器件提供另一种潜在的可能。较高质量的$\alpha-Ga_2O_3$外延首先是在$Al_2O_3$衬底上利用Mist-CVD法实现的[2]。Mist-CVD最初是作为一种生长铁电材料和透明导体的氧化膜的技术而开发的[152]，是一种低成本的外延生长方式。研究人员发现，在470℃下，在$\alpha-Al_2O_3$衬底上用Mist-CVD技术可实现刚玉结构的$\alpha-Ga_2O_3$的外延生长。尽管在c轴和a轴上有3.5%和4.8%的晶格失配，但$\alpha-Ga_2O_3$的生长归因于外延层和衬底之间相似的晶格结构。蓝宝石上的$\alpha-Ga_2O_3$在(0006)面对称X射线$2\theta-\omega$扫描中表现出非常窄的衍射峰，其半峰宽约30～60弧秒。然而，对300～2500 nm厚度的$\alpha-Ga_2O_3$薄膜的$(10\bar{1}4)$非对称X射线$2\theta-\omega$扫描表明，其半高宽约为2000弧秒。$\alpha-Ga_2O_3/\alpha-Al_2O_3$界面处沿着$[11\bar{2}0]$和$[10\bar{1}0]$轴的剖面TEM图像结果表明，$\alpha-Ga_2O_3/\alpha-Al_2O_3$薄膜的缺陷被限制在其界面处，并在$[11\bar{2}0]$和$[10\bar{1}0]$轴的界面区观察到周期分

别为 8.6 nm 和 4.9 nm 的周期性缺陷结构，如图 5-64 所示。需要注意的是，$\alpha-Ga_2O_3$沿着[11$\bar{2}$0]和[10$\bar{1}$0] 方向的晶格常数分别为 0.43 nm 和 0.249 nm，而 $\alpha-Al_2O_3$的晶格常数分别为 0.41 nm 和 0.238 nm。这意味着观察到的缺陷周期结构在[10$\bar{1}$0]和[11$\bar{2}$0]方向与 $\alpha-Ga_2O_3$ 的 20 个晶格和 $\alpha-Al_2O_3$的 21 个晶格重合，表明外延晶畴匹配。正是由于 $\alpha-Ga_2O_3$ 和 $\alpha-Al_2O_3$之间存在晶格失配，在 $\alpha-Al_2O_3$异质外延的 $\alpha-Ga_2O_3$ 薄膜中总是存在大量的穿线位错，即螺型位错和刃型位错。其中螺型位错密度在 1×10^6 cm^{-2}量级，而刃型位错密度则比螺型位错密度高多个数量级，达到了 1×10^{10} cm^{-2}量级。尽管南京大学研究人员的研究表明[29]，当外延薄膜的厚度增加到 8 μm 时，有望将 $\alpha-Ga_2O_3$ 中的刃型位错密度降低至约 10^9 cm^{-2}，但仍然无法避免位错对掺杂产生的影响。此外，由于应力的进一步释放，$\alpha-Ga_2O_3$ 薄膜将发生开裂。

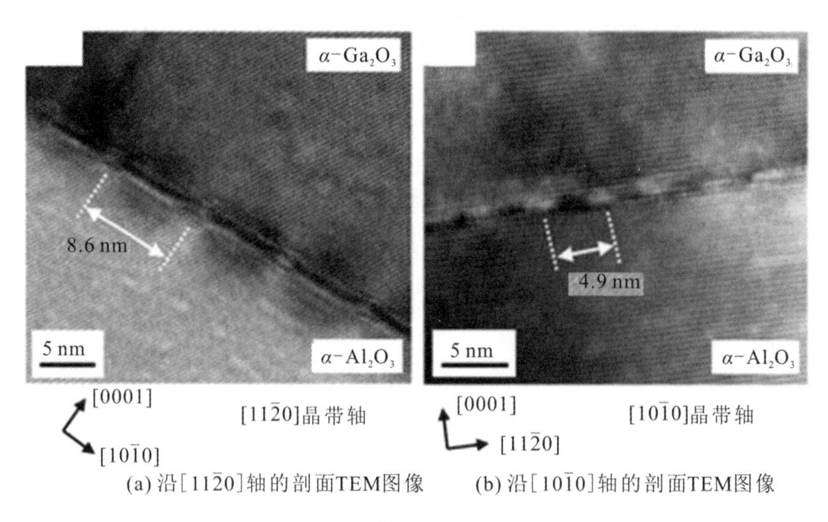

(a) 沿[11$\bar{2}$0]轴的剖面TEM图像　(b) 沿[10$\bar{1}$0]轴的剖面TEM图像

图 5-64 $\alpha-Ga_2O_3/\alpha-Al_2O_3$界面处沿着[11$\bar{2}$0]和[10$\bar{1}$0]轴的剖面 TEM 图像

与 GaN 类似[153]，由于 $\alpha-Ga_2O_3$ 位错处主要是 Ga 空位，对电子表现为补偿特性。因此，$\alpha-Ga_2O_3$ 中的位错将捕获载流子(即电子)，并产生散射中心，对载流子的输运产生散射，使迁移率降低，即在一定的载流子浓度范围内(如小于 10^{18} cm^{-3}时)，$\alpha-Ga_2O_3$ 掺杂薄膜的霍尔迁移率将随载流子浓度的降低而下降，$\alpha-Ga_2O_3$ 甚至表现出半绝缘特征。从 GaN 异质外延的发展情况看，只有将 GaN 中的位错密度降低到 10^8 cm^{-2}以下，甚至低于 10^7 cm^{-2}时[153]，才可能在较低的掺杂浓度下($1\times10^{16}\sim1\times10^{17}$ cm^{-3})达到其室温本征迁移率。尽管目前可以使用横向外延技术将掩模区域的刃型位错密度降低到 10^6 cm^{-2}以内[26]，

但目前仍无法实现低背景载流子浓度、高迁移率的 $\alpha-Ga_2O_3$ 异质外延。2012 年，日本的研究人员利用 Sn 作为掺杂元素在 $\alpha-Ga_2O_3$ 异质外延薄膜上实现了 n 型掺杂[154]。尽管当时 $\alpha-Ga_2O_3$ 外延膜的迁移率小于 1 $cm^2 \cdot V^{-1} \cdot s^{-1}$，但该研究成果促进了 $\alpha-Ga_2O_3$ 材料和器件的发展，如 $\alpha-Ga_2O_3$ 异质外延膜被成功用于制备整流器件[155]及开关器件[81]。2016 年，研究人员通过优化生长条件及缓冲层技术，成功将 Sn 掺杂 $\alpha-Ga_2O_3$ 外延膜的迁移率提高到 24 $cm^2 \cdot V^{-1} \cdot s^{-1}$。如图 5-65(a)所示，当在衬底和掺杂层中插入优化的缓冲层后，非对称面 $(10\bar{1}4)$ 的摇摆曲线半峰宽降低到约 1000 弧秒。外延膜晶体质量的提高可减少位错对载流子的屏蔽及散射，因此，掺杂浓度低于 1×10^{18} cm^{-3} 的外延膜得以实现，同时，薄膜的迁移率也得到了进一步的提高。

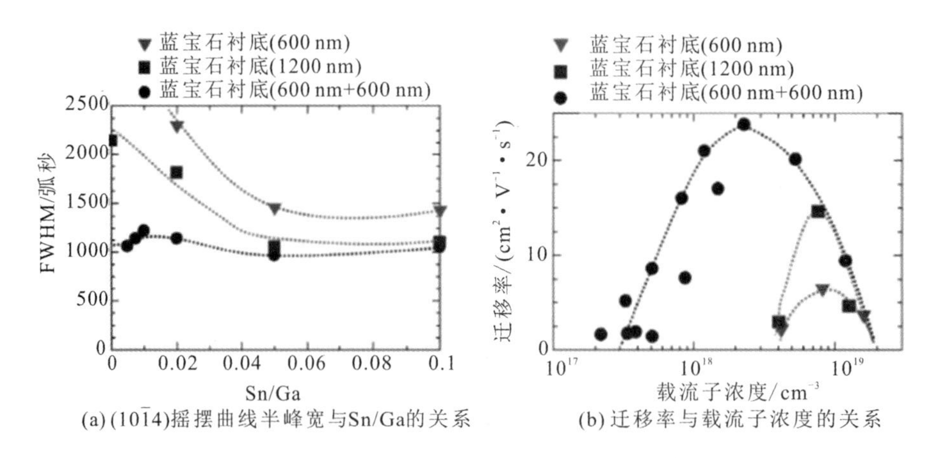

图 5-65　不同生长条件下 Sn 掺杂 $\alpha-Ga_2O_3$ 异质外延膜 $(10\bar{1}4)$ 摇摆曲线半峰宽与 Sn/Ga 的关系，以及迁移率与载流子浓度的关系

Sn 掺杂元素具有一定的不稳定性，它有两种离化状态 Sn^{2+}、Sn^{4+}，这将对 Sn 掺杂 $\alpha-Ga_2O_3$ 薄膜产生一定的影响。而 Si 掺杂却没有上述问题，因此，在利用 Mist-CVD 法制备 $\alpha-Ga_2O_3$ 时，寻求新的掺杂替代物也是重要课题。2018 年，研究人员利用[$ClSi(CH_3)_2((CH_2)_2CN)$]作为掺杂剂，将 $\alpha-Ga_2O_3$ 异质外延膜的迁移率提高到了 31.5 $cm^2 \cdot V^{-1} \cdot s^{-1}$[84]。此外，利用 HVPE 法制备 Si 掺杂 $\alpha-Ga_2O_3$ 异质外延膜也可以提高 $\alpha-Ga_2O_3$ 的迁移率，其最高迁移率已经超过 50 $cm^2 \cdot V^{-1} \cdot s^{-1}$[151]。使用其他晶面的 Al_2O_3 衬底(例如 *m* 面 $\alpha-Al_2O_3$)[85]也可以获得更高迁移率的 $\alpha-Ga_2O_3$ 外延膜，载流子浓度降低至约 $1\times10^{17}cm^{-3}$。然而，由于 $\alpha-Ga_2O_3$ 异质外延过程中晶格失配形成的高刃型

位错密度问题尚未解决，因此由位错导致的载流子补偿及迁移率崩塌未得到有效改善。若要进一步提高 $\alpha-Ga_2O_3$ 的外延质量并实现器件应用级别的掺杂外延膜，必须采用位错控制技术降低 $\alpha-Ga_2O_3$ 外延膜的位错密度。目前，多种位错控制技术可用于降低 $\alpha-Ga_2O_3$ 中的位错密度，例如渐变组分 $\alpha-(Al_xGa_{1-x})_2O_3$ 缓冲层技术[134,157]、横向外延过度生长技术[62,158]等。关于 $\alpha-Ga_2O_3$ 中位错的演化机制及其控制技术详见 5.3.3 节。除了 Mist - CVD 和 HVPE 外，MOCVD[40]、ALD[159]、MBE[160]等也被用于异质外延 $\alpha-Ga_2O_3$ 薄膜，但是异质外延薄膜质量远比不上用 Mist - CVD 和 HVPE 法生长的 $\alpha-Ga_2O_3$ 薄膜。

$\varepsilon-Ga_2O_3$ 作为另一种 Ga_2O_3 的同分异构体，也是当前 Ga_2O_3 研究的热点之一，其原因在于 $\varepsilon-Ga_2O_3$ 的晶体结构具有中心反演不对称性(如图5-66(a)所示)，该晶体结构表现出比 GaN、ZnO 更大的自发极化系数[38,148]。第一性原理计算得到 $\varepsilon-Ga_2O_3$ 沿 c 轴方向的自发极化系数为 23 $\mu C\cdot cm^{-2}$[6]。图5-66(b)所示是常见极化半导体的自发极化和晶格常数大小的比较，由图可知，$\varepsilon-Ga_2O_3$ 的自发极化系数接近于氮化物半导体 GaN 自发极化系数(−2.9 $\mu C\cdot cm^{-2}$)的 8 倍[161]，是 ZnO 自发极化系数(−5.7 $\mu C\cdot cm^{-2}$)的 4 倍[162]。

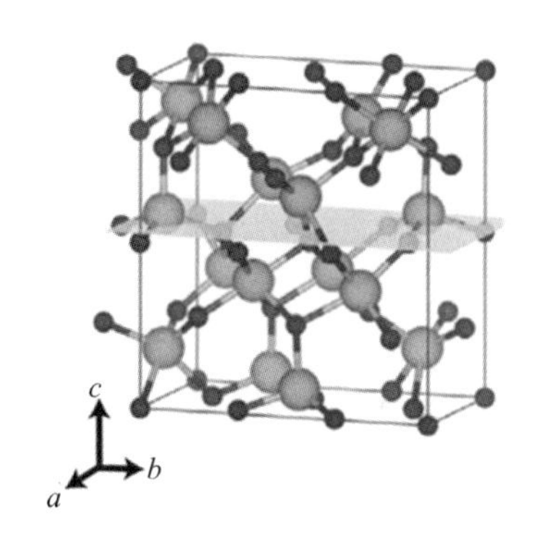

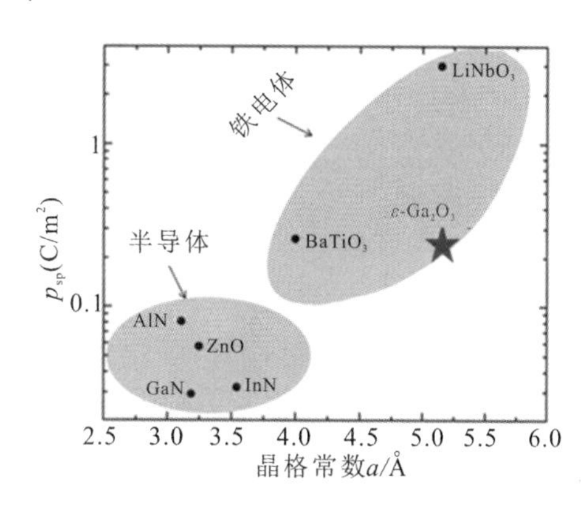

图 5-66　$\varepsilon-Ga_2O_3$ 的晶格结构，常见极化半导体的自发极化系数和晶格常数大小比较[6,38,162]

对于 $\varepsilon-Ga_2O_3$ 的生长，多个研究小组报道了用不同晶体结构的衬底进行外延生长的研究。正交晶系的 $\varepsilon-Ga_2O_3$(001)面上的氧原子排列呈现出伪六方结构，如图 5-67(a)所示。大多数用于外延生长 $\varepsilon-Ga_2O_3$ 的衬底也具有六边形和伪六边形的原子排列，如 $\alpha-Al_2O_3$、(0001)面的 GaN、AlN、6H - SiC、MgO、YSZ、STO、NiO、GGG 和 $\beta-Ga_2O_3$。此外，$\varepsilon-Ga_2O_3$(001)面呈矩形，

具有相似晶体结构的晶圆也可以用作衬底[148]。图 5 - 67(b)～(e)描述了典型衬底的原子排列，衬底中氧的排列与 ε - Ga_2O_3 基本一致。

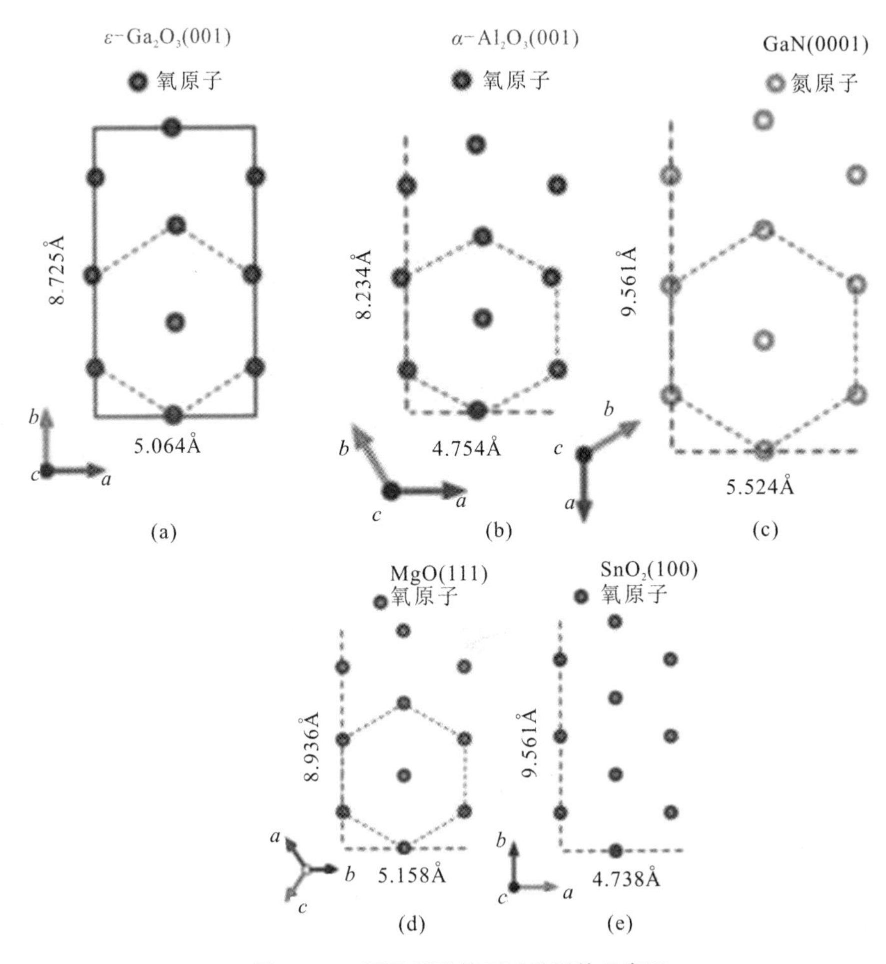

图 5 - 67　不同材料的原子排列的示意图

Mist-CVD 可用于制备 ε - Ga_2O_3，目前已经报道的衬底有 GaN、AlN、α - Al_2O_3、YSZ、MgO、STO、NiO、GGG 以及立方结构的(100) SnO_2。图 5 - 68显示了在不同衬底上生长的 ε - Ga_2O_3 异质外延层的 $2\theta-\omega$ 衍射图谱。由图 5 - 68 可见，利用 Mist-CVD 法，根据原子排列选择合适的衬底，可实现单相 ε - Ga_2O_3 外延生长。通常认为，利用化学反应方法(如 MOCVD、HVPE、ALD 和 Mist - CVD)比利用 PVD 法(如 MBE 和 PLD)更早地成功制备 ε - Ga_2O_3 外延层。在利用 MBE 或 PLD 法异质外延生长 ε - Ga_2O_3 时，通常需要添加表

面活性剂材料，如 Sn。相反，大多数用于 $\varepsilon-Ga_2O_3$ 的 CVD 过程不需要表面活性剂。目前，造成这种差异的原因尚不清楚。

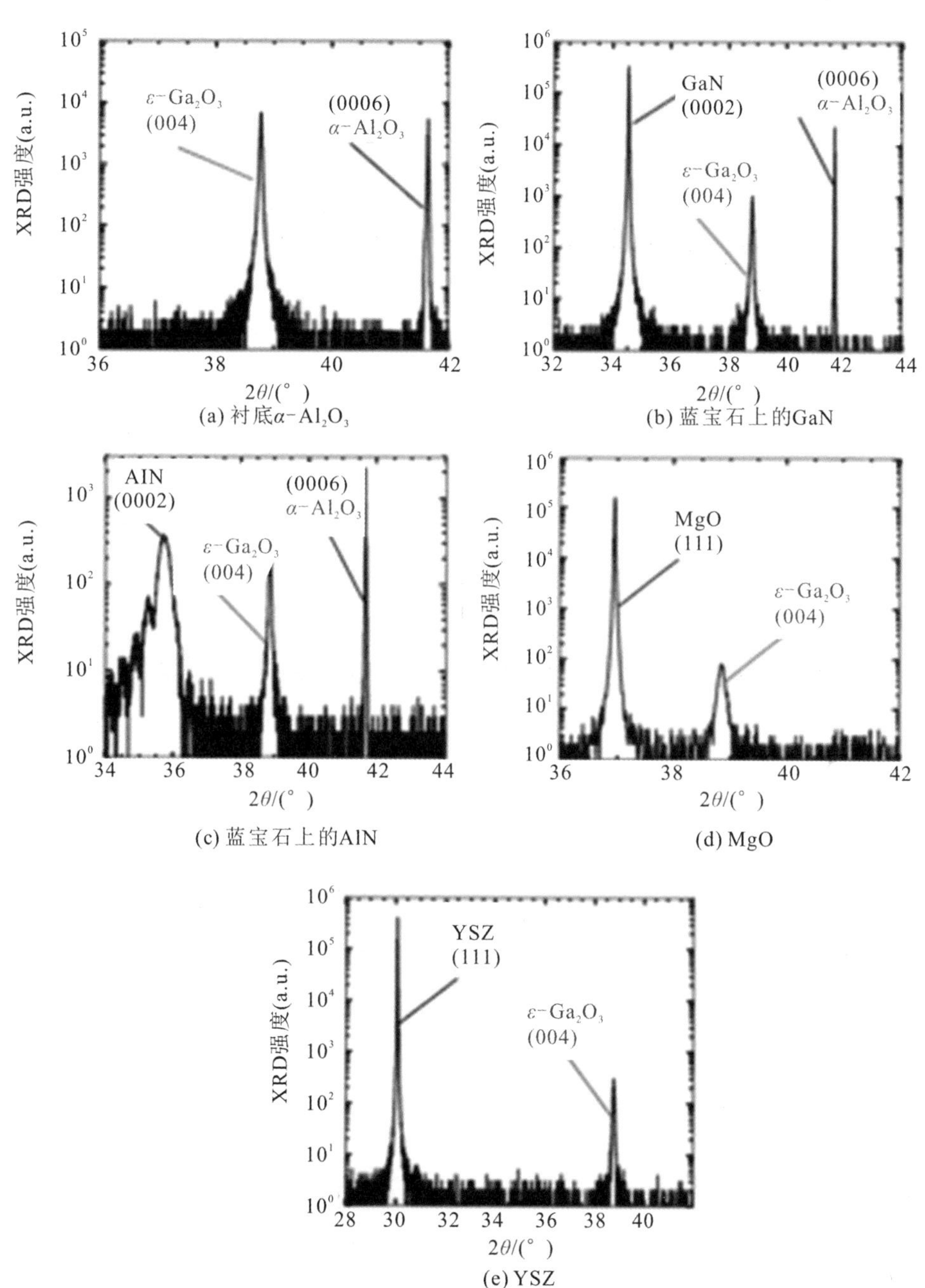

(a) 衬底$\alpha-Al_2O_3$　(b) 蓝宝石上的GaN　(c) 蓝宝石上的AlN　(d) MgO　(e) YSZ

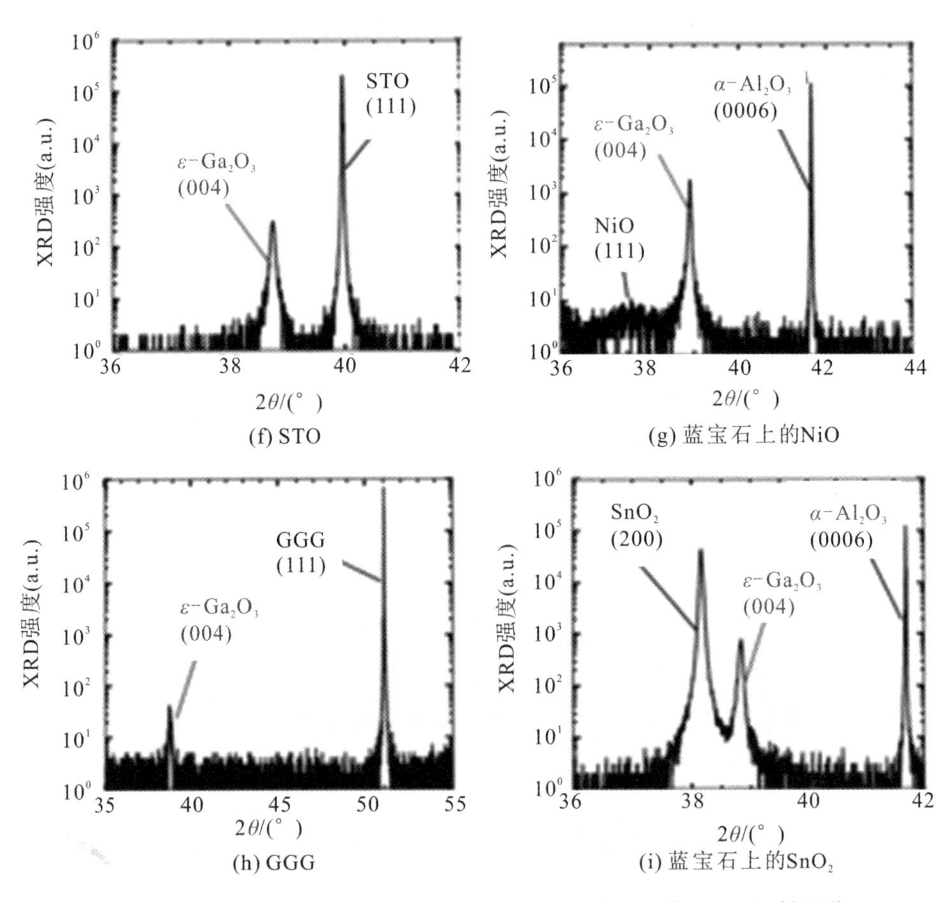

图 5-68　在不同衬底上生长的 ε-Ga_2O_3 异质外延层的 $2\theta-\omega$ 衍射图谱

下面将讨论在 c 面蓝宝石衬底上异质外延生长 ε-Ga_2O_3 薄膜的难点。c 面蓝宝石衬底是应用于半导体材料异质外延最广泛的衬底，这主要得益于其低廉的成本。然而，α-Al_2O_3的晶体结构使 ε-Ga_2O_3 的生长更为复杂。如上文所述，α-Al_2O_3可用于制备 β-Ga_2O_3、α-Ga_2O_3 和 ε-Ga_2O_3，因此，根据生长条件的不同，这三种晶体将分为单相或混合相生长。如果生长参数，如生长温度、衬底的条件(如切割角)、生长速率和前驱体成分超过了特定范围，那么 ε-Ga_2O_3 与 α-Ga_2O_3 或 β-Ga_2O_3 可以同时在 c 面蓝宝石衬底上生长，造成混相。通过插入缓冲层，在较大温度范围内可实现 ε-Ga_2O_3 的异质外延。例如，先在 α-Al_2O_3上生长一层(111) NiO 缓冲层，然后再生长 ε-Ga_2O_3，即可在 400～800℃范围内实现单相 ε-Ga_2O_3 的生长[163]。

$\varepsilon-Ga_2O_3$ 的特性在于中心反演不对称性所带来的极化效应，为了实现具有 2DEG 的 $\varepsilon-Ga_2O_3$ 基 HEMT，研究 $\varepsilon-Ga_2O_3$ 生长过程中旋转畴产生的机制是很重要的。因为旋转畴在薄膜中聚集，通常会影响电子的输运。Cora 等人报道了一种含有 5～10 nm 小畴聚集的 $\varepsilon-Ga_2O_3$ 薄膜[39]。此外，旋转畴的存在可以通过 XRD $2\theta-\omega$ 扫描或极图来表征。我们假设旋转畴的出现有两种可能的机制：一种是 $\varepsilon-Ga_2O_3$ 是正交结构，允许存在 120°旋转畴；另一种是衬底的晶体结构所致。

首先介绍利用 XRD Φ 扫描来评价旋转畴的方法。图 5-69 是典型的正交 $\varepsilon-Ga_2O_3$ {122}、{204}和{134}的 XRD Φ 扫描图谱。尽管单晶 $\varepsilon-Ga_2O_3$ 在{204}晶面簇中有两个峰，而在{122}中有 4 个峰，而在目前报道的 $\varepsilon-Ga_2O_3$ 中，{204}中有 6 个峰，而在{122}中有 12 个峰[151]。正交 $\varepsilon-Ga_2O_3$ {122}的 XRD Φ 扫描结果表明，异质外延晶体中存在三重旋转畴。相反，{204}的结果并没有表明 $\varepsilon-Ga_2O_3$ 中具有三重旋转畴。当用{204}对 $\varepsilon-Ga_2O_3$ 外延层外延关系进行评估时，{134}晶面簇的衍射结果也在评估范围内。因此，当{204}出现两个衍射峰而{134}出现 4 个衍射峰时，$\varepsilon-Ga_2O_3$的 XRD Φ 扫描图谱上出现 6 个衍射峰，并不表现为三重旋转畴。因此，分析 $\varepsilon-Ga_2O_3$ 中的旋转畴时，应使用如{122}面这样的单衍射晶面簇来评估。

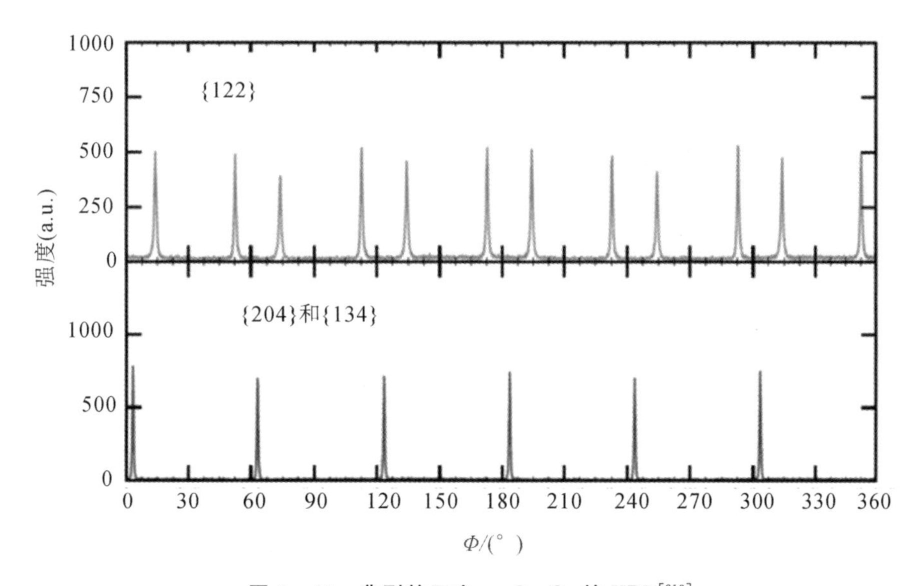

图 5-69 典型的正交 $\varepsilon-Ga_2O_3$ 的 XRD[213]

图 5-70(a)是沿单个晶胞 c 轴观察的正交 $\varepsilon-Ga_2O_3$ 中氧原子的排列示意图。对于单个晶胞，当[100]方向旋转 60°时，(130)平面所对应的[110]方向与

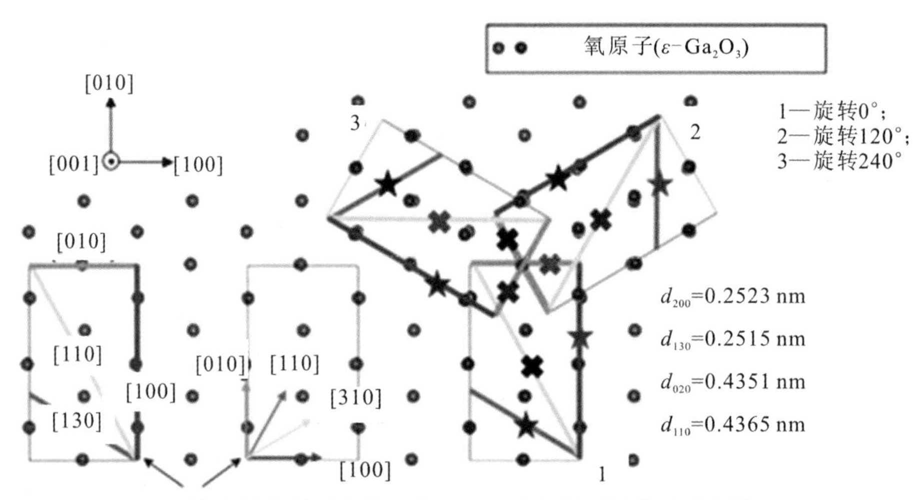

(a) 沿单个晶胞c轴观察的正交ε-Ga_2O_3中氧原子的排列示意图

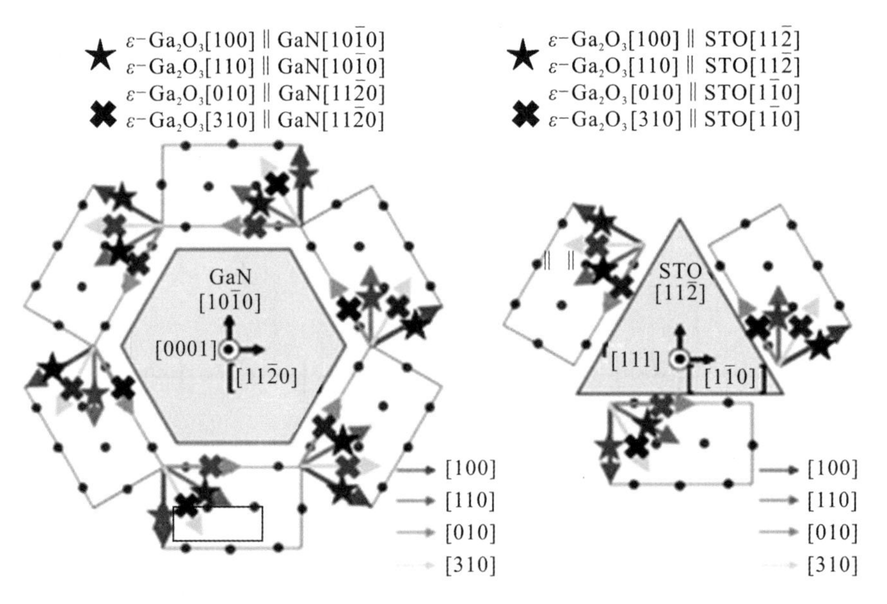

(b) 由GaN和STO衬底的晶体结构导致的ε-Ga_2O_3的三重旋转畴产生的原理图

图 5-70　沿 c 轴观察的正交 $\varepsilon-Ga_2O_3$ 中氧原子的排列示意图及 $\varepsilon-Ga_2O_3$ 的三重旋转畴产生的原理图

(100)平面所对应的[100]方向近似重合。为了解释基于 $\varepsilon-Ga_2O_3$ 本身结构而引起的旋转畴，蓝色表示旋转了0°、120°、240°的三个晶胞，如图5-70(a)所示。旋转120°和240°的蓝色氧原子的位置与红色氧原子的位置几乎重合，并且(200)的面间距 $d_{200}=0.2523$ nm(等于(100)面间距的一半)，与(130)的面间距($d_{130}=0.2515$ nm)相似。因此，正交 $\varepsilon-Ga_2O_3$ 本身的结构允许出现三重旋转畴。其次，以(0001)六方(GaN)和(111)立方(STO)衬底为例，也可解释由衬底的晶体结构引起的旋转畴。图5-70(b)显示了正交 $\varepsilon-Ga_2O_3$ 在(0001)GaN和(111)STO衬底上的旋转畴。对于GaN和STO，$\varepsilon-Ga_2O_3$ 的异质外延可能产生三重旋转畴。此外，Φ 扫描结果显示的面内关系与图5-70(b)中的晶胞排列一致。这些三重旋转畴可用TEM观察到，可参见文献[151]和[163]。

$\varepsilon-Ga_2O_3$ 的异质外延亦可利用HVPE[67]、MOCVD[41,164]、MBE[160,165]和PLD[150]等技术实现。与 $\beta-Ga_2O_3$ 的异质外延类似，$\varepsilon-Ga_2O_3$ 的异质外延薄膜往往表现出由旋转畴导致的大量晶格缺陷，而且目前似乎没有很好的解决方式。受限于 $\varepsilon-Ga_2O_3$ 晶体质量，尽管目前已经有 $\varepsilon-Ga_2O_3$ 掺杂的相关报道[164]，但由于 $\varepsilon-Ga_2O_3$ 中晶格缺陷的散射作用，其迁移率小于5 $cm^2\cdot V^{-1}\cdot s^{-1}$。如此低的迁移率远未达到器件应用的需求。并且由于晶粒的存在，界面散射的问题根本无从解决。尽管 $\varepsilon-(Al_xGa_{1-x})_2O_3$ 的合金取得了一定进展(详见5.4.1节)，利用极化调控 $\varepsilon-Ga_2O_3/\varepsilon-(Al_xGa_{1-x})_2O_3$ 界面，产生高浓度2DEG，并实现全 $\varepsilon-Ga_2O_3$ 基高性能HEMT原型器件仅存在于理论中。因此，目前应专注于研究 $\varepsilon-Ga_2O_3$ 的铁电特性，完善基本的表征和理论模型，通过 $\varepsilon-Ga_2O_3$ 的引入实现异质界面(如AlGaN/GaN、$\beta-Ga_2O_3/\beta-(Al_xGa_{1-x})_2O_3$ 界面)2DEG的浓度增强或迁移率提升，验证 $\varepsilon-Ga_2O_3$ 的极化特性。在此基础上，逐步解决 $\varepsilon-Ga_2O_3$ 的掺杂问题，实现宽掺杂浓度范围的可控掺杂，由此向全 $\varepsilon-Ga_2O_3$ 基高性能HEMT原型器件的目标前进。

5.3.3　位错演化机制及控制技术

1. $\alpha-Ga_2O_3$ 的位错演化机制

为应对未来高性能器件的应用，$\alpha-Ga_2O_3$ 外延层中位错密度必须降低，目前引入合金缓冲层和横向外延过生长(ELO)的方法受到较多关注。合金缓冲层的一个典型例子是准梯度缓冲层，如图5-71(a)所示，它由 $\alpha-(Al_{0.9}Ga_{0.1})_2O_3/$

$(Al_{0.2}Ga_{0.8})_2O_3$多层合金薄膜构成。改变$(Al_{0.9}Ga_{0.1})_2O_3$与$(Al_{0.2}Ga_{0.8})_2O_3$之间不同组分合金薄膜的厚度，合金中 Al 组分由$(Al_{0.9}Ga_{0.1})_2O_3$逐渐变为$(Al_{0.2}Ga_{0.8})_2O_3$。由图 5-71(b)所示的截面 TEM 图像可以看出，大量的位错缺陷被限制在合金缓冲层中，$\alpha-Ga_2O_3$ 外延层中刃型位错密度为 6×10^8 cm^{-2}，比没有合金缓冲层的刃型位错密度(7×10^{10} cm^{-2})小了两个数量级，进一步优化合金缓冲层结构将大大提高蓝宝石衬底上生长的 $\alpha-Ga_2O_3$ 薄膜的质量，从而为高性能功率器件提供优质材料。

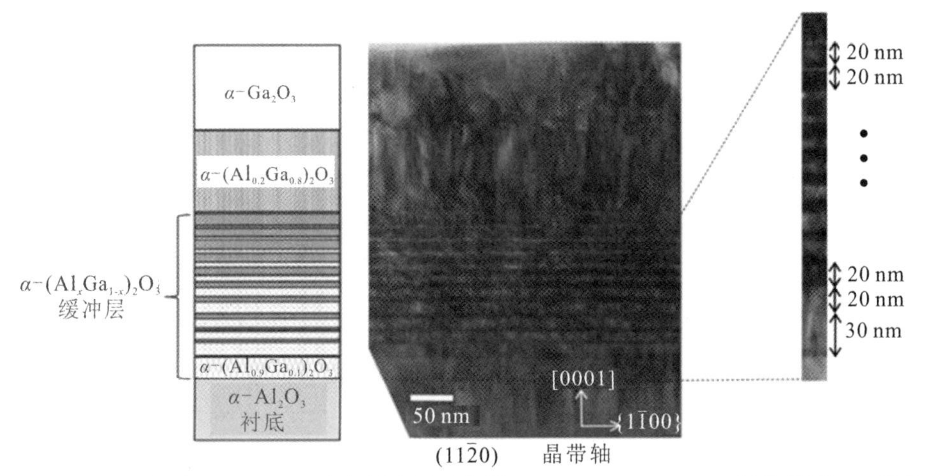

(a) 不同组分α-(Al,Ga)$_2$O$_3$合金缓冲层示意图　　(b) 样品截面TEM图像

图 5-71　蓝宝石衬底上 $\alpha-Ga_2O_3$ 外延层之间不同组分 $\alpha-(Al, Ga)_2O_3$ 合金缓冲层示意图及对应的样品截面 TEM 图像

众所周知，横向外延过生长(ELO)技术可以有效地减少蓝宝石衬底生长氮化镓(GaN)中的位错密度，该技术对蓝宝石衬底生长 $\alpha-Ga_2O_3$ 的外延生长也是有效的。图 5-72 展示了蓝宝石衬底生长 $\alpha-Ga_2O_3$ 样品的截面 TEM 图，生长$\alpha-Ga_2O_3$外延层之前，在蓝宝石衬底生长底上先制备 SiO_2 掩模。穿透位错在$\alpha-Ga_2O_3/\alpha-Al_2O_3$界面延伸，但在 SiO_2 掩模上方的 $\alpha-Ga_2O_3$ 外延层中几乎消失。蓝宝石衬底生长 $\alpha-Ga_2O_3$ 尽管是异质外延生长，但通过适当的缓冲层和 ELO 技术，有望显著减少外延层中位错缺陷。此外，这种方式生长的高质量的$\alpha-Ga_2O_3$可以作为种子层进行二次外延超厚 $\alpha-Ga_2O_3$ 外延层，该外延层有望从蓝宝石衬底上剥离下来，形成像 GaN 一样的衬底材料。

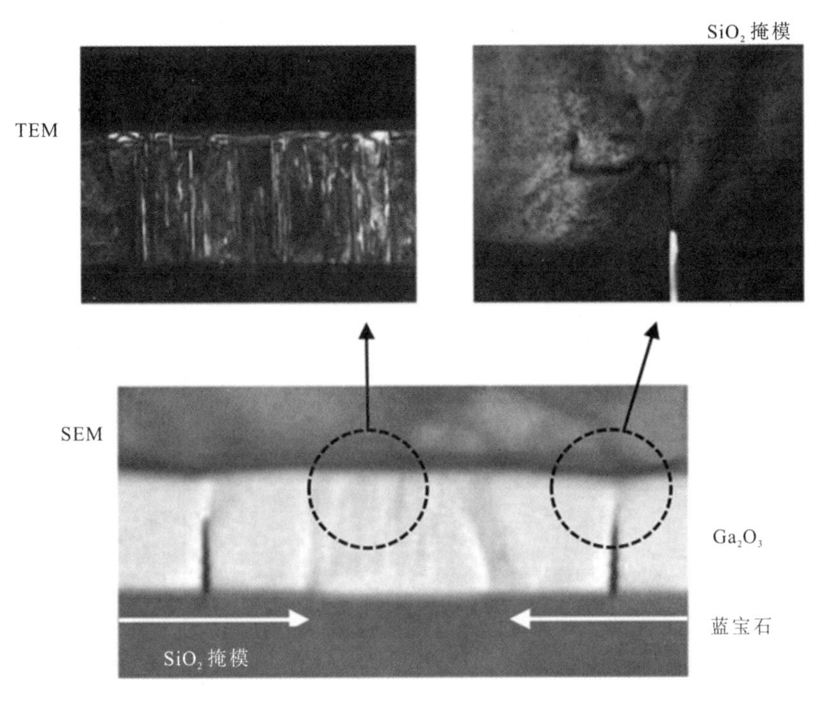

图 5 - 72　生长 SiO$_2$ 掩模的蓝宝石衬底上 $\alpha-Ga_2O_3$ 外延层

$\alpha-Ga_2O_3$是亚稳相，较高的生长温度（例如大于 550℃）和高温退火（例如大于 600℃）会使 $\alpha-Ga_2O_3$ 中有 β 相，这使得 $\alpha-Ga_2O_3$ 生长和后期退火处理温度窗口受到严重限制。但是，微量的（约 1%）Al 元素掺杂可显著提高 $\alpha-Ga_2O_3$ 的热稳定性，单晶 $\alpha-Ga_2O_3$:Al 可在 550℃下生长，在 650℃温度以下可保持稳定。当 Al 的组分更大（2.5%）时，$\alpha-Ga_2O_3$ 可在更高温度下保持稳定（如 750℃），且较低的 Al 组分不会引起单晶禁带宽度明显增大。这种现象类似于砷化镓掺铟硬化，微量的 Al 元素掺杂可以有效地使 $\alpha-Ga_2O_3$ 外延层在后续处理过程中在更高的温度下保持 α 相。此外，采用 ELO 技术可以使 $\alpha-Ga_2O_3$ 外延层在超过 750℃的情况下保持刚玉结构。这表明，减少 $\alpha-Ga_2O_3$ 中的缺陷和压应力可增加其热力学稳定性。虽然 $\alpha-Ga_2O_3$ 为亚稳相，但通过改善生长条件以增强其热力学稳定性进而承受更高温度。

刚玉结构的 $\alpha-In_2O_3$ 也是一种亚稳相材料，如图 5 - 73 所示，它可以用 Mist-CVD 法在蓝宝石衬底上外延生长获得。$\alpha-In_2O_3$是一种热力学稳定结构。因此 $\alpha-Al_2O_3$、$\alpha-In_2O_3$ 可以和 $\alpha-Ga_2O_3$ 一起形成刚玉结构合金半导体［$\alpha-(Al, Ga, In)_2O_3$］，这是一个四元合金系统，其禁带宽度在 3.7～9 eV 范围可调。但 α-(In，Ga)$_2$O$_3$合金在中间组分范围时(即 $x\approx0.5$)易出现合金相分离现象，InGaN 合金也会出现类似现象。合金可以在很宽的组分范围内制备异质结结构。值得注意的是，α-Al$_2$O$_3$是一种稳定结构，高 Al 组分的单晶 β-(Al$_x$Ga$_{1-x}$)$_2$O$_3$难以制备，而 α-(Al$_x$Ga$_{1-x}$)$_2$O$_3$在整个 Al 组分范围内($0<x<1$)都可以实现。

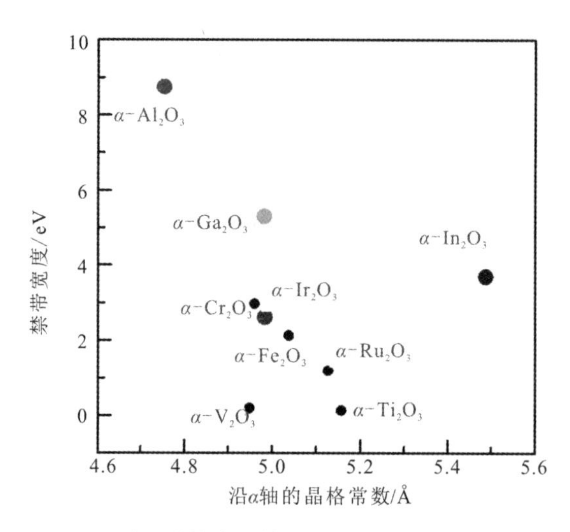

图 5-73　刚玉结构半导体的晶格常数(a 轴)及禁带宽度

晶格失配和相变会导致特定晶面的刃型位错和晶格畸变的产生。不同 α-Ga$_2$O$_3$ 样品的对称(0006)晶面和非对称($10\bar{1}4$)晶面的 X 射线摇摆曲线(XRC)如图 5-74(b)、(c)所示。对于 530℃和 550℃生长的 Ga$_2$O$_3$ 外延薄膜，(0006)晶面的摇摆曲线半峰宽分别为 307 弧秒和 1360 弧秒，($10\bar{1}4$) 晶面的摇摆曲线半峰宽分别为 677 弧秒和 3020 弧秒。550℃生长的 Ga$_2$O$_3$ 外延薄膜摇摆曲线半峰宽明显增大，表明该混相样品中具有大量的面外倾斜和面内扭转现象。假设位错是随机分布的，可以用 $D_s=\beta^2_{(0006)}/(2\pi\ln2)|\boldsymbol{b}_s|^2$ 和 $D_e=\beta^2_{(10\bar{1}4)}/(2\pi\ln2)|\boldsymbol{b}_e|^2$ 粗略估计位错密度，其中 D_e、D_s 分别是刃型位错和螺型位错密度，$\boldsymbol{b}_e$、$\boldsymbol{b}_s$ 分别为刃型位错和螺型位错的伯格斯矢量，$|\boldsymbol{b}_e|=\frac{1}{3}\langle 2\,\bar{1}\bar{1}0\rangle$，$|\boldsymbol{b}_s|=\langle 0001\rangle$[243]。对于 530℃最佳条件下生长的 210 nm 厚的样品，其螺型位错密度计算结果为 2.85×10^7 cm^{-2}、刃型位错密度计算结果为 9.97×10^8 cm^{-2}。其中刃型位错密度比其他报道的小，与 HVPE 法使用横向外延生长(ELO)的位错密度相当[87]。众所周知，对于垂直器件，异质外延层中刃型穿透位错提供了漏电

通道，使载流子输运及器件性能明显恶化。因此，了解螺型位错和刃型位错的反应动力学是研制高性能功率器件的重要基础[166]。

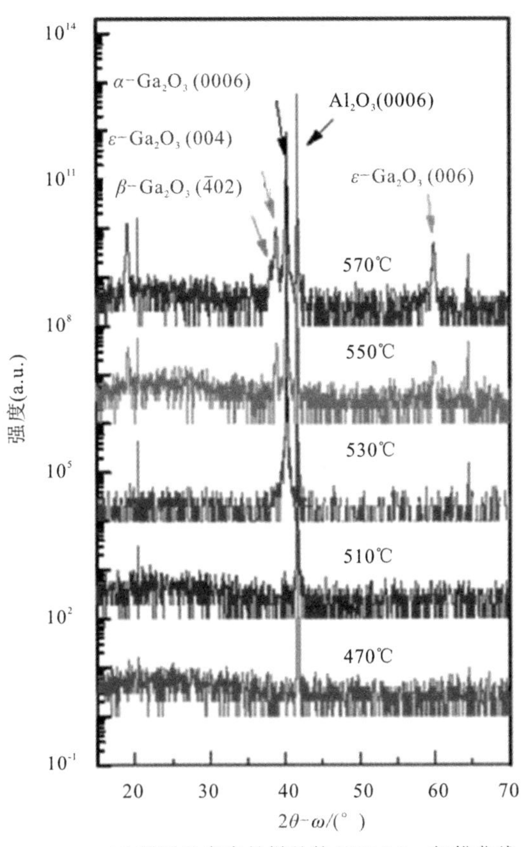

(a) 不同温度生长样品的XRD 2θ-ω扫描曲线

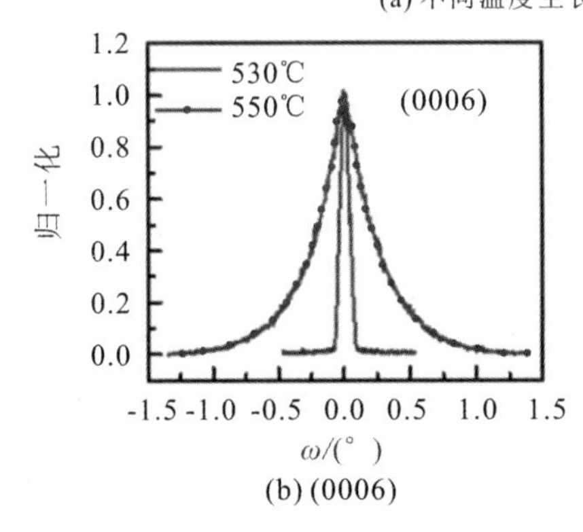

(b) (0006)

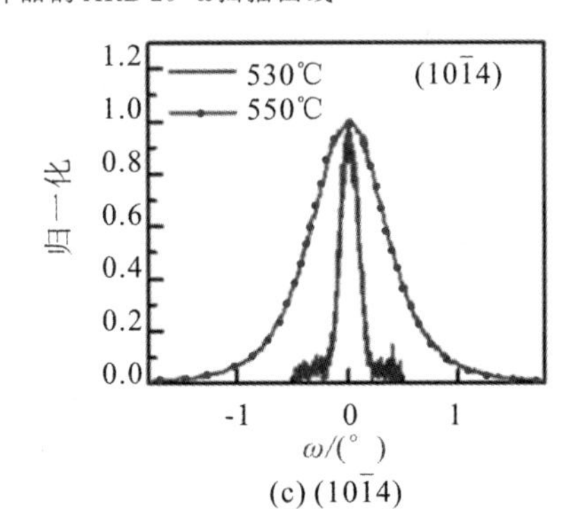

(c) $(10\bar{1}4)$

图5－74　不同温度生长样品的XRD 2θ－ω 扫描曲线

从微观结构演变和相变的角度来看，530℃是实现纯相 $\alpha-Ga_2O_3$ 外延层生长的最佳生长温度。图 5-75(a)所示为 $\alpha-Ga_2O_3$ 外延层在 2 μm×2 μm 平面上 AFM 图像，表面粗糙度为 1.42 nm。样品表面微米尺寸随机分布的螺旋状岛屿分布明显，表明 $\alpha-Ga_2O_3$ 的生长模式为岛层状生长。岛屿上有明显的周期台阶，台阶高度为 0.22 nm，与 $\alpha-Ga_2O_3$ 的 $c/6$(c 为晶格常数)相对应[167]。有报道称，在生长初期成核阶段，当刃型位错与螺型位错在生长前端融合时导致原子台阶侧向发展，形成螺旋状岛屿。通过横截面透射电镜(TEM)测试，螺旋状岛屿的密度与混合位错密度一致。图 5-75(b)所示为沿[$1\bar{1}00$]晶带轴观察界面处的选区电子衍射图样。蓝宝石衍射图的微移是因为与 $\alpha-Ga_2O_3$ 存在晶格失配(沿 c 轴晶格失配为 3.54%、沿 a 轴晶格失配为 4.81%)，两者面内外延关系为 $\alpha-Ga_2O_3(10\bar{1}0)$ // $\alpha-Al_2O_3(10\bar{1}0)$[25]。图 5-75(c)、(d)所示分别为 4.0 μm 厚的纯相 $\alpha-Ga_2O_3$ 外延层沿衍射矢量 $\boldsymbol{g}=[0002]$和 $\boldsymbol{g}=[\bar{2}110]$的双束暗场 TEM 图像。在 $\boldsymbol{g}=[0002]$下纯相 $\alpha-Ga_2O_3$ 外延层可以观察到纯螺型位错和混合位错，在 $\boldsymbol{g}=[\bar{2}110]$下纯相 $\alpha-Ga_2O_3$ 外延层同时存在刃型位错和混合位错[62,142]。总的来说，螺型位错密度比刃型位错密度要低得多，这与 XRD 分析非常吻合。由位错的深度分布分析可知，螺型位错密度随厚度增加显著降低，而刃型位错沿 c 轴传播，衰减速度较慢。由于 $\alpha-Ga_2O_3$ 与蓝宝石衬底之间的晶格失配导致外延层中存在压应力，而应力释放过程中导致的螺型位错与刃型位错在界面处分布明显。图 5-75(e)所示为界面处高分辨透射电镜 HRTEM 图像，由图(e)可以看出，在界面处有明显的周期性畸变，且沿[$1\bar{1}00$]方向对比度明显。

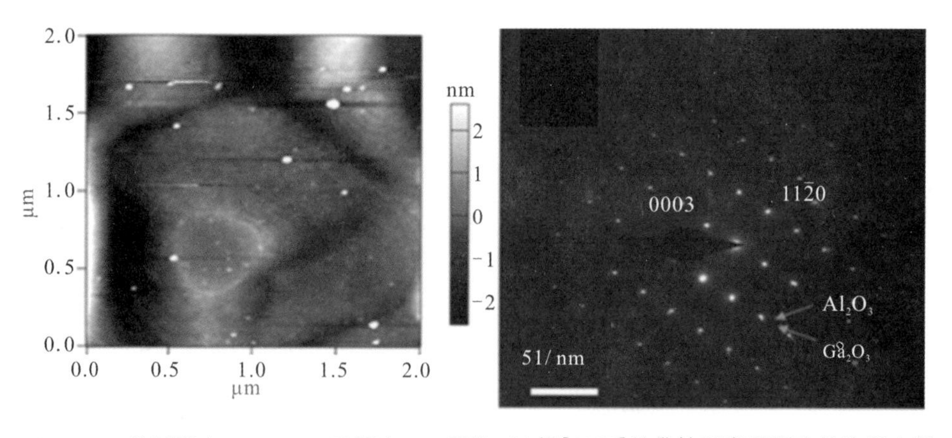

(a) $\alpha-Ga_2O_3$外延层在2 μm×2 μm平面上AFM图像　(b) 沿[1100]晶带轴观察界面处的选区电子衍射图样

(c) 4.0 μm厚的纯相α-Ga_2O_3外延层沿衍射矢量$\boldsymbol{g}$=[0002]双束暗场TEM图像

(d) 4.0 μm厚的纯相α-Ga_2O_3外延层沿衍射矢量$\boldsymbol{g}$=[$\bar{2}$110]的双束暗场TEM图像

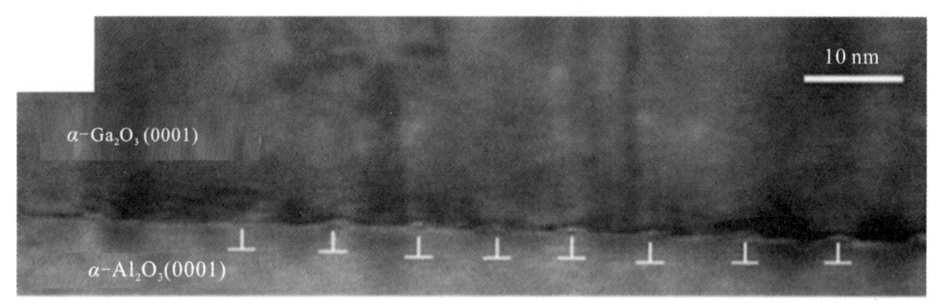

(e) 界面处高分辨透射电镜HRTEM图像

图5-75　α-Ga_2O_3 外延层 HRTEM 图像

周期性失配间距的平均间距大约为8.7 nm，即20个α-Ga_2O_3晶胞与21个α-Al_2O_3晶胞相匹配[142]。结果表明，界面处存在晶面滑移，失配位错是刃型位错的根源。

2. 横向外延过生长

1）横向外延过生长技术的原理

为了提高异质外延薄膜的晶体质量，横向外延过生长(Epitaxial Lateral Overgrowth，ELO)技术应运而生，它主要应用于生长GaN等Ⅲ-Ⅴ型半导体。ELO的操作步骤如图5-76所示。首先，在衬底上生长目标材料的种子层，并使用光刻技术在模板上制造周期性掩模(见图5-76(a))。SiO_x和SiN_x在很多情况下都被用作掩模材料。掩模的尺寸通常是微米尺度的，掩模一般使用条纹或点图案。其次，在模板上进行再生长过程。再生长过程从掩模的窗口开始，并形成目标晶体的孤立条纹或岛屿(见图5-76(b))。最后，晶体垂直和横向生长相结合(见图 5-76(c)、(d)),最终形成一个平面(见图 5-76(e))。在再生长过程中,种子层中的位错只通过掩模窗口传播到再生的晶体中。因此,位错密度在侧向生长的翼区非常低。此外,为使弹性应变能最小,当目标晶体以条纹或岛屿形状生长时,窗口区位错发生横向弯曲,通过控制再生条件使其在顶部有倾斜面。因此,窗口上方的位错密度也可以降低(见图 5-76(f))。这种类型的 ELO 称为 Facet-Initiated ELO (FIELO)[168]。

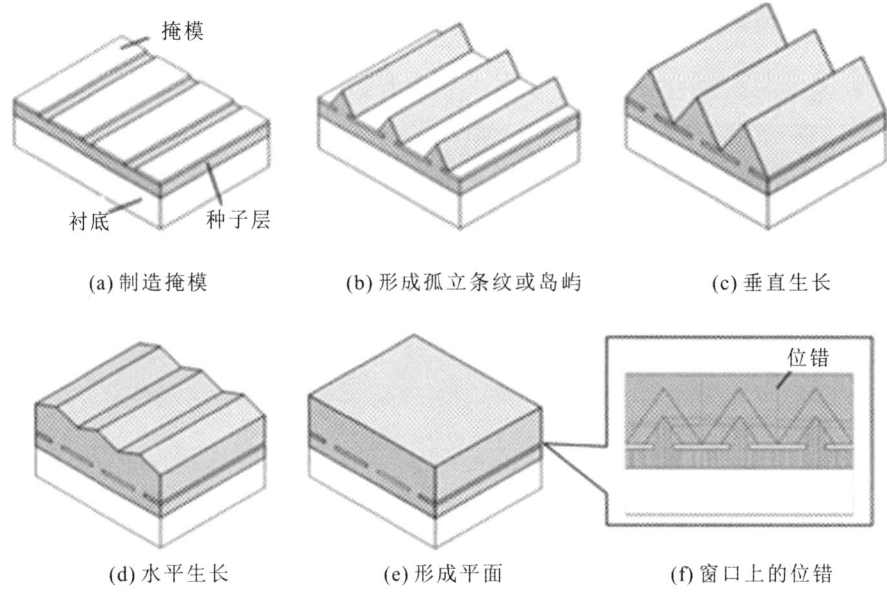

(a) 制造掩模　(b) 形成孤立条纹或岛屿　(c) 垂直生长

(d) 水平生长　(e) 形成平面　(f) 窗口上的位错

图 5-76　ELO 的操作步骤

ELO 技术最早用于制造 Si 或 GaAs 电子器件台面结构[169,170],后来该技术被用来提高 GaAs[171]的晶体质量。Usui 等人将该技术应用于在蓝宝石上生长 GaN,进一步发展了 FIELO 技术[172]。如今,FIELO 技术被认为是生产高质量 GaN 晶片的关键技术。

2) 实验方法

本实验在蓝宝石衬底上生长(0001)$\alpha-Ga_2O_3$ 层,并将其作为种子层。利用射频溅射和传统光刻技术在种子层上制备了点或条纹 SiO_x模板。以直径为 5 μm 的圆形窗口形成一个三角形模板图案,窗口间距为 5 μm,条纹图案间距/窗口的宽度为 5 μm /5 μm。

所使用的 HVPE 生长条件基本与 5.2.2 节所提到的相同,GaCl 和 O_2的分

压分别为 1.25×10^{-1} kPa 和 1.25 kPa。采用扫描电子显微镜(SEM)观察生长薄膜表面的形貌，XRC 摇摆曲线和透射电镜(TEM)表征其晶体质量和位错行为。

3) ELO 生长的 $\alpha-Ga_2O_3$ 的形貌表征

图 5-77 所示为在相同条件下，窗口间距为 5～20 μm 的点图案掩模上生长的 $\alpha-Ga_2O_3$ 的 SEM 图像。当间距为 5 μm 时，$\alpha-Ga_2O_3$ 岛屿选择性生长在掩模的窗口处，形成规则的阵列(见图 5-77(a))。然而，当间距变宽时，在每个 $\alpha-Ga_2O_3$ 岛屿周围出现了额外的晶体颗粒(见图 5-77(b)、(c))。在这种选择性区域生长中，前驱体实际上只在窗口区域被消耗。因此，有效前驱体供应量随窗口间距的增大和窗口密度的减小而增加。事实上，岛屿的大小随着窗口间距的增加而增加。这可能是由于生长驱动力的增加形成了不希望的成核。为了证实这一推测，减少 GaCl 的供应量，在 20 μm 宽的掩模上进行了较慢地生长，薄膜生长速率从 12 μm·h^{-1}下降到 7 μm·h^{-1}和 5 μm·h^{-1}，并且额外的成核晶粒明显受到抑制，如图 5-78 所示。

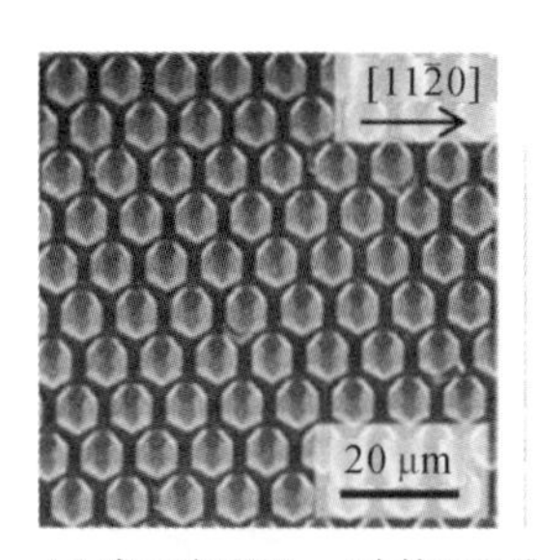

(a) 窗口间距5μm时的SEM图

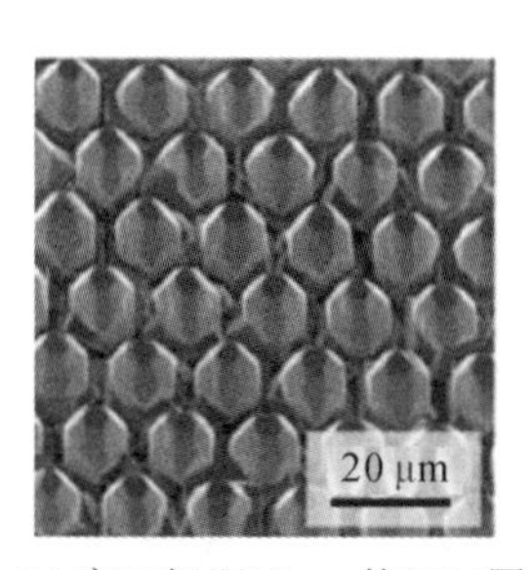

(b) 窗口间距10 μm的SEM图

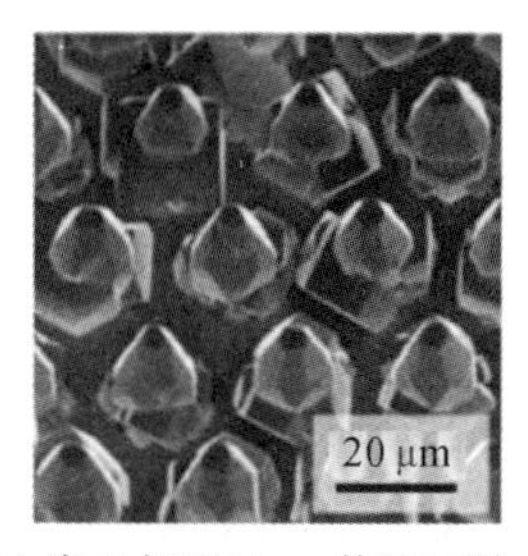

(c) 窗口间距20 μm的SEM图

图 5-77 不同窗口间距下，点图案掩模上生长的 $\alpha-Ga_2O_3$ 岛屿的 SEM 图(俯瞰图)[62]

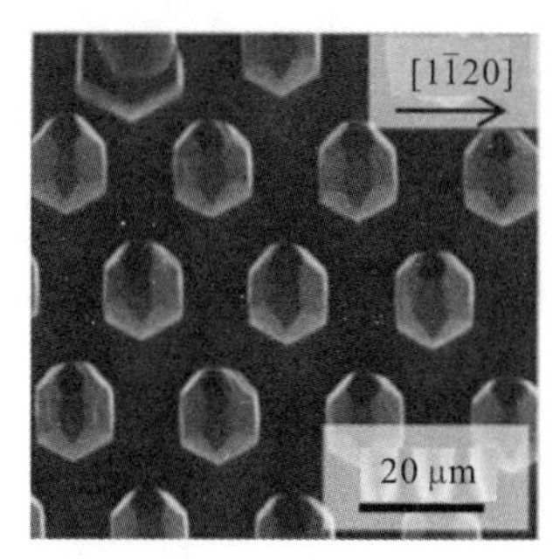

(a) 生长速率为7 μm·h^{-1}时$\alpha-Ga_2O_3$的SEM图

(b) 生长速率为5 μm·h^{-1}的时$\alpha-Ga_2O_3$的SEM图

图 5-78 不同生长速率的 $\alpha-Ga_2O_3$ 岛屿的 SEM 图(俯瞰图)[62]

图5-79(a)～(c)分别显示了540℃、500℃和460℃生长温度下$\alpha-Ga_2O_3$岛屿的SEM图像。对于540℃，岛屿形态以六角形柱状为主，c面生长良好，从顶部边缘切下的为$(10\bar{1}1)$倾斜面(如图5-79(a)所示)。当温度降低到500℃时，$(10\bar{1}1)$面长得平滑而(0001)面变的不稳定(如图5-79(b)所示)。当温度进一步降低到460℃时，(0001)面消失而$(10\bar{1}4)$面出现(如图5-79(c)所示)。因此，岛屿形态对生长温度敏感并可控，这种特点对FIELO技术至关重要。

(a) 540℃生长温度下的SEM图

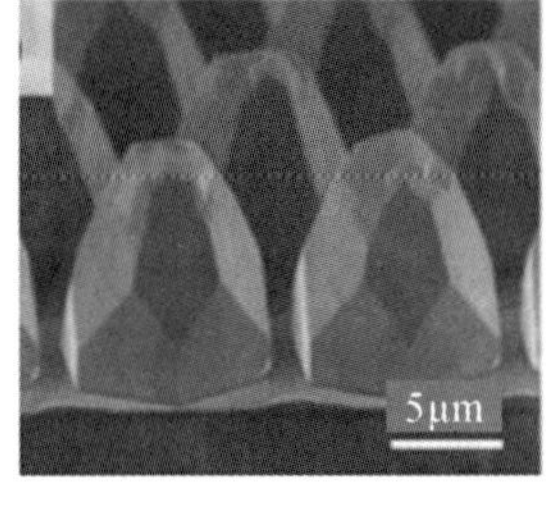

(b) 500℃生长温度下的SEM图

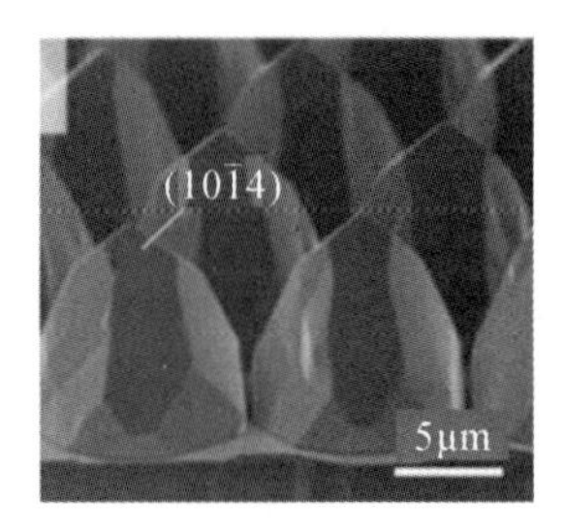

(c)460℃生长温度下的SEM图

图5-79　不同生长温度下的$\alpha-Ga_2O_3$岛屿的SEM图(俯瞰图)[62]

图5-80显示了$\alpha-Ga_2O_3$的ELO过程中随时间演变的SEM图。生长程度由薄膜厚度表示。再生开始时，每个岛屿的形状与圆形窗口相似。一段时间后，结晶逐渐清晰，形成六角形柱状(见图5-80(b))。在这些生长条件下，垂直生长快于横向生长。岛屿的聚结从岛屿的底部开始(见图5-80(c)、(d))，最终闭合为平滑的薄膜。

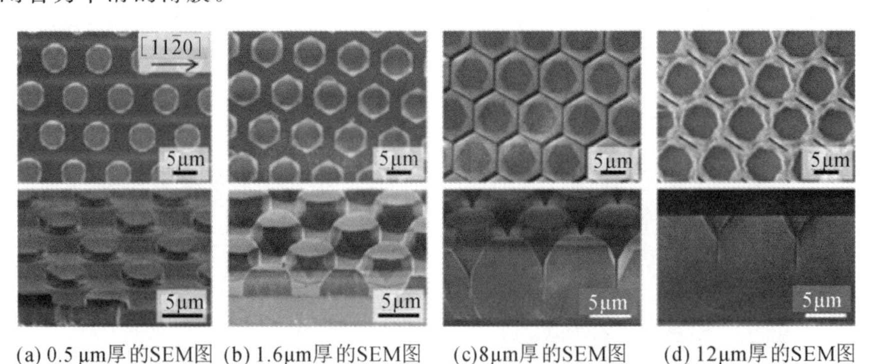

(a) 0.5 μm厚的SEM图 (b) 1.6μm厚的SEM图 (c)8μm厚的SEM图 (d) 12μm厚的SEM图

图5-80　不同厚度$\alpha-Ga_2O_3$岛屿的SEM图(俯瞰图)[62]

4) ELO生长的$\alpha-Ga_2O_3$的结构特征

通过对ELO生长的$\alpha-Ga_2O_3$进行XRC测量，验证ELO对提高晶体质量

的有效性。图 5-81 给出了 ELO 生长的 $\alpha-Ga_2O_3$ 的倾斜面和扭转面半峰宽随薄膜厚度变化的函数。随着薄膜厚度的增加，倾斜面和扭转面半峰宽均减小，这表明在三维生长过程中，高质量晶体区域在增加。

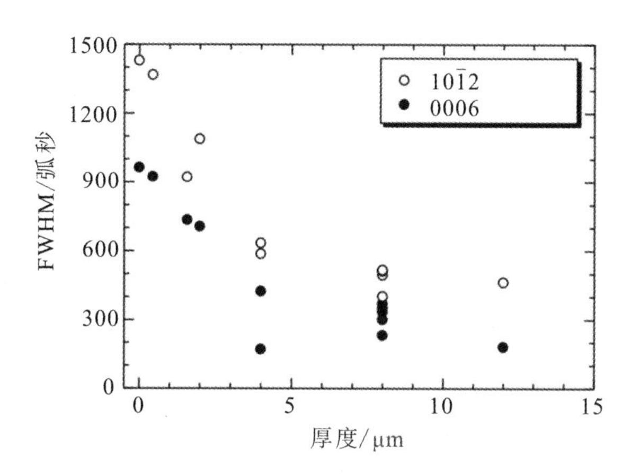

图 5-81　ELO **生长的** $\alpha-Ga_2O_3$ **的** XRC FWHM **随厚度变化的函数**[62]

图 5-82 显示了薄膜厚度为 12 μm 的 $\alpha-Ga_2O_3$ 的 XRC 摇摆曲线。与 ELO 生长的 GaN 相比，(0006)衍射并没有观察到多个峰。对于 GaN，由于小角度晶界的形成，ELO 生长的 GaN 的 XRC 包含多个衍射峰[172]。这种横向生长翼区的倾斜主要是在掩模边缘上方形成边缘位错阵列导致的，这在透射电镜的横截面图像中可以清楚地看到。而 ELO 生长的 $\alpha-Ga_2O_3$ 没有峰分裂，说明 ELO 生长的 $\alpha-Ga_2O_3$ 的位错特征及其对晶体应变的响应可能与 GaN 不同。

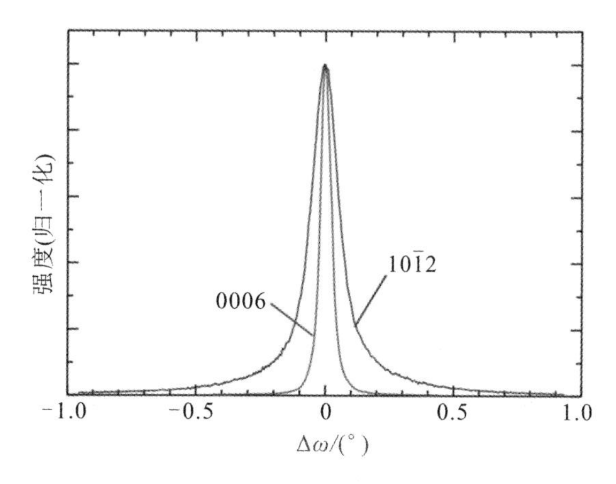

图 5-82　ELO **生长的** 12 μm **厚的** $\alpha-Ga_2O_3$ **薄膜的** XRC **摇摆曲线**[62]

图 5－83(a)、(b)所示分别为 540℃和 460℃生长温度下 $\alpha-Ga_2O_3$ 岛屿的 TEM 剖面图像，对应的 SEM 图像如图 5－79(a)、(c)所示。540℃生长的岛屿顶部有一个平滑的(0001)面，而 460℃生长的岛屿有平滑的倾斜面。在这两种情况下，种子层中的位错都通过窗口传播到岛屿中。当生长温度为 540℃时，翼区的位错密度明显低于种子层位错密度，而窗口区位错延伸至岛顶。在 460℃时岛屿中的位错发生了弯曲，位错线几乎垂直于自由表面(见图 5－83(b))。因此，FIELO 工艺不仅可以用于生长 GaN，也可以用于生长 $\alpha-Ga_2O_3$。为了表征翼区的位错密度，在与 540℃生长条件相似的情况下，对生长在条纹图案掩模上的样品进行平面 TEM 分析，如图 5－84 所示。条纹还没有相互闭合，在缝隙的两侧就观察到低位错密度区。在大概 22 μm^2 的低位错密度区域没有观察到位错，因此，位错密度应该低于 5×10^6 cm^{-2}。

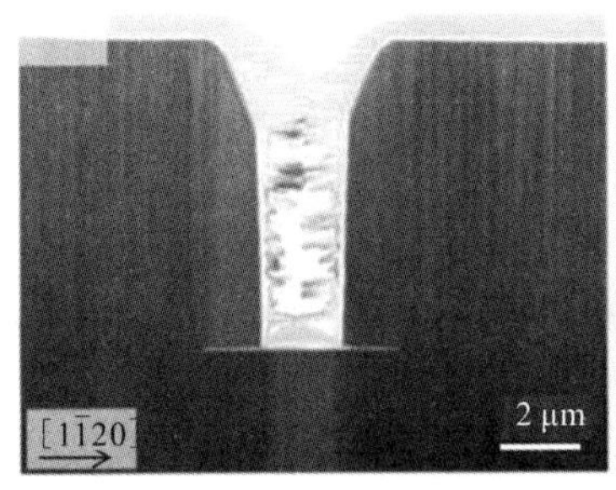

(a) 540℃时$\alpha-Ga_2O_3$岛屿的TEM剖面图

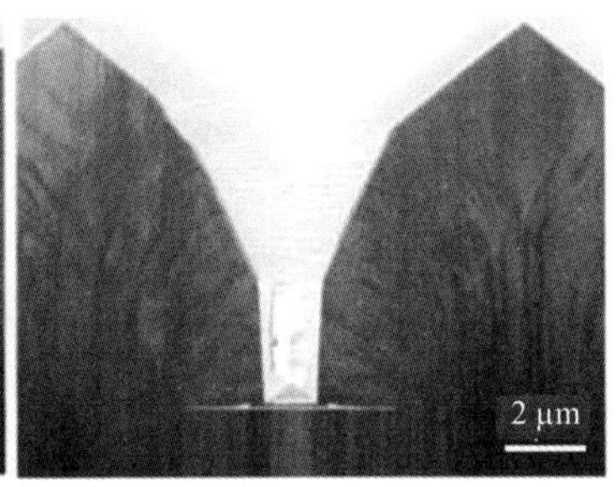

(b) 460℃的$\alpha-Ga_2O_3$岛屿的TEM剖面图

图 5－83　不同生长温度 $\alpha-Ga_2O_3$ 岛屿的 TEM 剖面图

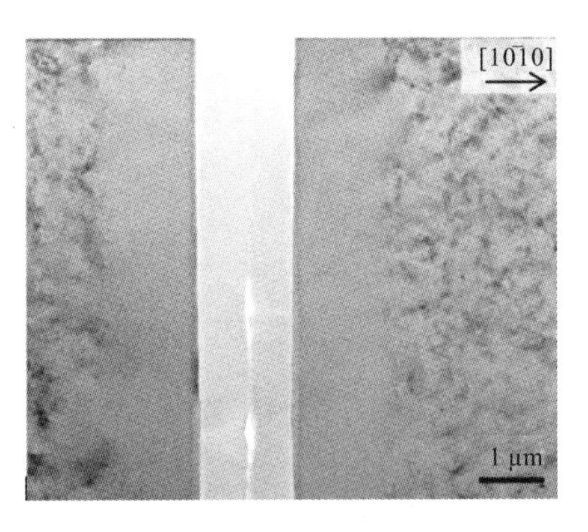

图 5－84　(0001)面 $\alpha-Ga_2O_3$ 条纹的 TEM 平面图[62]

在 520℃下生长 2 h 后，实验得到闭合薄膜。对闭合薄膜进行截面分析，以进一步了解 ELO 生长的 $\alpha-Ga_2O_3$ 中的位错行为。图 5－85(a)所示为样品的

SEM图像，表面仍然凹凸不平，突出的部分与窗口区域相对应。图5－85(b)所示给出了薄膜截面示意图，在虚线矩形区域进行TEM分析，如图5－85(c)所示，窗口层上方的位错因多面生长而发生弯曲，顶部的位错密度远低于种子层。掩模边缘以上未观察到位错阵列，而ELO生长的GaN则可观察到。这与之前描述的XRC结果一致。在合并的边界处，可以看到掩模附近的位错对比。上部密度减小，顶部未见位错。因此，结合HVPE方法的ELO技术，有望改善晶体质量。通过增加3D生长时间，可以进一步降低位错密度。如果第二个掩模对齐以覆盖第一个掩模的窗口位置，Double-ELO也会有效。一般来说，可接受的位错密度的薄膜更依赖于材料、器件结构以及所需要驱动的条件。因此，需要同时进行器件研究，以阐明晶格缺陷的影响并明确目标质量。

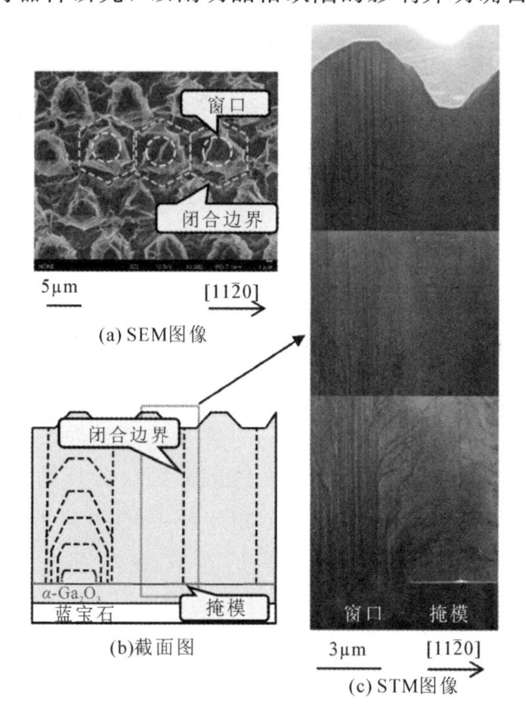

图5－85　闭合 $\alpha-Ga_2O_3$ 薄膜的SEM平面和截面图，薄膜的横截面TEM图[62]

5.4　氧化镓基异质结结构外延及界面控制

能带工程是指采用人工剪裁的办法对材料的能带结构进行调控，使这些材料具有不同的物理化学性能。能带工程被广泛运用于高迁移率晶体管和量子阱结构之中。同时，其可调节的禁带宽度可以用于调制光发射器的发射波长和探测器的吸收带边。此外，合金还可以应用于外延生长中的应变调控。

合金中的固溶度取决于二元材料的晶体结构。对于相同结构的合金，固溶度通常很高，若它们具有不同的热稳态的晶体结构，合金则易发生相分离。在$(In, Ga)_2O_3$中，In_2O_3的热平衡结构是立方相的方铁锰矿结构。对于Ga_2O_3来说，Roy等人首次报道了其多种相之间的转化关系。正如前文所述，Ga_2O_3具有五个不同的相(α、β、γ、ε和δ相)，其中单斜$\beta-Ga_2O_3$在热力学上是最稳定的[5, 65, 109, 173]，因此，块状$\beta-Ga_2O_3$可以通过常规的熔融技术轻松获得，例如浮区(FZ)法[174-176]、导模(EFG)法[177]、提拉(Cz)法[60, 178]和布里奇曼(VB)法[179]。热力学半稳定相$\alpha-Ga_2O_3$具有类似于$\alpha-In_2O_3$、$\alpha-Al_2O_3$的刚玉结构，而$\gamma-Ga_2O_3$是有缺陷的尖晶石结构[5,65]。此外，Roy等人提出了一种名为$\delta-Ga_2O_3$的立方方铁矿结构，但Playford等人认为它不是一种单独的多晶形态，而是Yoshioka等人提出的具有正交晶胞($Pna2_1$)的ε相纳米晶相的修正[65-66,144]。从实验上来看，这种ε相通常呈六边形，但Cora等人使用透射电子显微镜(TEM)分析表明，亚稳态六方相$\varepsilon-Ga_2O_3$相实际可能是正交相$\kappa-Ga_2O_3$[39,66]。由于氧化镓存在多种晶相，因此其合金的制备需要考虑多种因素，如合金的组分、生长条件、所用的衬底等。

5.4.1 合金外延及异质结结构制备

据报道，铟和氧化镓的合金为菱面体的α相、立方相的方铁锰矿相和单斜β相。此外，香农和普雷维特报道了粉末样品的六角形高压相$InGaO_3$ Ⅱ，该相类似于六角形的$YAlO_3$[6]，后来人们在Kranert等人的薄膜中也观察到类似结构[7]。

1. $\beta-Ga_2O_3$合金外延及异质结结构制备

对于$\beta-Ga_2O_3$，用Al取代部分Ga，可以形成$\alpha-(Al_xGa_{1-x})_2O_3$合金，该合金可以增加$\beta-Ga_2O_3$带隙能量。但由于$Al_2O_3$的热稳定相是刚玉结构的$\alpha-Al_2O_3$，因此在全组分中保持单一的$\beta$相有一定的难度。Hill和Mizuno等人分别研究了Ga_2O_3在Al_2O_3中的固溶度和Al_2O_3在Ga_2O_3中的固溶度。对于Ga_2O_3在Al_2O_3中的固溶度，两个研究小组分别确定其极限值为25%和15%(以阳离子计算)，而对于Al_2O_3在Ga_2O_3中的固溶度，两个研究小组分别确定为67%和75%。Jaromin等人在2005年也发表了Ga_2O_3在Al_2O_3和Al_2O_3在

Ga_2O_3 中固溶度的研究，不同成分固溶体的单胞体积如图 5-86 所示[180]。

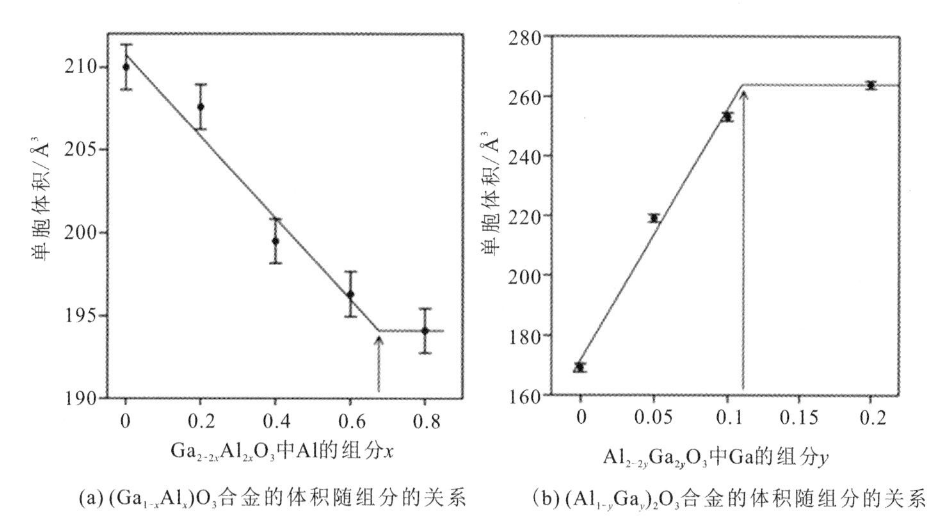

图 5-86　$(Ga_{1-x}Al_x)_2O_3$ 和 $(Al_{1-y}Ga_y)_2O_3$ 合金的体积随组分的关系[270]

从图 5-86 中可以得到，铝在 $\beta-Ga_2O_3$ 中的固溶度极限为 78%，而镓在 $\alpha-Al_2O_3$ 中的固溶度极限为 12%。Oshima 等人报道了在 800℃下，在 FZ 法生长的(100)$\beta-Ga_2O_3$ 单晶上采用 MBE 法生长$(Al_xGa_{1-x})_2O_3$薄膜[15]。当 Al 含量高达 61%($x=0.61$)时，该方法仍可以实现拉应变下的单斜结构的相干生长；当 Al 含量 $x\leqslant 0.4$ 时，薄膜呈现层状生长；而当 $x\geqslant 0.52$ 时，该薄膜则呈现为三维岛状生长。Kaun 等人用 MBE 法在(010)$\beta-Ga_2O_3$ 晶片上生长$(Al_xGa_{1-x})_2O_3$ 合金，他们发现在 600℃和 650℃的生长温度下，$\beta-Ga_2O_3$ 中 Al_2O_3 的相稳定性极限分别为 $x=0.15$ 和 $x=0.18$[181]。Li 等人通过 LMBE 法，制备了$(\bar{2}01)$面的单斜 $\beta-(Al_xGa_{1-x})_2O_3$ $(0\leqslant x\leqslant 0.54)$薄膜，其光学带隙可调范围为 4.5～5.5 eV[182]。Oshima 等人通过 MBE 生长方法在 $\beta-Ga_2O_3$(010)晶片上外延，建立了面外晶格常数与层中 Al 含量之间的关系，从而可以估算外延层的合金比例[183]。

对于脉冲激光沉积(PLD)外延 $\beta-(Al_xGa_{1-x})_2O_3$，Krueger 等人证明了 Al 的固溶度极限为 80%($x=0.8$)[184]。Wakabayashi 等人通过等离子体辅助脉冲激光沉积的方法，利用$(Al_{0.05}Ga_{0.95})_2O_3$的靶材，在 800℃、(010) $\beta-Ga_2O_3$ 衬底上制备出了 $\beta-(Al_{0.06}Ga_{0.94})_2O_3$外延薄膜，(020)面 XRD 摇摆曲线 FWHM 值为 108 弧秒。如图 5-87 所示，在没有氧等离子(记为 O^*)辅助外延得到的样品中，Al 的含量高达 86%，并且样品出现立方相 Al_2O_3[105]。在(100)$\beta-Ga_2O_3$ 衬底上外延并计算得出 $\beta-(Al_{0.37}Ga_{0.63})_2O_3/\beta-Ga_2O_3$ 异质结的导带和价带偏

移分别为 0.52 eV 和 0.13 eV。

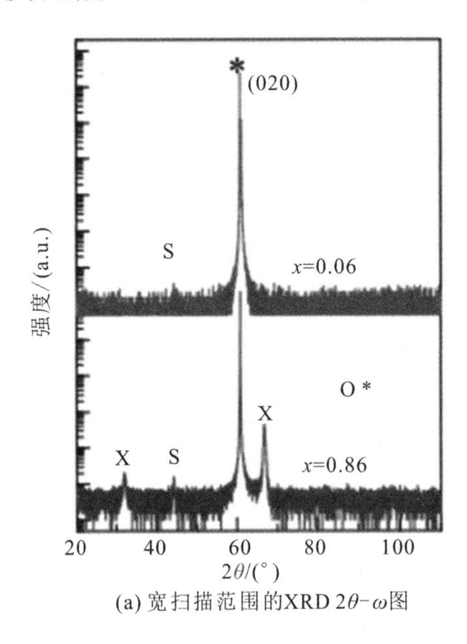

(a) 宽扫描范围的XRD 2θ-ω图

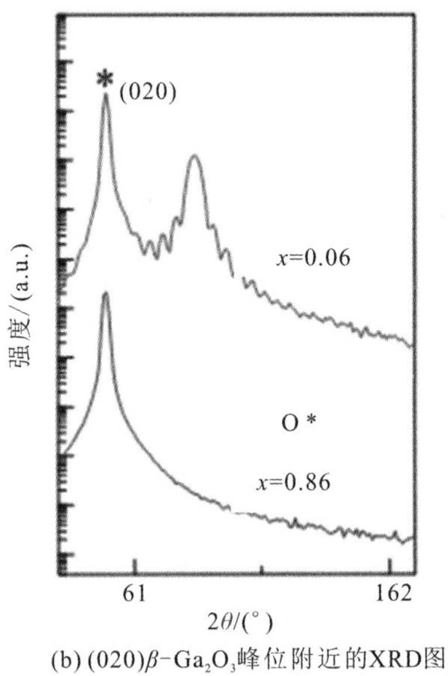

(b) (020)β-Ga_2O_3峰位附近的XRD图

图 5-87 含 O 等离子(x=0.06)和不含 O 等离子体(O*)(x=0.86)生长的$(Al_xGa_{1-x})_2O_3$薄膜的 XRD 2θ-ω 谱图(立方相的 Al_2O_3 对应的衍射峰位标记为 *)[105]

Kranert 和 Krueger 等人计算了不同 Al 组分下的$(Al_xGa_{1-x})_2O_3$合金的晶格常数，如图 5-88 所示[184-185]。

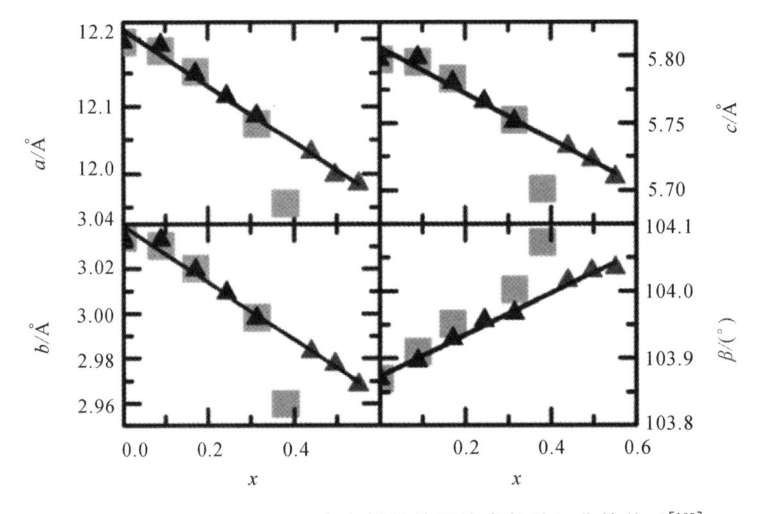

图 5-88 $(Al_xGa_{1-x})_2O_3$合金样品的晶格常数随组分的关系[185]

线性拟合得到的公式为 $a(x)=(12.21-0.42x)$ Å，$b(x)=(3.04-0.13x)$ Å，$c(x)=(5.81-0.17x)$ Å 和 $\beta(x)=(103.87-0.31x)(°)$[275]，晶格常数 c 的相对变化最小，b 最大。Krueger 发现 $\beta-Ga_2O_3$ 与 In 组成合金时也有这种情况（随 In 组分增加，晶格常数 b 的变化最大）[184]。继而他又通过 DFT 计算发现 In(Al)组分小于 0.5 时倾向于占据 $\beta-Ga_2O_3$ 中的八面体晶格位点，并且仅在 Al 占据所有八面体位置后才会占据四面体晶格位点。由于 MO6 八面体沿 b 方向形成双链，如果 In(Al)占据八面体位，那么晶格拉伸（压缩）沿[010]最严重。此外，In(Al)组分大于 0.5 时，In(Al)也必须占据四面体晶格位点，这导致组分继续变化时，晶格常数变化减缓。$(Al_xGa_{1-x})_2O_3$ 和 $(In_xGa_{1-x})_2O_3$ 的晶格常数的相对变化如图 5-89 所示。

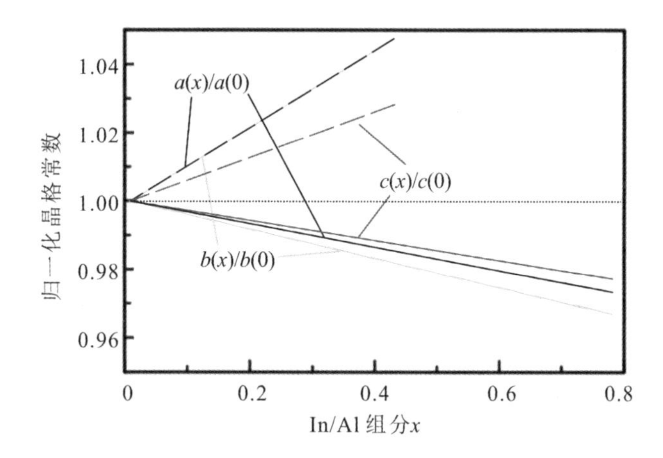

图 5-89　$\beta-(Al_xGa_{1-x})_2O_3$（实线）和 $\beta-(In_xGa_{1-x})_2O_3$（虚线）归一化的晶格常数随组分 x 的变化

如上所述，由于 Al 和 In 更倾向于占据八面体位置，晶格常数 c 的相对变化最小。$(Al_xGa_{1-x})_2O_3$ 中 b 的变化最大，$(In_xGa_{1-x})_2O_3$ 中 a 和 b 的变化最大（$a=b$）。整体来看，In 的掺入对晶格常数的影响更大。Kranert 和 Wang 等人研究了 $(Al_xGa_{1-x})_2O_3$ 合金中的声子模的变化，随着 Al 含量的增加，模式将线性移至更高的频率[116,185]。

Schmidt-Grund 等人通过研究 CCS-PLD 生长的 $\beta-(Al_xGa_{1-x})_2O_3$ 薄膜与 $\beta-(In_xGa_{1-x})_2O_3$ 薄膜，得到了两种薄膜禁带宽度的变化[186]，如图 5-90 所示。在保持单斜的组分内，禁带宽度可以从 $(Ga_{0.57}In_{0.43})_2O_3$ 的约 4.1 eV 变化到 $(Ga_{0.22}Al_{0.78})_2O_3$ 的约 6.5 eV。

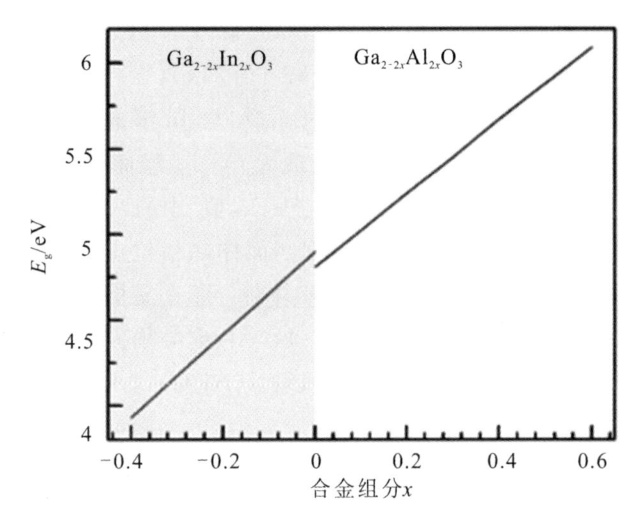

图 5-90 β-$(Al_xGa_{1-x})_2O_3$ **薄膜与** β-$(In_xGa_{1-x})_2O_3$ **薄膜的禁带宽度变化**[276]

对于不同的 Al 组分，$(Al_xGa_{1-x})_2O_3$ 的折射率在透明状态下与光子能量的关系如图 5-91 所示[186]。柯西模型很好地描述了该合金的光谱依赖性。由图 5-91 可知，$(Al_xGa_{1-x})_2O_3$ 的折射率随着 Al 含量的增加而线性降低，从 x=0.11 时的约 1.9 降低到 x=0.55 时的约 1.8。

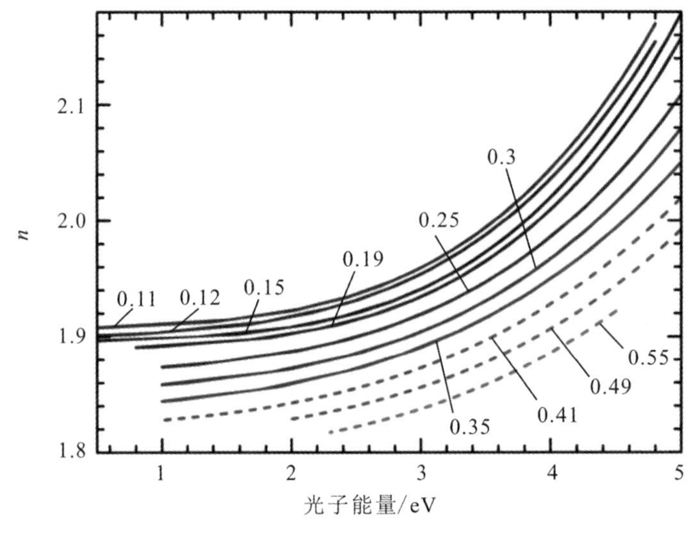

图 5-91 β-$(Al_xGa_{1-x})_2O_3$ **的折射率在透明状态下与光子能量的关系**[186]

2. $\varepsilon-Ga_2O_3$ 合金外延及异质结结构制备

对于 $\varepsilon-Ga_2O_3$，掺入 In 和 Al，可以使 $\varepsilon-(AlGaIn)_2O_3$ 的禁带宽度在 4.5～5.9 eV 范围调节。由于前驱体可以溶解不同的溶剂，Mist－CVD 法易于将多种原料溶解在溶剂中来实现合金。如图 5－92 所示，将 In 和 Al 分别掺入 $\varepsilon-Ga_2O_3$ 薄膜，相应的 XRD $2\theta-\omega$ 的结果显示(004)峰分别随着 In 和 Al 成分的增加而分别朝低角度和高角度移动[187-188]。(400) bcc－$(In_xGa_{1-x})_2O_3$ 的相分离发生在 $x>0.2$ 处，说明通过 Mist－CVD 法在蓝宝石衬底上生长的 $\varepsilon-Ga_2O_3$ 掺入 In 的固溶度极限是 20%($x=0.2$)。两种薄膜作为直接带隙半导体而估算的光学带隙如图 5－93 所示，两种薄膜光学带隙分别与 In 和 Al 成分的依赖关系为，光学带隙在 4.5 eV(In＝0.2)至 5.9 eV(Al＝0.4)范围变化。

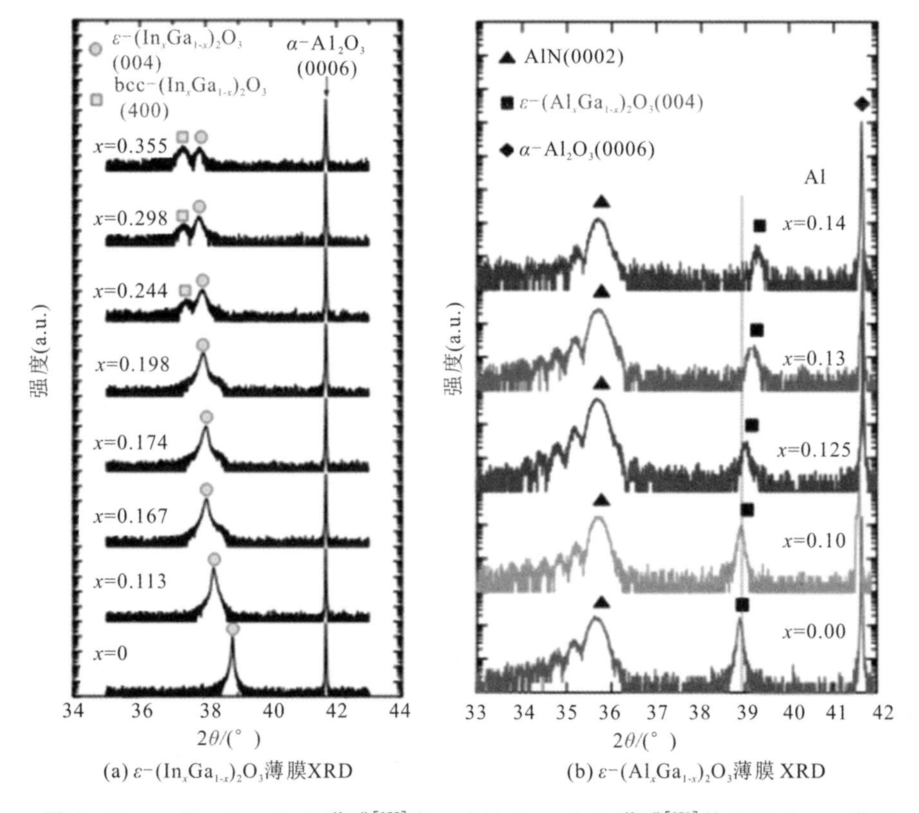

图 5－92　$\varepsilon-(In_xGa_{1-x})_2O_3$ 薄膜[277]和 $\varepsilon-(Al_xGa_{1-x})_2O_3$ 薄膜[278]的 XRD $2\theta-\omega$ 谱图

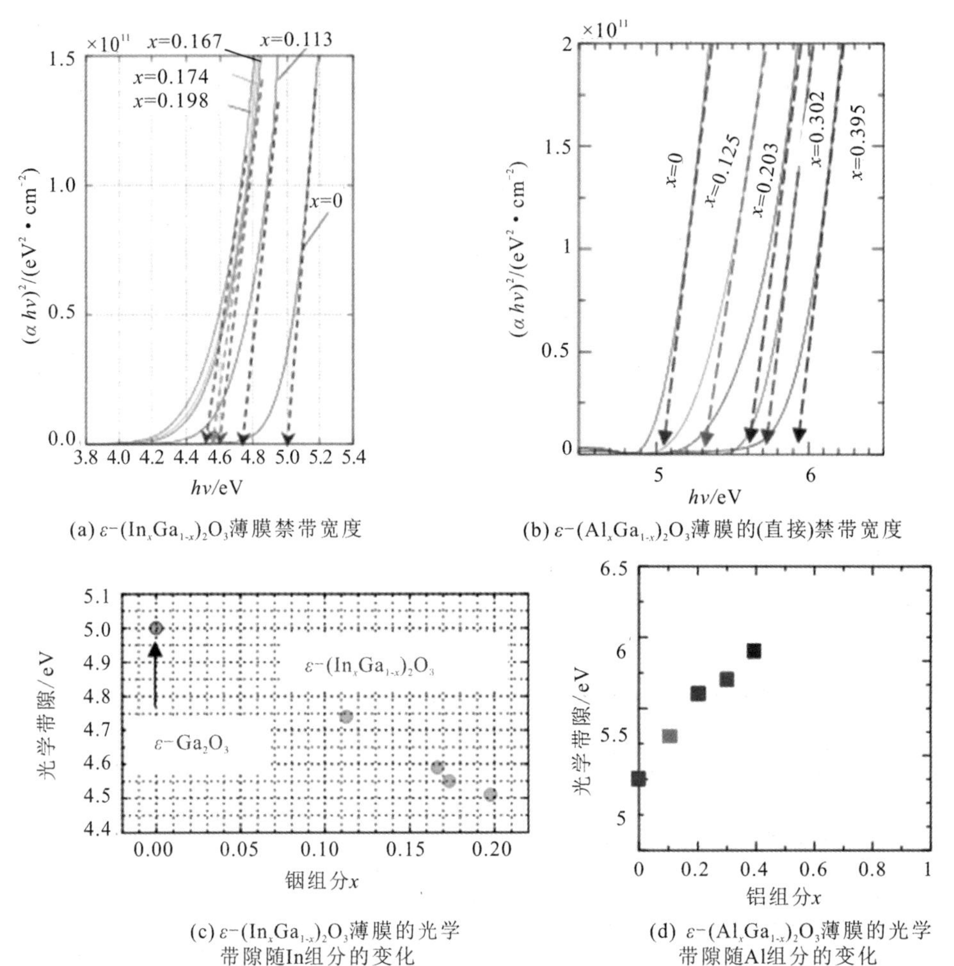

图 5-93　ε-$(In_xGa_{1-x})_2O_3$ 薄膜和 ε-$(Al_xGa_{1-x})_2O_3$ 薄膜的光学带隙随 In 和 Al 组分的变化[187-188]

3. α-Ga_2O_3 合金外延及异质结结构制备

通过 Mist-CVD 法成功制备的刚玉结构的亚稳定相 α-In_2O_3 和热稳定相 α-Al_2O_3 可以与 α-Ga_2O_3 一起，形成刚玉结构的亚稳定相合金 α-$(Al,Ga,In)_2O_3$。这是一个光学带隙可以从 3.7 eV 到 8.75 eV 调节的四元合金系统，如表 5-11 所示。图 5-94 显示了 α-$(Al, Ga)_2O_3$ 和 α-$(In, Ga)_2O_3$ 合金的能带工程[189]。这些合金的能带几乎可以在整个范围(3.7～8.75 eV)内调节，但 α-$(In, Ga)_2O_3$ 在中间波段存在相分离现象，这与 InGaN 的情况类似。热稳定相 β-Ga_2O_3，在 Al 含量较高的情况下，因夹杂 α 相而无法生长均匀的单相 β-$(Al_xGa_{1-x})_2O_3$。

但对于 $\alpha-Ga_2O_3$ 来说，由于 α 相是 Al_2O_3 的热稳定相，因此 $\alpha-Ga_2O_3$ 和 $\alpha-Al_2O_3$可以形成全组分的 α-$(Al,Ga)_2O_3$合金及其异质结。通过 X 射线光电发射光谱(XPS)可以确定 α-$(Al, Ga)_2O_3$/ $\alpha-Ga_2O_3$ 异质结结构为Ⅰ型，这有利于制备异质结晶体管和多重量子阱[190]。

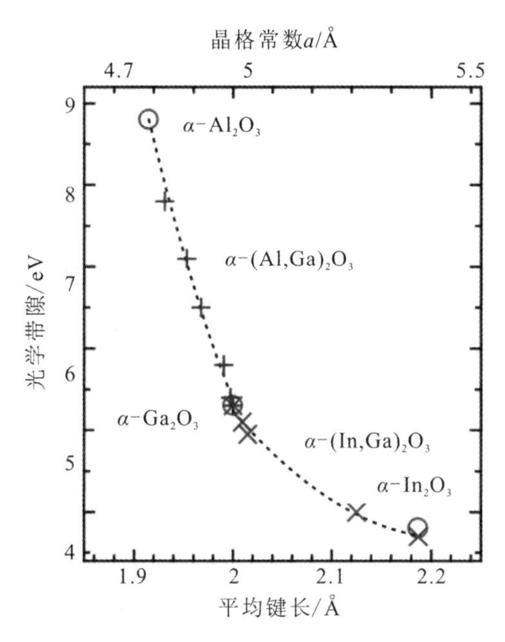

图 5-94　α-$(Al, Ga)_2O_3$和 α-$(In, Ga)_2O_3$合金的光学带隙[189]

表 5-11　$\alpha-Al_2O_3$、$\alpha-Ga_2O_3$和 $\alpha-In_2O_3$的物理特性

晶体	密度/g·cm^{-3}	晶格常数 a/Å	晶格常数 c/Å	光学带隙/eV
$\alpha-Al_2O_3$	3.9956	4.754	12.99	8.75
$\alpha-Ga_2O_3$	6.4666	4.9825	13.433	5.3
$\alpha-In_2O_3$	7.3115	5.487	14.51	3.7

Lorenz 等人通过 PLD 法在 γ 面蓝宝石上外延得到了 α 相$(Ga_xAl_{1-x})_2O_3$薄膜[191]。根据该薄膜的峰位和 EDX 分析可以确定元素 Ga 的组分，如图 5-95 所示。当靶材 Ga 含量分别为 10%和 20%时，掺入镓的组分随着生长温度的升高而降低。对于两组样品，生长温度为 800℃时，样品中 Ga 的含量仅为靶材的 1/3。

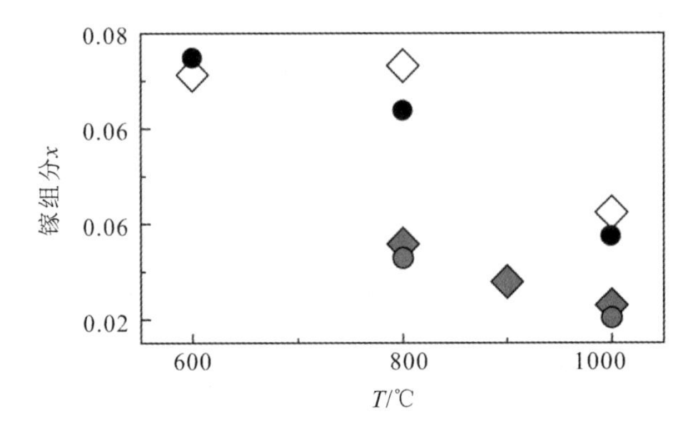

图 5-95　外延膜中 Ga 的组分(圆：通过 XRD 峰位确定的组分；菱形：通过 EDX 确定的组分)随生长温度的变化[191]

C. Y. Wang 等人通过 MOCVD 法在 $\alpha-Al_2O_3$ 衬底上制备出了 $\alpha-In_2O_3$，但是由于晶格失配较大，薄膜的结晶度较差，摇摆曲线的半峰宽(FWHM)为 1200 弧秒[192]。采用 Mist-CVD 法，在 $\alpha-Al_2O_3$ 衬底上引入 $\alpha-Fe_2O_3$[193]、$\alpha-Ga_2O_3$[194]或 $\alpha-(Al, Ga)_2O_3$ 缓冲层，可使 $\alpha-In_2O_3$ 的(0006)XRD 摇摆曲线 FWHM 降低至 100 弧秒左右。由于 $\alpha-In_2O_3$、$\alpha-Al_2O_3$ 和 $\alpha-Ga_2O_3$ 同为刚玉结构，通过 Mist-CVD 法可以成功制备出全组分 $\alpha-(Al, Ga)_2O_3$ 及 $\alpha-(Al, Ga)_2O_3/\alpha-Ga_2O_3$ 异质结。Suzuki 等人通过 Mist-CVD 法，在 $\alpha-Al_2O_3$ 衬底上引入 $\alpha-Ga_2O_3$ 缓冲层所制备的 $\alpha-(In, Ga)_2O_3$ 合金仍存在相分离的现象[193]。刚玉结构的 $\alpha-Al_2O_3-Ga_2O_3-In_2O_3$ 合金系统有望用于开发基于多种异质结结构的新型器件，蓝宝石($\alpha-Al_2O_3$)衬底外延薄膜与 $\beta-Ga_2O_3$ 衬底外延薄膜相比，在制作低成本器件上有很大的优势。除此之外，刚玉结构的过渡金属氧化物，例如 $\alpha-Fe_2O_3$、$\alpha-Cr_2O_3$ 和 $\alpha-V_2O_3$，其晶格常数(键长)在 $\alpha-Al_2O_3$、$\alpha-Ga_2O_3$ 和 $\alpha-In_2O_3$ 的范围内。通过掺入这些过渡金属氧化物可以使 $\alpha-Ga_2O_3$ 基合金拥有更多特性，如 $\alpha-(Ga_xFe_{1-x})_2O_3$[195]和 $\alpha-(In_xFe_{1-x})_2O_3$[196]具有铁电特性等。

5.4.2　氧化镓基异质结界面控制

有研究发现，在 PAMBE 法生长 $\beta-Ga_2O_3$ 的过程中，使用 In 作为催化剂能有效提高 $\beta-Ga_2O_3$ 的生长速率[165]。在生长过程中，通过加入 In 可在 In_2O_3 中形成 Ga 和 In 之间的交换机制。在高 Ga 流量下，In 几乎没有掺入单晶(010) $\beta-Ga_2O_3$ 中。因此(010)$\beta-Ga_2O_3$ 可以在较高的温度和 Ga 流量下外延生长。由

于这一生长过程受 Ga_2O 低氧解吸的限制较小，因而可以获得较高的生长速率。这种金属氧化物催化的外延方法(MOCATAXY)同样可以适用于 β-$(Al_xGa_{1-x})_2O_3$ 的生长，如图5-96所示[197]。由于Al—O键比Ga—O和In—O更强，因此Al比其他Ⅲ族金属更易形成Al—O键。这意味着尽管In的流量比Al流量更高，仍可以形成 β-$(Al_xGa_{1-x})_2O_3$ 合金。尽管生长过程中Ga和In的流量相似，但掺入的In仅为1%。Ⅲ族组分随深度分布如图5-97所示。

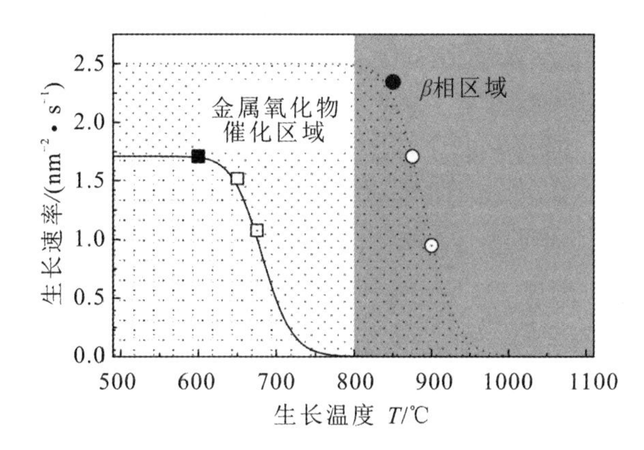

图5-96 金属氧化物催化外延与普通外延的生长速率对比

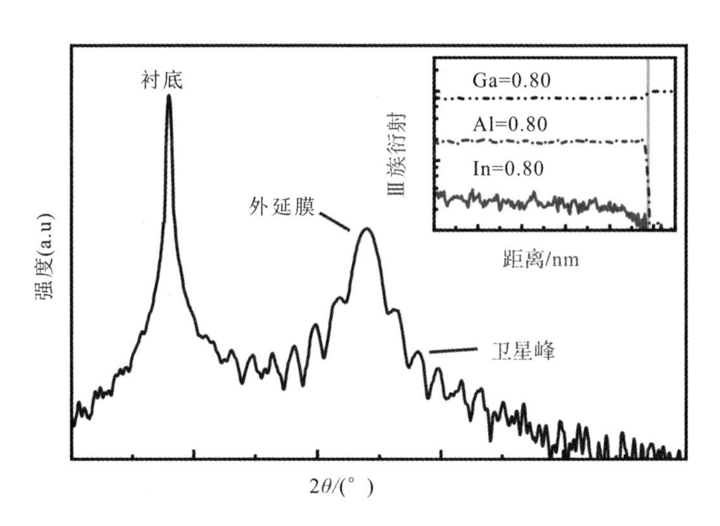

图5-97 MOCATAXY方法生长的(020) β-$(Al_xGa_{1-x})_2O_3$/β-Ga_2O_3 异质结的高分辨XRD图谱(插图：通过APT测定的Ga、Al和In含量)[197]

这一生长方法使得在生长温度为900℃以上时 β-$(Al_xGa_{1-x})_2O_3$ 仍然可以

生长，并且提高了其生长速率。目前对于生长速率提高的机制尚未完全了解，有人认为 In_2O_3 的形成似乎可以利用更多的氧气。此外，在较高的生长温度下，In 限制了次氧化物的解吸附。

Vogt 等人通过 MOCVD 法改变 In 或者 Ga 的流量，发现 Ga、In 和 Sn 的氧化效率分别约为 10％、26％和 20％[197]。而对于气态亚氧化物的饱和蒸气压（以 700℃为例），Ga_2O 的约为 In_2O 的 10 倍，约为 SnO 的 1000 倍。因此，随着生长温度的升高，由于解吸附的原因，氧化镓的沉积速率下降得最为剧烈[198]。因而，单独来看的话，In_2O_3 薄膜沉积会优先 Ga_2O_3，这是因为 Ga_2O 的解吸附会比 In_2O 强烈得多。而对于 $(In_xGa_{1-x})_2O_3$ 合金的生长过程，情况发生了巨大的变化。如图 5-98 所示，对于不同的 O 分压下，当 In 和 Ga 的流量大致相等时，将 Ga 和 In 掺入量表示的生长速率，写为生长温度的函数。在富 In 和 Ga 的条件下，两种金属在与氧气的结合上存在竞争关系，结果是仅掺入 Ga 时，形成 Ga_2O_3 薄膜。即使当氧气提供了所需的两倍后，In 比 Ga 的生长速率随温度升高还是下降得更快。

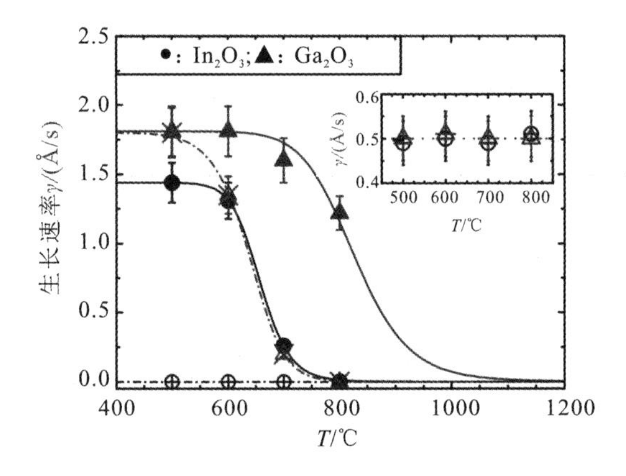

图 5-98　$(In_xGa_{1-x})_2O_3$ 合金中和 In 原子和 Ga 原子的生长速率[199]

注：实图形：$r=0.31$（富氧）；交叉图形：$r=4/3$（富金属，O 只对一种金属足够）；插图：$r=0.066$（高富 O），r 为金属-氧流量比。

Vogt 等人通过实验发现，Ga 可以与 In_2O_3 反应置换成 Ga_2O_3，这与反应计算的 Gibbs 自由焓结果一致[199]。然而，强富氧条件能够克服热力学的限制，强制使所有 In 和 Ga 完全掺入，如图 5-98 的插图所示。对于其他的三元系统，这种普遍的热力学影响也同样适用。比如，Kranert 等人通过 PLD 法生长 $(In_xGa_{1-x})_2O_3$ 外延薄膜时，发现相对于 Ga 来说，In 掺入的组分偏

低，当提高氧气分压时，样品的组分向靶材组分靠近[200]。Y. Oshima 等人发现，使用 MBE 法生长的$(Al_xGa_{1-x})_2O_3$薄膜中的 Al 含量比 Ga 含量要高，并认为这是由 Ga_2O 的形成与解吸附导致的[183]。与$(In_xGa_{1-x})_2O_3$的情况类似，Al—O 键比 Ga—O 键更强，但还需要进一步的实验来比较 Al_2O_3和 Ga_2O_3 的生长中的动力学过程[201]。

对于 MBE 生长系统来说，由于其具有超高真空度，亚氧化物的解吸附会使得高温下外延合金相对较为困难。而在 MOCVD 系统中，由于生长腔体的真空度较低，因此可以提高生长温度以生长出高 Al 组分(60%)的$(Al_xGa_{1-x})_2O_3$合金。Zhang 等人通过 PLD 法制备了一系列 AlGaO 合金，并通过 XPS 和透射的方法，估算出合金中禁带宽度和组分的关系为[202] $E_g(x)=(1.54x+4.9)$ eV。Miller 等人通过 MOCVD 法在蓝宝石上外延得到了 Al 组分约为 43% 的 β-$(Al_xGa_{1-x})_2O_3$合金，并通过 XRD $2\theta-\omega$ Pendellösun 条纹，估算出了外延层厚度约为 70 nm。在此基础上 Miller 等又继续生长了 β-$(Al_{0.21}Ga_{0.79})_2O_3$/$\beta$-$Ga_2O_3$超晶格结构，如图 5 - 99 所示，5 nm 的 β-$(Al_{0.21}Ga_{0.79})_2O_3$势垒和 10 nm 的 β-Ga_2O_3 阱的超晶格结构生长在 130 nm 厚的 UID β-Ga_2O_3 外延层上[45]。

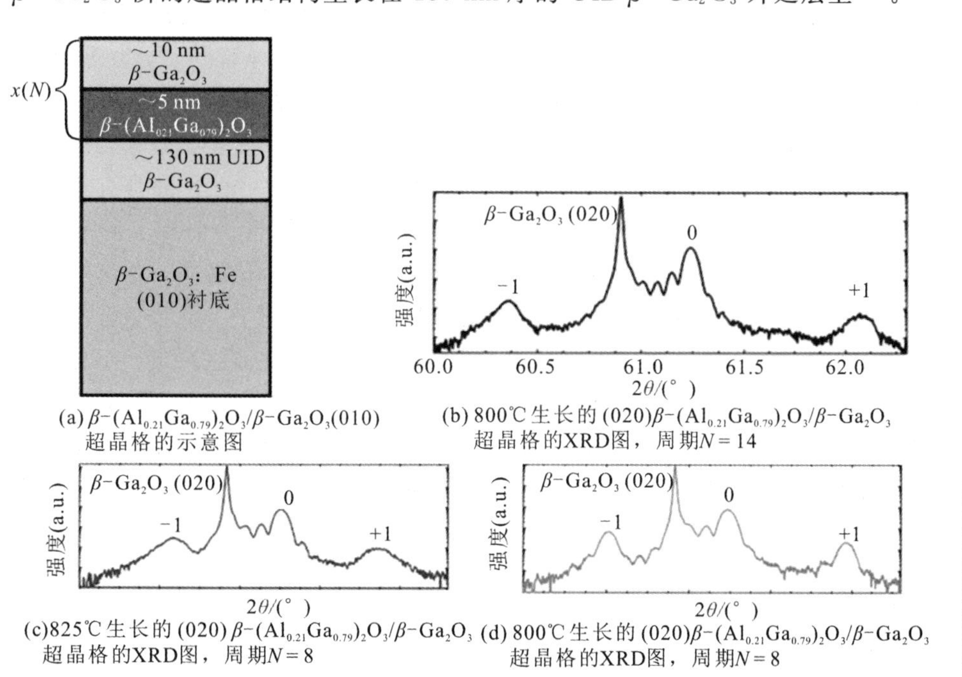

(a) β-$(Al_{0.21}Ga_{0.79})_2O_3$/$\beta$-$Ga_2O_3$(010) 超晶格的示意图

(b) 800℃生长的 (020)β-$(Al_{0.21}Ga_{0.79})_2O_3$/$\beta$-$Ga_2O_3$ 超晶格的XRD图，周期$N=14$

(c) 825℃生长的 (020) β-$(Al_{0.21}Ga_{0.79})_2O_3$/$\beta$-$Ga_2O_3$ 超晶格的XRD图，周期$N=8$

(d) 800℃生长的 (020)β-$(Al_{0.21}Ga_{0.79})_2O_3$/$\beta$-$Ga_2O_3$ 超晶格的XRD图，周期$N=8$

图 5 - 99 由 MOCVD 生长 β-$(Al_{0.21}Ga_{0.79})_2O_3$/$\beta$-$Ga_2O_3$(010)超晶格的示意图和 XRD 图[68]

由于p型Ga_2O_3很难实现，异质p-n结成为一种实现Ga_3O_3双极型器件的有效途径。其中，同为刚玉结构的$\alpha-Rh_2O_3$和$\alpha-Ir_2O_3$经塞贝克效应和热电功率测试为p型导电，原因是它们提供空穴的Rh 4d和Ir 5d轨道位于O 2p轨道上方[203-204]。$\alpha-Rh_2O_3$、$\alpha-Ir_2O_3$可与$\alpha-Ga_2O_3$形成合金，即$\alpha-(Rh_xGa_{1-x})_2O_3$，$\alpha-(Ir_xGa_{1-x})_2O_3$合金。此两种合金的形成有效地加宽了$\alpha-Ga_2O_3$的带隙并控制了空穴浓度。Kan等人证实了$\alpha-Ir_2O_3/\alpha-Ga_2O_3$的p-n结的整流特性，其沿$a$轴和$c$轴的晶格失配分别为0.3%和0.6%[205]。

5.5 总结与展望

宽禁带氧化镓半导体因具有超高击穿场强和高电子饱和速度等优越特性，成为近年来重点发展的新一代战略性先进电子材料，在航空航天、交通、能源和国防等领域具有重要应用价值。近年来，美日欧等国家竞相部署系列重大国防战略计划，大力发展氧化镓半导体材料和器件。得益于氧化镓大尺寸单晶的制备，氧化镓在高质量外延和载流子调控等方面已取得突破性进展，譬如通过MOCVD法和HVPE法实现了$\beta-Ga_2O_3$低掺杂漂移层厚膜外延、通过MBE法实现了Si调制掺杂的$\beta-(Al_xGa_{1-x})_2O_3/Ga_2O_3$异质结结构等，这些为氧化镓基功率器件和射频器件的研制提供了材料基础。同时，在亚稳相氧化镓外延方面，通过HVPE、Mist-CVD等技术实现了高品质$\alpha-Ga_2O_3$和具有新颖铁电极化的$\varepsilon-Ga_2O_3$单晶及其合金的异质外延，但位错密度仍高于同质外延层，且受到位错补偿和散射等作用，载流子调控技术仍有待解决，尤其是对新型亚稳相氧化镓材料的物理化学特性的认识仍处于零散状态。此外，虽然已有报道实现了氧化镓的p型导电，但其导电机理和理论计算存在冲突，而且其稳定性仍有待进一步确认。总体而言，氧化镓外延技术得到了快速进展，但在物相调控和p型掺杂等领域仍存在诸多关键科学问题与技术挑战。加强氧化镓半导体基础材料和关键器件研究，切合我国当前对高端器件自主可控发展的战略需求。

参考文献

[1] GALAZKA Z. $\beta-Ga_2O_3$ for wide-bandgap electronics and optoelectronics[J]. Semiconductor

Science and Technology, 2018, 33(11): 113001.

[2] SHINOHARA D, FUJITA S. Heteroepitaxy of corundum-structured $\alpha-Ga_2O_3$ thin tilms on $\alpha-Al_2O_3$ substrates by ultrasonic mist chemical vapor deposition[J]. Japanese Journal of Applied Physics, 2008, 47(9): 7311-7313.

[3] WANG T, LI W, NI C, et al. Band gap and band offset of Ga_2O_3 and$(Al_xGa_{1-x})_2O_3$ alloys[J]. Physical Review Applied, 2018, 10(1): 011003.

[4] ITO H, KANEKO K, FUJITA S. Growth and band gap control of corundum-structured $\alpha-(AlGa)_2O_3$ thin films on sapphire by spray-assisted mist chemical vapor deposition[J]. Japanese Journal of Applied Physics, 2012, 51: 100207.

[5] FUJITA S, ODA M, KANEKO K, et al. Evolution of corundum-structured III-oxide semiconductors: Growth, properties, and devices[J]. Japanese Journal of Applied Physics, 2016, 55(12): 1202a1203.

[6] CHO S B, MISHRA R. Epitaxial engineering of polar $\varepsilon-Ga_2O_3$ for tunable two-dimensional electron gas at the heterointerface[J]. Applied Physics Letters, 2018, 112(16): 162101.

[7] CHEN X, REN F-F, YE J, et al. Gallium oxide-based solar-blind ultraviolet photodetectors [J]. Semiconductor Science and Technology, 2020, 35(2): 023001.

[8] ZHANG J, SHI J, QI D C, et al. Recent progress on the electronic structure, defect, and doping properties of Ga_2O_3[J]. APL Materials, 2020, 8(2): 020906.

[9] CHEN X, REN F, GU S, et al. Review of gallium-oxide-based solar-blind ultraviolet photodetectors[J]. Photonics Research, 2019, 7(4): 381-415.

[10] CHO A Y. How molecular beam epitaxy(MBE) began and its projection into the future[J]. Journal of Crystal Growth, 1999, 201-202: 1-7.

[11] JONES A C, HITCHMAN M L. Chemicalvapour deposition: precursors, processes and applications[M]. Royal society of chemistry, 2009.

[12] JONES A C, O'BRIEN P. CVD of compound semiconductors[M]. 1997.

[13] OHRING M. The materials science of thin films[M]. Academic Press, 1992.

[14] OSHIMA T, ARAI N, SUZUKI N, et al. Surface morphology of homoepitaxial $\beta-Ga_2O_3$ thin films grown by molecular beam epitaxy[J]. Thin Solid Films, 2008, 516(17): 5768-5771.

[15] OSHIMA T, OKUNO T, ARAI N, et al. $\beta-Al_{2x}Ga_{2-2x}O_3$ thin film growth by molecular beam epitaxy [J]. Japanese Journal of Applied Physics, 2009, 48 (7): 070202.

[16] TSAI M-Y, BIERWAGEN O, WHITE M E, et al. $\beta-Ga_2O_3$ growth by plasma-assisted molecular beam epitaxy[J]. Journal of Vacuum Science & Technology A: Vacuum, Surfaces, and Films, 2010, 28(2): 354-359.

[17] SASAKI K, KURAMATA A, MASUI T, et al. Device-quality $\beta-Ga_2O_3$ epitaxial films fabricated by ozone molecular beam epitaxy[J]. Applied Physics Express, 2012, 5(3): 035502.

[18] LEE S-A, HWANG J-Y, KIM J-P, et al. Dielectric characterization of transparent epitaxial Ga_2O_3 thin film on n-GaN/Al_2O_3 prepared by pulsed laser deposition[J]. Applied Physics Letters, 2006, 89(18): 182906.

[19] HEBERT C, PETITMANGIN A, PERRIèRE J, et al. Phase separation in oxygen deficient gallium oxide films grown by pulsed-laser deposition[J]. Materials Chemistry and Physics, 2012, 133(1): 135-139.

[20] OU S-L, WUU D-S, FU Y-C, et al. Growth and etching characteristics of gallium oxide thin films by pulsed laser deposition[J]. Materials Chemistry and Physics, 2012, 133(2-3): 700-705.

[21] MURAKAMI H, NOMURA K, GOTO K, et al. Homoepitaxial growth of $\beta-Ga_2O_3$ layers by halide vapor phase epitaxy[J]. Applied Physics Express, 2015, 8(1).

[22] GOTO K, KONISHI K, MURAKAMI H, et al. Halide vapor phaseepitaxy of Si doped $\beta-Ga_2O_3$ and its electrical properties[J]. Thin Solid Films, 2018, 666: 182-184.

[23] SCHEWSKI R, BALDINI M, IRMSCHER K, et al. Evolution of planar defects during homoepitaxial growth of $\beta-Ga_2O_3$ layers on(100) substrates—A quantitative model[J]. Journal of Applied Physics, 2016, 120(22): 225308.

[24] ALEMA F, ZHANG Y, OSINSKY A, et al. Low temperature electron mobility exceeding 10^4 cm^2/V s in MOCVD grown $\beta-Ga_2O_3$[J]. APL Materials, 2019, 7(12): 121110.

[25] FENG Z, ANHAR UDDIN BHUIYAN A F M, KARIM M R, et al. MOCVD homoepitaxy of Si-doped(010) $\beta-Ga_2O_3$ thin films with superior transport properties [J]. Applied Physics Letters, 2019, 114(25): 250601.

[26] ZHANG Y, ALEMA F, MAUZE A, et al. MOCVD grown epitaxial $\beta-Ga_2O_3$ thin film with an electron mobility of 176 $cm^2/(V \cdot s)$ at room temperature[J]. APL Materials, 2019, 7(2): 022506.

[27] AKAIWA K, FUJITA S. Electrical Conductive Corundum-Structured $\alpha-Ga_2O_3$ Thin Films on Sapphire with Tin-Doping Grown by Spray-Assisted Mist Chemical Vapor Deposition[J]. Japanese Journal of Applied Physics, 2012, 51: 070203.

[28] MA T, CHEN X, REN F, et al. Heteroepitaxial growth of thick $\alpha-Ga_2O_3$ film on sapphire(0001) by mist-CVD technique[J]. Journal of Semiconductors, 2019, 40(1): 012804.

[29] MA T C, CHEN X H, KUANG Y, et al. On the origin of dislocation generation and annihilation in $\alpha-Ga_2O_3$ epilayers on sapphire[J]. Applied Physics Letters, 2019, 115

(18): 182101.

[30] WAGNER G, BALDINI M, GOGOVA D, et al. Homoepitaxial growth of $\beta-Ga_2O_3$ layers by metal-organic vapor phase epitaxy[J]. Physica Status Solidi a-Applications and Materials Science, 2014, 211(1): 27-33.

[31] BALDINI M, ALBRECHT M, FIEDLER A, et al. Semiconducting Sn-doped $\beta-Ga_2O_3$ homoepitaxial layers grown by metal organic vapour-phase epitaxy[J]. Journal of Materials Science, 2015, 51(7): 3650-3656.

[32] ALEMA F, HERTOG B, OSINSKY A, et al. Fast growth rate of epitaxial $\beta-Ga_2O_3$ by close coupled showerhead MOCVD[J]. Journal of Crystal Growth, 2017, 475: 77-82.

[33] CHOI Y G, KIM K H, CHERNOV V A, et al. EXAFS spectroscopic study of PbO-$Bi_2O_3-Ga_2O_3$ glasses[J]. Journal of Non-Crystalline Solids, 1999, 259: 205-211.

[34] GOTTSCHALCH V, MERGENTHALER K, WAGNER G, et al. Growth of $\beta-Ga_2O_3$ on Al_2O_3 and GaAs using metal-organic vapor-phase epitaxy[J]. Physica Status Solidi A-Applications and Materials Science, 2009, 206(2): 243-249.

[35] GOGOVA D, WAGNER G, BALDINI M, et al. Structural properties of Si-doped $\beta-Ga_2O_3$ layers grown by MOVPE[J]. Journal of Crystal Growth, 2014, 401: 665-669.

[36] KORHONEN E, TUOMISTO F, GOGOVA D, et al. Electrical compensation by Ga vacancies in Ga_2O_3 thin films[J]. Applied Physics Letters, 2015, 106(24): 242103.

[37] BOSCHI F, BOSI M, BERZINA T, et al. Hetero-epitaxy of epsilon-Ga_2O_3 layers by MOCVD and ALD[J]. Journal of Crystal Growth, 2016, 443: 25-30.

[38] MEZZADRI F, CALESTANI G, BOSCHI F, et al. Crystal structure and ferroelectric properties of $\varepsilon-Ga_2O_3$ films grown on (0001)-sapphire[J]. Inorganic Chemistry, 2016, 55(22): 12079-12084.

[39] CORA I, MEZZADRI F, BOSCHI F, et al. The real structure of $\varepsilon-Ga_2O_3$ and its relation to κ-phase[J]. Crystengcomm, 2017, 19(11): 1509-1516.

[40] SUN H, LI K-H, CASTANEDO C G T, et al. HCl flow-induced phase change of α-, β-, and $\varepsilon-Ga_2O_3$ films grown by MOCVD[J]. Crystal Growth & Design, 2018, 18(4): 2370-2376.

[41] XIA X, CHEN Y, FENG Q, et al. Hexagonal phase-pure wide band gap $\varepsilon-Ga_2O_3$ films grown on 6H-SiC substrates by metal organic chemical vapor deposition[J]. Applied Physics Letters, 2016, 108(20): 202103.

[42] ZHUO Y, CHEN Z, TU W, et al. $\beta-Ga_2O_3$ versus $\varepsilon-Ga_2O_3$: Control of the crystal phase composition of gallium oxide thin film prepared by metal-organic chemical vapor deposition[J]. Applied Surface Science, 2017, 420: 802-807.

[43] MA N, TANEN N, VERMA A, et al. Intrinsic electron mobility limits in $\beta-Ga_2O_3$

[J]. Applied Physics Letters, 2016, 109(21): 212101.

[44] BALDINI M, ALBRECHT M, FIEDLER A, et al. Editors'choice Si- and Sn-doped homoepitaxial $\beta-Ga_2O_3$ layers grown by movpe on(010)-oriented substrates[J]. ECS Journal of Solid State Science and Technology, 2016, 6(2): Q3040-Q3044.

[45] MILLER R, ALEMA F, OSINSKY A. Epitaxial $\beta-Ga_2O_3$ and $\beta-(Al_xGa_{1-x})_2O_3/\beta-Ga_2O_3$ Heterostructures Growth for Power Electronics[J]. IEEE Transactions on Semiconductor Manufacturing, 2018, 31(4): 467-474.

[46] ARULKUMARAN S, NG G I, VICKNESH S, et al. Direct Current and Microwave Characteristics of Sub-micronAlGaN/GaN High-Electron-Mobility Transistors on 8-Inch Si(111) Substrate[J]. Japanese Journal of Applied Physics, 2012, 51: 111001.

[47] OKUMURA H, KITA M, SASAKI K, et al. Systematic investigation of the growth rate of $\beta-Ga_2O_3$ (010) by plasma-assisted molecular beam epitaxy[J]. Applied Physics Express, 2014, 7(9): 095501.

[48] LEE S-D, KANEKO K, FUJITA S. Homoepitaxial growth of β gallium oxide films by mist chemical vapor deposition[J]. Japanese Journal of Applied Physics, 2016, 55(12): 1202B1208.

[49] NOMURA K, GOTO K, TOGASHI R, et al. Thermodynamic study of $\beta-Ga_2O_3$ growth by halide vapor phase epitaxy[J]. Journal of Crystal Growth, 2014, 405: 19-22.

[50] THIEU Q T, WAKIMOTO D, KOISHIKAWA Y, et al. Preparation of 2-in.-diameter(001) $\beta-Ga_2O_3$ homoepitaxial wafers by halide vapor phase epitaxy[J]. Japanese Journal of Applied Physics, 2017, 56(11): 110310.

[51] KONISHI K, GOTO K, TOGASHI R, et al. Comparison of O_2 and H_2O as oxygen source for homoepitaxial growth of $\beta-Ga_2O_3$ layers by halide vapor phase epitaxy[J]. Journal of Crystal Growth, 2018, 492: 39-44.

[52] POLLARD M T R. Equilibrium gas phase species for MOCVD of $Al_xGa_{1-x}As$[J]. Journal of Crystal Growth 1986, 77: 200-209.

[53] YANG J, AHN S, REN F, et al. High reverse breakdown voltage Schottky rectifiers without edge termination on Ga_2O_3[J]. Applied Physics Letters, 2017, 110(19): 192101.

[54] PASSLACK M, HUNT N E J, SCHUBERT E F, et al. Dielectric-properties of electron-beam deposited Ga_2O_3 films[J]. Applied Physics Letters, 1994, 64(20): 2715-2717.

[55] HIGASHIWAKI M, KONISHI K, SASAKI K, et al. Temperature-dependent capacitance-voltage and current-voltage characteristics of Pt/Ga_2O_3 (001) Schottky barrier diodes fabricated on n-Ga_2O_3 drift layers grown by halide vapor phase epitaxy[J]. Applied Physics Letters, 2016, 108(13): 133503.

[56] WONG M H, SASAKI K, KURAMATA A, et al. Anomalous Fe diffusion in Si-ion-

implanted β - Ga_2O_3 and its suppression in Ga_2O_3 transistor structures through highly resistive buffer layers[J]. Applied Physics Letters, 2015, 106(3): 032105.

[57] VARLEY J B, WEBER J R, JANOTTI A, et al. Oxygen vacancies and donor impurities in β - Ga_2O_3[J]. Applied Physics Letters, 2010, 97(14): 142106.

[58] OISHI T, KOGA Y, HARADA K, et al. High-mobility β - Ga_2O_3 ($\bar{2}01$) single crystals grown by edge-defined film-fed growth method and their Schottky barrier diodes with Ni contact[J]. Applied Physics Express, 2015, 8(3): 031101.

[59] SON N T, GOTO K, NOMURA K, et al. Electronic properties of the residual donor in unintentionally doped β - Ga_2O_3[J]. Journal of Applied Physics, 2016, 120(23): 235703.

[60] GALAZKA Z, UECKER R, IRMSCHER K, et al. Czochralski growth and characterization of β - Ga_2O_3 single crystals[J]. Crystal Research and Technology, 2010, 45(12): 1229 - 1236.

[61] OSHIMA Y, VÍLLORA E G, SHIMAMURA K. Halide vapor phase epitaxy of twin-free α - Ga_2O_3 on sapphire(0001) substrates[J]. Applied Physics Express, 2015, 8(5): 055501.

[62] OSHIMA Y, KAWARA K, SHINOHE T, et al. Epitaxial lateral overgrowth of α - Ga_2O_3 by halide vapor phase epitaxy[J]. APL Materials, 2019, 7(2): 022503.

[63] ECKER K J, BRADT R C. Thermal expansion of alpha Ga_2O_3[J]. Journal of the American Ceramic Society, 1973, 56: 229 - 230.

[64] YIM W M, PAFF R J. Thermal expansion of AlN, sapphire, and silicon[J]. Journal of Applied Physics, 1974, 45(3): 1456 - 1457.

[65] ROY R, HILL V G, OSBORN E F. Polymorphism of Ga_2O_3 and the System Ga_2O_3—H_2O[J]. Journal of the American Chemical Society, 1952, 74(3): 719 - 722.

[66] PLAYFORD H Y, HANNON A C, BARNEY E R, et al. Structures of uncharacterised polymorphs of gallium oxide from total neutron diffraction[J]. Chemistry, 2013, 19(8): 2803 - 2813.

[67] OSHIMA Y, VÍLLORA E G, MATSUSHITA Y, et al. Epitaxial growth of phase-pure ε - Ga_2O_3 by halide vapor phase epitaxy[J]. Journal of Applied Physics, 2015, 118(8): 085301.

[68] MACCIONI M B, FIORENTINI V. Phase diagram and polarization of stable phases of $(Ga_{1-x}In_x)_2O_3$[J]. Applied Physics Express, 2016, 9(4): 041102.

[69] RAFIQUE S, HAN L, ZHAO H. Synthesis of widebandgap Ga_2O_3 (E-g approximate to 4.6 - 4.7 eV) thin films on sapphire by low pressure chemical vapor deposition[J]. Physica Status Solidi a-Applications and Materials Science, 2016, 213(4): 1002 - 1009.

[70] RAFIQUE S, HAN L, NEAL A T, et al. Heteroepitaxy of N-type β - Ga_2O_3 thin

films on sapphire substrate by low pressure chemical vapor deposition[J]. Applied Physics Letters, 2016, 109(13): 132103.

[71] WU C, GUO D Y, ZHANG L Y, et al. Systematic investigation of the growth kinetics of $\beta-Ga_2O_3$ epilayer by plasma enhanced chemical vapor deposition[J]. Applied Physics Letters, 2020, 116(7): 072102.

[72] LIN Z, ZHANG J, XU S, et al. Influence of vicinal sapphire substrate on the properties of N-polar GaN films grown by metal-organic chemical vapor deposition[J]. Applied Physics Letters, 2014, 105(8): 082114.

[73] RAFIQUE S, HAN L, NEAL A T, et al. Towards High-Mobility Heteroepitaxial $\beta-Ga_2O_3$ on Sapphire-Dependence on The Substrate Off-Axis Angle[J]. Physica Status Solidi A-Applications and Materials Science, 2018, 215(2): 1700467.

[74] SHEN X Q, MATSUHATA H, OKUMURA H. Reduction of the threading dislocation density in GaN films grown on vicinal sapphire(0001) substrates[J]. Applied Physics Letters, 2005, 86(2): 021912.

[75] YOO J-H, RAFIQUE S, LANGE A, et al. Lifetime laser damage performance of $\beta-Ga_2O_3$ for high power applications[J]. APL Materials, 2018, 6(3): 036105.

[76] RAFIQUE S, HAN L, TADJER M J, et al. Homoepitaxial growth of $\beta-Ga_2O_3$ thin films by low pressure chemical vapor deposition[J]. Applied Physics Letters, 2016, 108(18): 182105.

[77] VOGT P, BIERWAGEN O. Reaction kinetics and growth window for plasma-assisted molecular beamepitaxy of Ga_2O_3: Incorporation of Ga vs. Ga2O desorption[J]. Applied Physics Letters, 2016, 108(7): 072101.

[78] RAFIQUE S, KARIM M R, JOHNSON J M, et al. LPCVD homoepitaxy of Si doped $\beta-Ga_2O_3$ thin films on(010) and(001) substrates[J]. Applied Physics Letters, 2018, 112(5): 052104.

[79] YANKOVICH A B, BERKELS B, DAHMEN W, et al. Picometre-precision analysis of scanning transmission electron microscopy images of platinum nanocatalysts[J]. Nature Communications, 2014, 5: 4155.

[80] JOHNSON J M, IM S, WINDL W, et al. Three-dimensional imaging of individual point defects using selective detection angles in annular dark field scanning transmission electron microscopy[J]. Ultramicroscopy, 2017, 172: 17-29.

[81] DANG G T, KAWAHARAMURA T, FURUTA M, et al. Mist-CVD grown Sn-doped $\alpha-Ga_2O_3$ MESFETs[J]. IEEE Transactions on Electron Devices, 2015, 62(11): 3640-3644.

[82] CHIKOIDZE E, VON BARDELEBEN H J, AKAIWA K, et al. Electrical, optical,

and magnetic properties of Sn doped $\alpha-Ga_2O_3$ thin films[J]. Journal of Applied Physics, 2016, 120(2): 025109.

[83] AKAIWA K, KANEKO K, ICHINO K, et al. Conductivity control of Sn-doped $\alpha-Ga_2O_3$ thin films grown on sapphire substrates[J]. Japanese Journal of Applied Physics, 2016, 55(12): 1202BA.

[84] UCHIDA T, KANEKO K, FUJITA S. Electrical characterization of Si-doped n-type $\alpha-Ga_2O_3$ on sapphire substrates[J]. MRS Advances, 2018, 3(3): 171-177.

[85] AKAIWA K, OTA K, SEKIYAMA T, et al. Electrical properties of Sn-doped $\alpha-Ga_2O_3$ films on m-plane sapphire substrates grown by mist chemical vapor deposition[J]. Physica Status Solidi A: Applications and Materials Science, 2020, 217(3): 1900632.

[86] POLYAKOV A Y, SMIRNOV N B, SHCHEMEROV I V, et al. Deep trap spectra of Sn-doped $\alpha-Ga_2O_3$ grown by halide vapor phase epitaxy on sapphire[J]. APL Materials, 2019, 7(5): 051103.

[87] SON H, CHOI Y-J, HA J-S, et al. Crystal quality improvement of $\alpha-Ga_2O_3$ growth on stripe patterned template via epitaxial lateral overgrowth[J]. Crystal Growth & Design, 2019, 19(9): 5105-5110.

[88] LEE S H, LEE K M, KIM Y-B, et al. Sub-microsecond response time deep-ultraviolet photodetectors using $\alpha-Ga_2O_3$ thin films grown via low-temperature atomic layer deposition[J]. Journal of Alloys and Compounds, 2019, 780: 400-407.

[89] ROBERTS J W, CHALKER P R, DING B, et al. Low temperature growth and optical properties of $\alpha-Ga_2O_3$ deposited on sapphire by plasma enhanced atomic layer deposition[J]. Journal of Crystal Growth, 2019, 528:

[90] KOBLMüLLER G, WU F, MATES T, et al. High electron mobility GaN grown under N-rich conditions by plasma-assisted molecular beam epitaxy[J]. Applied Physics Letters, 2007, 91(22): 221905.

[91] VOGT P. Growth kinetics, thermodynamics, and phase formation of Group-III and IV oxidesduring molecular beam epitaxy[D]; Humboldt-Universität zu Berlin, 2017.

[92] AHMADI E, KOKSALDI O S, KAUN S W, et al. Ge doping of $\beta-Ga_2O_3$ films grown by plasma-assisted molecular beam epitaxy[J]. Applied Physics Express, 2017, 10(4): 041102.

[93] OSHIMA Y, AHMADI E, KAUN S, et al. Growth and etching characteristics of (001)$\beta-Ga_2O_3$ by plasma-assisted molecular beam epitaxy[J]. Semiconductor Science and Technology, 2018, 33(1): 015013.

[94] STOFFELS E, STOFFELS W W, VENDER D, et al. Negative ions in a radio-frequency oxygen plasma[J]. Physical Review, 1995, 51(3): 2425-2435.

[95] ViLLORA E G, SHIMAMURA K, KITAMURA K, et al. Rf-plasma-assisted molecular-beam epitaxy of $\beta-Ga_2O_3$[J]. Applied Physics Letters, 2006, 88(3): 031105.

[96] TSAI M Y, WHITE M E, SPECK J S. Plasma-assisted molecular beamepitaxy of SnO_2 on TiO_2[J]. Journal of Crystal Growth, 2008, 310(18): 4256-4261.

[97] VOGT P, BIERWAGEN O. The competing oxide and sub-oxide formation in metal-oxide molecular beamepitaxy[J]. Applied Physics Letters, 2015, 106(8): 081910.

[98] CHENG Z, HANKE M, GALAZKA Z, et al. Growth mode evolution during(100)-oriented $\beta-Ga_2O_3$ homoepitaxy[J]. Nanotechnology, 2018, 29(39): 395705.

[99] HIGASHIWAKI M, SASAKI K, KURAMATA A, et al. Gallium oxide(Ga_2O_3) metal-semiconductor field-effect transistors on single-crystal $\beta-Ga_2O_3$ (010) substrates[J]. Applied Physics Letters, 2012, 100(1): 013504.

[100] LEBEAU J M, ENGEL-HERBERT R, JALAN B, et al. Stoichiometry optimization of homoepitaxial oxide thin films using x-ray diffraction[J]. Applied Physics Letters, 2009, 95(14): 142905.

[101] AHMADI E, OSHIMA Y, WU F, et al. Schottky barrier height of Ni to $\beta-(Al_xGa_{1-x})_2O_3$ with different compositions grown by plasma-assisted molecular beam epitaxy[J]. Semiconductor Science and Technology, 2017, 32(3): 035004.

[102] AHMADI E, KOKSALDI O S, ZHENG X, et al. Demonstration of $\beta-(Al_xGa_{1-x})_2O_3/\beta-Ga_2O_3$ modulation doped field-effect transistors with Ge as dopant grown via plasma-assisted molecular beam epitaxy[J]. Applied Physics Express, 2017, 10(7): 071101.

[103] HAN S-H, MAUZE A, AHMADI E, et al. n-typedopants in(001) $\beta-Ga_2O_3$ grown on(001) $\beta-Ga_2O_3$ substrates by plasma-assisted molecular beam epitaxy[J]. Semiconductor Science and Technology, 2018, 33(4): 045001.

[104] NAGARAJAN L, ROGER A. SOUZA D E, SAMUELIS D, et al. A novel type of insulator-metal transition in non-stoichiometric, amorphous gallium oxide[J]. Nature Materials, 2008, 7: 391 - 398.

[105] WAKABAYASHI R, OSHIMA T, HATTORI M, et al. Oxygen-radical-assisted pulsed-laser deposition of $\beta-Ga_2O_3$ and $\beta-(Al_xGa_{1-x})_2O_3$ films[J]. Journal of Crystal Growth, 2015, 424: 77-79.

[106] AN Y, DAI L, WU Y, et al. Epitaxial growth of $\beta-Ga_2O_3$ thin films on Ga_2O_3 and Al_2O_3 substrates by using pulsed laser deposition[J]. Journal of Advanced Dielectrics, 2019, 09(04): 1950032.

[107] HU C, SAITO K, TANAKA T, et al. Growth properties of gallium oxide on sapphire substrate by plasma-assisted pulsed laser deposition[J]. Journal of Semiconductors, 2019,

40(12)：122801.

[108] ZHANG F B, SAITO K, TANAKA T, et al. Structural and optical properties of Ga_2O_3 films on sapphire substrates by pulsed laser deposition[J]. Journal of Crystal Growth, 2014, 387：96 - 100.

[109] VON WENCKSTERN H. Group-III sesquioxides：Growth, physical properties and devices[J]. Advanced Electronic Materials, 2017, 3(9)：1600350.

[110] ORITA M, HIRAMATSU H, OHTA H, et al. Preparation of highly conductive, deep ultraviolet transparent $\beta - Ga_2O_3$ thin film at low deposition temperatures[J]. Thin Solid Films, 2002, 411(1)：134 - 139.

[111] MüLLER S, VON WENCKSTERN H, SPLITH D, et al. Control of the conductivity of Si-doped $\beta - Ga_2O_3$ thin films via growth temperature and pressure[J]. Physica Status Solidi A-Applications and Materials Science, 2014, 211(1)：34 - 39.

[112] YU F-P, OU S-L, WUU D-S. Pulsed laser deposition of gallium oxide films for high performance solar-blindphotodetectors[J]. Optical Materials Express, 2015, 5(5)：1240 - 1249.

[113] ZHANG F, JAN H, SAITO K, et al. Toward the understanding of annealing effects on$(GaIn)_2O_3$ films[J]. Thin Solid Films, 2015, 578：1 - 6.

[114] ZHANG F, LI H, CUI Y-T, et al. Evolution of optical properties and band structure from amorphous to crystalline Ga_2O_3 films[J]. AIP Advances, 2018, 8(4)：045112.

[115] MATSUZAKI K, HIRAMATSU H, NOMURA K, et al. Growth, structure and carrier transport properties of Ga_2O_3 epitaxial film examined for transparent field-effect transistor[J]. Thin Solid Films, 2006, 496(1)：37 - 41.

[116] WANG X, CHEN Z, ZHANG F, et al. Influence of substrate temperature on the properties of$(AlGa)_2O_3$ thin films prepared by pulsed laser deposition[J]. Ceramics International, 2016, 42(11)：12783 - 12788.

[117] NAKAGOMI S, KOKUBUN Y. Crystal orientation of $\beta - Ga_2O_3$ thin films formed on c-plane and a-plane sapphire substrate[J]. Journal of Crystal Growth, 2012, 349(1)：12 - 18.

[118] CHEN Y, LIANG H, XIA X, et al. The lattice distortion of$\beta - Ga_2O_3$ film grown on c-plane sapphire[J]. Journal of Materials Science：Materials in Electronics, 2015, 26(5)：3231 - 3235.

[119] MATSUMOTO T, AOKI M, KINOSHITA A, et al. Absorption and reflection of vapor grown single crystal platelets of $\beta - Ga_2O_3$[J]. Japanese Journal of Applied Physics, 1974, 13(10)：1578 - 1582.

[120] OHIRA S, SUZUKI N, ARAI N, et al. Characterization of transparent and conducting Sn-doped $\beta-Ga_2O_3$ single crystal after annealing[J]. Thin Solid Films, 2008, 516(17): 5763-5767.

[121] BERMUDEZ V M. The structure of low-index surfaces of $\beta-Ga_2O_3$[J]. Chemical Physics, 2006, 323(2-3): 193-203.

[122] LIU T, TRANCA I, YANG J, et al. Theoretical insight into the roles ofcocatalysts in the Ni - NiO/$\beta-Ga_2O_3$ photocatalyst for overall water splitting[J]. Journal of Materials Chemistry A, 2015, 3(19): 10309-10319.

[123] SCHEWSKI R, LION K, FIEDLER A, et al. Step-flow growth inhomoepitaxy of $\beta-Ga_2O_3$(100)—The influence of the miscut direction and faceting[J]. APL Materials, 2019, 7(2): 022515.

[124] MAUZE A, ZHANG Y, ITOH T, et al. Metal oxide catalyzedepitaxy(MOCATAXY) of $\beta-Ga_2O_3$ films in various orientations grown by plasma-assisted molecular beam epitaxy [J]. APL Materials, 2020, 8(2): 021104.

[125] MAZZOLINI P, FALKENSTEIN A, WOUTERS C, et al. Substrate-orientation dependence of $\beta-Ga_2O_3$ (100), (010), (001), and ($\bar{2}01$) homoepitaxy by indium-mediated metal-exchange catalyzed molecular beam epitaxy (MEXCAT-MBE) [J]. APL Materials, 2020, 8(1): 011107.

[126] HIGASHIWAKI M, SASAKI K, KAMIMURA T, et al. Depletion-mode Ga_2O_3 metal-oxide-semiconductor field-effect transistors on $\beta-Ga_2O_3$ (010) substrates and temperature dependence of their device characteristics[J]. Applied Physics Letters, 2013, 103(12): 123511.

[127] WONG M H, SASAKI K, KURAMATA A, et al. Field-plated Ga_2O_3 MOSFETs with a breakdown voltage of over 750 V[J]. IEEE Electron Device Letters, 2016, 37(2): 212-215.

[128] ALEMA F, ZHANG Y, OSINSKY A, et al. Recent progress on the electronic structure, defect, and doping properties of Ga_2O_3[J]. APL Materials, 2020, 8(2): 021110.

[129] ZHANG Y, NEAL A, XIA Z, et al. Demonstration of high mobility and quantum transport in modulation-doped $\beta-(Al_xGa_{1-x})_2O_3/\beta-Ga_2O_3$ heterostructures[J]. Applied Physics Letters, 2018, 112(17): 173502.

[130] RANGA P, BHATTACHARYYA A, CHMIELEWSKI A, et al. Growth and characterization of metalorganic vapor-phase epitaxy-grown $\beta-(Al_xGa_{1-x})_2O_3/\beta-Ga_2O_3$ heterostructure channels[J]. Applied Physics Express, 2021, 14(2): 025501.

[131] BALDINI M, GALAZKA Z, WAGNER G. Recent progress in the growth of $\beta-Ga_2O_3$ for power electronics applications[J]. Materials Science in Semiconductor

Processing, 2018, 78: 132-146.

[132] BIN ANOOZ S, GRÜNEBERG R, WOUTERS C, et al. Step flow growth of $\beta-Ga_2O_3$ thin films on vicinal(100) $\beta-Ga_2O_3$ substrates grown by MOVPE[J]. Applied Physics Letters, 2020, 116(18): 182106.

[133] BIN ANOOZ S, GRÜNEBERG R, CHOU T S, et al. Impact of chamber pressure and Si-doping on the surface morphology and electrical properties of homoepitaxial (100) $\beta-Ga_2O_3$ thin films grown by MOVPE[J]. Journal of Physics D: Applied Physics, 2021, 54(3): 034003.

[134] GREEN A J, CHABAK K D, HELLER E R, et al. 3.8-MV/cm breakdown strength of MOVPE-grown Sn-doped $\beta-Ga_2O_3$ MOSFETs[J]. IEEE Electron Device Letters, 2016, 37(7): 902-905.

[135] CHABAK K D, WALKER D E, GREEN A J, et al. Sub-micron gallium oxide radio frequency field-effect transistors; proceedings of the 2018 IEEE MTT-S International Microwave Workshop Series on Advanced Materials and Processes for RF and THz Applications(IMWS-AMP), F 16-18 July 2018, 2018[C]. Institute of Electrical and Electronics Engineers.

[136] GREEN A J, CHABAK K D, BALDINI M, et al. $\beta-Ga_2O_3$ MOSFETs for radio frequency operation[J]. IEEE Electron Device Letters, 2017, 38(6): 790-793.

[137] KONISHI K, GOTO K, MURAKAMI H, et al. 1-kV vertical Ga_2O_3 field-plated Schottky barrier diodes[J]. Applied Physics Letters, 2017, 110(10): 103506.

[138] LI W, NOMOTO K, HU Z, et al. Field-plated Ga_2O_3 trench Schottky barrier diodes with a $BV^2/R_{on,sp}$ of up to 0.95 GW/cm^2[J]. IEEE Electron Device Letters, 2020, 41(1): 107-110.

[139] LI W, NOMOTO K, HU Z, et al. Single and multi-fin normally-off Ga_2O_3 vertical transistors with a breakdown voltage over 2.6 kV; proceedings of the 2019 IEEE International Electron Devices Meeting(IEDM), 2019[C]. Institute of Electrical and Electronics Engineers.

[140] PENGELLY R S, WOOD S M, MILLIGAN J W, et al. A review of GaN on SiC high electron-mobility power transistors and MMICs[J]. IEEE Transactions on Microwave Theory and Techniques, 2012, 60(6): 1764-1783.

[141] JINNO R, UCHIDA T, KANEKO K, et al. Control of Crystal Structure of Ga_2O_3 on Sapphire Substrate by Introduction of $\alpha-(Al_xGa_{1-x})_2O_3$ Buffer Layer[J]. Physica Status Solidi B: Basic Research, 2018, 255(4): 1700326.

[142] KANEKO K, KAWANOWA H, ITO H, et al. Evaluation of misfit relaxation in $\alpha-Ga_2O_3$ epitaxial growth on $\alpha-Al_2O_3$ substrate[J]. Japanese Journal of Applied

Physics, 2012, 51: 020201.

[143] ODA M, KANEKO K, FUJITA S, et al. Crack - free thick(5 μm) α - Ga_2O_3 films on sapphire substrates with α -$(Al,Ga)_2O_3$ buffer layers[J]. Japanese Journal of Applied Physics, 2016, 55(12): 1202B1204.

[144] YOSHIOKA S, HAYASHI H, KUWABARA A, et al. Structures and energetics of Ga_2O_3 polymorphs[J]. Journal of Physics: Condensed Matter, 2007, 19(34): 346211.

[145] TAUC J, GRIGOROVICI R, VANCU A. Optical Properties and Electronic Structure of Amorphous Germanium[J]. Physica Status Solidi B: Basic Research, 1966, 15(2): 627 - 637.

[146] AHMADI E, OSHIMA Y. Materials issues and devices of α - and β - Ga_2O_3[J]. Journal of Applied Physics, 2019, 126(16): 160901.

[147] OSHIMA Y, VILLORA E G, SHIMAMURA K. Quasi-heteroepitaxial growth of β-Ga_2O_3 on off-angled sapphire(0001) substrates by halide vapor phase epitaxy[J]. Journal of Crystal Growth, 2015, 410: 53 - 58.

[148] TAHARA D, NISHINAKA H, NODA M, et al. Use of mist chemical vapor deposition to impart ferroelectric properties to ε - Ga_2O_3 thin films on SnO_2/c-sapphire substrates[J]. Materials Letters, 2018, 232: 47 - 50.

[149] KRACHT M, KARG A, SCHÖRMANN J, et al. Tin-assisted synthesis of ε - Ga_2O_3 by molecular beam epitaxy[J]. Physical Review Applied, 2017, 8(5): 054002.

[150] KNEIß M, HASSA A, SPLITH D, et al. Tin-assisted heteroepitaxial PLD-growth of κ - Ga_2O_3 thin films with high crystalline quality[J]. APL Materials, 2019, 7(2): 022516.

[151] NISHINAKA H, KOMAI H, TAHARA D, et al. Microstructures and rotational domains in orthorhombic ε - Ga_2O_3 thin films[J]. Japanese Journal of Applied Physics, 2018, 57(11): 115601.

[152] KAWASAKI S, MOTOYAMA S-I, TATSUTA T, et al. Improvement in homogeneity and ferroelectric property of mist deposition derived $Pb(Zr,Ti)O_3$ thin films by substrate surface treatment[J]. Japanese Journal of Applied Physics, 2004, 43(9B): 6562 - 6566.

[153] MILLER N, HALLER E E, KOBLMüLLER G, et al. Effect of charged dislocation scattering on electrical and electrothermal transport inn-type InN[J]. Physical Review B, 2011, 84(7): 075315.

[154] KAWAHARAMURA T, DANG G T, FURUTA M. Successful growth of conductive highly crystallineSn-doped α - Ga_2O_3 thin films by fine-channel mist chemical vapor deposition[J]. Japanese Journal of Applied Physics, 2012, 51(4): 040207.

[155] ODA M, TOKUDA R, KAMBARA H, et al. Schottky barrier diodes of corundum-

structured gallium oxide showing on-resistance of 0.1 mΩ · cm^2 grown by MIST EPITAXY®[J]. Applied Physics Express, 2016, 9(2): 021101.

[156] SON H, CHOI Y-J, PARK J-H, et al. Correlation of pulsed gas flow on Si-doped $\alpha-Ga_2O_3$ epilayer grown by halide vapor phase epitaxy[J]. ECS Journal of Solid State Science and Technology, 2020, 9(5): 055005.

[157] JINNO R, UCHIDA T, KANEKO K, et al. Reduction in edge dislocation density in corundum-structured $\alpha-Ga_2O_3$ layers on sapphire substrates with quasi-graded $\alpha-(Al,Ga)_2O_3$ buffer layers[J]. Applied Physics Express, 2016, 9(7): 071101.

[158] KAWARA K, OSHIMA Y, OKIGAWA M, et al. Elimination of threading dislocations in $\alpha-Ga_2O_3$ by double-layered epitaxial lateral overgrowth[J]. Applied Physics Express, 2020, 13(7): 075507.

[159] MOLONEY J, TESH O, SINGH M, et al. Atomic layer deposited $\alpha-Ga_2O_3$ solar-blind photodetectors[J]. Journal of Physics D: Applied Physics, 2019, 52(47): 475101.

[160] KRACHT M, KARG A, FENEBERG M, et al. Anisotropic Optical Properties of Metastable(01-12) $\alpha-Ga_2O_3$ Grown by Plasma-Assisted Molecular Beam Epitaxy [J]. Physical Review Applied, 2018, 10(2): 024047.

[161] ELLERB S, YANG J, NEMANICH R J. Polarization effects of GaN and AlGaN: Polarization bound charge, band bending, and electronic surface states[J]. Journal of Electronic Materials, 2014, 43(12): 4560-4568.

[162] YE J D, PANNIRSELVAM S, LIM S T, et al. Two-dimensional electron gas in Zn-polar ZnMgO/ZnO heterostructure grown by metal-organic vapor phase epitaxy [J]. Applied Physics Letters, 2010, 97(11): 111908.

[163] ARATA Y, NISHINAKA H, TAHARA D, et al. Heteroepitaxial growth of single-phase epsilon-Ga_2O_3 thin films on c-plane sapphire by mist chemical vapor deposition using a NiO buffer layer[J]. Crystengcomm, 2018, 20(40): 6236-6242.

[164] PARISINI A, BOSIO A, MONTEDORO V, et al. Si andSn doping of $\varepsilon-Ga_2O_3$ layers[J]. APL Materials, 2019, 7(3): 031114.

[165] VOGT P, BRANDT O, RIECHERT H, et al. Metal-exchange catalysis in the growth of sesquioxides: Towards heterostructures of transparent oxide semiconductors[J]. Physical Review Letters, 2017, 119(19): 196001.

[166] HASHIMOTO S, YOSHIZUMI Y, TANABE T, et al. High-purity GaN epitaxial layers for power devices on low-dislocation-density GaN substrates[J]. Journal of Crystal Growth, 2007, 298: 871-874.

[167] KIM K-H, HA M-T, KWON Y-J, et al. Growth of 2-Inch $\alpha-Ga_2O_3$ epilayers via rear-flow-controlled mist chemical vapor deposition[J]. ECS Journal of Solid State

Science and Technology, 2019, 8(7): Q3165 - Q3170.

[168] NAKAJIMA K, UJIHARA T, MIYASHITA S, et al. Thickness dependence of stable structure of the Stranski-Krastanov mode in the GaPSb/GaP system[J]. Journal of Crystal Growth, 2000, 209(4): 637 - 647.

[169] JOYCE B D, BALDREY J A. Selective epitaxial deposition of silicon[J]. Nature, 1962, 195: 486.

[170] LAPIERRE F W T J A A G. A novel crystal growth phenomenon: Single crystal GaAs overgrowth onto silicon dioxide[J]. Journal of the Electrochemical Society, 1965, 112: 706.

[171] AL T N E. Epitaxial lateral overgrowth of GaAs by LPE[J]. Japanese Journal of Applied Physics, 1988, 27: L964.

[172] SAKAI A, SUNAKAWA H, USUI A. Transmission electron microscopy of defects in GaN films formed by epitaxial lateral overgrowth[J]. Applied Physics Letters, 1998, 73(4): 481 - 483.

[173] SHANNON R D. New high pressure phases having the corundum structure[J]. Solid State Communications, 1966, 4(12): 629 - 630.

[174] UEDA N, HOSONO H, WASEDA R, et al. Synthesis and control of conductivity of ultraviolet transmitting $\beta-Ga_2O_3$ single crystals[J]. Applied Physics Letters, 1997, 70(26): 3561 - 3563.

[175] ViLLORA E G, SHIMAMURA K, YOSHIKAWA Y, et al. Large-size $\beta-Ga_2O_3$ single crystals and wafers[J]. Journal of Crystal Growth, 2004, 270(3 - 4): 420 - 426.

[176] SUZUKI N, OHIRA S, TANAKA M, et al. Fabrication and characterization of transparent conductive Sn-doped $\beta-Ga_2O_3$ single crystal[J]. Physica Status Solidi C: Current Topics in Solid State Physics, 2007, 4(7): 2310 - 2313.

[177] AIDA H, NISHIGUCHI K, TAKEDA H, et al. Growth of $\beta-Ga_2O_3$ single crystals by the edge-defined, film fed growth method[J]. Japanese Journal of Applied Physics, 2008, 47(11): 8506 - 8509.

[178] TOMM Y, REICHE P, KLIMM D, et al. Czochralski grown $\beta-Ga_2O_3$ crystals[J]. Journal of Crystal Growth, 2000, 220(4): 510 - 514.

[179] HOSHIKAWA K, OHBA E, KOBAYASHI T, et al. Growth of $\beta-Ga_2O_3$ single crystals using vertical Bridgman method in ambient air[J]. Journal of Crystal Growth, 2016, 447: 36 - 41.

[180] JAROMIN A L, EDWARDS D D. Subsolidus Phase Relationships in the $Ga_2O_3-Al_2O_3-TiO_2$ System[J]. Journal of the American Ceramic Society, 2005, 88(9): 2573 - 2577.

[181] KAUN S W, WU F, SPECK J S. $\beta-(Al_xGa_{1-x})_2O_3/Ga_2O_3$ (010) heterostructures

grown on $\beta-Ga_2O_3$ (010) substrates by plasma-assisted molecular beam epitaxy[J]. Journal of Vacuum Science & Technology A, 2015, 33(4): 041508.

[182] LI J, CHEN X, MA T, et al. Identification and modulation of electronic band structures of single-phase $\beta-(Al_xGa_{1-x})_2O_3$ alloys grown by laser molecular beam epitaxy[J]. Applied Physics Letters, 2018, 113(4): 041901.

[183] OSHIMA Y, AHMADI E, BADESCU S C, et al. Composition determination of $\beta-(Al_xGa_{1-x})_2O_3$ layers coherently grown on (010) $\beta-Ga_2O_3$ substrates by high-resolution X-ray diffraction[J]. Applied Physics Express, 2016, 9(6): 061102.

[184] KRUEGER B W, DANDENEAU C S, NELSON E M, et al. Variation of band gap and lattice parameters of $\beta-(Al_xGa_{1-x})_2O_3$ powder produced by solution combustion synthesis[J]. Journal of the American Ceramic Society, 2016, 99(7): 2467-2473.

[185] KRANERT C, JENDERKA M, LENZNER J, et al. Lattice parameters and Raman-active phonon modes of $\beta-(Al_xGa_{1-x})_2O_3$[J]. Journal of Applied Physics, 2015, 117(12): 125703.

[186] SCHMIDT-GRUND R, KRANERT C, VON WENCKSTERN H, et al. Dielectric function in the spectral range (0.5 - 8.5) eV of an $(Al_xGa_{1-x})_2O_3$ thin film with continuous composition spread[J]. Journal of Applied Physics, 2015, 117(16): 165307.

[187] NISHINAKA H, MIYAUCHI N, TAHARA D, et al. Incorporation of indium into ε-gallium oxide epitaxial thin films grown via mist chemical vapour deposition for bandgap engineering[J]. Crystengcomm, 2018, 20(13): 1882-1888.

[188] TAHARA D, NISHINAKA H, MORIMOTO S, et al. Heteroepitaxial growth of $\varepsilon-(Al_xGa_{1-x})_2O_3$ alloy films on c-plane AlN templates by mist chemical vapor deposition [J]. Applied Physics Letters, 2018, 112(15): 152102.

[189] FUJITA S, KANEKO K. Epitaxial growth of corundum-structured wide band gap III-oxide semiconductor thin films[J]. Journal of Crystal Growth, 2014, 401: 588-592.

[190] UCHIDA T, JINNO R, TAKEMOTO S, et al. Evaluation of band alignment of $\alpha-Ga_2O_3/\alpha-(Al_xGa_{1-x})_2O_3$ heterostructures by X-ray photoelectron spectroscopy [J]. Japanese Journal of Applied Physics, 2018, 57(4): 040314.

[191] LORENZ M, HOHENBERGER S, ROSE E, et al. Atomically stepped, pseudomorphic, corundum-phase $(Al_{1-x}Ga_x)_2O_3$ thin films ($0\leqslant x<0.08$) grown on R-plane sapphire[J]. Applied Physics Letters, 2018, 113(23): 231902.

[192] WANG C Y, CIMALLA V, ROMANUS H, et al. Phase selective growth and properties of rhombohedral and cubic indium oxide[J]. Applied Physics Letters, 2006, 89(1): 011904.

[193] SUZUKI N, KANEKO K, FUJITA S. Growth of corundum-structured In_2O_3 thin

films on sapphire substrates with Fe_2O_3 buffer layers[J]. Journal of Crystal Growth, 2013, 364: 30 - 33.

[194] NAGATA T, YAMAGUCHI T, UEDA S, et al. Photoelectron spectroscopic study on electronic state of corundum In_2O_3 epitaxial thin film grown by mist-CVD[J]. Japanese Journal of Applied Physics, 2020, 59(SI): SIIG12.

[195] KANEKO K, KAKEYA I, KOMORI S, et al. Band gap and function engineering for novel functional alloy semiconductors: Bloomed as magnetic properties at room temperature with α-$(GaFe)_2O_3$[J]. Journal of Applied Physics, 2013, 113(23): 233901.

[196] AKAIWA K, KANEKO K, FUJITA S, et al. Room temperature ferromagnetism in conducting α-$(In_{1-x}Fe_x)_2O_3$ alloy films[J]. Applied Physics Letters, 2015, 106(6): 062405.

[197] VOGT P, MAUZE A, WU F, et al. Metal-oxide catalyzedepitaxy(MOCATAXY): the example of the O plasma-assisted molecular beam epitaxy of β-$(Al_xGa_{1-x})_2O_3$/β-Ga_2O_3 heterostructures[J]. Applied Physics Express, 2018, 11(11): 115503.

[198] COLIN R, DROWART J, VERHAEGEN G. Mass-spectrometric study of the vaporization of tin oxides. Dissociation energy of SnO[J]. Transactions of the Faraday Society, 1965, 61: 1364.

[199] VOGT P, BIERWAGEN O. Kinetics versus thermodynamics of the metal incorporation in molecular beam epitaxy of$(In_xGa_{1-x})_2O_3$[J]. APL Materials, 2016, 4(8): 086112.

[200] KRANERT C, LENZNER J, JENDERKA M, et al. Lattice parameters and Raman-active phonon modes of$(In_xGa_{1-x})_2O_3$ for $x<0.4$[J]. Journal of Applied Physics, 2014, 116(1): 013505.

[201] BROWN I D, SHANNON R D. Empirical bond-strength-bond-length curves for oxides[J]. Acta Crystallographica Section A, 1973, 29(3): 266 - 282.

[202] ZHANG F, SAITO K, TANAKA T, et al. Wide bandgap engineering of$(AlGa)_2O_3$ films[J]. Applied Physics Letters, 2014, 105(16): 162107.

[203] KOFFYBERG F P. Opticalbandgaps and electron affinities of semiconducting Rh_2O_3(I) and Rh_2O_3(III)[J]. Journal of Physics and Chemistry of Solids, 1992, 53(10): 1285 - 1288.

[204] CHUNG W H, TSAI D S, FAN L J, et al. Surface oxides of Ir(111) prepared by gas-phase oxygen atoms[J]. Surface Science, 2012, 606(23 - 24): 1965 - 1971.

[205] KAN S I, TAKEMOTO S, KANEKO K, et al. Electrical properties of α-Ir_2O_3/α-Ga_2O_3 pn heterojunction diode and band alignment of the heterostructure[J]. Applied Physics Letters, 2018, 113(21): 212104.